机 械 设 备 维 修

第 2 版

陈冠国　编

机 械 工 业 出 版 社

本书从我国现行维修工作的实际水平出发，除继承了维修工艺的主要内容外，考虑了维修科学的发展趋势，加强了维修理论的基础部分，吸收了国内外先进的内容和技术，注意了通用性、实践性和更广泛的适应性，具有实用、简明的特点。全书分为两大部分，前半部为维修的基础理论，后半部是维修实践，重点介绍了常用的几种修复工艺。

　　本书既可作为大中专院校机械类有关专业的维修课程教材，也可供从事机械设备维修的技术人员和工人参考，还可作为工矿企业培训维修人员用书。

图书在版编目（CIP）数据

机械设备维修/陈冠国编 . —2 版 . —北京：机械工业出版社，2004. 12
（2025. 1 重印）

ISBN 978-7-111-05563-1

Ⅰ. 机…　Ⅱ. 陈…　Ⅲ. 机械维修　Ⅳ. TH17

中国版本图书馆 CIP 数据核字（2004）第 119249 号

机械工业出版社（北京市百万庄大街 22 号　邮政编码 100037）
责任编辑：高文龙　版式设计：冉晓华　责任校对：樊钟英
封面设计：王伟光　责任印制：郜　敏
中煤（北京）印务有限公司印刷
2025 年 1 月第 2 版·第 15 次印刷
184mm×260mm·13. 25 印张·324 千字
标准书号：ISBN 978-7-111-05563-1
定价：39. 80 元

电话服务　　　　　　　　　网络服务
客服电话：010-88361066　　机 工 官 网：www. cmpbook. com
　　　　　010-88379833　　机 工 官 博：weibo. com/cmp1952
　　　　　010-68326294　　金 书 网：www. golden-book. com
封底无防伪标均为盗版　　　机工教育服务网：www. cmpedu. com

第 2 版 前 言

自 1997 年 8 月《机械设备维修》第 1 版出版后，得到了国内同行的热情关注和广大读者的真诚厚爱。截止到 2002 年 9 月已印刷了 5 次，发行 1 万 6 千册。本书被国内多种书刊和一些文章引用，作为主要参考文献，作者感到十分欣慰。在此对国内同行和广大读者表示衷心感谢。

近年来，随着现代科学技术的发展和应用，机械设备维修又注入了新的内涵，增添了新的内容，从而使该学科更加综合化、理论化、技术集成化和整体优化。作者在这几年的教学和科研中，对机械设备维修的理论与实践又进行了总结和进一步研究，收集了许多同行的宝贵意见、经验和相关资料，深感第 1 版已不能完全适应学科发展和维修工作的需要，也不能满足广大读者的要求，有必要进行修订。本书就是对第 1 版进行了修订和完善而写成的。

本书基本上保持了第 1 版的框架体系和结构，在此基础上删减和修改了部分陈旧材料，增加了一些新的内容，更加注意了通用性、实践性和更广泛的适应性，具有简明、实用的特点。

本书得到了国内维修界老前辈和有关同志，以及机械工业出版社的精心指导、大力支持和帮助，得到了我院领导、师生的鼓励和帮助，在此向以上各位同志表示衷心感谢。作者在组织材料的过程中，曾参阅了大量有关文献，在此向各位作者也表示诚挚感谢。

由于机械设备维修是一门正在迅速发展的综合性交叉学科，编写本书涉及面广、技术难度较大，加上作者的水平所限，因此书中不妥之处在所难免，敬请国内同行和广大读者批评指正。

作 者

第1版 前 言

机械设备在使用过程中会逐渐老化，出现故障，乃至发生事故，从而影响或中断生产。为保持和恢复机械设备的使用性能，延长使用寿命，就要对其进行维修。因此，维修是维持生产所必须的，是节约能源和资源的重要措施和途径。

机械设备只有科学地组织和实施维修，才能使它充分发挥作用。多少年来，维修只是一门技艺，由师傅带徒弟，一代一代地延续下来。近年来，随着科学技术的进步，生产力的发展，机械设备向着精密化、智能化、自动化、大型化、小型化、复杂化、综合化方向发展，对它们的维修显得日益困难，维修费用逐渐增加。特别是 20 世纪 70 年代世界范围的能源危机出现之后，维修受到格外的重视和得到迅速的发展。能够在最短的时间内，以最少的人力和物力，有效地利用最新科学技术去完成维修工作，已成为急待研究和解决的课题。

许多国家在维修领域中广泛地应用了现代科学技术，使其从一般的技术保障作业发展成为专门的技术科学，不仅从技术上、微观上，而且从理论上、宏观上加以研究，成为一门独立的综合科学，联合国教科文组织在 1974 年把机械设备维修正式列入技术科学学科分类目录中。

我国随着国际上"维修工程学"和"设备综合工程学"的出现，在 1979 年 8 月举行的"第一次机械维修学术会议"上对机械设备维修这一门学科的体系作了初步探讨。十多年来，人们从大量的实践中逐步认识到，维修工作量的大小，时间的长短、质量的高低、人力和财力的消耗，并不是单纯取决于维修工作本身，而是受机械设备自身状况的制约和影响，维修不能改变它的固有品质和性能。因此，需要从机械设备研制的最初阶段就把维修作为一个基本因素考虑进去，把设计、制造、使用、维修、管理、报废等作为一个系统加以对待和研究。只有这样才能从根本上改善维修工作。

机械设备维修工作所面临的各种问题，仅靠过去的一些传统观念、操作技艺知识，以及在实践中处理几个具体的技术问题是根本无法解决的。需要把近百年来在维修实践基础上零碎分散的理论、方法、经验加以整理、归纳和提高，从本质、规律和理论上进行研究，使其逐渐做到系统化、数量化、信息化，团结各行业从事维修工作的科技人员、技术工人，加强维修人材的培养，应用现代科学技术，改进和发展机械设备维修工作。

改革开放以来，随着工矿企业的迅速发展，机械设备的大量引进，维修已成为一个突出的问题。企业生产靠机械设备，机械设备维修靠技术，技术进步靠人的素质。维修人员的技术素质如何，对企业机械设备的维护保养和修理水平起着决定性作用。

为了满足迅速提高维修人员技术素质的需要，使学生不仅懂得机械设备如何设计，怎样制造，而且还要知道和掌握如何维修，编者在为河北理工学院机械设计与制造专业开设的机械设备维修课程自编教材的基础上，通过 8 轮的教学实践，总结了一些经验体会，收集了许多同行的宝贵资料和经验，得到了国内维修界老前辈和有关同志，以及机械工业出版社的精心指导、大力支持和帮助，得到了我院领导、师生的鼓励和帮助，编写了此书。在此，向以上各位同志表示衷心感谢。

在这本书中，力图突出的特点是：从我国现行维修工作的实际水平出发，除继承了维修工艺的主要内容外，考虑了维修科学的发展趋势，加强了维修理论的基础部分，吸收了国内外先进的内容和技术，注意了通用性、实践性和更广泛的适应性，做到了实用、简明。全书分为两大部分，前半部为维修的基础理论，后半部是维修实践，重点介绍了常用的几种修复工艺。

由于编者水平所限，对一些内容尚理解不深，实践也不够，难免有错误和不足之处，恳请大家批评指正。

编　者

目　　录

绪 论

机械设备是现代企业生产的主要工具，是创造物质财富的重要手段。国民经济的各行各业都离不开机械设备。

任何机械设备的寿命都不可能是无限的。有些零部件在使用过程中，经过一定周期的运行和工作，因磨损、腐蚀、刮伤、氧化、老化、变形等众多原因，以及其它人为因素而发生失效，出现故障，造成事故。有备件的可更换，但是有的备件又十分昂贵；无备件的，特别是进口件，则需依靠维修。据不完全统计，在现代企业中，机械设备故障及停产损失约占其生产成本的30%~40%。有些行业的维修费用竟占生产成本的第二位。

搞好维修不仅可以延长零部件的使用寿命，维持生产，提高效能，节约资源、能源和资金、外汇，甚至还有很多报废的机械设备通过利用高新技术进行维修改造，使其再生、再利用。

在激烈的市场竞争中，特别是我国加入WTO之后，如何科学地管好、用好、修好、养好机械设备，已不仅仅是保持简单再生产的必要条件，而且对提高企业效益，保持国民经济持续、稳定、协调发展有着极为重要的意义。

随着机械设备结构的日趋复杂，可用性和可靠性的要求日益增强，多样化、现代化、自动化和综合化的程度不断提高，维修已成为机械设备在使用过程中必不可少的新兴领域。面对融合了现代科学技术的机、电、液、光一体化的机械设备，如何进一步更新维修观念，研究维修理论，发展维修技术，优质、高效、低成本、安全地完成维修任务，已成为摆在广大工程技术人员面前的重要课题；如何将包容多门学科和技术的跨学科、跨领域的现代科学技术和理论，合理地综合应用，形成在环境和条件各异的现场行之有效的维修理论和技术，成为现代维修领域面临的严重挑战。

一、维修概念

维修是伴随着生产工具的使用而出现的。随着生产工具的发展，机械设备大规模地使用，人们对维修的认识也在不断地深化。

机械设备维修是为了保持或恢复其完成规定功能的能力而采取的技术管理措施。它具有随机性、原位性、应急性。

维修包含维护和修理两个方面的含意。维护是对机械设备进行清扫、检查、清洗、润滑、紧固、调整和防腐等一系列工作的总称，又叫做保养。维护是按事前规定的计划或相应的技术条件规定进行的。它的目的是及时发现和处理其在运行中出现的异常现象，防止机械设备性能退化和降低故障概率。这是保证机械设备正常运行、延长其物质寿命的重要手段。维护有时也称预防性维修。按维护工作的深度和广度，通常分成等级。我国企业多数采用三级保养制，即日常保养、一级保养和二级保养。

修理则是指机械设备出现故障或技术状况劣化到某一临界状态时，为恢复其规定的技术性能和完好的工作状态而进行的一切技术活动。由于修理往往要以机械设备的检查结果作为依据，而在工作中又与检查相结合，因此修理又称检修。它是恢复机械设备性能，保证正常运行，延长其物质寿命的主要手段。修理按功用不同又分为恢复性修理和改善性修理。通常所说的修理多数指的是恢复性修理。而改善性修理是结合修理对机械设备中故障率较高的部位，从结构、参数、材质和制造工艺等方面进行改进或改装，使其故障发生率减少或不再发生故障。

维修的目标是以最少的消耗、最少的经济代价、最少的时间、最少的资源、最高的修复率，使机械设备经常处于完好状态，提高可用性，保持、恢复和提高可靠性，降低劣化速度，延长使用寿命，保障使用中的安全性和环境保护要求。

随着生产力的发展，科学技术的进步，自动化水平的提高，机械设备的广泛使用，人们对维修的认识逐步深化和转变。维修已由事后排除故障和损坏，转变为事前对故障进行主动预防；由保障使用的辅助手段，发展为生产力的重要组成部分。在激烈的市场竞争中，维修又成为现代企业增强生产力和竞争力的有力手段，其地位日益明显和提高。在经济全球化趋势不断增强，产业结构改革步伐频繁加快，国际竞争更加剧烈的今天和明天，维修更是企业生存、发展、扩大再生产和更新机械设备的一种投资选择方式。它和生产一样，遵循价值工程的投入产出的经济原理，追求最佳的技术经济效果。维修还是实行全系统、全寿命管理的有机环节。为缓解资源既短缺而又浪费的矛盾，保护环境，适应可持续发展，通过采用新技术、新材料、新工艺进行维修，通过应用表面工程技术，发展再制造、再生、再利用工程，使磨损、腐蚀、老化的机械设备修复如新，重新改造；使报废的机械设备得以起死回生。维修已是实施绿色再制造工程的重要技术措施。

综上所述，维修已从单纯为排除故障，发展到了通过维修提高机械设备可用率，进而成为企业生存和发展的重要手段。维修与投资、生产力、可用率、完好率、安全、提高产品质量和增加数量、延长寿命、提供改进产品设计信息、节约材料和能源、售后服务、环境保护等各个方面都有着密切关系。维修已从一门操作技艺的简单组合，缺乏系统的理论，发展成为一门建立在现代科学技术基础上的新兴学科，即从技艺走向科学；维修从分散的、定性的、经验的阶段，进入到系统的、定量的、科学的阶段。现代维修理论由此应运而生，现代维修技术也由此不断发展。

二、维修理论

维修理论是研究机械设备故障的产生、预防和修复的理论。它包括维修设计理论、维修技术理论和维修管理理论。维修理论是建立在概率统计、故障理论、摩擦学、失效理论、材料强化理论、可靠性工程、维修性工程、工程技术经济、维修技术与工艺，以及现代管理理论等现代科学基础上的一门综合性工程技术应用理论。它用于指导机械设备寿命周期的维修优化，从而获得最佳维修效益，保证机械设备使用中的可用性、可靠性和安全性。其中少维修、无维修、免维修、预测维修和自维修的理论，自然就成为机械工程的重要命题。

1. 维修设计理论

维修设计是在设计机械设备的最初阶段就考虑到故障易于发现、易于检查、便于尽快恢复，甚至在未出现故障时，就能采取必要措施加以预防或消除故障于未然。它和可靠性设计一样是机械设备本身的固有属性，是实施维修的客观物质基础，是通过设计而赋予的。该理论主要包括维修性设计理论、维修保障设计理论、维修工效学、维修心理与行为学等。

2. 维修技术理论

维修技术理论是用于指导维修阶段技术活动的理论。它由分析技术和作业技术理论两部分组成。前者主要包括维修作业分析、维修级别分析、现场损伤评估和修复分析、寿命周期费用分析等理论。后者则主要包括现场故障诊断、失效分析、使用寿命预测、各种修复技术、表面工程技术等理论。

3．维修管理理论

维修管理理论是对维修过程中的各个环节和人、财、物、时间、信息等要素进行规划、组织、协调、控制与监督的理论。主要包括维修方针、规划的制定，维修方法的选择，维修组织、人员及维修保证的确定，以及经济管理、信息管理、器材设施管理、质量管理、安全管理等理论。

随着时代的发展，科学技术的进步，机械设备自动化程度的提高，现代化进程的加快，维修理论必须从现代维修管理出发来分析指导维修实践，从而构成了现代维修理论。它的核心内容就是以可靠性为中心的维修。这种理论认为，机械设备的可靠性既是确定维修需求的依据，又是维修工作的归宿。"以可靠性为中心"的含意就是"集中于保持固有可靠性"。一切维修活动，归根到底都是为了保持、恢复机械设备的可靠性。在这种理论指导下进行维修，既能提高质量和可用率，保障使用安全和满足环境保护的要求，又能节约费用。它将使机械设备维修进一步走向科学化、现代化。这是系统的、科学的、适应现代化企业机械设备维修的新观念。

三、维修技术

维修技术源发于制造技术，是某些制造技术的延伸和扩展。但是，维修技术在应用方式和经济价值上又不同于制造技术。随着维修理论、维修模式及维修市场的发展，维修技术形成了自身的特性，即具有很强的现场实践性、选择性、经济性、简便性；也形成了自身的体系，即有着对应适用的专业性。维修技术不仅是一门综合技术，也是一门公用技术，更是一门适用技术。适用技术的内涵是强调技术、经济的协调发展，从技术的先进性、经济的合理性、生产的可能性，以及社会的效益性去选择实施。

在维修技术中，修复技术是最重要的组成部分。它是研究机械零部件失效后进行修复的工艺和方法。合理地选择和运用修复技术是提高维修质量、节约资源和能源、缩短维修时间和降低维修费用的有效措施。

四、维修创新与表面工程

近年来，随着科学技术的迅猛发展，尤其是一些高新技术的发展，使维修技术的内涵和外延又发生了深刻变化。传统的维修技术不断吸收信息、材料、能源及管理等领域的现代成果，衍生出新的研究领域，迅速地改变着传统维修业的面貌。以前的原样修复变为超过原始性能的改进性维修；以前的被动修复变为将制造与维修纳入机械设备及零部件的设计、制造和运行的全过程，成为以优质、高效、节能、节材、低污染为目标的系统工程。另一方面，人们由于环保意识的增强，"用后丢弃"的观念开始向"再制造"的观念转变。在再制造中，大量采用各种先进的表面工程技术，不仅能有效地补偿因损坏、磨损或腐蚀等而失效的机械零部件，使其恢复如新，翻新如初，而且能提高其耐高温、耐磨损、抗疲劳、耐腐蚀、防辐射，以及导电、导磁等各种性能，达到恢复使用、延长寿命、节约费用、解决进口配件难之目的。这是机械设备维修创新和现代化改装的重要手段，为新一代产品的设计与制造积累了丰富的经验。这是在机械设备维修中继状态监测与故障诊断技术、计算机技术之后的又一通用技术。表面工程是一门新兴的综合性交叉学科，它与机械设备维修相互依存、相互渗透。它的最大优势正是体现在机械设备的表面延寿、改性和维修方面，从而产生显著的经济效益和社会效益。

第一章　故障理论概述

第一节　概　　念

机械设备在运行过程中要承受力、热、摩擦、磨损等多种作用。随着使用时间的增长，其运行状态不断发生变化，有的性能将逐步劣化，有的零件将失效，甚至完全不能工作，从而发生了故障。

在机械设备维修中，研究故障的目的是通过故障诊断技术查明故障模式，追寻故障机理，探求减少故障发生的方法，提高机械设备的可靠程度和有效利用率。同时，把故障的影响和结果反映给设计和制造部门，以便采取对策。故障理论研究的主要内容是故障机理和故障诊断。

一、定义

故障是指整机或零部件在规定的时间和使用条件下不能完成规定的功能，或各项技术经济指标偏离了它的正常状况，但在某种情况下尚能维持一段时间工作，若不能得到妥善处理将导致事故。例如：某些零部件损坏、磨损超限、焊缝开裂、螺栓松动，使工作能力丧失；发动机的功率降低；传动系统失去平衡和噪声增大；工作机构的工作能力下降；燃料和润滑油的消耗增加等，当其超出了规定的指标时，即发生了故障。

故障通常是指可以排除的障碍，即指可以修复的失效。

对于故障，应明确以下几点：

（1）规定的对象　它是指一台单机，或由某些单机组成的系统，或机械设备上的某个零部件。不同的对象在同一时间将有不同的故障状况。例如：在一条自动化流水线上，某一单机的故障足以造成整条自动线系统功能的丧失；但在机群式布局的车间里，就不能认为某一单机的故障与全车间的故障相同。

（2）规定的时间　发生故障的可能性随时间的延长而增大。时间除了直接用年、月、日、时等作单位外，还可用机械设备的运转次数、里程、周期作单位。例如：车辆等用行驶的里程；齿轮用它承受载荷的循环次数等。

（3）规定的条件　这是指机械设备运转时的使用维护条件、人员操作水平、环境条件等。不同的条件将导致不同的故障。

（4）规定的功能　它是针对具体问题而言。例如：同一状态的车床，进给丝杠的损坏对加工螺纹而言是发生了故障；但对加工端面来说却不算发生故障，因为这两种情况所需车床的功能项目不同。

（5）一定的故障程度　即应从定量的角度来估计功能丧失的严重性。

在生产实践中，为概括所有可能发生的事件，给故障下了一个广泛的定义，即"故障是不合格的状态"。

二、模式

机械设备的故障必定表现为一定的物质状况及特征，它们反映出物理的、化学的异常现象，并导致功能的丧失。这些物质状况的特征称故障模式，需要通过人的感官或测量仪器得到，相当于医学上的"病症"。

常见的故障模式可按以下几方面进行归纳：

（1）属于机械零部件材料性能方面的故障　包括疲劳、断裂、裂纹、蠕变、过度变形、材质劣化等。

（2）属于化学、物理状况异常方面的故障　包括腐蚀、油质劣化、绝缘绝热劣化、导电导热劣化、溶融、蒸发等。

（3）属于机械设备运动状态方面的故障　包括振动、渗漏、堵塞、异常噪声等。

（4）多种原因的综合表现　如磨损等。

此外，还有配合件的间隙增大或过盈丧失、固定和紧固装置松动与失效等。

故障模式举例见表1-1。

表1-1　故障模式举例

序号	名称		模式
1	轴承		弯曲、咬合、堵塞、开裂、压痕、卡住、润滑作用下降、凹痕、刻痕、擦伤、粘附、振动、磨损等
2	齿轮		咬合、破碎、移位、卡住、噪声、折断、磨损等
3	密封装置		破碎、开裂、老化、变形、损坏、泄漏、破裂、磨损、其它等
4	液压系统	液压缸	爬行、外泄漏、内泄漏、声响与噪声、冲击、推力不足、运动不稳、速度下降等
		液压泵	无压力、压力流量均提不高、噪声大、发热严重、旋转不灵活、振动、冲击等
		电磁换向阀	滑阀不能移动、电磁铁线圈烧坏、电磁铁线圈漏电、不换向等
5	机械系统		（1）系统不能起动或在运行中停止运动 （2）系统失速或空转 （3）系统失去负载能力或负载乏力 （4）系统控制失灵 （5）系统泄漏严重 （6）系统振动剧烈、噪声异常 （7）某些零部件断裂、烧损、过量变形 （8）电、磁导断失调 （9）其它

三、性质

（1）层次性　机械设备可按结构和功能分解为若干个层次（或部分、单元），故障则与之相对应。

（2）相关性　机械设备的某层次出现故障，同它相关的层次也可能引发故障，使多种故障并存。不同层次的故障互相联系、互相影响，关系复杂。

（3）延时性　故障的产生、传播和恶化都需要时间，且随时间的延长而变化。

（4）不确定性　故障的发生、现象、定量描述和检测分析都具有不确定性，从而增加了故障诊断和维修的复杂程度。

（5）修复性　多数故障是可以修复的，包括更换零部件。

四、分类

对故障进行分类是为了估计故障事件的影响深度、分析故障的原因，以便采取相应的对策。故障可从不同角度进行分类。

（一）临时性故障

临时性故障又称间断故障，它多半由机械设备的外部原因引起的。例如：工人误操作、气候变化、运输条件中断、环境设施不良等造成。当这些外部干扰消除后，运转即可正常。但临时性故障能导致永久性故障。

（二）永久性故障

永久性故障造成的机械设备功能丧失必须到某些零部件更换或修复后才能恢复。

1. 按故障发生时间分

（1）早发性故障　这是由于机械设备在设计、制造、装配、安装、调试等方面存在问题引起的。例如：新购入的液压系统严重漏油和噪声很大。这种情况可以通过重新检测、重新安装来解决处理；若设计不合理，需修改设计；如果元件质量差，则应更换元件。

（2）突发性故障　这是由于各种不利因素和偶然的外界影响因素共同作用的结果。故障发生的特点是具有偶然性和突发性，事先无任何征兆，一般与使用时间无关，难以预测。但它容易排除，通常不影响寿命。例如：因润滑油中断而使零件产生热变形裂纹；因使用不当或出现超负荷引起零件折断；因各参数达到极限值而引起零件变形和断裂等。

（3）渐进性故障　它是因机械设备技术特性参数的劣化，包括腐蚀、磨损、疲劳、老化等逐渐发展而成的。其特点是故障发生的概率与使用时间有关，只是在机械设备有效寿命的后期才明显地表现出来。故障一经发生，就标志着寿命的终结。通常它可以进行预测。大部分机械设备的故障都属于这一类。

（4）复合型故障　这类故障包括上述故障的特征，其故障发生的时间不定。机械设备工作能力耗损过程的速度与其耗损的性能有关。例如零件内部存在着应力集中，当受到外界作用的最大冲击后，继续使用就可能逐渐发生裂纹；又如摩擦副的磨损过程引起渐进性故障，而外界的磨粒会引起突发性故障。

2. 按故障表现形式分

（1）功能故障　机械设备应有的工作能力或特性明显降低，甚至根本不能工作，即丧失了它应有的功能，称功能故障。这类故障可通过操作者的直接感受或测定其输出参数而判断。例如关键零件坏了、精度丧失、传动效率降低、速度达不到标准值，使整机不能工作；生产率达不到规定的指标等。

（2）潜在故障　故障逐渐发展，但尚未在功能方面表现出来，却又接近萌发的阶段。当这种情况能够鉴别时，即认为也是一种故障现象，称潜在故障。例如零件在疲劳破坏过程中，其裂纹的深度接近于允许的临界值时，便认为存在潜在故障。探明了潜在故障，就有可能在达到功能故障之前进行排除，有利于保持完好状态，避免因发生功能故障而带来的不利后果，这在机械设备使用和维修中有着重要意义。

3. 根据故障产生的原因分

（1）人为故障　由于在设计、制造、大修、使用、运输、管理等方面存在问题，使机械设备过早地丧失了它应有的功能，称人为故障。它又分为：①错用性故障，这是指机械设备没有按照原设计规定的条件运转，超载、超速、超时，工作条件发生未料及的恶化等原因导致的故障。②固有薄弱性故障，它来源于机械设备本身，如设计不当、制造工艺差、材料低劣等，是固有薄弱性环节构成故障隐患或故障诱发因素。

（2）自然故障　机械设备在其使用和保有期内，因受到外部或内部各种不同的自然因素影响而引起的故障都属于自然故障。例如正常情况下的磨损、断裂、腐蚀、变形、蠕变、老化等损坏形式。这种故障虽然不可避免，但随着设计、制造、使用和维修水平的提高，可使机械设备有效工作时间大大延长而使故障推迟发生。

4. 按故障造成后果分

（1）致命故障　这是指危及或导致人身伤亡，引起机械设备报废或造成重大经济损失的故障。例如机架或机体断离、车轮脱落、发动机总成报废等。

（2）严重故障　它是指严重影响机械设备正常使用，在较短的有效时间内无法排除的故障。例如发动机烧瓦、曲轴断裂、箱体裂纹、齿轮损坏等。

（3）一般故障　明显影响机械设备正常使用，在较短的有效时间内可以排除的故障。例如传动带断裂、操纵手柄损坏、板金件开裂或开焊、电器开关损坏等。

（4）轻度故障　轻度影响机械设备正常使用，能在日常保养中用随机工具轻易排除的故障。如轻微渗漏、一般紧固件松动等。

此外，还可按故障的部位分为整体和局部；按故障的时间分为磨合、正常使用和耗损故障；按故障的责任分为相关和非相关故障；按故障外部特征分为可见和隐蔽故障；按故障的程度分为部分和完全；按故障的原因又可分为设计结构、生产工艺、材料、使用等故障。

故障通常采取几种分类法复合并用，如突发性的局部故障、磨损性的危险故障等。由此看出故障的复杂性、严重性和起因等情况。

第二节　故障特征量的描述

一、故障概率

机械设备的使用寿命是有限的，其技术状况随使用时间的延长而逐渐恶化，发生故障的可能性也随时间的推迟而增大，它是时间的函数。但是，故障的发生又具有随机性，无论哪一种故障都很难预料它的确切发生时间，因而故障可用概率表示。

从概率的概念出发，由概率理论可知，故障概率的分布是其密度函数 $f(t)$ 的积累函数，即故障发生的时间比率，或单位时间内发生故障的概率。它是单调增函数。故障概率可用公式表示

$$F(t) = \int_0^t f(t)\,\mathrm{d}t \tag{1-1}$$

式中　$F(t)$——故障概率；

8

$f(t)$——故障概率分布密度函数；

t——时间。

当 $t = \infty$ 时，即 $F(\infty) = \int_0^\infty f(t)\mathrm{d}t = 1$

机械设备在规定的条件下和规定的时间内不发生故障的概率称无故障概率，用 $R(t)$ 表示。显然，故障概率与无故障概率构成一个完整事件组，即 $F(t) + R(t) = 1$，或 $R(t) = 1 - F(t)$

二、故障率

故障率是指在每一个时间增量里产生故障的次数，或在时间 t 之前尚未发生故障，而在随后的 $\mathrm{d}t$ 时间内可能发生故障的条件概率，用 $\lambda(t)$ 表示，其数学关系式为

$$\lambda(t) = \frac{f(t)}{R(t)} \tag{1-2}$$

该式说明故障率为某一瞬时可能发生的故障相对于该瞬时无故障概率之比。

故障率亦称失效率，是判断机械设备或零部件故障或失效规律的基本参数。

根据不同的变化规律，故障率可分为 4 种类型。

1. 常数型

故障率基本保持不变，是一个常数，它不随时间而变化。此时的机械设备或零部件均未达到使用寿命，不易发生故障。但因某种原因也会导致发生故障，且有随机性。在严格操作、加强维护保养的情况下将随时排除故障，因此故障率很小。这是最常见的一种类型。

2. 负指数型

又称渐减型。由于使用了质量粗劣的零件，或制造中工艺疏忽，或装配质量不高，还有设计、保管、运输、操作等方面的原因，使机械设备投入运转的初期故障率很高，即有一个早期故障期。随着时间的推移，经过运转、磨合、调整，故障逐个暴露，并一个个排除后，故障率由高逐渐降低，并趋于稳定，成为负指数型故障率曲线。

3. 正指数型

又称渐增型。机械设备或零部件随着时间的增长，逐渐发生磨损、腐蚀、疲劳等，故障急剧增多，其故障率曲线是正指数型。渐进性故障的故障率属于这种类型。

4. 浴盆曲线型

机械设备或零部件发生故障，包括前述的 3 种类型，由三条曲线叠加而成一条浴盆曲线，如图 1-1 所示。

浴盆曲线型是最常见的一种故障率类型。曲线划分成早期故障（初始故障）、随机故障（偶发故障）、耗损故障（衰老故障）三个阶段。

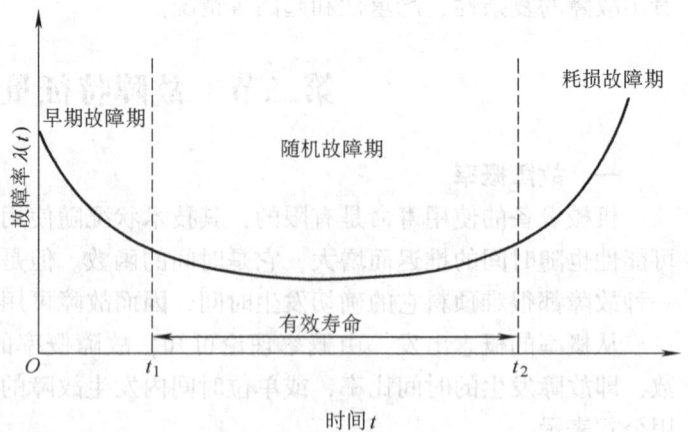

图 1-1　浴盆曲线型故障率曲线

（1）早期故障期（$0 \leqslant t \leqslant t_1$）　它相当于机械设备安装试车后，经过磨合、调整将进入正常工作阶段。若进行大修或技术改造后，早期故障期将再次出现。

（2）随机故障期（$t_1 \leqslant t \leqslant t_2$）　此时期是机械设备的最佳工作期。

（3）耗损故障期（$t_2 \leqslant t \leqslant T_i$）　T_i 为两次大修间的正常工作时间。大多数的机械设备或零部件经长期运转，磨损严重，增加了产生故障的机会。因此，应在这一时期出现前进行预防维修，或在这一时期刚出现时就进行小修，防止故障大量出现，降低故障率和减少维修工作量。

三、平均故障间隔时间（MTBF）

它是可修复的机械设备和零部件在相邻两次故障间隔内正常工作时的平均时间。例如某机械设备第一次工作了1000h后发生故障，第二次工作了2000h后发生故障，第三次工作到2400h之后又发生故障，则该机械设备的平均故障间隔时间为

$$（1000 + 2000 + 2400）\text{ h} \div 3 = 1800\text{h}$$

平均故障间隔时间愈长，说明愈可靠。

平均故障间隔时间可用公式表示

$$\text{MTBF} = \theta = \frac{\sum_{i=1}^{n} \Delta t_i}{n} \tag{1-3}$$

式中　θ——平均故障间隔时间；

　　Δt_i——第 i 次故障前的无故障工作时间，也可用两次大修间的正常工作时间 T_i 代替；

　　n——发生故障的总次数。

四、平均无故障工作时间（MTTF）

对于可修复的机械设备和零部件从开始使用到发生故障的平均时间，称平均无故障工作时间。它与平均故障间隔时间的数学表达式和计算方法相同，故通称平均寿命。

第三节　故障理论和规律

一、故障理论

故障理论揭示了机械设备在使用过程中的运动规律，它包括故障统计分析即故障宏观理论和故障物理分析即故障微观理论。

1. 故障统计分析

它是应用可靠性理论，运用统计技术和方法，从宏观现象上，定性地和定量地描述分析机械设备运动过程的模型、特点和规律性。显然，故障统计分析可以对机械设备的结局作出规律性的大致描述，提供信息，反映主要故障问题，但不能揭示事物的根本性质。

故障统计分析包括故障的分类、故障分布和特征量、故障的逻辑决断等。

2. 故障物理分析

它是以机械设备在各种不同使用条件下发生的各种故障为研究对象，用先进的测试技术和理化方法，从微观和亚微观的角度分析研究故障从产生、发展到形成的过程，故障的机理、形态、规律及其影响因素。

故障物理分析包括故障机理和故障形态两个方面：

故障机理是研究机械设备产生故障的原因及其发展规律，即劣化理论。故障机理往往由于机械设备、零部件、材料、使用环境的差别而不同，很难扼要地把它说清，只能作简单的归纳，一般表现为断裂、磨损、变形、疲劳、腐蚀和氧化等。

故障形态的研究，是把故障机理和故障分析的研究，归结到故障的具体形态、类型和模式上。在大量统计和分析研究的基础上，用故障单元的外部特征作为判断故障内在联系的依据，具有鲜明的直觉感。

故障机理和故障类型的分析是维修策略，包括维修方式、管理体制、改造和更新等的决策依据，是维修技术的基础理论，对维修技术的应用和发展有重要的影响。

二、故障规律

在前面的故障率类型的讨论中，已经指出了不同故障的出现时机，即机械设备在开始阶段具有较高的故障率，且此故障率是渐减型；到了有效寿命的后期，故障率便不断增大，为渐增型；而在其它使用期内，故障率为常数型，其值甚小。因此在整个寿命期内的故障率曲线为浴盆曲线，如图1-1所示。

从机械设备使用者的角度出发，对于曲线表示的早期故障率，由于出厂前已进行了调整，可认为已基本消除，不必考虑；随机故障通常容易排除，且一般不决定机械设备的寿命；唯有耗损故障才是影响有效寿命的决定性因素，因而是主要研究对象。

对于由大量零部件组成的机械设备，因各零部件结构特点和工作性质不同，其参数随时间变化的速率和极限指标也各不相同。如果用一组曲线表示各零部件的参数变化规律，即可根据各零部件达到极限指标的时刻而得到机械设备的故障分布规律，如图1-2所示。在图中，用坐标 $u(t)$ 表示零部件的状态参数，u_c 是极限值。用直线近似地表示了各个零部件的状态参数随时间变化的情况。应该指出，实际的参数变化规律大多数是非线性的。一般规律可写成如下公式

$$u(t) = ct^{\nu} + u_0 \qquad (1-4)$$

式中　$u(t)$——状态参数（例如：速度、载荷、温度、振动、噪声、泄漏等）；

c、ν——常数；

t——时间；

u_0——初始参数。

状态参数 $u(t)$ 达到极限值 u_c 后，即引起故障。

图1-2中的 $f(t)$ 为相应的故障概率分布密度函数。

三、故障产生的主要原因及主要内容

故障产生的主要原因及主要内容见表1-2。

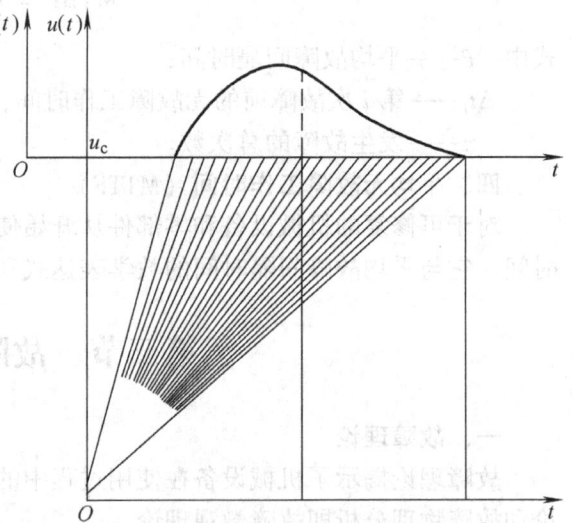

图1-2　零部件状态参数的变化与
故障概率分布密度函数

表1-2 故障产生的主要原因及主要内容

序 号	主要原因	主要内容
1	设 计	结构、尺寸、配合、材料、润滑等不合理,运动原理、可靠性、寿命、标准件、外协件等有问题
2	制 造	毛坯选择不适合,铸、锻、热处理、焊、切削加工、装配、检验等工序存在问题,出现应力集中、局部和微观金相组织缺陷、微观裂纹等
3	安 装	找正、找平、找标高不精确,防振措施不妥,地基、基础、垫铁、地脚螺栓设计、施工不当
4	使用保养	违反操作规程,操作失误,超载、超压、超速、超时、腐蚀、漏油、漏电、过热、过冷等超过机械设备功能允许范围;不及时清洗换油、不及时调整间隙、不清洁干净、维护修理不当、局部改装失误、备件不合格
5	润 滑	润滑系统破坏,润滑剂选择不当、变质、供应不足、错用,润滑油路堵塞等
6	自然磨损	正常磨损、材料老化等
7	环境因素	雷电、暴雨、洪水、风灾、地震、污染、共振等
8	人的素质	工人未培训、技术等级偏低、素质差等
9	管 理	管理混乱、管理不善、保管不当等
10	原因待查	其它原因

四、影响因素

在机械制造和维修中,影响零部件参数值变化速率的因素主要有以下几个方面。

1. 设计规划

在设计规划中,应对机械设备未来的工作条件有准确估计,对可能出现的变异有充分考虑。设计方案不完善、设计图样和技术文件的审查不严是产生故障的重要原因。

2. 材料选择

在设计、制造和维修中,都要根据零件工作的性质和特点正确选择材料。材料选用不当、或材质不符合标准规定、或选用了不适当的代用品是产生磨损、腐蚀、过度变形、疲劳、破裂、老化等现象的主要原因。此外,在制造和维修过程中,很多材料要经过铸、锻、焊和热处理等热加工工序,在工艺过程中材料的金相组织、力学物理性能等要经常发生变化,其中加热和冷却的影响尤为重要。

3. 制造质量

在制造工艺的每道工序中都存在误差。工艺条件和材质的离散性必然使零件在铸、锻、焊、热处理和切削加工过程中积累了应力集中、局部和微观的金相组织缺陷、微观裂纹等。这些缺陷往往在工序检验时容易被疏忽。零件制造质量不能满足要求是机械设备寿命不长的重要原因。

4. 装配质量

首先要有正确的配合要求。配合间隙的极限值包括装配后经过磨合的初始间隙。初始间隙过大,有效寿命期就会缩短。装配中各零部件之间的相互位置精度也很重要,若达不到要求,会引起附加应力、偏磨等后果,加速失效。

5. 合理维修

根据工艺合理、经济合算、生产可能的原则,合理进行维修、保证维修质量。这里最重要、最关键的是要合理选择和运用修复工艺、注意修复前的准备、修复过程中按规程执行操作、修复后的处理工作。

6. 正确使用

在正常使用条件下，机械设备有其自身的故障规律。但使用条件改变，故障规律也随之变化。主要有以下几种。

（1）载荷 机械设备发生耗损故障的主要原因是零件的磨损和疲劳破坏。在规定的使用条件下，零件的磨损在单位时间内是与载荷的大小成直线关系。而零件的疲劳损坏只是在一定的交变载荷下发生，并随其增大而加剧。因此，磨损和疲劳都是载荷的函数。当载荷超过设计的额定值后，将引起剧烈的破坏，这是不允许的。

（2）环境 它包括气候、腐蚀介质和其它有害介质的影响，以及工作对象的状况等。温度升高，磨损和腐蚀加剧；过高的湿度和空气中的腐蚀介质存在，造成腐蚀和腐蚀磨损；空气中含尘量过多、工作条件恶劣都会影响故障的产生。但是环境是一客观因素，在某些情况下可人为地采取措施加以改善。

（3）保养和操作 建立合理的维护保养制度，严格执行技术保养和使用操作规程，是保证机械设备工作的可靠和提高使用寿命的重要条件。此外，需要对人员进行培训，提高素质和水平。

第四节　故障诊断简介

机械设备出现故障后，使某些特性改变，产生能量、力、热及摩擦等各种物理和化学参数的变化，发出各种不同的信息。捕捉这些变化的征兆，检测变化的信号及规律，从而判定故障发生的部位、性质、大小，分析原因和异常情况，预报未来，判别损坏情况，作出决策，消除故障隐患，防止事故的发生，这就是故障诊断。它是一门识别机械设备运行状态的科学。

故障诊断是近年来发展较快的多学科交叉的实用性新技术，是建立在信息检测、信号处理、计算机应用、模式识别和机械工程各学科等现代科学技术成就基础上的综合性及应用性技术科学。它对保证关键机械设备的完好和正常工作、提高生产率、降低成本、加强生产管理等方面起到了重要的作用。据资料统计，采用该项技术后，可减少75%以上的机械设备事故，维修费用能降低25%～50%。故障诊断技术是维修制度改革——将计划预防维修变为视情维修的技术基础，具有巨大的经济价值。目前，故障诊断技术的重要性已提到维修技术的里程碑的高度来认识，并大力开展故障诊断技术的开发工作。

一、原理和任务

在医学中，通过被诊断者的体温、血压、脉搏等状况反映一个人的健康情况。而在机械设备中，运用诊断手段获取各种特征信息，反映它的技术状况，当参数超越一定范围，就有故障的征兆。例如：某机械运转一般都有噪声，当机械中的某些配合件因磨损等原因引起配合间隙增大时，就会出现冲击和振动，从而使噪声进一步增大。所以，噪声反映了故障的征兆。技术状况参数有许多，如温度、压力、流量、电流、电压、功率、转速、噪声、振动等。机械设备故障诊断的技术原理如图1-3所示。

机械设备故障诊断技术必须完成以下任务：

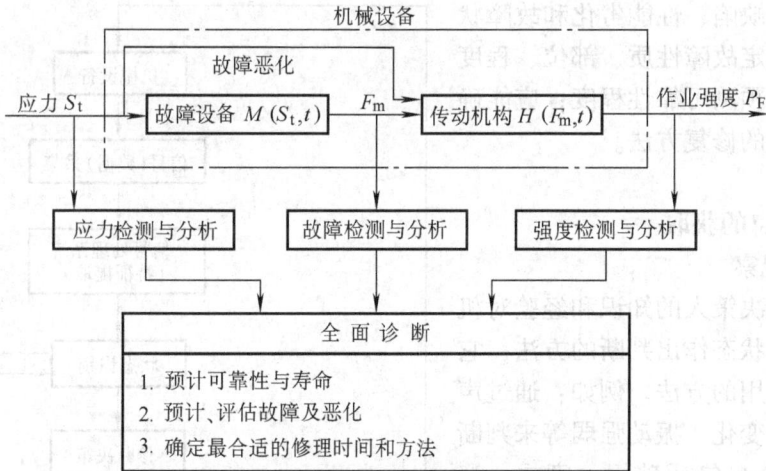

图 1-3　机械设备故障诊断技术原理

1）弄清引起机械设备的劣化或故障的主要原因——应力状况。

2）掌握机械设备劣化、故障的部位、程度及原因等情况。

3）了解机械设备的性能、强度、效率，做出诊断决策。

4）预测机械设备的可靠性及使用寿命。

二、分类

1. 功能和运行诊断

对新安装或维修好的机械设备需要诊断其功能是否正常，并根据检查或诊断结果对其进行必要的调整，称功能诊断。对正在服役的机械设备进行运行状态的诊断，监视其故障的发生或发展，称运行诊断。

2. 直接和间接诊断

直接诊断是对机械设备或零部件直接观察和测试，又称一次信息诊断。由于受结构和运行条件等因素的限制不能进行直接诊断，而需通过二次诊断信息间接地得到有关运行工况的诊断称间接诊断。因它常带有综合信息的因素，有造成误诊的可能性。

3. 常规和特殊诊断

常规诊断属于机械设备正常运行条件下进行的诊断，一般情况下最常用。对正常运行条件难以取得的诊断信息，通过创造一个非正常运行条件取得的信息和进行诊断称特殊诊断。

4. 简易和精密诊断

由一般维修人员对机械设备进行概括性的评价称简易诊断。而精密诊断则是在简易诊断的基础上由专家对工况作精确的诊断。

5. 定期诊断和在线监控

定期诊断是每隔一定的时间对机械设备的各规定部位进行一次检查和诊断，又叫巡回检查。通过一些仪器仪表及计算机处理系统对机械设备的运行状态进行连续的跟踪监视和控制称在线监控，它是现代化的监测手段。

三、过程

故障诊断的基本过程如图 1-4 所示。

在故障诊断过程中，应能在不拆卸机械设备的条件下定量检测和评价其各部分的运动、受力、磨损、缺陷、性能劣化和故障状态等；应能确定故障性质、部位、程度和发展趋势，预测可靠性程度；应能确定发生异常时的修复方法。

四、方法

（一）信息的获取

1. 直接观察

这是根据决策人的知识和经验对机械设备的运行状态作出判断的方法，它是现场经常使用的方法。例如：通过声音高低、音色变化、振动强弱等来判断故障。外观检查包括破损、磨损、变形、松动、泄漏、污秽、腐蚀、变色、异物和动作不正常等，也是直接观察的内容。

2. 性能测定

通过对功能进行测定取得信息，主要有振动、声音、光、温度、压力、电参数、表面形貌、污染物和润滑情况等。

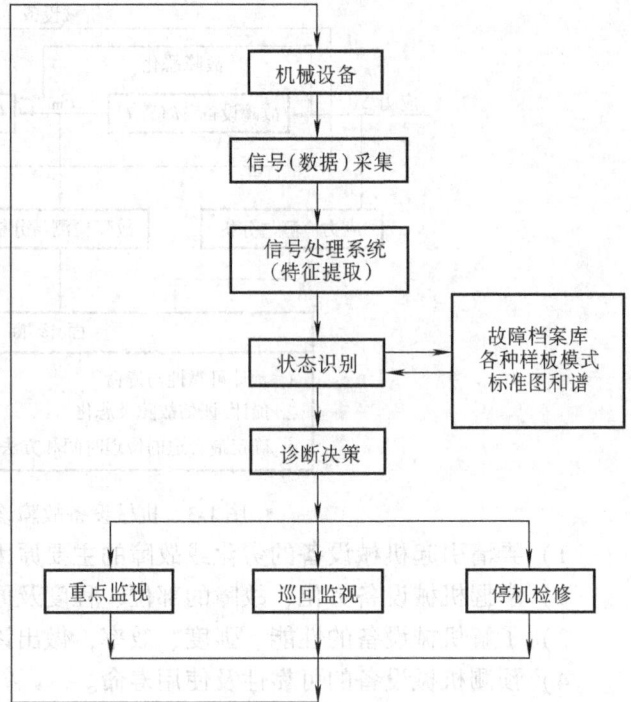

图1-4　故障诊断的基本过程

3. 磨损残余物分析

通过对零部件磨损残余物在润滑油中含量和混浊度变化的测定，分析油样，可以迅速获取失效的有关信息。

（二）信息的监测与分析

1. 凭五官进行外观检查

利用人体的感官，听其音、嗅其味、看其动、感其温，从而直接观察到故障信号，并以丰富的经验和维修技术判定故障可能出现的部位与原因，达到预测预报的目的。这些经验与技术对于小厂和普通机械设备是非常重要的，即使将来科学技术高度发展，也不可能完全由仪器设备监测诊断技术取代。

2. 振动测量

振动是一切做回转或往复运动的机械设备最普遍的现象，状态特征凝结在振动信息中。振动的增强无一不是由故障引起的。

由于振动引起机械设备损坏的比重很大，约占 60% 以上；振动信号的获取比较容易，它能包含大量的反映状态的信息；近年来振动测试手段和信号分析技术的迅猛发展；以及计算机技术的进步，因此，振动监测与分析技术已成为故障诊断的重要手段，应用最多且普遍。

振动测量就是利用机械设备运动时产生的信号，根据测得的幅值（位移、速度、加速度）、频率和相位等振动参数，对其进行分析处理，作出诊断。

典型的振动测量系统见图1-5所示。它由 4 个基本部分组成，即传感器、测量仪器、分析仪器和记录仪器。

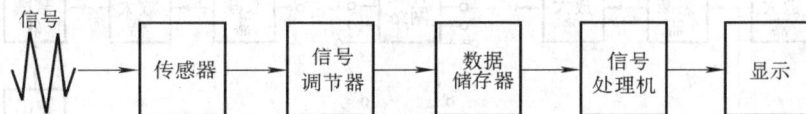

图 1-5 典型的振动测量系统

从图中看到，该系统实际由传感器和测量仪器两部分组成。传感器的种类很多，常用的有 3 种：感受振动位移的位移传感器；感受振动速度的速度传感器；感受振动加速度的加速度传感器。目前应用最广的是压电式加速度计，其作用是将机械能信号（位移、速度、加速度、动力等）转换成电能信号。信号调节器是一个前置放大器，有两个作用：①放大加速度计的微弱输出信号；②降低加速度计的输出阻抗。数据储存器是指磁带记录仪，它能将现场的振动信号快速而完整地记录、储存下来，然后在实验室内以电信号的形式，再把测量数据复制，重放出来。信号处理机由窄带或宽带滤波器、均方根检波器、峰值计或概率密度分析仪等组成。测量系统的最后一部分是显示或读数装置，它可以是表头、示波器或图像记录仪等。

3. 噪声测量

噪声也是机械设备故障的主要信息来源之一，有振动就有噪声。噪声还是减少和控制环境污染的重要内容。噪声的监测与分析一方面可寻找声源（振源），以采取相应的降噪（振）措施；另一方面用噪声信号判别故障。

噪声测量主要是测量声压级。测量仪器可用简单的声级计，也可用复杂的实验室分析和处理系统。根据不同构件会发出不同频率的声响，需进行频谱分析；用振动分析仪器对声音进行分析和处理。

声级计由传声器、放大器、衰减器、计权网络、均方根检波电路和电表组成。图 1-6 为其工作原理框图。声压信号输入传声器后，被转换为电信号。当信号微小时，经过放大器放大；若信号较大时，则对信号加以衰减。输出衰减器和输出放大器的作用与输入衰减器和输入放大器相同，都是将信号衰减或放大。为提高信噪比，保持小的失真度和大的动态范围，将衰减器和放大器分成两组：输入（出）衰减器和输入（出）放大器，并将输出衰减器和放大器再分成两部分，以便于匹配。为使所接受的声音按不同频率分别有不同程度的衰减，在声级计中相应设置了 A、B、C 三个计权网络。通过计权网络可直接读出声级数值，经最后的输出放大器放大的信号输入到检波器中检波，并由表头以 "dB" 指示出有效值。

常用的电子听诊器是一种由振动加速度传感器，将振动状况转换成电信号，并进行放大，实现定性测量的高效简便监测仪器。用耳机监听机械设备运行的振动声响，通过测量各种工作状况的信号，并进行对比，判断是否存在故障及其大小。

4. 温度测量

温度是一种表象，它的升降状态反映了机械设备机件的热力过程，异常的温升或温降说明产生了热故障。例如：内燃机、加热炉燃烧不正常，则温度分布不均匀；轴承损坏，则发热量增加；冷却系统发生故障，则零件表面温度上升等。凡利用热能或用热能与机械能之间的转换进行工作的机械设备，进行温度测量十分重要。

测量温度的方法很多，可利用直接接触或非接触式的传感器，以及一些物质材料在不同

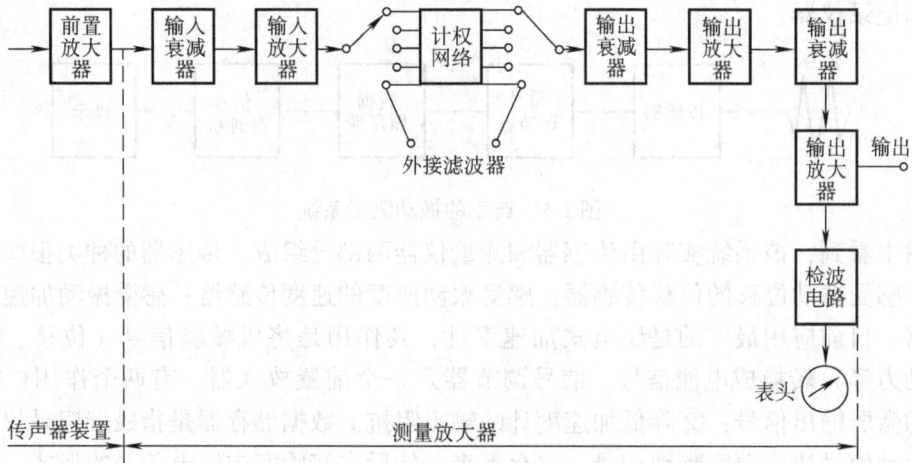

图 1-6 声级计工作原理框图

温度下的不同反应来进行温度测量。

（1）接触式传感器　通过与被测对象的接触，由传感器感温元件的温度反映出测温对象的温度。如液体膨胀式传感器利用水银或酒精在不同温度下胀缩的现象来显示温度；双金属传感器和热电偶传感器依靠不同金属在受热时表现出不同的膨胀率和热电势，利用这种差别来测量温度；电阻传感器则是根据不同温度下电阻元件的电阻值发生变化的原理来工作。

（2）非接触式传感器　这类仪器是利用热辐射与绝对温度的关系来显示温度。如光学高温计、辐射高温计、红外测量仪、红外热像仪等。用红外热像仪测温是 20 世纪 60 年代兴起的新技术，它具有快速、灵敏直观、定量无损等特点，特别适用于高温、高压、带电、高速运转的目标测试，对故障诊断和预测维修非常有效。由红外热像仪形成的一幅简单的热图像提供的热信息相当于 3 万个热电偶同时测定的结果。这种仪器的测温范围一般为几十度到上千度，分辨率为 0.1℃，测试任何大小目标只需几秒钟，除在现场可实时观察外，还能用磁带录像机将热图像记录下来，由计算机标准软件进行热信息的分析和处理。整套仪器做成便携式，现场使用非常方便。

（3）温度指示漆、粉笔、带和片　它们的工作原理是从漆、粉笔、带和片的颜色变化来反映温度变化。当然这种测温方法精度不高，因为颜色变化的程度还附加一个人的感官判识问题，但相当方便。

5. 声发射检测

各种材料由于外加应力作用，在内部结构发生变化时都会以弹性波的方式释放应变能量，这种现象称声发射，是一种常见的物理现象。例如木材的断裂、金属材料内部晶格错位、晶界滑移或微观裂纹的出现和扩展等。

弹性波有的能被人耳感知，即其频率在声音的频率范围内。但多数金属，尤其是钢铁，其弹性波的释放是人耳不能感知的，属于超声范围。无论是声音频带还是超声频带，通过接受弹性波，用仪器检测、分析声发射信号和利用信号推断声发射源的技术统称声发射技术。

声发射检测具有下述特点：

1）需对构件外加应力。

2）它提供的是加载状态下缺陷活动的信息，是一种动态检测。而常规的无损检测是静态检测。声发射检测可客观地评价运行中机械设备的安全性和可靠性。

3）灵敏度高、检查覆盖面积大、不会漏检，可远距离监测。

声发射检测现在已广泛用来监测机械设备和机件的裂纹和锈蚀情况。例如，在冲床上加工零件时，冲模的裂纹可能导致事故，可以用声发射装置监测模具发出的异声。对于飞机机翼、化工反应器、压力容器等对锈蚀和裂纹十分敏感的许多机械设备中，因铆接和焊接而可能在其部位上产生裂纹，并在工作中迅速扩展，声发射是一种很有效的检测手段。

声发射的测量仪器主要有：①单通道声发射仪，它只有一个通道，包括信号接收，即传感器；信号处理，即前置放大器、滤波器、主放大器、事件信号和振铃信号；测量和显示，即计数器、时基和 X-Y 记录仪。它一般应用于实验室。②多通道声发射仪，它有两个以上通道，常需配置计算机，应用在现场评价大型构件的完整性。

6. 超声监测与分析

它是利用超声波射入被检物，由其内部缺陷处反射回来的声波来判别缺陷的存在、位置、性质和大小等。它可用来监测管壁的腐蚀程度、重要零件及材料内部的损伤或裂纹。

7. 油样分析

在机械设备的运转过程中，润滑油必不可少。由于在油中带有大量的零部件磨损状况的信息，所以通过对油样的分析可间接监测磨损的类型和程度，判断磨损的部位，找出磨损的原因，进而预测寿命，为维修提供依据。例如，在活塞式发动机中，当油液中锡的含量增高时，可能表明轴承处于磨损的早期阶段；铝的含量增高则表明活塞磨损。油样分析所能起到的作用，如同医学上的验血。

油样分析包括采样、检测、诊断、预测和处理等步骤。

常用的油样分析方法主要有 3 种。

（1）磁塞分析法 它是最早的油样分析法。将一枚带磁性的油塞安置在润滑油路的适当部位，利用磁性收集油中的磨损残渣，借助读数显微镜或直接用人的眼睛，观察残渣的大小、数量、形状和特点，来判断磨损状态。

磁塞检查的效果取决于残渣被磁塞捕捉到的机会和磨损状况两个方面。磁塞应安放于润滑油的主要通道上，并具有足够大的磁场强度。

磁塞主要由磁钢和非导磁材料制成的磁塞座、磁塞芯以及更换磁塞时利用弹簧作用能堵住润滑油的自闭阀等组成。

磁塞分析具有设备简单、成本低廉、分析技术简便，一般维修人员都能很快掌握，能比较准确获得零件严重磨损和即将发生故障的信息等优点，因此它是一种简便而行之有效的方法。但是它只适用于对带磁性的材料进行分析，其残渣尺寸大于 $50\mu m$。

（2）光谱分析法 这是测定物质化学成分的基本方法，它能检测出铅、铁、铬、银、铜、锡、镁、铝和镍等金属元素。运用原子吸收光谱或原子发射光谱分析润滑油中各种金属的含量和成分，定量地判断磨损程度。

1）原子发射光谱（AES）分析法 油样在高温状态下用带电粒子撞击（一般用电火花），使之发射出代表各元素特征的各种波长的辐射线，并用一个适当的分光仪分离出所要求的辐射线，通过把所测的辐射线与事先准备的校准器相比较来确定磨损碎屑的材料种类和含量。

2）原子吸收光谱（AAS）分析法 这是利用处于基态的原子可以吸收相同原子发射的

相同波长的光子能量而受激的原理。采用具有波长连续分布的光透过油中的磨损磨粒，某些波长的光被磨粒吸收而形成吸收光谱。在通常情况下，物质吸收光谱的波长与该物质发射光谱波长相等，同样可确定金属的种类和含量。发射光谱一般必须在高温下获得，而高温下的分子或晶体往往易于分解，因此原子吸收光谱还适用于研究金属的结构。

由于光谱分析法本身的限制，不能给出磨损残渣的形貌细节，而分析的残渣一般只能小于2μm。

（3）铁谱分析法　这种方法是近年来发展起来的一种磨损分析方法。它从润滑油试样中分离和分析磨损微粒或碎片，借助于各种光学或电子显微镜等检测和分析，方便地确定磨损微粒或碎片的形状、尺寸、数量以及材料成分，从而判别磨损类型和程度。

铁谱分析方法如下：

1）分离磨损微粒制成铁谱片　采用铁谱仪分离磨损微粒制成铁谱片。它主要由3部分组成：抽取样油的泵；使磨损微粒磁化沉积的强磁铁；形成铁谱的透明底片。其装置如图1-7所示。

样油由泵2抽出送到透明显微镜底片3上，底片下装有强磁铁4，底片安装成与水平面有一倾斜角度θ，使出口端的磁场比入口端强。样油沿倾斜底片下流

图1-7　铁谱仪装置

1—样油容器　2—泵　3—底片　4—强磁铁　5—废油容器

时，受磁场力作用，磨损微粒被磁化，最后使微粒按照其大小次序全部均匀地沉积在底片上，用清洗液冲洗底片上残余油液，用固定液使微粒牢固贴附在底片上，从而制成铁谱片。

2）检测和分析铁谱片　检测和分析铁谱片的方法很多，有各种光学或电子显微镜、有化学或物理方法。目前一般使用的有：用铁谱光密度计（或称铁谱片读数仪）来测量铁谱片上不同位置上微粒沉积物的光密度，从而求得磨损微粒的尺寸、大小分布及总量；用铁谱显微镜（又称双色显微镜）研究微粒、鉴别材料成分、确定磨粒来源、判断磨损部位、研究磨损机理；用扫描电镜观察磨损微粒形态和构造特征，确定磨损类型；对铁谱片进行加热处理，根据其回火颜色，鉴别各种磨粒的材料和成分。

光谱和铁谱分析法能获得较多的磨损信息，有很好的检测效果。但均需使用价格昂贵的仪器，并需熟练人员进行操作，推广应用受到一定限制。

8. 频闪观察法

它是通过一个能产生极短促闪光的频闪观测仪，利用人眼具有视觉停留的特点，对准所要观测的运动零部件，使闪光的次数与机件的转速或往复次数一致，对能看到的部位产生了停止不动的印象，观测零部件在运转中的磨损、脱移等现象。

9. 泄漏检测

在机械设备运行中，气态、液态和粉尘状的介质从其裂缝、孔眼和空隙中逸出，造成泄漏，使能源浪费、工况劣化、环境污染、损坏加速，这是企业中力图防止的现象，特别是对于蒸汽系统、压缩空气系统、输油系统及一切带压系统，防泄漏是个重要问题。

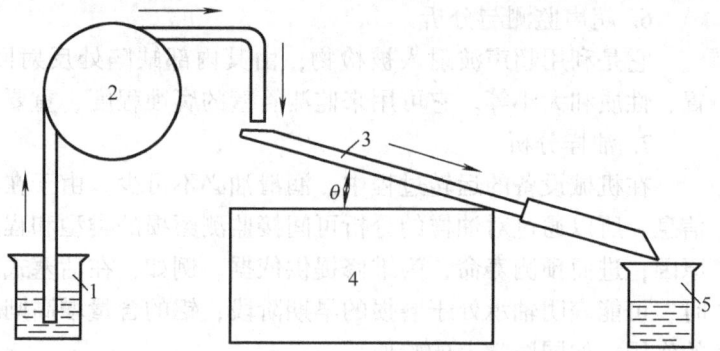

泄漏检测的方法很多，主要有以下几种。

（1）皂液检测法　将皂液涂抹在检测部位上，通过观察皂泡的生成速度、大小和位置进行检测，这是一种使用十分普遍而又价廉的方法。但受环境温度和泄漏部位能否便于检测的制约。

（2）声学法　当气体或液体从裂缝或孔眼中逸出时，收集这种过程发出的声信号，将它放大用仪表显示。这种检测方法的缺点是难以滤除环境噪声的干扰，使灵敏度降低，限制了仪器的使用范围。

（3）触媒燃烧器　用通电加热的白金丝与逸出的可燃气体或蒸汽接触，产生燃烧而使温度升高，把温升转化为电桥电阻的变化作为电信号由仪表显示。

（4）压力真空衰减测试法　将容器或管道充压密封，然后检测压力或真空的衰减情况，判断泄漏程度。但这种方法不易查出泄漏的部位。

除以上方法外，还可采用氨质谱仪、红外分光仪泄漏检测器、火焰电离仪、光华电离检测器等进行检漏。

10. 厚度检测

机械设备运行一定时期后，由于磨损和腐蚀等原因，厚度逐渐减小。因它们已经安装就位，不能随意停机拆卸检查；有的零部件根本不能用常规方法测量厚度。

现在应用较广的是超声波测厚技术。超声波在固体介质中传播的速度随材料而异，它不能在空气中传播。若将超声波向被测物体发射，它将穿越该物体的厚度，到达空气时又被反射回来。通过测出发射和返回的时间，计算被测物体的厚度。用超声波测厚仪定期、定点地监测易磨损、易腐蚀和侵蚀的管道、容器或零件的壁厚是十分方便的。

11. 性能指标的测定

通过测量机械设备的输入、输出之间的关系及其主要性能指标，来判断其运行状态的变化和工作是否正常，从而进行故障诊断，得到重要信息。

（三）信息的处理

在监测的动态信号中，包含着机械设备状态变化和故障特征的大量信息。由于传递路径、环境噪声的影响，各种机械元件的联合作用，构成的信号成分相当复杂，很难看出机械设备究竟是否正常，有无故障，以及故障的性质和部位等。为此，必须对信号进行加工整理，提取故障特征信息。这是进一步诊断故障原因并采取防治对策的依据，是故障诊断的关键环节之一。

动态信号的分析处理方法有很多，例如时域处理、频域处理、幅值域处理、时差域处理以及传递特性分析等。通过傅里叶变换可以实现频域和时域的相互转换，从而揭示出信号中某些实质性的问题。

频域分析法是以振动信号为基础，依据能量在不同频率上的分布情况来判定机械设备的运行情况。

初期信号的处理主要是通过模拟式分析仪器进行。自计算机迅速发展和快速傅里叶变换技术（FFT）的出现，信号分析技术向数字化方向发展。现代先进的信号分析仪器都采用数字分析方法。目前采用的信号分析仪器有两类：一类是以计算机为核心，用硬件实现 FFT 运算的专用数字或信号分析仪；另一类是采用通用计算机，用软件实现 FFT 运算的数字信号分析系统。它们虽然在形式上有所差别，但分析的基本手段和方法是一致的。

（四）诊断的方法

由于机械设备工作过程复杂，故障因素多样且不确定，各种故障之间的联系又复杂多变，同一种故障类型可以表现出几种症状，而一种症状又对应着几种故障类型，它们没有明显的规律可循，是一种多参数、多变量的模糊关系。因此，利用监测到的状态信息，通过信号处理、识别故障，确定其类型和发生部位，是故障诊断各环节中最困难的一项工作。

目前已应用或研究的诊断方法主要有：

1. 综合比较诊断法

它对振动幅值、频率、相位、转速、位移量、振动形态，以及温度、压力、流量等参数的多种信息进行数据采集和存储，作为数据库保存起来。当机械设备一旦出现异常，通过把目前状态与正常状态进行比较，做出故障原因和状态的判别。这种方法的关键是建立机械设备正常状态下的"标准模式"。某些微机自动诊断系统就是采用这种方法。

2. 振动特性变化诊断法

它是从测量机械设备的振动特性变化来判断故障的原因和部位。例如轴的裂纹诊断，一般在工作转速下是很难识别的，但在转速升降过程中，由于裂纹的开合，有可能在反映敏感的频域上进行诊断。

3. 故障树分析法

故障树分析法（FTA）是一种将系统故障形成的原因由整体至局部按树枝状逐渐细化的分析方法。它能判别系统的基本故障，确定故障的原因、影响和发生概率，通过分析系统的薄弱环节和完成系统的最优化来实现对机械设备故障的预测和诊断。

4. 模糊诊断法

故障因素的多样性、不确定性和复杂性是故障诊断技术中的难点，它很难甚至不可能用精确的数学模型来描述。然而，模糊数学可将各种故障及症状视为两类不同的模糊集合，它们之间的关系能用一个模糊关系矩阵来描述。两个模糊集合中子集合之间的相互关系可以用映射来确定。故障模糊诊断过程就是利用症状向量隶属度和模糊关系矩阵求故障原因向量隶属度，它能反映造成机械设备故障原因的多重性和主次程度，从而可以减少许多不确定因素给诊断带来的困难。

5. 计算机辅助监测与诊断

计算机辅助监测是借助计算机对机械设备进行连续的监测，可在任何时刻都能很好地了解其运行状态。当出现故障时，计算机能及时发出警报，提醒操作人员采取相应措施，及时控制。计算机还能根据获得的有关信号，及时地做出较好的诊断和解释。计算机辅助监测与诊断技术已日趋成熟，应用十分广泛。它的工作效率和经济效益都大大高于人工方法。

6. 人工神经网络方法

基于神经科学研究的最新成果，作为人工智能的一个重要分支的人工神经网络（ANN）方法，是对人脑某些基本特征的简单数学模拟。它具有对故障的联想记忆、模式匹配和相似归纳能力，对形成故障的复杂原因、故障与症状间的复杂对应关系，都能进行分类和识别，实现故障和征兆之间复杂的非线性映射关系。目前人工神经网络方法在机械设备故障诊断领域的应用研究正在蓬勃兴起，它为智能化诊断开辟了一条崭新的途径。

7. 专家系统

专家系统是人工智能又一个重要分支。它是一种以知识为基础的智能化的计算机程序系统，是计算机辅助诊断的高级阶段。专家系统通过逻辑推理，以"规则"、"框架"、"语义网络"等方式表达专家处理故障的知识。通过搜索策略，控制正、逆向推理，完成对故障信号的识别。专家系统能汇集和管理来自不同渠道、学科的专门知识和众多专家的经验，最适合用来解决需要大量知识和经验才能解决的问题。一般计算机软件是由数据和程序两级组成，而专家系统则有数据、知识和推理机3级组成，它包括数据库、知识库、推理机和人机接口4个基本组成部分。研制专家系统是故障诊断技术的必然发展趋势。

8. 网络化

随着计算机网络化的飞速发展，人们共享资源和远程交换数据成为可能。利用光纤光缆、微波、天线通信及计算机网络等通信方式，将故障诊断系统与数字信号系统结合起来组合成网络，从而实现对多台机组的有效管理，减少监测设备的投资，提高系统的利用率。网络化是诊断技术与通信技术、网络技术、计算机技术以及控制技术相结合的产物，它也将是故障诊断技术的必然发展趋势。

第二章 摩擦学理论概述

摩擦是不可避免的自然现象，磨损是摩擦的必然结果，润滑则是改善摩擦、减缓磨损的有效方法。目前，研究摩擦、磨损和润滑及其应用已形成了一门新的学科——摩擦学。

研究摩擦学的目的是使机械运动副的摩擦与磨损受到控制，降低功率、损耗与发热量，提高寿命、可靠性与安全性，降低维修工作量与费用，特别是可以节约能源和材料。

近十几年来，摩擦学的研究与应用已从单纯地研究摩擦、磨损和润滑等方面，向着机械系统、材料技术、状态监测、故障诊断与补偿控制等领域发展，并正在向机械设备维修和管理渗透。

摩擦、磨损和润滑不良是使机械设备产生振动、噪声和温度升高的一个重要原因，并且它们又相互激励。而振动、噪声和温度升高恰恰又是机械设备状态监测与故障诊断的重要参数。机械设备主要是根据监测到的摩擦、磨损、润滑状态，以及技术、经济状态等情况，经过诊断和分析，进行维修决策，确定维修计划和方法，及时地进行状态补偿控制，恢复其原有的性能或消除故障。状态补偿及恢复正是机械设备维修的本质和核心。

摩擦学的研究成果为机械设备维修提供了新的条件。掌握摩擦学理论，将会使机械设备在保养、维修、节能、延长寿命等方面得到更大的效益，有着更大的促进。用摩擦学理论研究机械设备维修有着重大的现实意义。

由于摩擦学涉及的问题很多，它与机械设备维修又有如此重要的关系，因此单独列出一章简要介绍有关摩擦学的基本知识。

第一节 表面性质和接触

摩擦、磨损和润滑都是在物体表面进行的。了解和研究物体表面的性质、固体表面的接触是解决摩擦学问题的基础。

一、表面形貌

不论采用哪种加工技术，物体的表面总是凹凸不平的。表面粗糙度是表示表面凹凸不平的程度，表面愈粗糙，实际接触面积愈小，单位面积压力愈大，要求油膜厚度愈大。反之，粗糙度值愈小，实际接触面积愈大，单位面积压力愈小，要求油膜厚度也就可以小一些。

二、表面结构

不存在任何其它物质（包括自然污染物）的表面叫作纯净表面。在此表面上的分子失去了限制，呈现出活泼的性质。它只能在物体发生显著塑性变形、表面膜被破坏、或在真空下获得。在大气中经切削加工的表面可能形成如图 2-1 所示的典型表面层的结构。

在金属基体 6 的上部为变形层 5，这是表面在加工过程中产生弹性变形、塑性变形和晶格扭曲而形成的加工硬化层。它的硬度较高且有残余应力，金相组织也发生了很大变化。

在变形层的上部为贝氏层 4，这是加工过程中分子层熔化和表层流动而形成的冷硬层，结晶很细，有利于表层耐磨。

在贝氏层上面是氧化层 3，而在氧化层外还有吸附气体分子层 2，以及尘埃、磨屑等形成的污染层1。

在摩擦过程中，表面膜的结构、性质对润滑性能影响很大。若摩擦发生在膜层内，膜的存在使金属摩擦表面不易发生粘着，则摩擦因数降低，磨损减小。

三、表面接触

由于物体微观表面凹凸不平，使两物体表面总是在个别点上接触，如图 2-2 所示。

1. 名义接触面积（A_n）

它指的是两接触物体宏观边界所决定的几何面积，即具有理想光滑平面的两物体接触的面积，如图 2-2 所示 $A_n = ab$。这是一般工程计算中用于求名义单位压力的面积。

2. 轮廓接触面积（A_c）

两物体在外载荷作用下相互挤压时，接触斑点将出现在表面的波峰上。图 2-2 中的小黑圈表示轮廓接触面积微元，它的总和即为 A_c。其大小和表面的轮廓形状及受载的大小有关。

3. 实际接触面积（A_r）

它指的是物体接触时各微凸体发生变形而产生的微接触面积的总和。粗糙表面的接触十分离散，实际接触面积仅占名义

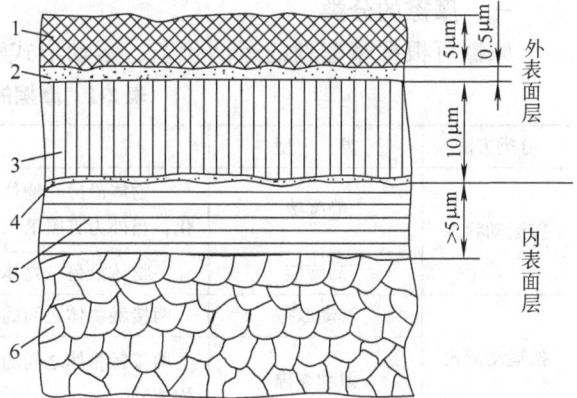

图 2-1 表面层的结构

1—污染层 2—吸附气体分子层 3—氧化层
4—贝氏层 5—变形层 6—金属基体

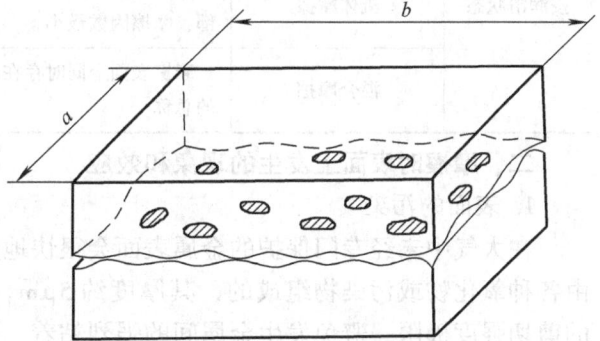

图 2-2 接触面积

接触面积的极小一部分，$A_r = (0.01 \sim 0.001) A_n$。实际接触面积决定着粗糙表面分子间相互作用力的范围，所以对 A_r 的计算是摩擦和磨损分析与计算的主要组成部分，极为重要。

固体在摩擦磨损过程中产生的相互作用和变化都与表面接触状况密切相关。实际表面是由许多形状类似而大小不等的粗糙峰组成。粗糙表面的接触可简化为一个弹性粗糙表面和一个刚性光滑表面的接触，并且假设粗糙表面上的各轮廓峰（微凸体）都是半球体，因而可用赫芝理论说明其弹性变形的特性。

在法向载荷作用下，摩擦表面相互压紧，接触处迅速发生弹性变形和塑性变形，实际接触面积增加。载荷与实际接触面积之间的关系是建立固体摩擦理论的基础之上。这一关系不仅取决于表面形貌，同时还与接触点的变形状态有关。当接触峰点在载荷作用下处于塑性变形状态时，对于任何表面形貌，实际接触面积都与载荷保持线性关系。而当接触点为弹性变形时，只有当粗糙峰高度的分布曲线接近于指数函数时，实际接触面积才与载荷具有线性关系。

第二节 摩 擦

阻止两物体接触表面作相对切向运动的现象称摩擦。这个阻力叫作摩擦力。摩擦力与法向载荷的比值称为摩擦因数。

一、摩擦的分类

摩擦可根据摩擦副的运动状态、运动形式和表面润滑状态进行分类,见表2-1。

表2-1 摩擦的类型及特点

分类方法	类 型	特 点
按运动状态	静摩擦	一物体沿另一物体表面,只有相对运动的趋势;静摩擦力随外力变化而变化;当外力克服最大静摩擦力时,物体才开始宏观运动
	动摩擦	一物体沿另一物体表面有相对运动时的摩擦
按运动形式	滑动摩擦	两接触物体之间的动摩擦,其接触表面上切向速度的大小和方向不同
	滚动摩擦	两接触物体之间的动摩擦,其接触表面上至少有一点切向速度的大小和方向均相同
按润滑状态	干摩擦	物体接触表面无任何润滑剂存在时的摩擦,它的摩擦因数极大
	边界摩擦	两物体表面被一层具有分层结构和润滑性能的、极薄的边界膜分开的摩擦
	流体摩擦	两物体表面完全被润滑膜隔开时的摩擦,摩擦发生在界面间的润滑剂内部,摩擦因数最小
	混合摩擦	摩擦表面上同时存在着干摩擦和边界摩擦,或同时存在流体摩擦和边界摩擦的总称

二、摩擦时表面上发生的现象和效应

1. 表面的污染

在大气中未经专门保护的金属表面会很快地受到污染,表面上将附着一层薄膜,它们是由各种氧化物或污染物组成的,其厚度约$5\mu m$。表面污染膜形成后,会降低摩擦副分界面的剪切强度极限,避免发生金属间的强烈粘着,使摩擦因数降低,磨损减少。

2. 金属的转移

金属表面摩擦时材料会由一个表面转移到另一个表面上,这是正常磨损的一种情况,是金属表面摩擦机理不可分割的部分。但同样也发现过金属的原子和分子从一个表面转移到另一个表面上,使摩擦因数降低,磨损减少,这称为选择性转移。深入研究选择性转移,对提高机械设备的效率和使用寿命有重要作用。

3. 温度作用

物体在相对滑动中,摩擦表面间的能量损失,大部分是以热的形式散发出来,在整个物体里形成温度梯度,产生热应力。摩擦表面的温度对它的摩擦学性能有很大影响:①改变表面的摩擦状态;②硬度随温度升高而降低,表面易破坏,磨损要加剧;③使金属的互溶性随温度升高而变大;④引起金属的相变,改变材料结构。

4. 产生振动

摩擦有助于产生振动,而振动又影响摩擦。摩擦与振动有着密切的联系。

5. 预位移

两摩擦物体在做宏观相对滑动之前,表面间会出现微观滑动称为预位移。机械中的过盈配合联接是在预位移状态下工作的,配合件间是不允许出现塑性位移的。精密机械的许多接合面处,由于存在预位移,会降低它的精度。

6. 冶金效应

在摩擦过程中由于元素扩散和表面粘着作用，两金属间发生元素转移，引起表面成分、硬度、塑性、微凸体大小、几何形状和实际接触面积等一系列变化，这种现象称冶金效应。由温度作用造成的表层组织变化过程也属冶金效应。

7. 化学效应

金属与周围介质、氧之间的相互作用和反应；金属与金属间的相互作用；金属与润滑剂之间的相互作用等均引起化学成分变化，构成化学效应。

三、摩擦定律——库仑摩擦定律

1. 内容

1）物体在外力的作用下沿接触表面滑动或具有滑动趋势时，存在于界面上的摩擦力 F 与法向载荷 N 成正比，即

$$F = \mu N \text{ 或 } \mu = F/N \tag{2-1}$$

式中　μ——摩擦因数，可分为静摩擦因数 μ_s 和动摩擦因数 μ_k，$\mu_s > \mu_k$。

2）摩擦力与接触面积大小无关。

3）摩擦力的大小与速度无关。

2. 适用范围及局限性

1）第 1 条内容通常是正确的，可适用于一般工程实际。但对一些极硬或软的材料，摩擦力和法向载荷间并不是线性的正比关系。

2）第 2 条有其局限性。当两表面加工得很光滑、很清洁时，如块规，它们之间会出现强烈的分子吸引力，此时摩擦力与接触面积不成正比。实际上应说成是与名义面积无关而与真实接触面积有关。

3）第 3 条在一般情况下是对的，但在近代发展起来的弹性流体动压润滑理论中就不适用。

四、摩擦机理

摩擦现象的机理尚未形成统一的理论。目前几种主要的理论简介如下：

1. 机械理论

在摩擦过程中，由于表面存在一定的粗糙度，凹凸不平处互相产生啮合力。当发生相对运动时，两表面上的凸起部分就会互相碰撞，阻碍表面的相对运动，产生摩擦和摩擦力。

2. 分子理论

分子学说认为，摩擦力是由于接触表面双方的分子相互作用力产生的。表面越光滑，摩擦阻力越大。由此推论，摩擦力的大小应与接触面积成比例，但这与试验结果不一致。

3. 机械—分子理论

摩擦过程既要克服分子相互作用力，又要克服机械作用的阻力。摩擦力是接触点上因分子吸引力和机械作用所产生的切向阻力的总和。

4. 粘着理论

接触表面在载荷作用下，某些接触点会产生很大的单位压力、引起塑性变形、形成局部高温，从而发生粘着，运动中又被剪断或撕开而产生运动阻力。粘着、变形、撕裂交替进行，摩擦力就等于其剪切力的总和。

$$F = A_r\tau + F_P \tag{2-2}$$

式中　F——摩擦力；

　　　A_r——实际接触面积；

τ——粘结点的抗剪强度；

F_P——犁沟力，即微凸体挤压到软材料之中。

5．能量理论

大部分摩擦能量消耗于表面的弹性和塑性变形、凸峰的断裂、粘着与撕开，大多数表现为热能。其次是发光、辐射、振动、噪声及化学反应等一系列能量消耗现象。能量平衡理论是从综合的观点、从摩擦学系统的概念出发来分析摩擦过程。影响能量平衡的因素有材料、载荷、工作介质的物理和化学性质，以及摩擦路程等。

五、影响摩擦因数的因素

摩擦因数是表示摩擦材料特性的主要参数之一。常用材料的摩擦因数在一般手册中都能查到。研究摩擦的影响因素，实际上是研究摩擦因数的影响因素，它对维修工作有着重要意义。影响摩擦因数的因素十分复杂，主要有以下因素。

1．润滑条件

在不同的润滑条件下，摩擦因数差异很大，如洁净无润滑的表面摩擦因数为 0.3 ~ 0.5；而在液体动压润滑的表面上摩擦因数为 0.001 ~ 0.01。

2．表面氧化膜

具有表面氧化膜的摩擦副，其摩擦主要发生在膜层内。在一般情况下，由于表面氧化膜的塑性和机械强度比金属材料差，在摩擦过程中，膜先被破坏，金属表面不易发生粘着，使摩擦因数降低，磨损减少。纯净金属材料的摩擦副因不存在表面氧化膜，摩擦因数都较高。在摩擦表面上涂覆铟、镉、铅等软金属，能有效地降低摩擦因数。

3．材料性质

金属摩擦副的摩擦因数，随配对材料的性质不同而变化。相同金属或互溶性较大的金属摩擦副易发生粘着，摩擦因数增大；不同金属的摩擦副，由于互溶性差，不易发生粘着，摩擦因数一般较小。

4．载荷

在弹性接触的情况下，由于真实接触面积与载荷有关，摩擦因数将随载荷的增加而越过一极大值。当载荷足够大时，真实接触面积变化很小，因而使摩擦因数趋于稳定。在弹塑性接触情况下，材料的摩擦因数随载荷的增大而越过一极大值，然后随载荷的增加而逐渐减小。

5．滑动速度

滑动速度对摩擦因数的影响很大，有的结论甚至互相矛盾。在一般情况下，摩擦因数随滑动速度的增加而升高，越过一极大值后，又随滑动速度的增加而降低。有时摩擦因数随滑动速度的减小而增大，并不是由于速度的直接影响，而是速度减小时摩擦表面粗糙凸起相互作用的时间长了，使它们发生塑性变形和增大实际接触面积。

6．静止接触的持续时间

物体表面间相对静止的接触持续时间愈长，摩擦因数愈大，这是由于表面间接触点的变形使实际接触面积增大的结果。

7．温度

摩擦副相互滑动时，温度的变化使表面材料的性质发生改变，从而影响摩擦因数，并随摩擦副工作条件的不同而变化。

8．表面粗糙度

在塑性接触的情况下，由于表面粗糙度对真实接触面积的影响不大，因此可认为摩擦因数不受影响，保持为一定值。对弹性或弹塑性接触的干摩擦，当表面粗糙度达到使表面分子吸引力有效地发挥作用时，机械啮合理论不能适用，表面粗糙度值越小，真实接触面积越大，摩擦因数也越大。

第三节 磨 损

磨损是相互接触的物体在相对运动时，由于机械作用和（或）化学反应（包括热化学、电化学和力化学等），使表层材料不断发生损耗的过程或产生残余变形的现象。因为磨损要毁坏工作表面、消耗材料和能量、影响机械设备功能、降低使用寿命，所以必须避免或减小磨损的危害。

但是，磨损也有可利用的一面。例如，机械设备在磨合阶段的磨损、利用磨损原理的机械加工方法（锉削、磨削、研磨等），都是有益磨损的应用实例。

研究磨损的目的在于认识磨损的机理及规律，从而进一步掌握和控制磨损，减少磨损造成的危害。

一、磨损的分类

现代机械工程通常按摩擦表面破坏的机理和特征对磨损进行分类。各类磨损的名称、内容、特点和实例见表2-2。

表2-2 磨损的基本类型

类 型	内 容	特 点	举 例
粘着磨损	摩擦副作相对运动，由于固相焊合，接触点表面的材料由一个表面转移到另一个表面的现象	接触点粘着剪切破坏	缸套—活塞环、轴瓦—轴、滑动导轨副
磨粒磨损	在摩擦过程中，因硬的颗粒或凸出物刮擦微切削摩擦表面而引起材料脱落的现象	磨粒作用于材料表面而破坏	球磨机衬板与钢球、农业和矿山机械零件
疲劳磨损	两接触表面作滚动或滚滑复合摩擦时，因周期性载荷作用，使表面产生变形和应力，导致材料裂纹扩展和分离出微片或颗粒的磨损	表层或次表层受接触应力反复作用而疲劳破坏	滚动轴承、齿轮副、凸轮副、钢轨与轮箍
腐蚀磨损	在摩擦过程中，金属同时与周围介质发生化学或电化学反应，产生材料损失的现象	有化学反应或电化学反应的表面腐蚀破坏	曲轴轴颈氧化磨损、化工设备中的零件表面

二、典型磨损过程

机械零件正常运行的磨损过程一般分为3个阶段，见图2-3。表示磨损过程的曲线称为磨损曲线。不同的机件由于磨损类型和工作条件不同，磨损情况也不一样，但磨损规律基本相同。

1. 磨合阶段（Ⅰ阶段）

如图2-3中的 O_1A 段，又称跑合阶段。新的摩擦副表面具有一定的表面粗糙度。在载荷作用下，由于实际接触面积较小，故接触应力很大。因此，在运行初期，表面的塑性变形

与磨损的速度较快。随着磨合的进
行，摩擦表面粗糙峰逐渐磨平，实际
接触面积逐渐增大，表面应力减小，
磨损减缓。曲线趋于 A 点时，间隙增
大到 s_0。

磨合阶段的轻微磨损为正常运行、
稳定运转创造条件。通过选择合理的
磨合规程、采用适当的摩擦副材料及
合理的加工工艺、正确地装配与调整，
使用含有活性添加剂的润滑油等措施
能够缩短磨合期。

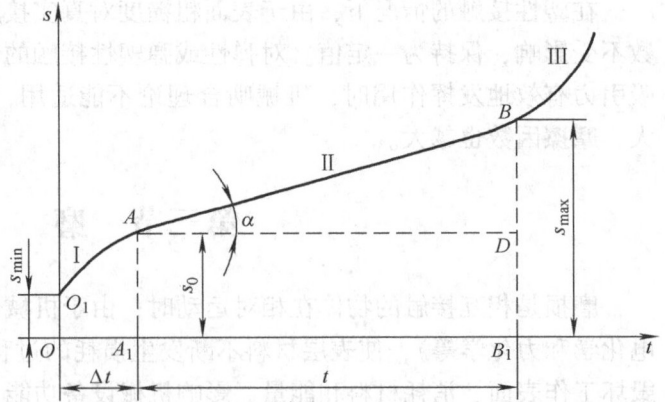

图 2-3　典型磨损过程

2. 稳定磨损阶段（Ⅱ阶段）

如图 2-3 中的 AB 段。经过磨合，摩擦表面发生加工硬化，微观几何形状改变，建立了
弹塑性接触条件。这一阶段磨损趋于稳定、缓慢，工作时间可以延续很长。它的特点是磨损
量与时间成正比增加，间隙缓慢增大到 s_{max}。

3. 急剧磨损阶段（Ⅲ阶段）

如图 2-3 中曲线 B 点以右部分。经过 B 点后，由于摩擦条件发生较大的变化，如温度快
速增加，金属组织发生变化，使间隙 s 变得过大，增加了冲击，润滑油膜易破坏，磨损速度
急剧增加，致使机械效率下降，精度降低，出现异常的噪声和振动，最后导致意外事故。

掌握磨损规律的意义在于：

第一，了解机件一般工作在稳定磨损阶段，一旦转入急剧磨损阶段，机件必须进行修复
或更换。机件在两次修复中间的正常工作时间 t 可由下式算出（见图 2-3）

$$\tan\alpha = \frac{BD}{AD} = \frac{s_{max} - s_0}{t}$$

则

$$t = \frac{s_{max} - s_0}{\tan\alpha} \tag{2-3}$$

式中　$\tan\alpha$——磨损强度。

第二，磨损的发展过程是由自然（正常的）磨损和事故（过早的、迅速增长的或突然
发生意外的）磨损组成。自然磨损是不可避免的，事故磨损可以延缓，甚至避免。我们的
任务就是要采取措施减小磨损程度，尽量缩短磨合时间，增长正常工作时间，延长使用寿
命。例如提高机件的强度和耐磨性，改善工作条件，提高修复、装配质量，进行良好的润滑
和维护等。

研究磨损规律，就是要掌握各种零部件磨损的特点，以便制定合理的维修策略和计划。

三、磨损的表示法

为了说明材料磨损程度和耐磨性能，需要用定量方法表征磨损现象。

1. 磨损量

它是表示磨损过程结果的量。常用尺寸、体积或重量的减少量来表达，即线性磨损量 U
（单位为 mm 或 μm）、体积磨损量 V（单位为 mm^3 或 $μm^3$）和质量磨损量 G（单位为 g

或 mg)。

2. 磨损率

它是指磨损量对产生磨损的行程或时间之比。它可用 3 种方式表示，单位滑动距离的磨损量；单位时间的磨损量；每转或每一往复行程的磨损量。

3. 耐磨性

它表示材料抵抗磨损的性能。它以规定的摩擦条件下的磨损率的倒数表示。

4. 相对耐磨性

在相同条件下，两种材料（通常以其中一种材料或试样作为标准材料或标准试样）的耐磨性之比值。相对耐磨性是无因次量，反映相对磨损的程度。

5. 磨损系数

它是单位滑动距离和单位载荷作用下，材料磨损体积与其硬度的乘积

四、磨损的机理

1. 粘着磨损

两个固体表面接触，由于表面不平，实际上是微凸体之间的接触，在相对滑动和一定载荷作用下，接触点发生塑性变形或剪切，摩擦表面温度增高，严重时表层金属局部软化或熔化，使接触点发生粘着或焊合。然后出现粘着—剪断—再粘着—再剪断的循环过程，形成了材料的转移，造成了粘着磨损。

从微观角度解释其机理，则是高的接触应力，造成表面相互嵌入，破坏了表面膜，使纯洁金属接触部分形成了分子相互吸引的条件进行粘着，运动中再撕开，从而产生了一部分分子的转移。

油润滑的金属表面在油膜破裂后可能发生粘着。无油表面在表面污染膜失效后金属才能直接粘着。

粘着磨损的类别、破坏现象、损坏原因及实例见表 2-3。

表 2-3　粘着磨损的分类

类　别	破　坏　现　象	损　坏　原　因	实　例
轻微磨损	剪切破坏发生在粘着结合面上，表面转移的材料极轻微	粘着结合强度比摩擦副的两基体金属都弱	轴与滑动轴承、缸套与活塞环
涂抹	剪切破坏发生在离粘着结合面不远的较软金属浅层内，软金属涂抹在硬金属表面	粘着结合强度大于较软金属的剪切强度	磨机主轴轴颈与巴氏合金轴瓦、重载蜗杆副
擦伤	剪切破坏，主要发生在软金属的亚表层内，有时硬金属亚表面也有滑痕	粘着结合强度比两基体金属都高，转移到硬面上的粘着物质又拉削软金属表面	减速器齿轮表面、内燃机铝活塞壁与缸体
撕脱胶合	剪切破坏发生在摩擦副一方或两方金属较深处，表面严重撕裂，很粗糙，有明显塑性变形	粘着结合强度大于任一基体金属的剪切强度，剪切应力高于粘着结合强度，粘着区域大	主轴—轴瓦、齿轮、凸轮、蜗轮
咬死	摩擦副之间咬死，不能相对运动	粘着结合强度比任一基体金属的剪切强度都高，且粘着区域大，剪切应力低于粘着结合强度	齿轮油泵中的轴与轴承、齿轮副、不锈钢螺栓与螺母

试验证明，粘着磨损存在 3 条规律，材料的磨损量与法向载荷成正比；与滑动距离成正比；与较软材料的屈服点或硬度成反比。

2. 磨粒磨损

它是指一个表面与同它相匹配表面上的质硬物体或硬质颗粒，产生切削或刮擦作用，引起材料表面破坏，分离出磨屑或形成划伤的磨损。磨粒磨损是机械磨损的一种，非常普遍，危害性很大，据统计约占磨损总数的一半。在农业机械、工程机械、建筑机械、矿山机械、运输机械中的许多机械零件因工作条件恶劣，与泥砂、矿石、灰渣等直接接触，发生摩擦，产生不同形式的磨粒磨损。

磨粒磨损按作用力的特点分为凿削式、高应力碾碎式及低应力擦伤式等 3 种形式，其产生的条件、破坏形式和实例列于表 2-4。

表 2-4 磨粒磨损的分类

分 类	产 生 条 件	破 坏 形 式	实 例
凿削式	磨粒对材料表面产生高应力碰撞	从材料表面上凿削下大颗粒金属，被磨金属有较深的沟槽	挖掘机斗齿、破碎机锤头、颚板
高应力碾碎式	磨粒与金属表面接触处的最大压应力大于磨粒的压溃强度	一般材料被拉伤，韧性材料产生变形或疲劳，脆性材料发生裂碎或剥落	磨机衬板与钢球、破碎机的滚轮、轧碎机滚筒
低应力擦伤式	磨粒作用表面的应力不超过磨粒的压溃强度	材料表面产生擦伤或微小切削痕、累积磨损	磨机的衬板、犁铧、溜槽、料仓、漏斗、料车

磨粒磨损的机理有 3 种假说：①微切削假说，即磨粒磨损是由于磨料颗粒沿金属表面进行微量切削过程引起的；②疲劳破坏假说，即磨粒磨损是磨粒使金属表面层受交变应力和变形，使材料表面疲劳破坏；③压痕假说，对于塑性较大的材料，因磨粒在力的作用下压入材料表面而产生压痕，从表面层上挤出剥落物。

总之，磨粒磨损的机理是属于磨料颗粒的机械作用。它在很大程度上与磨粒的相对硬度、形状、大小、固定程度以及载荷作用下磨粒与被磨表面的力学性能有关。磨粒的来源有外界砂尘、切屑侵入、流体带入、表面磨损产物、材料组织的表面硬点及夹杂物等。减少磨粒磨损一般从两方面采取措施，一是防止或减少磨粒进入摩擦表面间；二是增强零件的抗磨性能。

3. 疲劳磨损

摩擦表面材料微体积受循环接触应力作用，产生重复变形，导致裂纹和分离出微片或颗粒，形成了疲劳磨损。疲劳裂纹一般在固体有缺陷的地方出现，这些缺陷可能是机械加工时造成的，也可能是材料在冶金过程中造成的，还可能在金属相之间和晶界之间形成。在摩擦磨损过程中，表面层发生塑性变形和发热，润滑油的作用等条件对疲劳磨损都会产生重要影响。

疲劳磨损形成的原因，按裂纹产生的位置有两种解释。

（1）裂纹从表面产生 在滚动接触过程中，材料表层受到周期性载荷作用引起塑性变形，表面硬化，最后在表面出现初始裂纹，并沿与滚动方向呈小于 45°的倾角方向由表向里扩展。润滑油进入微裂纹、受挤压后产生楔裂作用加速裂纹的扩展。在载荷继续作用下，形成痘斑状的凹坑。

（2）裂纹从接触表层下产生 根据弹性力学，两接触物体在距表面下 0.786b 处（b 为赫芝接触区宽度之半）切应力最大。该处塑性变形最剧烈，在周期载荷作用下的反复变形使材料局部弱化、并在切应力最大处出现裂纹，沿着最大切应力方向扩展到表面，形成疲劳磨损。

疲劳磨损可分成两大类：

1）非扩展性疲劳磨损 在某些新的摩擦表面上，因接触点较少，压力较大，容易产生小麻点状的点蚀。经磨合后，接触面积扩大，实际压力降低，小麻点停止扩展。这种疲劳磨损对运动速度不高的摩擦副影响不大。

2）扩展性疲劳磨损 作用在两接触面上的循环接触应力较大，由于材料塑性差或润滑不当，在磨合阶段就产生小麻点，经过一段时间，小麻点发展成痘斑状凹坑，使零件迅速失效。

根据摩擦表层发生的现象，可以认为疲劳磨损过程是由三个发展阶段组成，表面的相互作用；在摩擦力影响下，接触材料表层性质的变化；表面的破坏和磨损微粒的脱离。

4. 腐蚀磨损

腐蚀磨损是一种机械化学磨损。单纯的腐蚀现象不能定义为腐蚀磨损，只有当腐蚀现象与机械磨损过程相结合时才能形成。腐蚀磨损和上述三种磨损的机理不同，它是一种极为复杂的磨损过程，经常发生在高温或潮湿的环境中，更容易发生在有酸、碱、盐等特殊介质条件下。

腐蚀磨损由于介质的性质、介质作用在摩擦面上的状态以及摩擦材料性质的不同而出现的状况也不一样。常见的腐蚀磨损有以下两大类：

（1）氧化磨损 与空气中的氧作用形成氧化磨损是最常见的一种腐蚀磨损形式。当生成的氧化膜与基体结合牢固时，它起到保护作用，提高了摩擦副的减摩耐磨性能。若在摩擦过程中，氧化膜被磨掉，摩擦表面与氧化介质反应速度很快，立即又形成新的氧化膜，然后又被磨掉，这就是氧化磨损。金属氧化磨损的最显著特征是在摩擦表面沿滑动方向呈均细的磨痕，并产生红褐色片状的 Fe_2O_3 或灰黑色丝状的 Fe_3O_4 磨屑。

影响氧化磨损的因素有滑动速度、接触载荷、氧化膜的强度、介质的含氧量、温度、润滑条件及材料性能等。在通常情况下，氧化磨损比其它磨损轻微得多。

（2）特殊介质腐蚀磨损 金属表面与酸、碱、盐等特殊介质作用，在表面上生成墨斑并逐渐扩展成海绵状空洞，最后在摩擦力的作用下剥落。其机理与氧化磨损相似，但磨损速度较快，摩擦表面遍布点状或丝状磨蚀痕迹，一般比氧化磨损痕迹深。

5. 其它磨损

除上述 4 种基本磨损类型外，还有以下几种。

（1）浸蚀磨损 零件与液体接触并作相对运动，当接触处的局部压力低于液体蒸发压力时，将形成气泡。另外，溶解在液体中的气体也会析出形成气泡。一旦气泡运动到高压区，高压大于气泡压力，气泡立即遭到溃灭，瞬间产生极大的冲击力和高温。气泡形成和溃灭的反复作用，使零件表面产生疲劳破坏，出现麻点直至扩展为海绵状空穴，这种磨损称气蚀磨损。例如水泵零件、水轮机叶片等都能见到这种磨损。

流体夹带尘埃、砂粒、矿物粉末等固体颗粒，以一定的角度和速度冲击固体表面引起的磨损叫冲蚀磨损。例如水泵、水轮机、气力输送管道、火箭尾部喷管等产生的磨损。

气蚀和冲蚀磨损统称浸蚀磨损，是疲劳磨损的派生型式。

（2）微动磨损　它是两个接触物体作相对微振幅振动而产生的一种磨损。其发生过程是：接触压力使接合面上实际承载的微凸体产生塑性变形而发生粘着。微振幅振动使粘着结点受剪脱落，露出基体金属表面。脱落颗粒和新露出的金属表面与大气中的氧起反应生成氧化物。氧化颗粒呈红褐色，不易逃逸而留在接合面上起磨粒作用。若振动应力足够大，微动磨损点形成应力源，使疲劳裂纹扩展，最终导致表面完全破坏。由此可见，微动磨损是粘着、腐蚀、磨粒、疲劳磨损复合作用的结果。它经常发生在相对静止的摩擦副中，如过盈配合的接合面、链传动的链节处，摩擦离合器中摩擦片的接合面和受振动影响的联接螺纹结合面等。

五、影响磨损的因素

影响磨损的因素众多复杂，主要有：零件材料、运转条件、几何因素、环境因素等，详细内容见表2-5。

表 2-5　影响磨损的因素

材　料	运　转　条　件	几　何　因　素	环　境　因　素
成分	载荷/压力	面积	总的润滑剂量
组织结构	速度	形状	污染情况
弹性模量	滑动距离	尺寸大小	外界温度
硬度	滑动时间	表面粗糙度	外界压力
润滑剂类型	循环次数	间隙	湿度
润滑油粘度	表面温升	对中性	空气成分
工作表面物理和化学性质	润滑膜厚度	刀痕	

六、防止或减少磨损的方法与途径

根据磨损的理论研究，结合生产实践经验，防止或减少磨损的方法与途径有以下几方面。

1. 润滑

选用合适的润滑剂和润滑方法，用理想的流体摩擦取代干摩擦，这是减少摩擦和磨损的最有效方法。

2. 正确选择材料

按照基本磨损型式正确选择材料是提高耐磨性的关键之一。应选用疲劳强度高、防腐性能好、耐磨耐高温的新钢种、新材料。同时要注意配对材料的互溶性，使其有合适的组合。

3. 进行表面处理

通过使用各种表面处理方法，如表面热处理（钢的表面淬火等）、表面化学热处理（钢的表面渗碳、渗氮等）、热喷涂、喷焊、镀层、沉积、离子注入、滚压、喷丸等，改善表面的耐磨性。这是最有效和最经济的方法之一。

4. 合理的结构设计

正确合理的结构设计是减少磨损和提高耐磨性的有效途径。结构要有利于摩擦副间表面保护膜的形成和恢复、压力的均匀分布、摩擦热的散逸、磨屑的排出、以及防止外界磨粒、灰尘的进入等。在结构设计中，可以应用置换原理，即允许系统中一个零件磨损以保护另一个重要的零件；也可以使用转移原理，即允许摩擦副中另一个零件快速磨损而保护较贵重的零件。

5. 改善工作条件

尽量避免过大的载荷、过高的运动速度和工作温度，创造良好的环境条件。

6. 提高修复质量

提高机械加工质量，提高修复质量，提高装配质量，提高安装质量是防止和减少磨损的有效措施。

7. 正确地使用和维护

要加强科学管理和人员培训，严格执行遵守操作规程和其它有关规章制度。机械设备使用初期要正确地进行磨合。要尽量采用先进的监控和测试技术。

对于几种基本的磨损类型，防止或减少磨损的方法与途径见表2-6。

表 2-6　防止或减少磨损的方法与途径

磨损类型		防 止 或 减 少 磨 损 的 方 法 与 途 径
粘着磨损		1. 正确选择摩擦副材料，如适当选用脆性材料、互溶性小的材料、多相金属等； 2. 合理选用润滑剂，保证摩擦面间形成流体润滑状态； 3. 采用合理的表面处理工艺
磨粒磨损		1. 选用硬度较高的材料； 2. 控制磨粒的尺寸和硬度； 3. 根据工作条件，采用相应的表面处理工艺； 4. 合理选用并供给洁净的润滑剂
疲劳磨损		1. 合理选用摩擦副材料； 2. 减小表面粗糙度，消除残余内应力； 3. 合理选用润滑油的粘度和添加剂
腐蚀磨损	氧化磨损	1. 当接触载荷一定时，应控制其滑动速度，反之则应控制接触载荷； 2. 合理匹配氧化膜硬度和基本金属硬度，保证氧化膜不受破坏； 3. 合理选用润滑油粘度，并适量加入中性极压添加剂
	特殊介质腐蚀磨损	1. 利用某些特殊元素与特殊介质作用，形成化学结合力较高、结构致密的钝化膜； 2. 合理选用润滑剂； 3. 正确选择摩擦副材料
浸蚀磨损		1. 选用硬质材料能有效地提高干磨粒的冲蚀磨损； 2. 设计上改变粒流的冲击角； 3. 降低物流速率； 4. 增大物流中流体对固体粒子的比例
微动磨损		1. 改进设计，加工和装配工艺； 2. 根据工作条件和环境状态选择材料； 3. 施加润滑剂； 4. 在接触表面之间加入插入物； 5. 采用各种表面强化工艺

第四节 润　滑

润滑是利用润滑剂使摩擦副的接触面隔开，以减少相对运动物体摩擦表面的摩擦力、磨损或其它形式的破坏。润滑的作用一般可归结为：控制摩擦、减少磨损、降温冷却、防止锈蚀、减振等。

1902年斯屈贝克（Stribeck）在详细研究了滑动轴承和滚动轴承中载荷、速度等因素对润滑和摩擦的影响后，得出了Stribeck曲线，见图2-4。后来它被广泛用来描述润滑的普遍特性，即摩擦因数是润滑油粘度、滑动速度和载荷的函数。

一、润滑的分类

1. 根据摩擦副表面间的润滑状态

（1）无润滑（干摩擦）　在相对运动的机件中除了需要制动的以外，不允许没有润滑。

（2）流体润滑（流体摩擦）　两个作相对运动物体的摩擦表面被润滑剂隔开的润滑形式。它完全改变了摩擦性质，理论上不发生磨损。

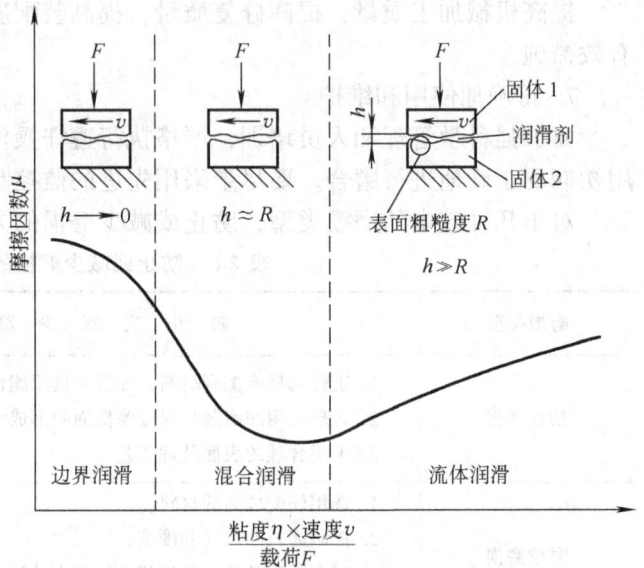

图2-4　Stribeck曲线及润滑状态

（3）边界润滑（边界摩擦）　摩擦面间处于有润滑与无润滑的临界状态。边界润滑是经常发生的，依靠润滑剂分子的物理或化学作用而形成极薄的边界膜，起到润滑作用。

（4）混合润滑（混合摩擦）　摩擦表面上由于油膜不连续而使边界润滑与无润滑同时存在、流体润滑与边界润滑同时存在的总称。混合润滑的摩擦因数和磨损，其大小在很大的范围内变化，与油膜的破坏程度、部位、恢复能力有关。

2. 按润滑介质

（1）气体润滑　用气体，例如空气、氧气、氮气、二氧化碳、氢气等作润滑剂。

（2）液体润滑　以动植物油、矿物油、合成油、水、乳化液和液态金属等作润滑剂。其中矿物油应用最广泛。

（3）半液体润滑　它是在液体润滑剂中加入稠化剂而成的半固体膏状物，即润滑脂作润滑剂。

（4）固体润滑　它是利用固体粉末、薄膜或复合材料代替润滑油、脂，达到润滑目的。常用的固体润滑剂有无机化合物、有机化合物和金属。如石墨、二硫化钼、聚四氟乙烯、尼龙、铅等。

此外，按润滑剂的供应方法分为：分散或单独润滑、集中润滑、油雾润滑等；按供油的时间和有否压力分为：间歇润滑、连续润滑、常压润滑、压力润滑等；根据润滑系统特点分为：流出（不循环）润滑系统、循环润滑系统、混合润滑系统等。

二、润滑的机理

1. 液体动压润滑

利用摩擦表面形状和相对运动，使润滑油自然产生油压，把接触着的两个表面分开，这种情况称为液体动压润滑。

图 2-5 所表示的是滑动轴承液体动压润滑的形式。当轴处于静止状态时，见图 2-5a，有间隙 s，轴在载荷 F 的作用下被支承在轴承的下部。当轴开始转动时，见图 2-5b，由于润滑油的粘性使轴对润滑油有携带作用，油被轴由轴承楔形间隙的宽空隙带到狭窄空隙，并集结产生压力——形成"油楔"。若油楔产生的压力平衡轴的载荷时，便把轴在轴承中"浮起"，见图 2-5c。当油膜的厚度使轴颈和轴承表面完全分开时，即实现液体动压润滑。

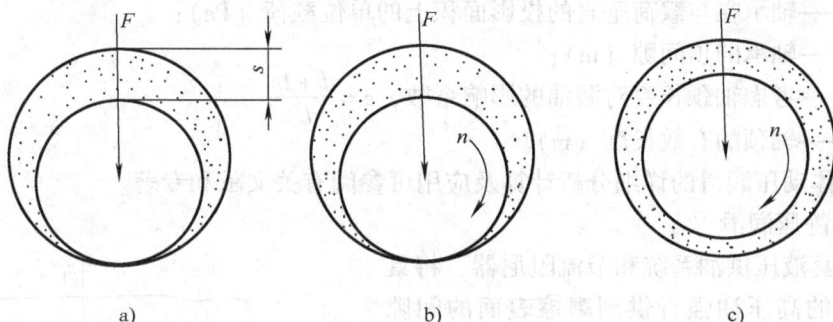

图 2-5　滑动轴承液体动压润滑的形式

实现液体动压润滑的条件是：①两相对运动的摩擦表面，必须沿着运动方向上有一个倾角，即能形成收敛的楔形间隙；②两表面间应该具有足够大的相对运动速度，其运动方向必须从楔形间隙较大的一端向着较小的一端；③润滑油必须具有适当的粘度，能保证连续供应，油量充足；④外载荷必须小于油膜所能承受的负荷极限值。

上述 4 个条件，特别是后三个条件在控制液体动压润滑状态最小油膜厚度方面，相互是有联系的，必须匹配合适。

液体动压润滑的理论基础是著名的雷诺方程。其一维的雷诺方程式是

$$\frac{\mathrm{d}F}{\mathrm{d}x} = 6\eta v \frac{h - h_0}{h^3} \tag{2-4}$$

式中　$\dfrac{\mathrm{d}F}{\mathrm{d}x}$——油膜压力 F 沿 x 轴方向的变化规律，又称压力梯度；

　　　η——润滑油的动力粘度；

　　　v——表面的滑动速度；

　　　h——油膜厚度；

　　　h_0——油膜的初始厚度（见图 2-6）。

这个公式表明，两个表面形成收敛的楔形，对于产生液体动压是个极为重要的条件。很明显，如果 h 在 x 坐标方向上没有变化，即 $h = h_0$，这样，在所有的 x 值处将有 $\dfrac{\mathrm{d}F}{\mathrm{d}x} = 0$，不会产生液体动压。油压的变化与油的粘度、表面滑动速度和油膜厚度的变化有关，利用这个方程可求出油膜上各点的压力 F，并通过压力分布算出油膜的承载能力。

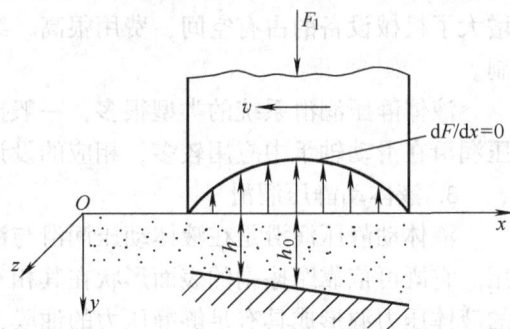

图 2-6　液体动压润滑原理

根据雷诺方程，经一定简化导出液体动压润滑径向轴承的最小油膜厚度公式

$$h_{min} = \frac{d^2 n\eta}{18.36qsc}$$ (2-5)

式中　h_{min}——最小油膜厚度（m）；

　　　d——轴的直径（m）；

　　　n——轴的转速（r/min）；

　　　η——润滑油的动力粘度（Pa·s）；

　　　q——轴承在与载荷垂直的投影面积上的单位载荷（Pa）；

　　　s——轴承的顶间隙（m）；

　　　c——考虑轴颈长度对漏油的影响系数，$c = \frac{d+L}{L}$；

　　　L——轴颈的有效长度（m）。

有关液体动压润滑的详细分析计算及应用可参阅有关文献和专著。

2. 液体静压润滑

通过一套液压供油系统和节流阻尼器，将具
有一定压力的高压油强行供到摩擦表面的间隙
中，使两相对运动的摩擦表面，在尚未运动之前
就被高压油分隔开，从而保证运动副在承受一定
载荷的情况下，完全处于液体润滑状态，称为液
体静压润滑，如图2-7所示。

液体静压润滑的主要特点是摩擦表面在很宽
的速度范围内以及静止状态下都能承受外力作用
而不发生磨损。而在液体动压润滑状态下，摩擦
面在低速范围及静止状态下无法形成具有足够压
力的油膜承受载荷，因此出现半干摩擦，表面产
生磨损或其它损伤，寿命缩短。液体静压润滑的

图 2-7　液体静压润滑原理

优点有：①起动摩擦阻力小，节能；②使用寿命长；③可适应较广的速度范围；④抗振性能
好；⑤运动精度高；⑥能适应各种不同的要求。但是，它需要专用的液压供油系统及装置，
增大了机械设备的占有空间，费用很高，维护和管理比较麻烦，所以它的应用受到了一定限
制。

液体静压润滑系统的类型很多，一般按供油方式分为定压供油和定量供油系统。液体静
压润滑在滑动轴承中应用较多，相应的设计与计算可参阅有关文献和专著。

3. 液体动静压润滑

液体动静压润滑是在液体动压润滑与液体静压润滑的基础上发展起来的，兼有两者的作
用。它既可依靠摩擦副的表面形状在其相对运动时形成具有一定压力的油膜，又能利用外部
的液体压力源形成具有足够静压力的油膜，使摩擦表面之间在静止、起动、停止、稳定运动
或工况交变状况下均能具有润滑油膜，从而降低起动转矩，防止表面间的干摩擦、半干摩擦
及磨损、使用安全、温升和功率损耗较低，精度保持性好。因此，液体动静压润滑在大型、
高速、重载、精密机床和机械中正在得到日益广泛的应用。

液体动静压润滑系统的理论基础大致和动压与静压系统相同。根据工作原理分为3种基

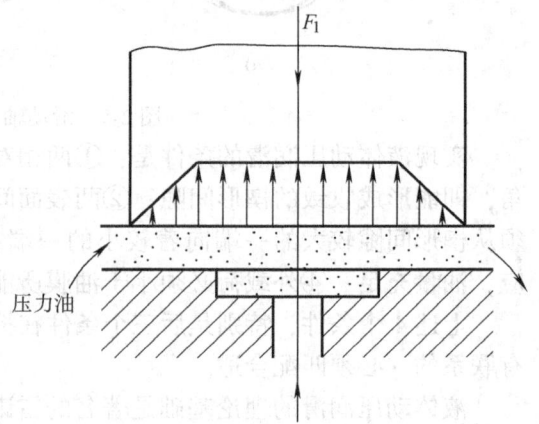

本类型，即①静压浮起、动压工作，常用于重载的球磨机、轧钢机、水轮发电机、重型机床等，特别是带载荷起动的机械；②动静压混合作用，常用于机床，特别是机床主轴轴承；③静压工作为主，动压作用为辅，常用于主轴旋转精度要求较高的精密机床。

4. 弹性流体动压润滑

对于齿轮、蜗轮、凸轮、滚动轴承等点或线接触的摩擦副、接触区单位面积上的压力很高，材料的弹性变形又很大，润滑油在此区内压力也很高而使粘度剧增。在综合考虑流体动压效应、弹性体接触变形和润滑油压粘特性三者基础上而确立的压力润滑油膜，将摩擦表面分离开来的润滑状态称弹性流体动压润滑，简称弹流润滑（EHL 或 EHD）。

由于弹流润滑计算必须考虑接触表面的弹性变形，润滑油粘度随压力和温度变化的影响，然后求出润滑油膜几何形状和其中的压力分布情况，而且它们之间又相互影响，因此不能用一般计算方法进行计算，只有用迭代法并借助电子计算机采用数值计算进行求解，计算比较复杂。对于弹流润滑的设计计算和应用需参阅有关文献与专著。

5. 边界润滑

液体润滑是比较理想的润滑，除了轴承和导轨以外不易实现。当机械的运动速度很低，而载荷又很大时，即使用粘度很大的润滑油也很难在摩擦表面间形成完整的油层。此时，液体润滑膜遭到破坏，但接触面上仍然存在着一层极薄的、约为 0.01μm 的油膜，称为边界膜。它依靠润滑油或添加剂分子的物理或化学作用力而形成，牢固地吸附在摩擦表面上，在一定程度上继续起保护摩擦表面的作用。这时两摩擦面间的摩擦是由边界膜的性质决定的，处于液体摩擦和干摩擦之间的一种润滑状态，称为边界润滑。

边界润滑具有较低的摩擦因数，能有效地减少磨损、延长使用寿命、提高承载能力、扩大使用范围。

边界膜按其结构形式不同可分为两类：①润滑剂的极性分子吸附在摩擦表面上所形成的边界膜称吸附膜；②含硫、磷、氯等元素的润滑油添加剂能与摩擦表面起化学反应，生成的一层边界膜叫化学反应膜。边界膜的分类、特点、形成条件及适用范围见表 2-7。

表 2-7　边界膜的分类、特点、形成条件及适用范围

分 类		特 点	形成条件	适用范围
吸附膜	物理吸附膜	由分子吸引力使极性分子定向排列，吸附在金属表面。吸附与解吸完全可逆	在（2000～10000）×4.186J/mol 的吸附热时形成，在高温时解吸	常温、低速、轻载
	化学吸附膜	由极性分子的有价电子与基体表面的电子发生交换而产生的化学结合力，使金属皂的极性分子定向排列，吸附在金属表面上，吸附与解吸不完全可逆	在（10000～100000）×4.186J/mol 的吸附热时形成，在高温时解吸，随之发生化学变化	中等温度、速度、载荷
反应膜	化学反应膜	硫、磷、氯等元素与金属表面进行化学反应，生成金属膜。这种膜的熔点高、抗剪强度低、且反应是不可逆的	在高温条件下反应生成	重载、高温、高速
	氧化膜	金属表面由于结晶点阵原子处于不平衡状态，化学活性比较大，极易与氧反应形成氧化膜	在室温下无油纯净金属表面氧化生成	只能起瞬时润滑作用

当边界膜是吸附膜时，吸附在金属表面的极性分子形成定向排列的分子栅。它既可以是单分子层吸附膜的定向结构，也可以形成多分子层吸附膜。当单分子层吸附膜达到饱和时，极性分子紧密排列，分子间的内聚力使吸附膜具有一定的承载能力，有效地防止两摩擦表面直接接触。摩擦副滑动时，表面的吸附膜如同两个毛刷子相互滑动一样，降低了摩擦因数，起到了润滑作用。

当边界膜是反应膜时，由于摩擦主要发生在这个熔点高、抗剪强度低的反应膜内，有效地防止金属表面直接接触，也能使摩擦因数减小。

图 2-8 是边界润滑机理模型。由于边界膜较薄和表面凹凸不平，在载荷的作用下，接触微凸体的压力很大。当两表面相互滑动时，接触点上的温度很高，导致这部分的边界膜破裂，产生金属直接接触及粘着。此时，摩擦力为剪断表面粘着部分的剪切阻力与边界膜分子间的剪切阻力之和。图中 α 是在承担载荷面积内发生金属直接接触部分的百分数，A 为承担全部载荷的面积。

当边界膜能起很好的润滑作用时，摩擦因数决定于边界膜内部的抗剪强度。由于它比干摩擦时金属的抗剪强度低得多，所以摩

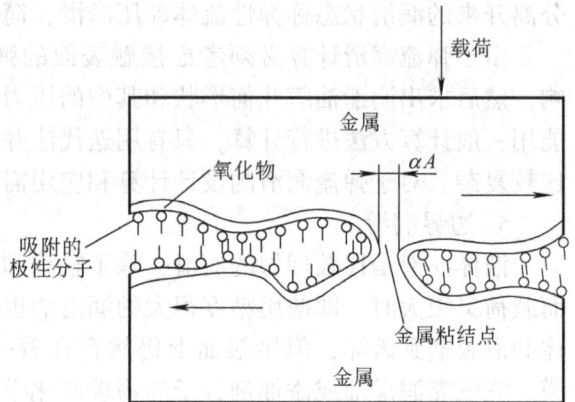

图 2-8　边界润滑机理模型

擦因数也小得多。当边界膜的润滑效果比较差时，α 值比较大，即摩擦面的金属粘接点较多，因而摩擦因数增大，磨损也增大。在边界润滑状态下，摩擦表面的摩擦特性是依靠边界润滑剂的作用来改善的。

对边界润滑剂的要求有 3 方面：①润滑剂的分子链环之间具有较强分子吸引力，能阻止表面微凸体将润滑剂膜穿透，因而可以缓和磨损过程；②润滑剂在表面所生成的膜具有较低的抗剪强度，即摩擦力较小；③润滑剂在表面所生成膜的熔点要高，以便在高温下也能产生保护膜。常用的边界润滑剂有固体润滑剂和添加有油性、极压与抗磨等类添加剂的液体润滑剂。如在润滑油中添加极性化合物硬脂酸形成边界吸附膜。油性添加剂除脂肪酸之外，还有油酸、氯化油脂、硫化油脂等。在润滑油中添加极压和抗磨添加剂，如氯化石蜡、二苯基二硫化物及二烷基二硫代磷酸锌等，形成化学反应膜。

影响边界膜润滑性能的主要因素有①分子结构；②温度；③速度；④载荷；⑤表面粗糙度等。

6. 混合润滑

混合润滑属于不稳定润滑。此时既存在润滑油粘度所产生的粘滞阻力，也存在金属表面微凸体接触所产生的摩擦阻力。

混合润滑可应用部分弹流润滑理论予以解释，即分别从光滑表面的弹流润滑理论，结合粗糙表面微凸体接触可产生摩擦来同时考虑。在混合润滑时，油膜厚度 h 与表面粗糙度综合值 R 的比值 λ 一般为小于 3 而大于 $0.4 \sim 1$。即

$$\lambda = \frac{h}{R} \qquad \overline{\text{而}} \ R = (R_1^2 + R_2^2)^{1/2} \tag{2-6}$$

式中　R_1、R_2——两表面相应的表面粗糙度值 R_a。

为了判断混合润滑状态下的变形是弹性还是塑性，常引入"塑性指数"Ψ

$$\Psi = \frac{E^1}{H} \sqrt{\frac{R_q}{\rho}} \tag{2-7}$$

式中　E^1——两表面的当量弹性模量（Pa）；

$$1/E^1 = \frac{1-\nu_1^2}{E_1} + \frac{1-\nu_2^2}{E_2}$$

ν_1 和 ν_2——两表面的泊松比；

E_1 和 E_2——两表面的弹性模量；

H——软表面的硬度（HBS）；

R_q——表面轮廓的均方根偏差（μm），$R_q \approx (1.1 \sim 1.5) R_a$；

ρ——两表面粗糙峰的综合峰顶曲率半径（μm），$1/\rho = 1/\rho_1 \pm 1/\rho_2$

ρ_1 和 ρ_2 分别为两表面的曲率半径，式中"＋"号用于外接触，"－"号用于内接触。

$\Psi < 0.6$ 时，属于弹性接触，表面不会粘着；$\Psi > 10$ 时是塑性接触，表面粘着；$0.6 < \Psi < 10$ 时是弹性与塑性混合状态。

三、润滑剂

凡是能降低摩擦阻力、减轻磨损的介质都可作为润滑剂。

1. 润滑剂种类

（1）液体润滑剂　主要有动植物油、矿物油、合成油、水和液态金属等。动植物油是最早使用的润滑油，因含有较多的硬脂酸，油性好，常用作添加剂，但其稳定性差、易变质、来源有限、使用不多。矿物油主要是石油产品，由于品种多、粘度范围广、性能稳定、防腐性强、来源充足、价格低廉，因此应用相当广泛。为满足有些特殊要求，合成油正在日益发展，它不是从石油中制取的，而是有机溶液、树脂工业聚合物处理过程中的衍生物，是中性液体介质，其某些性质与矿物油相似，但它适用面较窄、费用极高，一般机械设备很少应用。

（2）半液体润滑剂（润滑脂）　俗称黄油、干油、牛油。它是在液体润滑剂（基础油）中加入稠化剂而成的半固体膏状物。此外还常加入一些添加剂，以增加抗氧化性和油膜强度。由于润滑脂的稠度大、不易流失、承载能力也较大、密封装置简单、且不需经常换油和加油，因此多用于加油困难、低速、重载、有冲击载荷或间歇运动的场合。但它的物理和化学性质不如润滑油稳定、摩擦功耗大、不宜在温度变化大或高速下使用，应用范围仅次于润滑油。

（3）固体润滑剂　它是利用固体粉末、薄膜或复合材料代替润滑油、脂，达到润滑目的。主要用于极低温、高温、高压、强辐射、太空、真空等特殊工况条件或不允许污染、不易维护、无法供油的场合。它的减摩和抗磨效果一般不如润滑油和脂。固体润滑剂主要有无机化合物、有机化合物和金属，如石墨、二硫化钼、聚四氟乙烯、尼龙和铅等。

（4）气体润滑剂　空气、氧气、氮气、二氧化碳以及氢气、卤素化合物等都可作气体润滑剂。其中最常用的是空气，它对环境没有污染。气体的粘度低、摩擦阻力极小、温升很低，特别适用于高速、轻载场合。气体的粘—温变化小、性质稳定，能在低温（－200℃）

或高温（2000℃）的环境中应用。但气体润滑的气膜厚度和承载能力都较小。

2. 对润滑剂的性能要求

（1）基本的润滑性能　包括适当的流动性或塑性、润滑性、纯净无污染、贴附能力、抗乳化能力、有较低的摩擦因数、有良好的吸附及楔入能力、有一定的内聚力等。

（2）保证本身的使用寿命，包括化学稳定性、较低的挥发性、排气度好、抗水冲洗力强、抗泡沫性好、能抗核辐射等。

（3）保护润滑表面　包括不腐蚀润滑表面、抗锈性好、抗火性好、密封性好。

3. 润滑剂的主要质量指标

（1）润滑油

1）粘度　油的分子间摩擦阻力即油的粘度。它表示油抵抗剪切变形的能力、油的内部粘稠程度，是油的最重要、最基本的性能指标，是选油的主要标准，并用以划分油的牌号。油的粘度越大，形成的油膜越厚，内摩擦阻力越大、流动性越差。表示粘度的方法很多，通常可分2种。

①动力粘度　根据牛顿粘性定律"在粘性液体任何一点的切应力与剪切变形率（即速度梯度）成正比"，可得牛顿粘性公式

$$\frac{F_\tau}{A} = \eta \frac{dv}{dz} \tag{2-8}$$

式中　F_τ——剪切力；

　　　A——液层面积；

　　　dv——两个液面间速度；

　　　dz——液层间距；

　　　η——表示液体粘性模量称粘度。

动力粘度又称绝对粘度，通常用 η 表示，单位是帕秒（Pa·s）。

②运动粘度　它是油的动力粘度与同温度下油密度 ρ 的比值

$$\nu = \frac{\eta}{\rho} \text{ 或 } \eta = \nu\rho \tag{2-9}$$

通常用 ν 表示运动粘度，单位是 m²/s。在工程中也有用 1cm²/s 称 1st（斯）表示，它的百分之一称 cst（厘斯），应用很广。一般润滑油的牌号是以运动粘度厘斯为单位的平均值。关于粘度的新旧标准对照，数值的对应关系和换算公式可参阅有关手册和资料。

润滑油粘度随温度变化的性质称"粘温特性"，国际上用粘度指数 $V.I$ 表示。压力在5MPa时对润滑油粘度的影响不大，一般不予考虑。当压力较高时，随压力增大，粘度也加大的特性称"粘压特性"，它对弹流润滑的影响尤为重要。

压力对粘度的影响可用下式表示

$$\eta_p = \eta_o e^{\alpha p} \tag{2-10}$$

式中　η_p——润滑油在压力 p 时的动力粘度；

　　　η_o——润滑油在大气压力下的动力粘度；

　　　e——自然对数的底 $e = 2.718$；

α——粘压系数，取决于润滑油性质，一般润滑油 $\alpha = (1\sim3)\times10^{-8}m^2/N$；

p——润滑油所受压力（Pa）。

2）油性　它是润滑油中极性分子润湿或吸附于摩擦表面形成一层边界油膜的性能，是影响边界润滑性能好坏的重要指标。吸附能力越强，油性越好。

3）极压性能　普通润滑油的极压性能都不好，需依靠添加抗磨极压剂（含硫、磷、氯的有机极性化合物）来改善这种性能。

4）闪点和燃点　润滑油在火焰下闪烁时的最低温度为闪点。闪烁时间持续 5s 以上的最低温度称燃点，这是衡量润滑油易燃性的尺度。在较高温度和易燃环境中润滑，应选用闪点高于工作温度 20～30℃ 的油。

5）凝点　是指润滑油在规定条件下不能自由流动时的最高温度，它是润滑油在低温下工作的一个重要指标。一般润滑油的使用温度应比凝点高 5～7℃。

6）氧化安定性　氧化是油品变质的主要原因，温度是影响氧化程度的最主要因素。当温度在 100℃ 以上时，油很快就被氧化。

7）机械杂质　它是润滑油中不溶于溶剂的沉淀物或胶状悬浮物的含量。机械杂质将加速磨损，堵塞油路，破坏润滑，促使油变质。

8）水分　润滑油中有水分存在会破坏油膜，加速有机酸对金属的腐蚀作用，使添加剂发生水解而失效，影响润滑效果。

9）其它　包括反映腐蚀性能的酸值，反映激烈搅动而不起泡的抗泡性，以及残炭、灰分等。

（2）润滑脂

1）针入度　表征润滑脂稀稠程度的指标，标志润滑脂内阻力的大小和流动性的强弱。针入度越小，润滑脂越稠，承载能力强，密封性能好；反之，流动性越强，易被挤出。国产润滑脂牌号是以针入度大小为依据划分的，级号越小，针入度越大，润滑脂越稀。

2）滴点　它表示润滑脂由胶态变液态的温度，是脂的耐热性指标。滴点越高，耐热性越好，脂允许的工作温度也越高。滴点用按规定加热试管中的脂开始滴下第一滴时的温度来表示。一般取脂的工作温度低于该脂的滴点 20～30℃。

3）机械安定性　它是指润滑脂在使用中抵抗机械破坏的能力。通常用微针入度计测定脂在进入滚筒试验前后的针入度值之差来表示机械安定性。此差值越大，机械安定性越差，使用寿命也越短。

4）其它　包括水分、灰分、抗水性、抗磨性、流变性等。

几种润滑剂的主要性能对照见表2-8。

表2-8　几种润滑剂的主要性能对照

润滑性能	润滑油	润滑脂	固体润滑剂	气体润滑剂
1. 液体动压润滑	极好	尚可	无	好
2. 边界润滑	劣到极好	好到极好	好到极好	常常不好
3. 冷却	很好	不好	无	尚可
4. 低摩擦	尚可到好	尚可	劣	极好
5. 供油方便性	好	尚可	劣	好

（续）

润滑性能	润滑油	润滑脂	固体润滑剂	气体润滑剂
6. 在轴承中保持性	不好	好	很好	很好
7. 对外界污染的密封	不好	好	可以到好	很不好
8. 对周围介质防护	可到极好	好到极好	不好到可以	不好
9. 温度范围	好到极好	好	很好	极好
10. 挥发性	很高到低	一般低	低	很高
11. 可燃性	很高到很低	一般低	一般低	视气体种类
12. 兼容性	很坏至可	尚可	极好	一般好
13. 润滑剂成本	低至高	相当高	相当高	一般很低
14. 轴承结构复杂性	相当低	相当低	低至高	很高
15. 寿命取决于	降解与污染	降解	磨损	保持供气能力

4. 润滑剂的选用

润滑剂选用不当是造成润滑事故的重要原因。选用润滑剂时要考虑机械设备的使用条件、周围环境条件、润滑剂的性质、质量和耐用程度等方面，对具体情况要作具体分析，顾及诸多复杂因素间的相互影响。重要部位的润滑和影响因素较多时，应进行试验决定。对润滑剂的一般要求是，具有适当的粘度，良好的润滑性，一定的油膜强度和稳定性，无腐蚀作用等。一般情况下可按机械设备使用说明书的规定选取，也可按常规类比决定。

常用润滑油脂的选用应考虑如下因素和相应的原则。

（1）运动速度　摩擦表面间的相对运动速度愈高，润滑油形成油楔的能力愈强，应采用粘度较低的润滑油或针入度较大的润滑脂；运动速度低应选用粘度较高、油性较好的润滑油或针入度较小的润滑脂。

（2）运动载荷　载荷或压强愈大，选用粘度较高的润滑油或针入度较小的润滑脂；载荷小，润滑油油性好，选用的油粘度应较低。低速重载应考虑其承载能力。对边界润滑、重载荷的摩擦副，应选择极压性能好的润滑油。

对于冲击、振动、变载、不等速运动、往复与间歇运动、经常起动及停车、经常反转等工况条件，应选用粘度较高的润滑油或针入度较小的润滑脂。

（3）工作温度　同一种机械设备在南方和北方、夏季和冬季不应选用同一粘度的润滑油。工作温度高应选粘度高、闪点高、油性好、安定性强的润滑油或针入度较小、滴点较高的润滑脂；低温条件下应选粘度较低、凝点低的润滑油或针入度大的润滑脂；温度变化大，应选粘温性能好、油性好、安定性好、抗腐蚀性好的润滑油。

（4）工作环境　在水湿的工作环境中，选用抗乳化性能、油性、防锈蚀性能均较好的润滑油或抗水湿能力强的钙基、锂基润滑脂；灰尘较多的工作环境，尽量用润滑脂，注意防尘和密封；有化学腐蚀气体要选抗腐蚀性好的润滑油或脂。

（5）摩擦副间隙　表面粗糙度、零件特点和位置　间隙小、表面粗糙度小，应选用粘度低的润滑油或针入度大的润滑脂；表面粗糙度大则相反；对润滑油易流失的部位，应选用粘度稍高的润滑油或采用润滑脂。

（6）润滑方法　用手工加油润滑时，为避免油过快流失，应用粘度较高的润滑油；用油绳、油垫润滑时，为使油具有良好的流动性，要用粘度较低的润滑油；在压力循环润滑中，因油温较高，应用粘度较高的润滑油。

按照上述原则选用时，必须注意要根据实际情况加以考虑，切忌生搬硬套。

由于润滑油的优点较多，一般摩擦副多用油进行润滑。在选油时应注意油的品名最好符合所润滑的机械设备或零件的名称，如一般机械用全损耗系统用油、齿轮用齿轮油、主轴用主轴油、内燃机用内燃机油、轧钢机用轧钢机油、液压系统用液压油等。若没有专门用途的品名，则要根据运动副的结构、摩擦特点及主要工作条件，选择用途最接近的油，例如，重载蜗轮的润滑近似于重载齿轮，可用齿轮油。

常用润滑剂的牌号、性能和应用可参阅有关手册或资料。

为改善润滑剂在某些方面的性能，满足高速、重载、高温、低温、真空等特殊工况条件的使用要求，可在润滑剂中加入各种具有独特性能的化学合成物即添加剂。添加剂是现代高级润滑油的精髓。添加剂的种类目前已达数百种，按其所起的作用可分为：①影响润滑剂物理性质的添加剂，如降凝剂、增粘剂、抗泡剂等。②与润滑剂起化学作用的添加剂，如清净分散剂、抗氧抗腐蚀剂、抗氧防胶剂、极压抗磨添加剂等。在工业润滑剂中所用的大部分添加剂有极性物质高分子聚合物和硫、磷、氯等活性元素的化合物。正确选用、合理加入添加剂，并充分利用摩擦化学转移膜技术是提高机械设备润滑水平的重要保证。

为满足各种工况条件的润滑要求，如何正确选用润滑剂和润滑方法，见表2-9。

表2-9 各种工况条件下润滑剂的正确选用和润滑方法

工况条件	润滑剂的正确选用和润滑方法
重载荷	1. 高粘度的油；2. 极压性油；3. 润滑脂；4. 固体润滑剂
高速导致高温	1. 多注油或循环供油润滑；2. 低粘度的油；3. 气体润滑
高温	1. 添加抑止剂油或合成油；2. 高粘度的油；3. 多注油或循环供油润滑；4. 固体润滑
低温	1. 低粘度的油；2. 合成油；3. 固体润滑；4. 气体润滑
磨料多	多注油或循环供油润滑
污染多	1. 循环供油润滑；2. 润滑脂；3. 固体润滑
长寿命润滑	1. 高粘度的油；2. 添加抑止剂油或合成油；3. 多注油或循环供油润滑；4. 润滑脂

5. 常用润滑剂的简易鉴别方法

（1）润滑油

1）水分的检查　①把油注入试管中，观察其透明度，如果不清澈透明而混浊，可初步判定油中含有水分；②在试管内注入约2/3的油，底部加热100～120℃左右，如有气泡出现，并有响声，或在试管壁上凝结成水珠，说明油中有水分；③把无结晶水的白色粉末状的硫酸铜放入装有油的试管中，若硫酸铜变成蓝色并沉淀于底部，说明油中含水。

2）粘度的检查　①在一块置于水平的干净玻璃片上，分别滴上一滴待检查的油和标准质量油，然后将玻璃片倾斜，比较两种油滴流下的速度和距离。流速大、距离远，说明粘度较低；反之粘度则高；②将待检查的油和标准质量油分别装在两支试管中，油面在试管口5mm以下，并用软木塞及蜡封口，再将两支试管同时倒置，观察气泡上升的速度，若被检油比标准油气泡上升的速度快，说明该油的粘度比标准油的粘度低，反之则高。

3）润滑性能的鉴别　将沾有油的姆指和食指相互摩擦，如有粘稠的感觉，说明该油有较好的润滑性能；若感觉发涩，说明润滑性能已劣化。

4）机械杂质的检查　将油注入试管中，静止观察有无悬浮物或沉淀。粘度较高的油，因其色深、透明度差，悬浮杂质不易发现，此时可将该油用汽油稀释后再进行观察。

（2）润滑脂

1）皂基的鉴别　把要鉴别的脂涂抹在铜片上，然后放入装有热水的试管中。如果脂和水不起作用，水不变色，未发生乳化，说明是钙基脂或锂基、钡基脂；若脂很快溶于水，变成了牛奶状半透明的乳白色溶液，则是钠基脂；脂虽然溶于水，但很缓慢又不完全，说明是钙钠基脂。

2）纤维网络结构破坏性的鉴别　把涂有脂的铜片放入装有水的试管中并不断转动。若没有油质分离出来，表明脂的组织结构正常；如果有油珠浮上水面，说明该脂的纤维网络结构已破坏，失去了附着性，不能继续使用。究其原因主要是保管不善、经受振动、存放时间过久等。

3）机械杂质的检查　用手指取少量脂进行捻压，通过感觉判断有无硬颗粒和杂质；把要检查的脂涂在透明的、厚度小于5mm的玻璃板上，涂层厚度约0.5mm，可在光亮处观察脂有无机械杂质和硬的块状物。

四、润滑方法

当润滑剂选定之后，还需要采用适当的方法及装置将其送入润滑部位，这就构成了润滑系统。它包括用以输送、分配、调节、检查、冷却和净化润滑剂，以及压力、流量与温度等参数和故障的指示、报警与监控的整套装置。在润滑工作中，根据各种机械设备的实际工况，合理选择和设计其润滑方法、装置和系统，对保证它们具有良好的润滑状况和工作性能，保持较长的使用寿命，具有十分重要的意义。有关润滑方法的类型及特点见表2-10。

详细内容可参阅有关标准和手册。

表2-10　润滑方法的类型及特点

润滑方法		适用范围	供油质量	结构复杂性	冷却作用	可靠性	耗油量	初始成本	维修工作量	劳务费
润滑油润滑	全损耗性润滑	手工加油润滑	低速、轻载、间歇运转的一般轴承、开式导轨、齿轮	差	低	差	差	大	很低	小	高
		滴油润滑	轻、中载荷，低、中速的一般轴承、导轨、齿轮	中	中	差	中	大	低	中	中
		油绳或油垫润滑	轻、中载荷与低、中速的一般轴承及导轨	中	中	差	中	中	低	中	低
		压力强制润滑	中、重载荷与中、高速的各种机械、轴承、导轨、齿轮	好	高	好	好	中	中至高	中	中
		集中润滑	广泛应用在各种场合	好	高	优	好	中	高	中	中
		油雾润滑	高速、高温滚动轴承、电机、泵、成套设备	优	高	优	好	小	中至高	大	中至高
		油气润滑	高速、高温滚动轴承、导轨、齿轮、电动机、泵、成套设备	优	高	优	好	小	中至高	大	中至高

（续）

	润滑方法	适 用 范 围	供油质量	结 构复杂性	冷却作用	可靠性	耗油量	初 始成本	维 修工作量	劳务费
润滑油润滑	循环润滑	飞溅或油浴润滑	从低速到高速普通轴承、齿轮箱、密闭结构	好	中	好	好	小	低	小	低
		油环、油轮或油链润滑	轻、中载荷普通轴承	好	中	中	好	小	低	小	低
		喷油润滑	封闭齿轮、机构	好	中	好	好	中	中至高	中	中
		压力循环润滑	滑动轴承、滚动轴承、导轨、齿轮箱	优	高	优	好	中	高	中	
		集中润滑	机床、自动化设备、自动生产线	优	高	中	优	中	高	小	中
润滑脂润滑	全损耗性润滑	填装脂封闭式润滑	滚动轴承、小型轴套、亦可用于精密轴承	中	低	差	中	中	低	无	低
		手工补充脂润滑	滚动轴承、导轨、含油轴承	中	低	差	中	低	低	中	高
		手工集中补充脂润滑	滚动轴承、导轨、含油轴承	好	高	差	好	中	中	小	中
		自动集中补充脂润滑	连续运转的重要轴承、高精度滚动轴承、导轨	好	高	中	好	中	中至高	小	中

五、润滑技术

合理润滑的基本要求是：①根据摩擦副的工作条件和作用性质，选用适当的润滑剂；②确定正确的润滑方式和润滑方法，设计合理的润滑装置和系统；③严格保持润滑剂和润滑部位的清洁；④保证供给适量的润滑剂，防止缺油和漏油；⑤适时清洗换油，既保证润滑又要节省润滑剂。

润滑技术与机械设备的可靠性关系极为密切。润滑技术包括：设计制造时的润滑技术和使用时的润滑技术，见图 2-9 所示。它们之间是互相影响和补充的。

如果设计人员没有充分掌握润滑技术，就难以选择适当的润滑剂、润滑方法和装置、材料配伍和结构等。机械设备一旦制造出来要改成其它形式就非常困难，需要付出较高的费用，花费较长的改造时间。然而，经过较长时间的使用与考验后，确属润滑问题，则必须结合修理和改造来改善润滑技术，如更换材料组合、改进密封、更换润滑剂、改善润滑方法和装置等。

操作人员和维修人员的技术水平在很大程度上决定着机械设备的可靠性。在润滑技术中，人的因素相当重要，务必要加强润滑管理、加强润滑技术的培训。

实践经验表明，供油装置的费用在制造费用中所占的比例较小，润滑剂费用在生产费用中所占的比例也较小，但是，它们对机械设备的可靠性、使用寿命，对修理费用的影响却很大，因而作为投资效率必须予以极大的重视。

六、润滑故障

机械设备因润滑不良而产生的故障在各类故障中所占的比例很大，所以必须加强对其研究，采取积极措施预防并减少润滑故障的发生。常见的润滑故障的主要表现形式、内容及原因见表2-11。

综观上述现象和原因，可以看出预防润滑故障的基本措施是正确地进行设计，尤其是合理地选择材料及其组合、选择适当的润滑剂、润滑方法、可靠的润滑装置、以及保证制造和装配质量。其次，是在使用中正确地操作、科学地维护和修理，防止异物侵入，使所产生的热量及时散逸等。

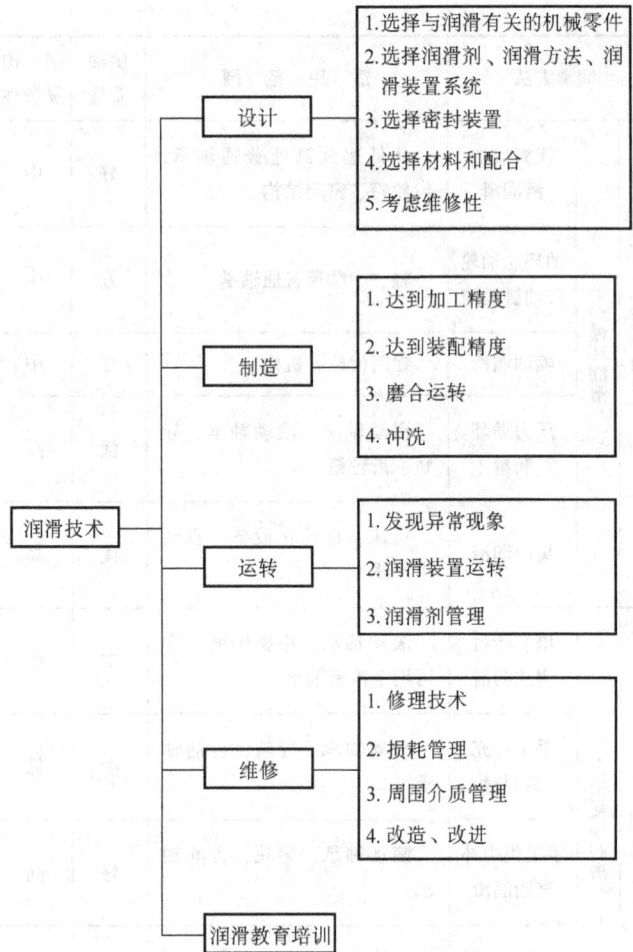

```
润滑技术 ┬─ 设计 ─ 1.选择与润滑有关的机械零件
        │        2.选择润滑剂、润滑方法、润滑装置系统
        │        3.选择密封装置
        │        4.选择材料和配合
        │        5.考虑维修性
        │
        ├─ 制造 ─ 1.达到加工精度
        │        2.达到装配精度
        │        3.磨合运转
        │        4.冲洗
        │
        ├─ 运转 ─ 1.发现异常现象
        │        2.润滑装置运转
        │        3.润滑剂管理
        │
        ├─ 维修 ─ 1.修理技术
        │        2.损耗管理
        │        3.周围介质管理
        │        4.改造、改进
        │
        └─ 润滑教育培训
```

图 2-9　润滑技术

表 2-11　常见润滑故障的主要表现形式、内容及原因

表现形式	内　　容	原　　因
机械运转不灵	1. 运动沉重而不均匀 2. 不能平稳地工作 3. 产生振动及噪声、动力消耗大 4. 电动机过热且达不到要求转速 5. 传动机件过热并受到损伤 6. 有异物、水分混入	1. 摩擦部分设计不当，间隙过大或过小 2. 摩擦部分制造、装配、调整不良 3. 材料和润滑剂选择不当 4. 密封不良、过滤失效、润滑剂管理不善等，造成异物混入 5. 摩擦部分发生磨损、粘着、剥落等损伤，使运动状态恶化 6. 润滑不良
产生振动和噪声	1. 导致机械设备性能降低和环境恶化 2. 严重时造成机械设备过早损坏	同上

（续）

表现形式	内　容	原　因
温度过高	1. 摩擦增大 2. 润滑油氧化失效，发出燃烧的臭味和冒烟 3. 油膜破裂 4. 材料性能下降	1. 强行使摩擦大的机械设备运转，发热显著 2. 润滑油粘度过高、油量过多 3. 摩擦部分和润滑油散热不够，所产生的热不能向外界散逸 4. 运转时发热，使机械设备发生热变形或热膨胀，导致摩擦部分配合精度失常，促进发热
机械不能运转	1. 机械停止运转 2. 机械不能起动	1. 摩擦部分严重损伤 2. 摩擦部分有尘埃、砂土、碎屑等异物侵入 3. 温度过分升高、摩擦部分状态显著恶化或发生粘着、胶合、咬死

第三章 失效理论概述

第一节 概　念

一、定义

机械零件在使用过程中，由于设计、材料、工艺及装配等各方面原因，使其丧失规定的功能，无法继续工作的现象称失效。失效究竟在何时，又以何种方式发生，这是随机事件，人们无法预料。

某个零部件的失效，势必导致整台机械设备的故障、停止运行或局部破坏，造成重大的经济损失，甚至出现人身伤亡。例如：火车因车轴、车轮的断裂而引起出轨、倾覆；轮船因船体断裂而沉没；大型压力容器、锅炉因失效而爆炸；飞机因发动机、机翼等零部件失效而坠毁；海洋石油钻井平台因立柱断裂而覆没等。

随着现代机械设备向高参数发展，零件失效的问题愈来愈突出，成为产生故障的主要原因。因此，研究零件的失效形式、机理及对策，则是追寻机械设备故障的起因和机理的重要内容，也是制定科学的维修策略基础。

据估计，世界上的能源约有 1/3 ~ 1/2 消耗在各种形式的摩擦上。每年因磨损失效而造成的损失大约占国民经济总产值的 1%，一般机械设备中约有 80% 的零件是因磨损而失效报废的。磨损在失效中的地位是非常显著和重要的。由于磨损已在第二章摩擦学理论概述中作了介绍，所以本章只阐述变形、断裂、腐蚀、气蚀和其它失效问题。

二、分类

1）按失效原因分为误用失效、本质失效、独立失效和从属失效等。

2）按工作时间分为早期失效、偶然失效、耗损失效等。

3）按失效发生速度分为突变失效、退化失效、间隙失效等。

4）按失效程度分为完全失效、部分失效。

5）按危害程度分为致命失效、严重失效、一般失效、轻度失效等。

6）按失效可否预测分为突然失效（不可预测）和渐变失效（可以预测）。

还可以按失效机理和失效性质等分类。

三、诱发因素

引起失效的诱发因素可归纳为：应力、环境和时间 3 个基本因素，如图 3-1 所示。

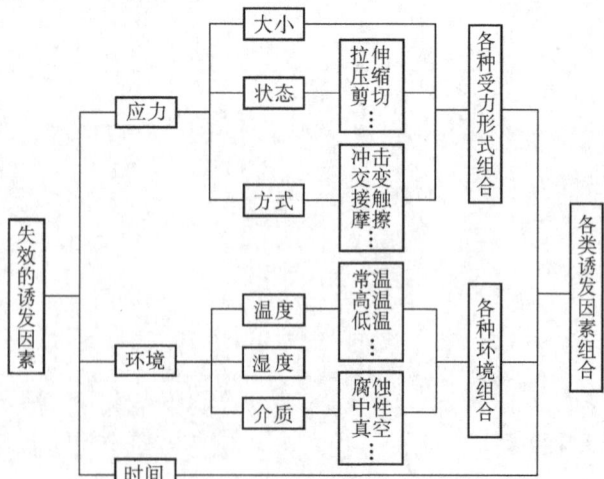

图 3-1　失效的诱发因素

四、形式

失效的主要形式为变形、断裂、损伤（磨损、腐蚀和气蚀）及其它（松动、打滑、老化、泄漏、烧损等），见表 3-1 所示。

表 3-1　失效形式分类

失效类型	失效形式	失效原因	举　例
变形	1. 扭曲	在一定载荷条件下发生过量变形，使零件失去应有的功能而不能正常工作	花键、机架
	2. 拉长		紧固件
	3. 胀大超限		箱体
	4. 高低温下的蠕变		动力机械
	5. 弹性元件产生永久变形		弹簧
断裂	1. 一次加载断裂	载荷或应力强度超过材料的承载能力	拉伸、冲击
	2. 环境介质引起的断裂	环境介质、应力共同作用引起的低应力破断	应力腐蚀、氢脆、腐蚀疲劳
	3. 低周应变疲劳断裂	周期交变作用力引起的低应力破坏	压力容器
	4. 高周应力疲劳断裂		轴　螺栓、齿轮
损伤	1. 磨损	两物体互相接触，表面在接触应力作用下有相对运动，造成材料流失	齿轮、轴、轴承
	2. 腐蚀	有害环境气氛的化学及物理化学作用	与燃气、冷却水、润滑油、大气接触的零件
	3. 气蚀	气泡形成与破灭的反复作用，使表面材料脱落	气缸套、水泵、液压泵、水轮机叶片
其它	1. 老化	因磨损、疲劳、变形、断裂等，使性能降低而出现的有形老化；因使用价值或再生产价格变化而出现的无形老化	各种机械设备及零部件
	2. 泄漏	先天性的，如设计不当，加工工艺、密封件、装配工艺中的质量问题等；后天性的，如使用中密封件失效、维修中修复或装配不当等	箱体漏油、气缸漏气、液压系统漏油

第二节　变　形

多年的维修实践证实，虽然将磨损的零件进行修复，恢复了原来的尺寸、形状和配合性质，但是装配后仍达不到预期的效果。出现这种情况通常是由于零件变形，特别是基础零件变形使零部件之间的相互位置精度遭到破坏，影响了各组成零件之间的相互关系。通常，基础零件形状和结构比较复杂，变形的测量和修复目前还没有简单易行的好方法，再加上变形对机械设备的技术状态和寿命的影响又不容易直接看出来，至今变形问题并没有引起维修工作者的足够重视。在机械设备向高参数化迅速发展的今天，变形问题将愈来愈突出，它已成为维修质量低、大修周期短的一个重要原因。我们应当进一步研究变形的机理，了解变形的规律和危害，掌握产生变形的原因，以便采取措施防止或减少变形。

一、变形的概念

机械设备在工作过程中，由于受力的作用而使零件的尺寸或形状发生改变的现象称变形。变形分弹性变形和塑性变形两种。

1. 弹性变形

弹性变形是指外力去除后能完全恢复的那一部分变形。其机理是晶体中的原子在外力作用下，偏离了原来的平衡位置，使原子间距发生变化，造成晶格的伸缩或扭曲。

弹性变形有以下特点：1）具有可塑性，当外力去除后变形完全消失；2）弹性变形量很小，一般不超过材料原来长度的 0.10% ~ 1.0%；3）在弹性变形范围内，应力和应变成线性关系，符合胡克定律。

许多金属材料在低于弹性极限应力作用下，会产生应变并逐渐恢复，但总是落后于应力，这种现象称弹性滞后或弹性后效。它取决于金属材料的性质、应力大小和状态，以及温度等。金属组织结构愈不均匀，作用应力愈大，温度愈高，则弹性后效愈大。通常，经过校直的轴类零件过了一段时间后又会发生弯曲，就是弹性后效的表现，所以校直后的零件都应进行回火处理。

2. 塑性变形

塑性变形是指外力去除后不能恢复的那部分永久变形。其机理是由于多晶体有晶界存在，各晶粒位向的不同以及合金中溶质原子和异相的存在，不但使各个晶粒的变形互相阻碍和制约，而且会严重阻止位错的移动。晶粒愈细，单位体积内的晶界愈多，因而塑性变形抗力愈大，强度愈高。

塑性变形的特点是：①引起材料的组织结构和性能发生变化；②较大的塑性变形会使多晶体的各向同性遭到破坏而表现出各向异性，金属产生加工硬化现象；③多晶体在塑性变形时，各晶粒及同一晶粒内部的变形是不均匀的，当外力去除后各晶粒的弹性恢复也不一样，因而产生内应力；④塑性变形使原子活泼能力提高，造成金属的耐腐蚀性下降。

在变形中，主要是塑性变形对零件的性能和寿命有很大的影响。

二、变形的危害

机械设备由于工况条件恶劣，经常满载或超载工作，一些零件产生变形是常见的。如：起重运输机的机架、机床的床身、汽车和拖拉机的底盘等。有些零件因形状简单，变形产生的危害比较直观，变形的检查和校正也较容易，曲轴和连杆是最典型的例子。但是，像气缸体、变速箱体、机架、底盘、床身等形状复杂、相互位置精度高、测量检查及校正均比较困难的基础件，它们的变形将使其它零件加速磨损，甚至断裂，还有可能导致整台机械设备被破坏，极大地降低使用寿命，所以变形的危害是十分严重的。

三、变形的原因

机械零件变形的原因虽较复杂，但主要是零件的应力超过材料的屈服强度所致。大致可从下面几个因素分析。

1. 外载荷

当外载荷产生的应力超过材料的屈服强度时，则零件将产生过应力永久变形。这种现象在工况条件恶劣，经常满载或超载工作，频繁制动、停车和起动，有振动和冲击，结构布置不合理等情况下很容易出现。

2. 温度

1）温度升高，金属材料的原子热振动增大，临界切变抗力下降，容易产生滑移变形，使材料屈服强度降低。长期在400℃以上使用的铸铁，反复加热与冷却会使体积膨胀而发生变形，温度愈高，变形愈厉害。这是由于珠光体中的 Fe_3C 在高温下分解为铁素体和石墨，引起体积增大的结果。同时各处体积膨胀不均匀还会产生内应力。

2）当温度超过一定程度时，在一定温度和应力作用下，随着时间的增加，金属材料将缓慢地发生塑性变形，这种现象称蠕变，又叫高温蠕变，例如碳钢的温度高于300～350℃时就会产生蠕变。当温度更高时，产生蠕变的应力则相应变小。

3）如果零件受热不均，各处温差较大，会产生较大的热应力和内应力而引起零件变形。

3. 内应力

有些零件的毛坯为铸件、锻件或焊接件，它们都有一个从高温冷却下来的过程，必然会产生很大的内应力。经热处理的零件也存在内应力。尤其是铸造毛坯，形状复杂、尺寸较大、厚薄不均，在浇铸后冷却过程中，形成拉伸、压缩等不同的应力状态。内应力影响零件的静强度和尺寸的稳定性，不仅使其弹性极限降低，还会产生减小内应力的塑性变形，严重时将引起断裂。毛坯的内应力是不稳定的，通常在12～20个月的时间内逐步消失。但随着应力的重新分布，零件将产生变形。

如果毛坯是在有内应力的状态下进行加工，当切除一部分表面层后，破坏了内应力的平衡。由于内应力重新分布，零件也将产生变形。在切削加工过程中，因装夹、切削力、切削热的作用，零件表层会发生塑性变形和冷作硬化，因而产生内应力，也会引起变形。

虽然对毛坯安排了消除内应力的工序，即时效处理，但内应力不一定消除得那么彻底，将有部分残存下来。在残余应力的长期作用下，使弹性极限降低，产生减少内应力的塑性变形，这种现象称内应力松弛。尤其是箱体类零件和大的基础件，厚薄过渡很多，为残余应力的产生创造了条件，所以内应力松弛而引起的变形问题也就更为突出。

4. 结晶缺陷

产生变形的内在原因是材料内部缺陷，如位错、空位等，特别是位错及其移动和扩散，构成影响变形的主要内在因素。

在金属材料中大量存在的位错是晶体中的线缺陷，是一种易于运动的缺陷，即在较小的切应力作用下即可运动。具有大量位错的材料是不稳定的，当外力长期作用，特别是在高温下，较小的应力就可引起位错而使金属产生滑移变形。

空位是晶体结构中某些结点位置出现的空着的位置，是晶体中普遍存在的一种点缺陷。空位的存在对晶体内在的运动和某些性能有较大的影响，如许多金属有1%的空位率，可使屈服强度改变达100MPa。空位的存在出现了一个负压中心，且空位在一定能量条件下可以产生、合并或消失，它是一种扩散过程，是通过空位的移动达到的。而空位的移动也是原子向空位运动的过程，其结果将引起金属的变形。

零件变形的原因是多方面的，往往是几种原因共同作用的结果。较小的应力也能使零件产生变形，而这种变形并不一定是一次产生的，实际上是多次变形累积的结果。

四、减少变形的措施

变形是不可避免的，我们只能根据它的规律，从上述几个方面的原因采取相应的对策来减少变形。特别是在机械设备大修时，不能只检查配合面的磨损情况，对于相互位置精度也必须认真检查，以便修复。

1. 设计

设计时不仅要考虑零件的强度，还要重视零件的刚度和制造、装配、使用、拆卸、修理等问题。正确选用材料、注意工艺性能，如铸造的流动性、收缩性；锻造的可锻性、冷镦性；焊接的冷裂、热裂倾向；机加工的可切削性；热处理的淬透性、冷脆性等。要合理布置零部件，选择适当的结构尺寸，如避免尖角、棱角改为圆角、倒角；厚薄悬殊的部分可开工艺孔或加厚太薄的地方；安排好孔洞位置，把盲孔改为通孔等。形状复杂的零件在可能条件下采用组合结构、镶拼结构，改善受力状况。在设计中注意应用新技术、新工艺和新材料，减少制造时的内应力和变形。

2. 加工

在加工中要采取一系列工艺措施来防止和减少变形。对毛坯要进行时效以消除其残余内应力。可以将生产出来的毛坯在露天存放 1~2 年，利用内应力在 12~20 个月逐渐消失的特点进行自然时效，效果最佳，但周期太长；也可使毛坯受到高温退火、保温缓冷而消除内应力，即进行人工时效；还可利用振动的作用来消除内应力。复杂零件和精密零件在粗加工后仍要进行人工时效。高精度零件在精加工过程中继续要安排人工时效。

在制定零件机械加工工艺规程中，均要在工序、工步安排上，工艺装备和操作上，采取减少变形的工艺措施。例如，粗精加工分开的原则，在粗精加工中间留出一段存放时间，利于消除内应力。

在加工和修理中要减少基准的转换，保留加工基准而留给维修时使用，减少维修加工中因基准不一而造成的误差。要注意预留加工余量、调整加工尺寸和预加变形，这对于经过热处理的零件来说非常必要。例如变速箱齿轮，要求键宽为 $10_{+0.03}^{+0.09}$ mm，热处理的变形规律为缩小 0.05mm，因此，机加工应控制在 $10_{+0.08}^{+0.12}$ mm，热处理后一般可为 $10_{+0.03}^{+0.07}$ mm，正好在技术范围内。有些零件在知道变形规律之后，可预先加以反向变形量，经热处理后两者抵消；也可预加应力或控制应力的产生和变化，使最终变形量符合要求，达到减少变形的目的。

3. 修理

在修理中，不仅要满足恢复零件的尺寸、配合精度、表面质量等，还要检查和修复主要零件的形状及位置误差；制定出与变形有关的标准和修理规范；设计简单可靠、好用的专用量具和工夹具；大力推广三新技术，特别是新的修复工艺，如刷镀、粘接等，用来代替传统的焊接，尽量减少零件在修理中产生的应力和变形。

4. 使用

加强生产技术管理，制定并严格执行操作规程，不超负荷运行，避免局部超载或过热，加强机械设备的检查和维护。

第三节 断 裂

所谓断裂，是指物体在机械力、热、磁、声响、腐蚀等单独作用或联合作用下，使其本身连续遭到破坏，从而发生局部开裂或分成几部分的现象。它是一种复杂行为，在不同的力学、物理和化学环境下会有不同的断裂形式。例如：机械零件在循环应力作用下会发生疲劳断裂；在高温持久应力作用下出现蠕变断裂；在腐蚀环境下产生应力腐蚀或腐蚀疲劳。

断裂是零件失效的重要原因之一，虽然与磨损、变形相比占失效的百分比要小一些，但随着机械设备日益向着大功率、高转速的方向发展，断裂失效的几率有所提高，尤其是断裂几乎会造成重大事故，产生严重的后果，具有更大的危险性。因此，研究断裂成了日益紧迫的课题。

一、分类

1. 按零件断裂后的自然表面即断口的宏观形态特征分类

（1）韧性断裂 零件在外力作用下首先发生弹性变形。当外力引起的应力超过弹性极限时发生塑性变形。外力继续增加，若应力超过强度极限时发生韧性变形而后造成断裂称韧性断裂。在塑性变形过程中，首先使某些晶体局部破断，裂缝是割断晶粒而穿过，最终导致金属的完全破断。韧性断裂一般是在切应力作用下发生的，又称切变断裂。它的断口其宏观形态是呈杯锥状，或鹅毛绒状，颜色发暗，边缘有剪切唇，断口附近有明显的塑性变形。

（2）脆性断裂 它一般发生在应力达到屈服强度前，没有或只有少量的塑性变形，多为沿晶界扩展而突然发生，又称晶界断裂。它的断口呈结晶状，常有人字纹或放射花样，平滑而光亮，且与正应力垂直，称解理面，因此这种断裂也称解理断裂。它多见于体心立方、密排六方的金属及其合金。低温、应力集中、冲击、晶粒粗大和脆性材料均有利于发生解理断裂。由于这种裂纹扩展速率快，容易造成严重的破坏事故。

2. 按断口的微观形态特征分类

（1）穿晶断裂 这是指裂纹穿过晶粒内部的断裂，它可以是延性的，也可以是脆性断裂。

（2）晶间断裂 这种断裂的裂纹是沿着晶界扩展，多数属于脆性断裂。

3. 按载荷性质分类

（1）一次加载断裂 零件在一次静拉伸、静压缩、静扭转、静弯曲、静剪切或一次冲击能量作用下的断裂称一次加载断裂。

（2）疲劳断裂 经历反复多次的应力作用或能量负荷循环后才发生断裂的现象叫作疲劳断裂。疲劳断裂占整个断裂的80%～90%，它的类型很多，包括拉压疲劳、弯曲疲劳、接触疲劳、扭转疲劳、振动疲劳等。疲劳又根据循环次数的多少分高周和低周疲劳。下面将重点讨论疲劳断裂。

二、疲劳断裂

疲劳断裂的特点是断裂时的应力低于材料的抗拉强度或屈服强度。不论是脆性材料还是延性材料，疲劳断裂在宏观上均表现为脆性断裂。

1. 疲劳裂纹的产生

零件在循环载荷的作用下，在局部引起很大的塑性变形，表面因位错运动将出现一些不

均匀的滑移线或滑移带，在滑移带中产
生一些缺口峰，如图3-2所示。

这是形成疲劳裂纹的最根本原因。
材料的表面或内部缺陷起着尖缺口的作
用，在峰底处将产生高度的应力集中。
由于持续交变载荷的作用，经过一定周
期，缺口峰发展成为微观裂纹，称疲劳
核心，一般从晶界与表面相交处开始。

金属材料的第二相质点、非金属夹
杂物与基体金属的相界面处有较高的应
力集中，容易造成该处滑移不均匀或夹
杂物断裂，引起疲劳断裂的产生。

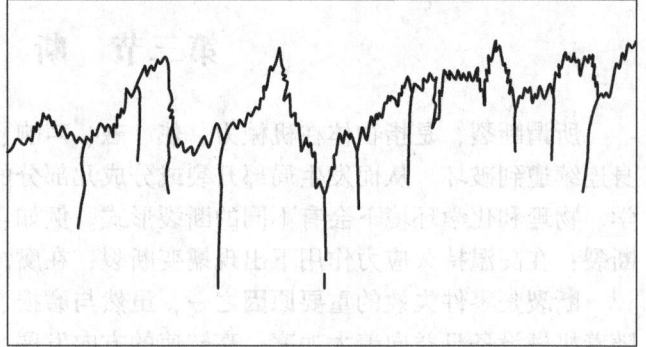

图3-2　在滑移带中产生的缺口峰

由此可见，降低交变载荷、减少零件表面加工缺陷和应力集中部位、控制夹杂物等级、
细化晶粒、强化金属表面等是提高疲劳抗力、延长
疲劳寿命的有效途径。

2. 疲劳裂纹的扩展

疲劳裂纹的扩展一般分为两个阶段。第一阶段
称切向扩展阶段，即当疲劳裂纹在表面形成后，在
循环应力的反复作用下沿着最大切应力方向的滑移
面向内部逐渐发展，如图3-3所示，形成了肉眼可
见的宏观裂纹，这就是疲劳断裂的第一阶段，即裂
纹起源阶段。裂纹的扩展深度取决于材料的晶体结
构、晶粒尺寸、应力幅度和温度等。这一阶段通常
占整个疲劳破坏过程的大部分时间。

裂纹按第一阶段扩展到一定距离后将方向改变
为沿与正应力相垂直的方向扩展，又称正向扩展阶
段，其裂纹基本上以单纯正向疲劳方式、均匀的速
率稳定地向前扩展。这一扩展阶段在疲劳断口上产
生宏观的疲劳弧带和微观的疲劳纹，它是判断零件
能否出现疲劳断裂的有力依据。

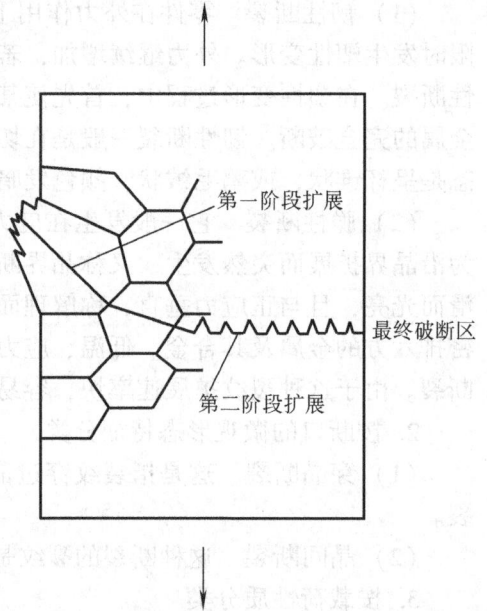

图3-3　疲劳裂纹扩展阶段示意图

3. 疲劳断口形貌

典型的疲劳断口按断裂过程有3个区域，见图3-4。

（1）疲劳源区（疲劳核心区）　这是疲劳裂纹最初形成的地方，用肉眼或低倍放大镜
能大致判断其位置。它一般发生在零件的表面，但若材料表面进行了强化或内部有缺陷，也
可发生在皮下或内部。在疲劳核心周围，经常存在着以疲劳源为焦点，非常光滑细洁、贝纹
线不明显的狭小区域。疲劳破坏好像以它作为中心，向外散射海滩状的疲劳弧或贝纹线。

（2）疲劳裂纹扩展区（疲劳区）　它是疲劳断口最重要的特征区域，呈宏观的疲劳弧带
和微观的疲劳纹。疲劳弧带以疲劳源为核心，似水波形式向外扩展，形成许多同心圆或同心
弧带，其方向与裂纹的扩展方向相垂直。微观的疲劳纹是一系列基本上相互平行的、略带弯

曲、呈波浪形的条纹，其方向与局部裂纹扩展方向相垂直。每一条疲劳纹代表一次载荷循环，这是疲劳断口进行微观定量分析的理论依据。是否出现疲劳纹，决定于应力状态、材料性质及环境因素等。一般情况下，疲劳断面愈光滑，说明零件在断裂前经历的应力循环次数愈多，承受载荷愈小。

（3）瞬时断裂区（最终破断区） 该区简称静断口。它是当疲劳裂纹扩展到临界尺寸时发生的快速破断区。它的宏观特征与静载拉伸断口中快速破断的放射区及剪切唇相同。瞬时断裂区的位置和大小取决于承受的载荷大小，当载荷愈大，则最终破断区愈移向断面的中间。

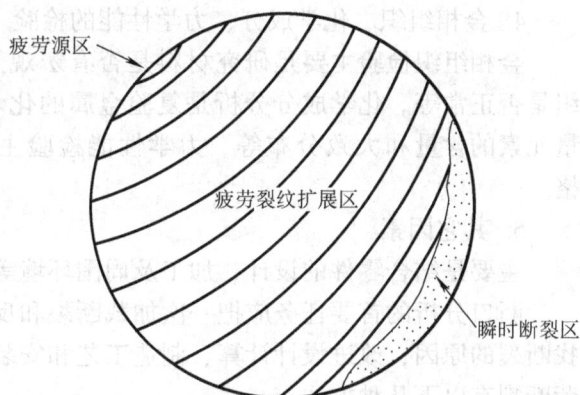

图3-4 疲劳断口的宏观形貌

根据疲劳断口的宏观形貌，可对疲劳断口进行宏观定量分析。根据疲劳源的数目、疲劳裂纹扩展区和瞬时断裂区的面积比值、它们的光泽和粗糙度、疲劳弧带的密度等，结合零件的工作条件及实际工作时间，能够估算疲劳应力的大小和应力集中的影响程度。

三、断口分析

断口分析是研究金属断面的科学。它是从断口的宏观和微观形态、原材料的化学成分、显微结构、冶金缺陷、力学性能及零件的制造工艺、表面质量、几何形状和使用条件等方面进行分析，判别断裂的性质、类别和原因，研究断裂的机理，提出防止断裂事故的措施。

零件断裂的原因是非常复杂的，断口分析也是多方面的。

1. 现场调查

零件破断后，有时会产生许多碎片，对它们应严加保护，避免氧化、腐蚀和污染。在未查清断口的重要特征和照像记录之前，不许对断口进行清洗。对零件的工作条件、运转情况和周围环境等应作详细调查研究。

2. 宏观分析

用肉眼或20倍以下的放大镜对断口进行观察和作宏观分析。分析前应对污染的断口加以清洗，用汽油、丙酮或石油醚清洗和浸泡油污；用化学法或电化学法去除氧化膜。用塑料膜在断口上多次进行覆型和干剥的覆型法是清除断口附着物的最好方法。

宏观分析能观察分析破断全貌、裂纹和零件形状的关系，断口与变形方向的关系，断口与受力状态的关系。能初步判断裂纹源位置、破断性质与原因，区分断裂是由疲劳引起的，还是静载或冲击载荷引起的，估计零件的超载程度。能缩小进一步分析研究的范围。它是破断故障分析中最常用、最方便、最重要的方法，它为微观分析提供线索和依据，是整个破断分析的基础。

3. 微观分析

用金相显微镜或电子显微镜对断口的重要区域进行观察和微观分析，其主要目的是观察和分析断口形貌与显微组织的关系、在断裂过程中微观区域的变化、裂纹的微观组织与裂纹两侧夹杂物性质、形状和分布，以及显微硬度、裂纹的起因等。

4. 金相组织、化学成分、力学性能的检验

金相组织检验主要是研究材料是否有宏观及微观缺陷、裂纹分布与走向，以及金相组织是否正常等。化学成分分析是复验金属的化学成分是否符合零件要求，杂质、偏析及微量元素的含量和大致分布等。力学性能检验主要是复验金属材料的常规性能数据是否合格。

5. 其它因素

主要是结合零件的设计、加工及周围环境等情况进行全面考虑。

断口分析的首要任务应把一次加载断裂和反复加载断裂即疲劳断裂区别开来。这对于寻找断裂的原因，改进设计计算、制造工艺和安装使用等都十分重要。区别一次加载断裂与疲劳断裂有以下几种方法：

（1）从零件断裂前的载荷作用情况判断　零件经过反复多次的循环载荷之后断裂，还是一加载荷就断裂，这是区别疲劳断裂与一次加载断裂的重要依据。

（2）从断口分析的外观推测　一次加载断裂的断口是粗糙的，没有光滑区。疲劳断裂的断口一般都有两个明显不同的区域。表面比较光滑发亮的部分表示裂纹发展区域，其特征是因工作时零件反复弯曲，裂纹部分的表面发生相互摩擦而光滑，有时呈现弧形或放射形。表面粗糙的部分表示脆性的晶粒破坏区域。

（3）从断口附近的变形情况分析　伴随明显的塑性变形后发生的断裂则通常是一次加载断裂，而疲劳断裂一般没有明显塑性变形的突然断裂。对于脆性材料，如铸铁、淬火状态的高碳钢等很难进行区别，因为这两种材料均不会产生塑性变形，需从另外角度去辨别。

四、减轻断裂危害的措施

几乎所有的零件由于各种原因均有宏观或微观裂纹，只是裂纹的大小、性质不同而已。有裂必断的概念是错误的。有裂纹的零件不一定立即就断，都有一段亚临界扩展时间，在一定条件下，裂纹还可不发展，有裂纹的零件也可不断。但是，断是由裂发展而来的。断裂事故后果严重，目前在维修中一经发现裂纹都要加以修复或更换，重要零件则予以报废。因裂纹而报废的零件数量是相当可观的。

影响断裂的因素很多，只有在深入研究断裂的机理，充分认识断裂的规律之后，才能提出减轻断裂危害的有效措施。

1. 减少局部应力集中

通过断口分析可知，绝大部分疲劳断裂都是起源于应力集中严重的部位，因此减少局部应力集中，是减轻或防止疲劳断裂的最有效措施之一。

一般零件上只要有任何几何形状的不连续，或者有存在于材料中的不连续时，都可能产生应力集中。几何形状不连续通称为缺口，如肩台圆角、沟槽、油孔、键槽、螺纹、压配合零件的边缘以及加工刀痕等皆是。材料中的不连续通常称为材料缺陷，如缩松及缩孔、非金属夹杂物、白点、焊接缺陷以及由加工或热处理引起的微裂等。

由于存在上述缺口或缺陷，在它们附近的实际应力要比名义平均应力高得多，这就是应力集中。

特别应强调的是在静载荷下应力集中所起的作用还不算十分显著，但在循环载荷或冲击载荷下，其影响是决定性的。所以必须要改善零件的结构形状，并注意减少局部应力集中问题。例如：焊缝通常是疲劳断裂的起源区域，对"T"型焊接接头应取适当的几何形状，焊

后打圆角或钻孔，均能减轻应力集中的程度。

2. 减少残余应力影响

各种加工和处理工艺过程，如拉拔、挤压、校直、弯曲、冲压、机加工、磨削以及焊接、热处理等均能引起残余应力。这些应力是由加工或处理时的塑性变形、热胀冷缩以及组织转变造成的。应注意的是，一般残余拉应力是有害的，但残余压应力则是有益的。渗碳、渗氮、喷丸和表面滚压加工等工艺过程均可产生残余压应力，它们将抵消一部分由外载荷引起的拉应力，因而减少了发生断裂的可能性。

3. 控制载荷防止超载

载荷对断裂有直接影响。为减轻或防止断裂，还应十分注意零件所受载荷的大小，或估计其超载程度。通过对断口特征的分析可估算受载情况和超载程度。

1）零件在断裂前所经历的应力循环次数愈多，即寿命愈长，则其所受的载荷超载程度愈轻微；

2）断口上的疲劳区愈光滑，则零件所受的循环应力愈小；

3）从疲劳区与最后破断区的面积比较，可估计其超载程度。若破断区的面积只占整个截面的很小一部分，尽管疲劳裂纹已经发展很深，材料只剩下很小的健全截面，但仍能经得住外载荷，说明零件所受载荷是不大的。反之，则载荷是大的；

4）疲劳源的数目愈多，说明其超载程度愈大；

5）从最后破断区的位置估计超载程度。一般来说，最后破断区在截面的中心，超载程度较大；偏离中心的程度愈大，则超载程度愈小；

6）裂纹发展愈不对称，则超载程度愈小。

4. 其它

1）在使用时注意早期发现裂纹，定期进行无损探伤和监测；尽量减轻零件的腐蚀损伤；减少机械设备运行时各部分的温差；尽量避免热应力；

2）在维修时注意操作对零件断裂的影响，避免因拆装、存放、加工而使零件表面损伤；裂纹和断裂零件可用焊接、粘接、铆接等方法修复；对不重要零件上的裂纹可钻止裂孔防止或延缓其扩展，可附加强肋；疲劳裂纹发生在紧固件周围，可铰削紧固孔去除所有裂纹部分，换用较大的紧固件，此方法又称"去皮处理"。

第四节 腐　蚀

一、概念

腐蚀是金属受周围介质的作用而引起损伤的现象。腐蚀损伤总是从金属表面开始，然后或快或慢地往里深入，并使表面的外形发生变化，出现不规则形状的凹洞、斑点、溃疡等破坏区域。破坏的金属变为氧化物或氢氧化物，形成腐蚀产物并部分地附着在表面上。铁生锈就是最明显的例子。

冶金、矿山、工程、化工等机械设备处于高温、腐蚀介质等恶劣条件下工作，疲劳腐蚀的现象极易发生，十分严重，其结果不仅影响性能，缩短寿命，而且造成严重的跑、冒、滴、漏现象，恶化操作环境，危害职工身体健康。因此，对腐蚀的研究具有非常重要的现实意义。

二、分类

腐蚀的机理是化学反应或电化学作用。金属腐蚀按其机理可分为化学腐蚀、电化学腐蚀和氧化。

1. 化学腐蚀

化学腐蚀是金属与外部电介质作用直接产生化学反应的结果，在腐蚀过程中不产生电流。外部电介质多数为非电解质物质，如干燥空气、高温气体、有机液体、汽油、润滑油等。它们一经和金属接触进行化学反应形成表面膜，在不断脱落又不断生成的过程中使零件腐蚀。化学腐蚀又可分为如下两类：

(1) 气体腐蚀 金属在干燥气体中（表面上没有湿气冷凝）发生的腐蚀，称为气体腐蚀。它一般是指在高温时金属的腐蚀，如轧钢时生成厚的氧化皮，内燃机活塞的烧坏等。

(2) 在非电解质溶液中的腐蚀 这是指金属在不导电的液体中发生的腐蚀，如金属在有机液体（酒精、石油等）中的腐蚀。

2. 电化学腐蚀

电化学腐蚀是金属与电解质物质接触时产生的腐蚀。它与化学腐蚀不同之点在于腐蚀过程中有电流产生。按照所接触环境的不同，可把电化学腐蚀分为如下几类：

(1) 大气腐蚀 腐蚀在潮湿的气体，如在空气中进行；

(2) 土壤腐蚀 腐蚀是在土壤中进行，如工程机械、农业机械的工作装置；

(3) 在电解质溶液中的腐蚀 这是极其广泛的一类腐蚀，如天然水及大部分水溶液对金属的腐蚀，以及在海水和酸、碱、盐的水溶液中发生的腐蚀；

(4) 在熔融盐中的腐蚀 如热处理车间，熔盐加热炉中的盐炉电极和所处理的金属发生的腐蚀。

以上两种腐蚀，电化学腐蚀比化学腐蚀强烈得多，金属腐蚀造成的损失大多数是电化学腐蚀引起的。

3. 氧化

大多数金属与空气中的氧或氧化剂起作用，会在表面形成氧化膜。这种作用与化学、电化学作用不同，它不需表面存在腐蚀介质。在低温情况下，氧化膜形成后对金属基体有保护作用，能阻止金属继续氧化。但在高温情况下，膜层出现裂缝和孔隙，覆盖作用变差，这时氧化将以等速不断继续下去。

三、影响腐蚀的因素

1. 金属的特性

金属的抗腐蚀性与它的标准电位、化学活性有关。标准电位愈低，化学活性就愈高，愈容易腐蚀。然而，像镍、铬等金属，尽管它们的电位较低，但化学活性较高，在表面能生成一层很薄的致密氧化膜，有很高的化学稳定性，所以抗腐蚀能力很强。

2. 金属的成分

金属中的杂质愈多，抗腐蚀性愈差。一般钢铁中都含有石墨、硫化物、硅化物等杂质，它们的电极电位都比铁高，金属在形成腐蚀电池时成为阳极，不断被腐蚀。

3. 零件表面状况

零件的外表形状愈复杂，表面粗糙度愈大，抗腐蚀性愈差。这是因为复杂而粗糙的表面极易吸附电解质，同时形状的变化形成电位差。通常，压延金属的变形部分；金属表面擦伤、凹形、穴窝不平处；零件的转角、边缘和焊接、铆接处均常为阳极，比较容易被腐蚀。

4. 环境

温度高；湿度大；介质中含有氧、二氧化硫、二氧化碳、氯离子；雨水和杂质多，都会加速腐蚀。

四、减轻腐蚀危害的措施

金属的腐蚀过程虽然是缓慢的，但是它所带来的危害却相当大，破坏机械设备的正常工作，降低使用寿命甚至报废，是一个带有普遍性的严重问题。据资料统计，全世界每年因腐蚀而损失的金属制品的重量约占年产量的 1/5～1/3。因此，如何减轻腐蚀的危害又成为一个重要课题。主要措施有：

1. 正确选材

根据环境介质和使用条件，选择合适的耐蚀材料，如含有镍、铬、铝、硅、钛等元素的合金钢；在条件许可的情况下，尽量选用尼龙、塑料、陶瓷等材料。

2. 合理设计

在制造机械设备时，虽然应用了较优良的材料，但是如果在结构的设计上不从金属防护角度加以全面考虑，常会引起机械应力，以及热应力、流体的停滞和聚集、局部过热等现象，从而加速腐蚀过程。因此合理地设计结构应特别加以注意。

不同的金属、气相空间、热和应力分布不均以及各部位之间的其它差别，都会引起腐蚀破坏。因此，设计时应努力使整个部位的所有条件尽可能地均匀一致，做到结构合理、外形简化、表面粗糙度合适。

3. 覆盖保护层

它是在金属表面上覆盖一层不同的材料，改变表面结构，使金属与介质隔离开来，用以防止腐蚀。

（1）金属保护层 采用电镀、热喷涂、化学镀等方法，在金属表面上覆盖一层如镍、铬、锡、锌等金属或合金作为保护层。

（2）非金属保护层 主要有：

1）涂料 将油基漆或树脂基漆用一定的方法涂覆在物体表面上，经固化形成薄涂层，从而保护机械设备免受高温气体及酸、碱、盐等介质的腐蚀作用。

涂料的品种很多，常用的有防腐漆、底漆、生漆、沥青漆、环氧树脂涂料、聚乙烯涂料及工业凡士林等。

涂料的防腐适应性强，不受机械设备或金属结构形状及大小的限制，使用方便，在现场也可施工。

2）玻璃钢 它是采用合成树脂为粘结材料，以玻璃纤维及其制品，如玻璃布、玻璃带、玻璃丝等为增强材料，按各种成形方法制成。它具有良好的耐腐蚀性，比强度（强度与质量之比）高，但耐磨性差，有老化现象。

3）硬软聚氯乙烯 它具有良好的耐腐蚀性和一定的机械强度，加工成形方便，焊接性能良好。

4）耐酸酚醛塑料 这是以热固性酚醛树脂作胶粘剂，以耐酸材料，如玻璃纤维、石棉等作填料的一种热固性塑料。它易于成形和机械加工，但成本较高，目前主要用在各种管道或管件中。

（3）化学保护层　用化学或电化学法在金属材料表面覆盖一层化合物的薄膜层，如磷化、发蓝、钝化、氧化、阳极氧化等。

（4）表面合金化　如渗氮、渗铬、渗铝等。

4. 电化学保护

用一个比零件材料的化学性能更活泼的金属铆接到零件上，形成一个腐蚀电池，零件作为阴极，不会发生腐蚀。

对被保护的机械设备通以直流电流进行极化，以消除这些电位差，使之达到某一电位时，被保护金属的腐蚀可以很小甚至呈无腐蚀状态。这是一种较新的防腐蚀方法，但要求介质必须是导电的、连续的。电化学保护又可分为：

（1）阴极保护　主要是在被保护金属表面通以阴极直流电流，消除或减少被保护金属表面的腐蚀电池作用。

（2）阳极保护　它主要是在被保护金属表面通以阳极直流电流，使其金属表面生成钝化膜，从而增大了腐蚀过程的阻力。

5. 添加缓蚀剂

在腐蚀性介质中加入少量能减少腐蚀速度的物质，可减轻腐蚀，这种加入物叫缓蚀剂。按化学性质，缓蚀剂可分为无机和有机两种：

（1）无机缓蚀剂　它能在金属表面形成保护，使金属与介质隔开。常用的有：重铬酸钾、硝酸钠、亚硫酸钠等。

（2）有机缓蚀剂　它能吸附在金属表面上，使金属溶解和还原反应都受到抑制，减轻金属腐蚀。有机缓蚀剂分为液相和气相两类，一般是有机化合物，如胺盐、琼脂、糊精、动物胶、生物碱等。

6. 改变环境条件

这种方法是将环境中的腐蚀介质去除，减轻其腐蚀作用，如采用通风、除湿、去掉 SO_2 气体等。对常用金属材料来说，把相对湿度控制在临界湿度（50%～70%）以下，可显著减缓大气腐蚀。在酸洗车间和电解车间里合理设计地面坡度和排水沟，做好地面防腐蚀隔离层来防止酸液渗透地面而使其凸起，免得损坏贮槽及机械基础。

第五节　气　　蚀

当零件与液体接触并产生相对运动，接触处的局部压力低于液体蒸发压力时，形成气泡。溶解的气体也会析出形成气泡。这些气泡运动到高压区，气泡在被迫溃灭的瞬间产生极大的冲击力和高温，称为水击现象。气泡形成与破灭的反复作用，使零件表面材料产生疲劳而逐渐脱落，呈麻点状，逐渐扩展成泡沫海绵状，这种现象称为气蚀。当气蚀严重时，可扩展为深度 20mm 的孔穴，直到穿透或开裂而破坏，因此又称为穴蚀。

气蚀是一种比较复杂的破坏现象，它不单是机械作用，还有化学、电化学作用，当液体中含有杂质或磨粒时会加剧这一破坏过程。气蚀常发生在柴油机缸套外壁、水泵零件、水轮机叶片、液压泵等。随着它们向高参数发展，气蚀破坏已愈来愈突出。

减轻气蚀的措施主要有：

1）在设计、加工、安装等方面，应尽量减少截面突变，加大圆角，减少流体的压力差，降低流速，减少气蚀的形成。

2）减小与液体接触表面的振动，以减少水击现象的发生，例如提高刚性、改善支承、采取吸振措施等。

3）选用耐气蚀的材料，如球状或团状石墨的铸铁、不锈钢、尼龙等。

4）零件表面涂塑料、陶瓷等防气蚀材料；也可在表面镀铬。

5）改进零件结构，减小表面粗糙度值，减少液体流动时产生涡流的现象。

6）在水中添加乳化油，减小气泡爆破时的冲击力。

7）设法降低流体的温度，在水冷柴油机气缸套的水中加缓蚀剂。

第六节 老 化

机械设备和零部件制造后，在长期的使用或保管、闲置过程中出现精度下降、性能变坏、价值贬低的现象称老化。研究老化的规律，探讨适应该规律的相应对策乃是维修的重要内容和理论基础。

一、老化的分类

（一）有形老化

机械设备及零部件在使用或保管、闲置过程中，因摩擦磨损、变形、冲击、振动、疲劳、断裂、腐蚀等使其实物形态变化、精度降低、性能变坏，这种现象称为有形老化。其中：在运行中造成的实体损坏为第Ⅰ种有形老化；而在保管和闲置中由于残余应力引起的变形、金属锈蚀、木材与皮革腐朽、橡胶与塑料老化变质等自然力形成的实体损坏，称第Ⅱ种有形老化。

第Ⅰ种有形老化与使用时间和强度有关；第Ⅱ种有形老化与闲置时间和保管状态有关。如果改进设计、提高加工质量、正确使用、及时维护、合理保管都能推迟有形老化的进程，延长机械设备的使用寿命。

（二）无形老化

机械设备在使用或闲置过程中，由于科学技术进步而发生使用价值或再生产价格降低的现象叫作无形老化，又称经济老化。其中：机械设备的技术结构和经济性能并未改变，但因技术进步、生产工艺改进、劳动生产率提高、增大生产规模，再生产该种机械设备的价格降低，使其贬值的现象为第Ⅰ种无形老化。它虽使机械设备贬值，但本身的技术性能和使用价值并未降低，因此不存在提前更换的问题；而第Ⅱ种无形老化是指因出现了结构更巧、技术性能更佳、生产效率更高、经济效益更好的新型机械设备，使原机械设备显得技术陈旧、功能落后、经济效益降低，造成贬值的现象。

如果科学技术进一步发展，广泛采用新工艺、新材料、新技术、新方法，使原有的机械设备完全失去了使用价值而被淘汰，那么就急剧地发生了老化过程。

值得指出，既然无形老化是社会生产力发展的结果，那么老化愈快，说明科学技术进步愈快。因此，我们不应防止机械设备的无形老化，而应认真研究它的规律，采取措施适应科学技术的发展。我们希望任何一台机械设备购入后应尽快投入使用，努力提高其利用率，在有限的寿命期间内创造更多的价值，得到更高的效益。

二、老化的数量指标

（一）有形老化指标

1. 以磨损为主的指标 $\alpha_{磨}$

它用零件实际磨损量 δ_r 与零件的最大允许磨损量 δ_m 之比值表示

$$\alpha_{磨} = \frac{\delta_r}{\delta_m} \tag{3-1}$$

2. 以疲劳为主的指标 $\alpha_{疲}$

它用零件实际工作时间 T_r 与零件的疲劳寿命 T_m 之比值表示

$$\alpha_{疲} = \frac{T_r}{T_m} \tag{3-2}$$

3. 以零件的老化程度来计算整个机械设备的老化程度指标 $\alpha_{机}$

它用所有老化零件的老化程度 α_i 乘以零件的价格 K_i 与所有老化零件的总价格之比值表示

$$\alpha_{机} = \frac{\sum_{i=1}^{n} \alpha_i K_i}{\sum_{i=1}^{n} K_i} \tag{3-3}$$

式中　α_i——第 i 个零件的老化程度；

　　　n——发生有形老化零件的总数。

4. 以经济指标计算的老化程度 α_p

它用修复所有老化零件需要的费用 R 与确定机械设备老化程度时该机再生产或再购入的价值 K_1 之比值表示

$$\alpha_p = \frac{R}{K_1} \tag{3-4}$$

从经济分析考虑 $\alpha_p < 1$

5. 以力学性能降低程度计算的老化程度

如精度系数 T

$$T = \sqrt{\frac{\sum_{i=1}^{n} \left(\frac{T_{pi}}{T_{si}}\right)^2}{n}} \tag{3-5}$$

式中　T——机械设备的精度系数；

　　　T_{pi}——该机械设备第 i 项精度实测值；

　　　T_{si}——标准中规定的第 i 项精度值；

　　　n——实测项目数。

T 愈小，说明精度愈高。一般情况新机械设备的验收条件 $T \leqslant 0.5$；大修后的验收条件 $T \leqslant 1$；若 $T \leqslant 2$，可继续使用，加强保养；当 $2 < T < 3$ 时，应进行维修；若 $T > 3$，需大修或更新。

把精度系数的概念扩大，可用单项技术性能如功率、载荷、速度、耗油率、生产率、振动、噪声等取代精度，将 T 可定义为性能系数。

（二）无形老化指标

无形老化程度通常用价值损失、经济指标衡量，并从生产效率方面加以修正。

$$\alpha_{\mathrm{I}} = \frac{K_0 - K_1}{K_0} = 1 - \frac{K_1}{K_0} \qquad (3\text{-}6)$$

式中　α_{I}——机械设备的价值降低系数，即无形老化程度指标；

　　　K_0——机械设备的原价值（购置价）；

　　　K_1——考虑机械设备老化程度时该机再生产或再购入的价值。

$$K_1 = K_{\mathrm{n}} \left(\frac{q_0}{q_{\mathrm{n}}}\right)^{\mu} \left(\frac{C_{\mathrm{n}}}{C_0}\right)^{\beta} \qquad (3\text{-}7)$$

式中　K_{n}——新机械设备的价值；

　　q_0、q_{n}——使用相应的旧机械设备和新机械设备时的劳动生产率；

　　C_0、C_{n}——使用相应的旧机械设备和新机械设备时的单位产品耗费；

　　　μ——劳动生产率提高指数，$0 < \mu < 1$；

　　　β——成本降低指数，$0 < \beta < 1$。

在式（3-7）中，当 $q_0 = q_{\mathrm{n}}$、$C_0 = C_{\mathrm{n}}$ 时，表示新旧机械设备的劳动生产率和使用成本均相同，说明没有改型，此时 $K_1 = K_{\mathrm{n}}$，因此式（3-6）可写成 $\alpha_{\mathrm{I}} = 1 - \dfrac{K_{\mathrm{n}}}{K_0}$，表示机械设备只发生了第 I 种无形老化。

把式（3-7）代到式（3-6）中，无形老化程度指标 α_{I} 可写成

$$\alpha_{\mathrm{I}} = 1 - \frac{K_{\mathrm{n}} \left(\dfrac{q_0}{q_{\mathrm{n}}}\right)^{\mu} \left(\dfrac{C_{\mathrm{n}}}{C_0}\right)^{\beta}}{K_0} \qquad (3\text{-}8)$$

（三）综合老化指标

综合考虑机械设备的有形老化和无形老化后，可得到综合老化程度指标，用下式表示

$$\alpha_{\mathrm{m}} = 1 - (1 - \alpha_{\mathrm{p}})(1 - \alpha_{\mathrm{I}}) \qquad (3\text{-}9)$$

式中　α_{m}——综合老化程度指标；

　　　α_{p}——有形老化程度指标；

　$(1 - \alpha_{\mathrm{p}})$——考虑有形老化的机械设备剩余寿命；

　　　α_{I}——无形老化程度指标；

　$(1 - \alpha_{\mathrm{I}})$——考虑无形老化的机械设备剩余寿命。

若两种老化同时发生，则机械设备的剩余寿命为 $(1 - \alpha_{\mathrm{p}})$ 和 $(1 - \alpha_{\mathrm{I}})$ 之乘积。

设 K 为机械设备的残值，即在经历有形和无形老化后的剩余价值，它是决定机械设备是否值得维修的重要依据。

$$K = (1 - \alpha_{\mathrm{m}})K_0 \qquad (3\text{-}10)$$

将式（3-9）、式（3-4）和式（3-6）代入到上式并整理后可得

$$K = K_1 - R \qquad (3\text{-}11)$$

它说明机械设备的残值等于再生产的价值减去维修费用。当 $K_1 > R$，则 $K > 0$，机械设备还有残值；$K_1 = R$，即 $K = 0$，表明机械设备已无价值；若 $K_1 < R$，则 $K < 0$，此时机械

设备不再具有维修的意义。

例：某机械设备的原始价值 $K_0 = 10000$ 元，当前需要修理，其费用 $R = 3000$ 元，若该机械设备的重置价值 $K_1 = 7000$ 元，求它的综合老化程度。

解：该机械设备的有形老化程度为

$$\alpha_p = \frac{R}{K_1} = \frac{3000}{7000} = 0.43$$

该机械设备的无形老化程度为

$$\alpha_I = 1 - \frac{K_1}{K_0} = 1 - \frac{7000}{10000} = 0.30$$

综合老化程度为

$$\alpha_m = 1 - (1 - \alpha_p)(1 - \alpha_I) = 1 - (1 - 0.43)(1 - 0.30) = 0.6$$

三、老化的共同规律

1. 零件寿命的不平衡性和分散性

零件寿命有两个特点，即异名零件寿命的不平衡性和同名零件寿命的分散性。

在机械设备中，每个零件的设计、结构和工作条件各不相同，老化的速率相差很大，形成了异名零件寿命的不平衡性。提高了一部分零件的寿命，而其它零件的寿命又相对缩短了，因此异名零件寿命的不平衡是绝对的，平衡只是暂时和相对的。

对于同名零件，由于材质差异、加工与装配的误差、使用与维修的差别，其寿命长短不同，分布成正态曲线，形成同名零件寿命的分散性。这种分散性可设法减小，但不能消除，因此，它是绝对的。同名零件寿命的分散性又扩大了异名零件寿命的不平衡性。

零件寿命的这两个特性完全适用于部件、总成和机械设备。

2. 机械设备寿命的地区性和递减性

机械设备的寿命受自然条件影响很大，如在恶劣工况条件下工作的工程机械、矿山机械等，其行走部分及减速箱的磨损会加剧；气候和地理条件的影响，如在寒冷或炎热以及沙漠地区工作的机械设备，其腐蚀和磨粒磨损剧增，进一步扩大了寿命的分散性。这种影响在相同地区具有相同的趋势，因此称机械设备寿命的地区性。

由于材料的物理力学性能发生变化需要一定的时间，所以零件的许多缺陷只有经过相当时间的发展才逐渐显露出来。受各方面条件的限制和制约，机械设备经过维修，其技术状况通常达不到预定的要求，寿命将随维修次数的增加而呈递减的趋势，即所谓递减性。

3. 机械设备性能和效率的递减性

在机械设备的有形老化中，有些是可以通过维修予以恢复；有些因技术或经济上的原因，在目前条件下还无法彻底恢复；因此，经过维修的机械设备其性能和效率呈递减的趋势，即所谓递减性。

第七节 泄 漏

泄漏是指密封两侧面间有间隙或有压力差（或浓度差），使密封容器或管道内的物质产生渗出或漏出的现象。

泄漏会污染工作介质，影响产品质量，加剧零件磨损，缩短机械设备寿命。泄漏严重时，还会使机械设备被迫停止运行或损坏，影响生产，加大耗费。使用流体介质的机械设备内部泄漏，则会影响容积效率，甚至使工作失效。泄漏不仅浪费资源，还会造成环境污染，危及人身安全，引发灾难性事故。因此，泄漏是关系到能源、环境和人身安全的重大问题。

一、分类

泄漏的分类见表 3-2。

表 3-2　泄漏的分类

分　类		泄漏原因	举　例
按泄漏部位分类	接触界面泄漏	接触密封不严密，存在泄漏间隙；密封摩擦副磨损，使泄漏间隙增大；机械设备内外或密封两侧存在压力差	减速器漏油、泵轴与填料接触部位因磨损而泄漏
	层内渗透泄漏	工作介质渗入致密性差的密封材料而向外流或向内流的泄漏	真空用致密性差的密封材料、减速器轴的毡圈密封
	破坏性泄漏	因使用条件恶化，导致密封件急剧磨损、或高温碳化、热裂、塑性变形以及疲劳破坏等，使泄漏间隙迅速增大	磨损严重、变形大、已老化、腐蚀破坏的密封
按密封面间是否有相对运动分类	静泄漏	无相对运动的两个零件结合面间的泄漏	箱体、法兰、螺纹、止口、刃口等结合面间的泄漏
	动泄漏 往复运动泄漏	有相对往复运动的两个零件结合面间的泄漏	活塞杆与填料间的泄漏
	动泄漏 回转运动泄漏	有相对回转运动的两个零件结合面间的泄漏	轴与密封圈间的泄漏

二、原因

造成泄漏的主要原因，除了部分企业领导对此不够重视以外，主要有设计不合理、零件加工质量不高、没能达到装配要求、密封件质量不稳定等先天性的因素；也有使用中零件，尤其是密封件失效、维修中修复或装配不当、工作条件变化等后天性的因素。

三、治理

防漏治漏工作涉及面广、技术性强，应针对泄漏的原因，从预防入手，防治结合，"对症下药"，进行综合性治理，从管理和技术两个方面予以加强。

1. 领导重视、健全组织

这是防漏治漏的重要保证。其中：广泛宣传、深化教育是基础；以点带面、治标和治本相结合是有效方法；综合性治理是主要措施；推广应用先进的密封元件及密封胶是防漏治漏的重要手段。

2. 封堵

应用密封技术封堵界面泄漏通道是最常见、最主要的治漏方法。静密封主要采用各种密封性能良好的垫片和填料、减小表面粗糙度值、改进密封装置的结构形式等，现在已广泛使用液态密封胶。动结合面可采用合适的密封装置或软填料，如 O 形密封圈、油封、唇形密封圈等，用浸渍方法改进材料的密封性能。常用的密封装置有非接触式的，如油沟、挡圈、等；接触式的有毛毡密封圈、耐油橡胶油封等。

3. 疏导

有些泄漏部位单纯封堵还不行，必须用疏导的办法使结合面处不积存油，如设置回油槽、回油孔、挡油板等，使介质通道畅通。

4. 均压

存在压力差是泄漏的重要原因之一。可采取均压措施使密封部位内外侧的压力差均衡，如在箱体上部设置出气孔等。

5. 阻尼

将通道做成犬牙交错的各式沟槽，人为地加长泄漏的路程，加大液流的阻力，例如间隙密封、迷宫密封等。

6. 抛甩

利用离心力作用将油甩出，阻止它沿轴向泄漏，例如甩油环等。

7. 接漏

有的部位泄漏难免，除采用其它方法减少泄漏量外，还可增设接漏装置，如接油盘、接油盒、接油杯等。

第八节　失效分析技术简介

研究机械设备、零部件产生失效的原因，提出防止失效事故重复发生，提高寿命措施的分析方法，称为失效分析。它包括失效分析思维方法的研究和实验技术。

失效分析思维方法，是从结果到原因的逆向分析方法。它把失效的可能因素以逻辑符号用树形特征排列起来，逐项进行分析。先排除不可能因素，再排除可能性小的因素，最后找出事故发生的原因、途径和发生的概率，并提出解决的办法。

实验技术，是研究如何把常规或现代仪器的检测技术用到失效分析中来，它包括取样、制样、样品保护的实验技术；对表面图像、变形层特征的识别；以及实验结果的分析等。通过对失效零件进行实验检测，为准确地判断失效发生的原因提供可靠依据。

一、失效分析的对象与作用

机械设备失效分析的对象是针对一个机械系统、一台机械设备，或其中关键零部件的失效。分析工作的目的主要是为了提高经济效益和社会效益。失效分析的作用是：1）防止事故重复发生或控制事故不使它进一步扩展；2）找出产生事故的原因、条件；3）提供技术改造、制定技术文件的科学依据；4）提供科学决策的信息依据和相应的改进措施。

二、失效分析的基本内容

失效分析的基本过程和内容包括：调查检测、分析诊断和处置与预测等3个阶段。

1. 调查检测

利用各种检测手段调查分析对象的现场环境、工况参数和有关信息。针对不同复杂程度的具体情况，进行不同层次的检测工作。它是诊断分析的前提和基础。一般情况下经常是在现场宏观调查、检测的基础上作进一步检测和专题项目检测。

2. 分析诊断

在调查检测的基础上，结合具体情况，分析确定诊断对象的状态、失效的类型和模式、大体过程和基本原因、决定性因素及失效机理等。

3. 处置与预测

诊断对象经过分析诊断，判定其状态性能、失效类型模式、失效主要因素和机理等，就可提出相应的对策。对策的提出不仅要根据诊断分析的结论，还必须考虑到具体条件的可行性，考虑经济效益。某项对策是否真正可行，必须以实际效果为准。

从现代科学技术的发展来看，失效分析已从通常的事后分析、事先预防发展到事中即运行中监控分析。

三、失效形式的特征及其判断

失效的形式有很多，可按失效机理模式划分失效形式，也可按质量控制状况和按因果关系划分失效形式。这里只扼要介绍一些常见的失效形式、特征及其判断，见表3-3。

表 3-3　常见的失效形式、特征及其判断

失效形式	特　　征	判　　断
力和温度引起的弹性变形失效	零件受力产生变形，应力和变形之间的关系遵守胡克定律。当零件配合公差要求特别严格，配合间隙为微米级时，弹性变形不容忽视，变形量超出公差以外，将引起工作不正常，以致失效	观察工作时不应相互接触的配合是否有划伤、擦痕或磨损等痕迹；也可通过计算验证进行判断
屈服失效	零件受力增大到一定程度，产生塑性变形而引起失效	测量零件是否有明显的塑性变形，是否产生扭曲、弯曲、凹陷等
疲劳断裂失效	零件在受交变载荷时引起的断裂失效，它无明显的塑性变形。疲劳断裂经历裂纹的萌生、扩展和最终瞬时断裂三个过程，当剩余截面不足以承受所施加的载荷时，突然断裂	有交变载荷存在，其值低于材料的屈服强度，工作若干循环数后有裂纹萌生，并扩展，断口有光亮程度不同的疲劳扩展区和瞬断区，用扫描电镜观察在扩展区有无疲劳条带
腐蚀失效	金属与周围介质之间发生化学或电化学作用而遭到破坏	常产生腐蚀产物，它的冲刷纹路比较圆滑，应力腐蚀裂纹如落叶的树干或树枝
磨损失效	相接触的零件表面之间有相对运动时，表面材料粒子逐渐脱落，使零件尺寸和表面状态改变，导致丧失规定的功能	有划痕和深沟
蠕变失效	蠕变是金属零件在应力和温度的长期作用下产生永久变形的失效现象。晶粒沿晶界滑动产生形变是蠕变的主要机理	永久变形的速度很缓慢，是否有适当的温度和足够的时间，断口的最终断裂区其撕裂较钝，扫描电镜可观察到晶粒形状未拉长，有时有蠕变空洞

四、失效分析的方法和步骤

在失效分析中整个的思想方法应遵守并正确运用五条基本原则和五种具体方法。

1. 五条基本原则和五种具体方法

（1）五条基本原则

1）整体概念的原则，即把机械设备、环境和人当作一个系统来考虑。

2）立体性原则，即应用三维结构式来考虑问题。三维结构是指解决问题的逻辑维；生产总过程的时间维；专业科学知识的知识维。

3）从现象到本质的原则。

4）动态性原则，即机械设备或零部件对环境的条件、状态、位置等都是变动的，甚至人员以及情绪都是变动的。

5）两分法原则。

（2）五种具体方法

1）相关性方法，就是把失效模式、断口形貌特征、服役条件、材质情况、制造工艺水平和制造过程、使用和维护情况等，都包括在一个分析系统中，从总体上加以考虑。

2）抓关键问题的方法，即找准引起失效的起始失效部件，再在此基础上找出断裂源，从这里找出主要的失效原因。

3）对比的方法，即把失效的机械设备或零部件与经历相同工况、相同使用时间而未失效的进行比较，从中找出差异，分析失效原因。

4）历史的方法，就是通过过去积累的相同机械设备在同样的服役条件下表现出的失效情况和变化规律，来推断已发生失效的可能原因。

5）逻辑方法，根据失效分析过程获得的大量资料、数据进行分析比较、综合归纳和概括，最后作出判断和推论，得出可能失效的原因。

上述这些方法和原则应根据实际情况灵活、综合和交叉运用，失效分析的可靠性和迅速程度则取决于对它们的正确和熟练运用。

对各种失效形式进行分析的具体方法和步骤大致相同，但也有其自己的不同特点。为节省篇幅，下面仅以磨损为例作简要介绍。

2. 磨损失效分析的方法和步骤

磨损现象极为复杂，影响因素众多。如果稍微改变其中某一参量，就有可能改变其磨损特性。因此，应用系统分析的方法来分析和处理磨损问题。

磨损失效分析一般采用失效树分析法（FTA）。这是一种对失效事件的图解演绎和逻辑推理方法，直观性好，逻辑性强。

失效树应能反映系统的内在联系，要选准建树流程，根据主流程确定分支。在建树前要对系统部件的某些参量作出合理的模型，确定失效树建到何处为止。对事件的逻辑关系必须分析清楚，不允许有逻辑混乱及条件矛盾的问题存在。对机械设备零部件的磨损失效，一般可从结构设计、选材、制造、使用、维护、环境等方面去考虑失效树的建树流程。图3-5表明建树中应考虑的因素及它们之间的关系。

磨损失效分析的第一步是要判定属于正常磨损还是非正常磨损的早期失效；第二步是判定属于哪一类磨损，是一种磨损型式还是几种磨损型式的复合。通常，磨损失效分析的步骤是：选择典型易磨损件，根据服役条件，结合现场和实验室试验，进行宏观和微观分析，研究失效原因，探讨磨损过程和机理，提出抗磨措施，总结改进后的效果和经济效益。

1）收集和积累原始资料是进行磨损失效分析的基础。对已磨损的零部件，首先要了解它们在整机中的功能和作用、设计依据、选材原则、制造工艺、使用条件、运转参量、工作环境、操作情况、服役历史、寿命和磨损量，以及经济消耗等情况，并注意收集和保管好损坏的样品；对未达到预期使用要求的磨损零部件，特别要掌握其工况条件，除查找有关技术档案资料外，必要时还需测定其有关性能指标。

2）从现场收集具有新鲜磨损表面的零部件残体样品是进行磨损失效分析的关键环节，是判断磨损类型和失效原因的主要依据。对于磨损表面要采取适当的保护措施使之新鲜完整。

3）对收集的残体样品进行分析。首先对磨损部位进行表面观察、测量尺寸和质量的变化，摄下原始形状的照片，必要时可取样进行化学分析。然后，解剖样品，观察和分析磨损表面的微观形貌和亚表层的特征。可用金相研究的仪器和实验技术测定变形层的厚度、加工硬化程度、磨损的热效应、显微硬度的变化，研究裂纹的形成和扩展，元素的转移和扩散等。这些资料描绘了该零部件在一定的工况条件下的磨损特性，不同程度地反映了磨损的发生和发展过程，对建立磨损的物理模型很有帮助。扫描电镜的应用，为表面形貌的分析研究提供了非常方便的工具。

4）测定磨损零部件材质的力学性能、组织状态、化学成分、钢中气体的含量等。

5）观察和分析磨屑的形貌、组织结构性能变化。磨屑最能代表两物体在相互作用过程中的瞬时状态，其形貌和内部组织结构变化能表明磨损机理和磨损严重程度，对它们进行观察和分析就可了解磨损过程中力和热的影响，为找到磨损失效的原因提供可靠的依据。例如磨屑

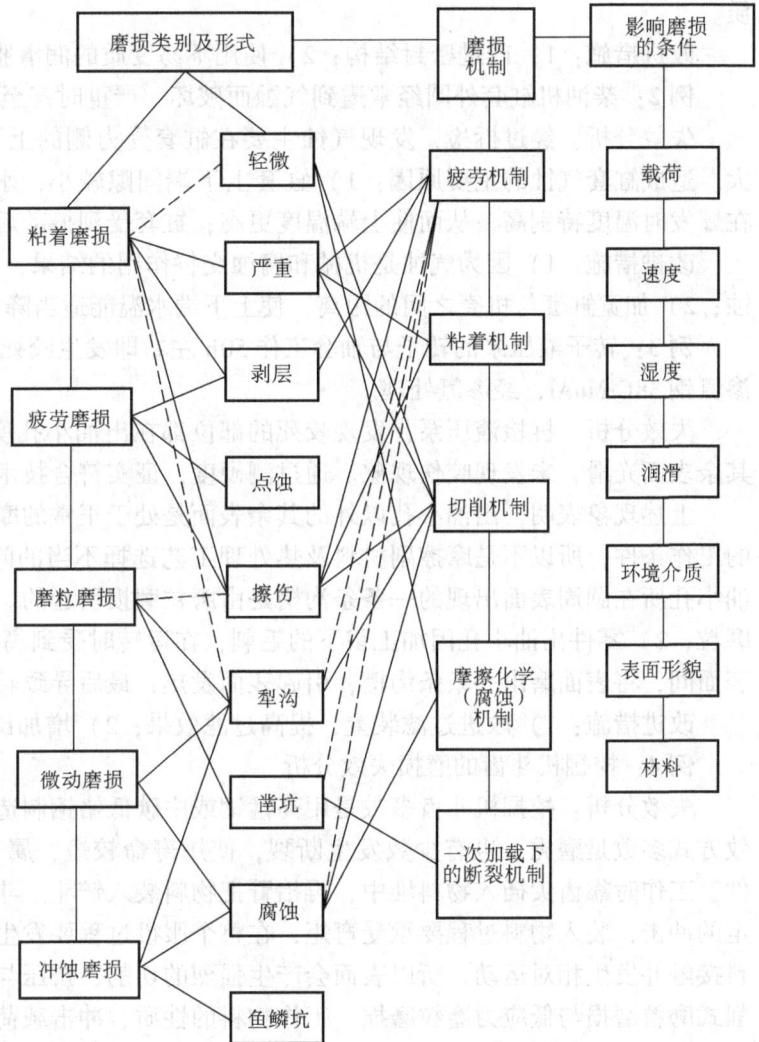

图 3-5　磨损失效分析建树的有关因素

颗粒小说明磨损缓和；颗粒大说明磨损严重，可能发生剧烈的粘着或磨粒磨损；韧性材料出现卷曲状磨屑说明有磨粒磨损；磨屑中主要是氧化铁等腐蚀产物，则可能发生严重的腐蚀磨损。

6）进行模拟试验或强化试验。当收集的资料不全，或在分析中判断有误，可能再次造成失效时，为进一步研究磨损系统中各因素的规律，有时在现场条件难以实现的情况下，需在实验室中进行模拟或强化试验，迅速摸清磨损早期失效的原因，并深入研究磨损过程的本质。

根据以上方法和步骤获得的信息及资料，就可判断零部件磨损的型式、失效原因，提出防止和减小磨损、延长使用寿命的措施。

五、失效分析举例

例1：工程中常用的带式运输机的托辊轴承，适用范围广，使用寿命短，用量大，是主要配件。

失效分析：造成轴承失效的主要原因有：1）污泥或灰尘堵塞；2）锈蚀；3）润滑脂变

质。

改进措施：1）改进密封结构；2）使用不易变质的润滑脂。

例2：柴油机缸套外圆经常遭到气蚀而破坏，严重时甚至穿孔。

失效分析：经过拆检，发现气蚀主要在缸套受力侧的上下端，而缸套受力侧的振幅最大。造成缸套气蚀的主要原因：1）缸套上下端间隙较小，水流不畅，水温偏高；2）缸套在爆发时温度特别高，从而使上端温度更高；缸套受到振动后促使水易于汽化而引起气蚀。

改进措施：1）因为气蚀是机械和腐蚀交替作用的结果，可通过加缓蚀剂减少缸套的气蚀；2）加宽缸套与机壳之间的距离，使上下端水温能适当降低。

例3：转子液压泵的转子与轴套工作50h左右即发生咬死现象。转子与轴套的材料均为渗氮钢38CrMoAl，经渗氮处理。

失效分析：拆检液压泵，发现咬死的部位都在出油小孔所在的圆周上，并有许多沟槽，其余表面光滑，未发现咬伤现象。通过测硬度，证实符合技术要求。

上述现象表明，出油小孔以外的其余表面是处于正常的摩擦状态，完全能够承受液压泵的工作条件，所以不是摩擦副材料及热处理工艺选择不当的问题。失效的主要原因：1）出油小孔所在圆周表面出现的一条条沟槽是由磨粒磨损引起的。磨粒来源有可能是燃油中混有磨粒；2）零件出油小孔因加工留下的毛刺，在运转时受到高压油的冲刷而流到转子与轴套表面间，将表面磨出一条条沟槽，引起表面发热，最后导致转子咬死在轴套内。

改进措施：1）改进过滤装置，提高过滤效果；2）增加出油小孔的去毛刺工序。

例4：挖掘机斗齿的磨损失效分析

失效分析：挖掘机斗齿多数是用高锰钢或中碳低铬钢制造的。因工作条件恶劣，斗齿失效方式多数是磨秃，也有少数发生断裂，使用寿命较短，属于易磨损件。斗齿是悬臂梁构件，工作时靠齿尖插入物料堆中，再抬臂把物料装入铲斗。斗齿在刚开始与物料接触时有一定的冲击，装入物料过程要承受弯矩，在整个服役过程要发生磨损。由于斗齿直接与坚硬物料接触并发生相对运动，所以表面会产生强烈的切削、挤压与摩擦。斗齿发生的磨损属于凿削式磨粒磨损与低应力磨粒磨损。工作物料的性质、冲击载荷和易损件的材质对磨损的影响很大。

改进措施：1）根据斗齿的使用特点选择材料，如挖装岩石硬物，由于冲击载荷较大，可用奥氏体锰钢；挖装软土、砂土，冲击载荷较小，为提高耐磨性，增加使用寿命，可堆焊硬度较高的马氏体焊敷材料，并在表面层堆焊肋状或网状的碳化钨或高铬铸铁；2）根据斗齿的材料、磨损程度、使用特点来选择堆焊方法和工艺。

第四章 可靠性理论概述

一个机械系统、一台机械设备，不管其原理如何先进，功能如何全面，精度如何高级，若故障频繁、可靠程度很差，不能在规定时间内可靠地工作，那么它的使用价值就低，经济效果就差。

从设计规划、制造安装、使用维护到修理报废，可靠性始终是系统和机械设备的灵魂。其中设计制造决定固有可靠性，而使用维护保持使用可靠性。

可靠性是评价系统和机械设备好坏的主要指标之一。它是研究系统和机械设备的质量指标随时间变化的一门科学。

随着科学技术的发展，机械设备的功能由单一转向多能，结构日趋复杂；采用新材料、新工艺、新技术后使不可靠的因素增多，可靠性水平降低；新机械设备又要考虑更恶劣的使用条件，增加了保证其使用可靠性的难度；一旦发生故障带来的危害往往很严重，维修费用很高。基于以上原因，必须对可靠性进行深入研究。

第一节 概　　念

一、定义

可靠性是指系统、机械设备或零部件在规定的工作条件下和规定的时间内保持与完成规定功能的能力。由于可靠性不能用仪表测定，所以衡量可靠性必须进行研究、试验和分析，从而做出正确的估计和评定。

二、评定可靠性应注意的问题

1. 可靠性与规定条件分不开

所谓规定条件是指机械设备在使用时的环境条件、使用条件、维护保养条件等。例如：载荷、速度、温度、冲击、振动、润滑、环境、湿度、气压、风沙、含尘量、连续或间断工作等。同样的机械设备在各种使用条件下，其可靠性是不相同的。通常条件愈恶劣，可靠性愈低。

2. 可靠性与规定时间密切相关

所谓规定时间是指机械设备工作的期限，用时间或相应的指标表示。例如，滚动轴承用小时或百万转；车辆用公里。规定时间根据实际情况可以是长期的，如若干年；也可以是短暂的，如若干小时。通常工作时间愈长，可靠性降低。

3. 可靠性与规定功能有关

所谓规定功能是指机械设备应具有的主要技术指标。例如：承载能力、工作寿命、工作精度、机械特性、运动特性、经济指标等。

三、提高可靠性的方法

提高可靠性的方法有两种：其一为故障预防，即抑制故障的产生；另一为故障容错，即利用冗余的零部件去屏蔽已发生的故障对整个机械设备的影响。

第二节 可靠性的描述

可靠性已从一个模糊的定性概念发展为以概率论及数理统计为基础的定量概念。对机械设备可靠性的相应能力做出数量表示的量称特征量。主要有：可靠度、失效率、故障率、平均故障间隔时间、平均寿命、有效度等。任何一个特征量只能表示可靠性的某一个特征方面，所以对不同的机械设备要使用不同的特征量描述，它标志着可靠性理论已进入了工程实用阶段。

常用的可靠性指标见表 4-1。

表 4-1 常用可靠性指标

序 号	特征量类别	可靠性指标	代 号	定 义
1	无故障性	首次故障前平均工作时间	MTTFF	发生首次致命、严重或一般故障时的平均工作时间
		平均故障间隔时间	MTBF	可修复机械设备或零部件相邻两次故障之间的平均间隔时间
		平均停机故障间隔时间	DTMTBF	可修复机械设备或零部件相邻两次停机故障的平均工作时间
		故障率	$\lambda(t)$	在每一时间增量里产生故障的次数，或在时间 t 之前尚未发生故障，而在随后的 dt 时间内可能发生故障的条件概率
		平均百台修理次数	RPH	100 台机械设备在规定的使用或试验条件下，在某一时刻或时间范围内，平均百台需要修理的次数
2	维修性	平均事后维修时间	MTTR	可复机械设备或零部件使用到某一时刻所有故障排除的平均有效时间
3	耐久性	可靠度	$R(t)$	在规定的使用条件下和规定的时间内，无故障地完成规定功能的概率
		累积故障概率	$F(t)$	在规定的使用条件下，使用到某一时刻 t 时发生故障的累积概率，亦称不可靠度
		可靠寿命	L_R	在规定的使用条件下，可靠度 $R(t)$ 达到某一要求值时的工作时间
		平均寿命	MTTF	机械设备和零部件从开始使用到失效报废的平均使用时间
4	有效性	有效度	$A(t)$	在规定的使用条件下，在某个观测时间内，机械设备及零部件保持其规定功能概率
5	经济性	年平均保修费用率	PWC	在规定的使用条件下，出厂第一年保修期内，每台机械设备工厂平均支付的保修费用与出厂销售价的比例

下面重点介绍可靠度和有效度。

一、可靠度

可靠度是指机械设备或零部件在规定条件下和规定时间内无故障地完成规定功能的概率。由于机械设备或零部件的各种性能都要随时间发生变化，所以可靠度是一个随时间变化的函数，用 $R(t)$ 表示。它是小于或等于 1 而大于或等于 0 的函数，即 $1 \geq R(t) \geq 0$。

零件可靠度的分类等级及应用情况见表 4-2。

表 4-2　零件可靠度分类等级及应用情况

等　级	可　靠　度	应　用　情　况
0	<0.9	不重要的情况，失效后果可忽略不计。例如：不重要的轴承 $R(t)=0.5 \sim 0.8$；车辆低速齿轮 $R(t)=0.8 \sim 0.9$
1	≥0.9	不很重要的情况，失效引起的损失不大。例如：一般轴承 $R(t)=0.9$，易维修的农机齿轮 $R(t) \ge 0.9$，寿命长的汽轮机齿轮 $R(t) \ge 0.98$
2	≥0.99	重要情况，失效将引起大的损失。例如：一般齿轮的齿面强度 $R(t) \approx 0.99$，弯曲强度 $R(t) \approx 0.999$；高可靠性齿轮的齿面强度 $R(t) \approx 0.999$，弯曲强度 $R(t) \approx 0.9999$；寿命不长但要求高可靠性的飞机主传动齿轮 $R(t) \approx 0.99 \sim 0.9999$ 以上，高速轧机齿轮 $R(t) \approx 0.99 \sim 0.995$
3	≥0.999	
4	≥0.9999	
5	1	很重要的情况，失效后会引起灾难性后果，由于 $R(t)>0.9999$，其定量难以准确，在计算应力时应取大于 1 的计算系数来保证

设有 N_0 个相同零件，当达到工作时间 t 时，有 N_t 个零件失效，而仍能正常工作的零件为 N 个，则零件的可靠度为

$$R(t)=\frac{N}{N_0}=\frac{N_0-N_t}{N_0}=1-\frac{N_t}{N_0} \tag{4-1}$$

为使零件具有足够的可靠性，应遵循 $R(t) \ge [R(t)]$

其中 $[R(t)]$ 为许用可靠度，它取决于零件的重要程度、所受载荷类别、生产和维修费用等。

与可靠度 $R(t)$ 对应的是不可靠度。它是指零件在规定的条件下和规定的时间内不能完成规定功能（即发生失效）的概率。不可靠度也称失效概率或故障概率。一般记为 $F(t)$。

$$F(t)=\frac{N_t}{N_0}=1-R(t) \tag{4-2}$$

例 1：现有 10000 个相同的零件，工作达 200h 有 9500 个零件未失效；工作达 500h 有 9000 个零件未失效，求零件在 200h 和 500h 的可靠度。

解：200h 的可靠度为 $R(200)=\dfrac{9500}{10000}=95\%$；

500h 的可靠度为 $R(500)=\dfrac{9000}{10000}=90\%$；

而零件的不可靠度或失效概率分别为

$$F(200)=1-95\%=5\%；$$
$$F(500)=1-90\%=10\%；$$

二、有效度

它是指机械设备和零部件在某种使用条件下和规定时间内保持正常使用状态的概率。可用数学式表示，即

$$A(t)=\frac{正常工作时间}{正常工作时间+停机故障时间} \tag{4-3}$$

由于正常工作时间和停机故障时间都是随机的，因此有效度 $A(t)$ 也是一个随机函数。它与可靠度的区别在于其维持的正常功能包含了修复的结果，而可靠度则未计及这点。

提高机械设备的有效度可通过降低它的故障率或提高它的修复率来实现。

选择可靠性指标主要取决于机械设备的功能特点、使用目的和设计要求，还要根据过去的经验、用户的要求和市场调查结果等，一般应包括功能、能源消耗、动力性能、安全性和维修性等。通常选用可靠度、平均故障间隔时间、故障率、平均事后维修时间、有效度等。

第三节　系统的可靠性

机械设备有大有小，小的本身就自成为元件；而大的则是由很多元件组成部件、整机，形成一个系统。例如：汽车是由发动机、变速箱、底盘、车身等组成一个系统；带输送机是由电动机、减速器、滚筒、托辊和输送胶带等构成一系统。

系统是一个能够完成规定功能的综合体。组成系统的元件称单元，每个独立单元不仅要完成各自的规定功能，而且还要在系统中与其他单元发生联系。系统的概念具有相对性，例如减速器被视作带输送机的单元；若对减速器单独研究，则可将其视为系统，其中的齿轮、轴、轴承又作为单元。

根据单元在系统中的联接方式不同，可分为3类：

一、串联系统

在组成系统的单元中只要有一个发生故障，系统就不能完成规定的功能，这种系统称串联系统，如图4-1所示。

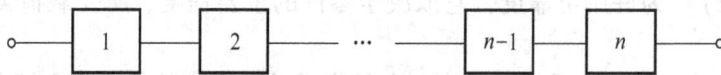

图 4-1　串联系统

大多数机械的传动系统均是串联系统。当串联系统由 n 个单元组成，它们的可靠度分别为 R_1、R_2、$\cdots$、R_n 时，根据概率乘法定理，系统的可靠度为 R_s

$$R_s = R_1 R_2 \cdots R_n = \prod_{i=1}^{n} R_i \qquad (4\text{-}4)$$

若各单元的 R 都相等，则

$$R_s = R^n \qquad (4\text{-}5)$$

由于 $R_i \leq 1$，所以单元数目愈多，系统的 R_s 就愈低。可见，在满足规定功能的前提下，系统愈简单，可靠性愈高。

例2：计算单级圆柱齿轮减速器的可靠度，见图4-2所示。

已知使用寿命5000h内各零件的可靠度分别为：轴1、7的 $R_{1,7} = 0.995$；两对滚动轴承4、6的 $R_{4,6} = 0.94$；齿轮3、8的 $R_{3,8} = 0.99$；键2、5的 $R_{2,5} = 0.9999$；

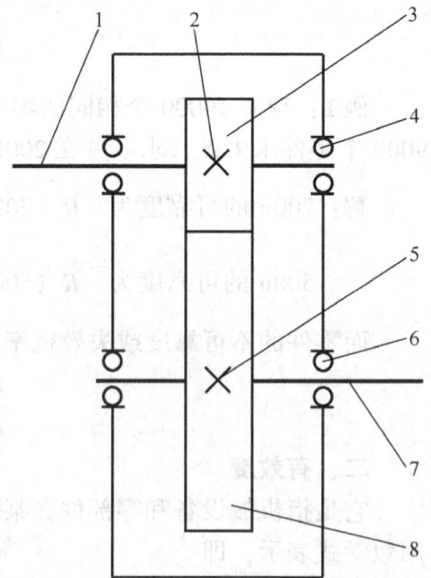

图 4-2　单级圆柱齿轮减速器

1、7—轴　2、5—键

3、8—齿轮　4、6—滚动轴承

解：系统的可靠度 $R_s = \prod\limits_{i=1}^{10} R_i = 0.995 \times 0.995 \times 0.94 \times 0.94 \times 0.94 \times 0.94 \times 0.99 \times 0.99 \times 0.9999 \times 0.9999 = 0.757$

即齿轮减速器的可靠度不低于75.7%

串联系统的可靠度低于任何一个单元的可靠度。若要提高一个单元的可靠度去改善串联系统的可靠度，就应当提高系统中可靠度最低的那个单元。

二、并联系统

并联系统又称冗余系统，即系统中只要有一个单元没有失效，系统仍能维持工作。若几个单元同时投入运转，有一个出现故障，其他单元还能维持的称工作储备并联系统，如图4-3a所示，例如多台发动机的飞机或轮船。

如果几个单元中只有一个投入运转，当该单元损坏之后，可换成另一个单元运转，系统不受影响，叫作非工作储备并联系统，如图4-3b所示，例如脚踏机动两用摩托车，发动机坏了还可脚踏前进。

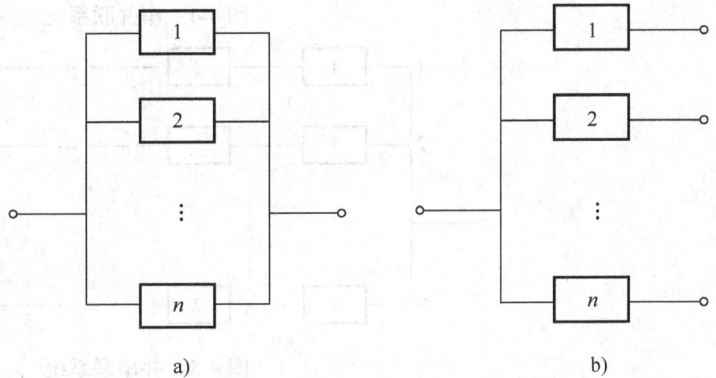

图4-3 并联系统

并联系统的可靠度 R_s 为

$$R_s = 1 - (1 - R_1)(1 - R_2) \cdots (1 - R_n)$$

$$= 1 - \prod\limits_{i=1}^{n}(1 - R_i) \tag{4-6}$$

若各单元的 R 都相等，则

$$R_s = 1 - (1 - R)^n \tag{4-7}$$

可见，并联系统的单元数目愈多，系统的可靠度愈高，但体积、质量、成本也增加。在机械系统中，并联系统因结构复杂、成本昂贵，用得较少，只有在可靠性要求高，且结构上允许时才使用，一般 $n = 2$ 或 $n = 3$。例如：载货汽车用双列后轮或备用轮；液压系统中滑阀操纵装置采用双重滑阀；静压轴承的油压系统采用备用系统等。

例3：由5个可靠度均为0.9的单元组成并联系统，求其系统可靠度。

解：按公式（4-7）计算

$$R_s = 1 - (1 - R)^n = 1 - (1 - 0.9)^5 = 0.99999$$

可见，并联系统的可靠度大于每个单元的可靠度，这是在机械设备方案规划技术设计和布局安装过程中采用冗余技术的根据。若要提高系统可靠性，需提高可靠度最大的单元的可靠度。

三、混联系统

由串联及并联系统组合而成的系统称混联系统。它分两种，一是串并联系统，见图4-4；另一是并串联系统，见图4-5。

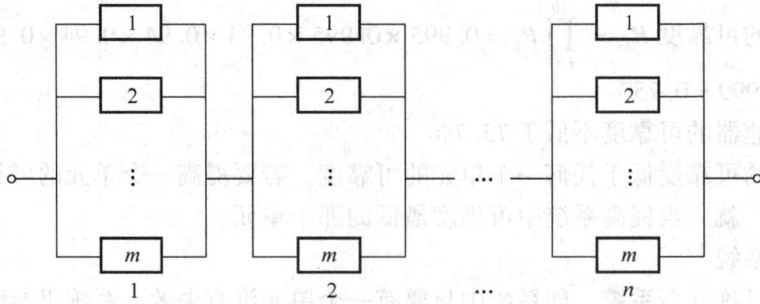

图 4-4　串并联系统

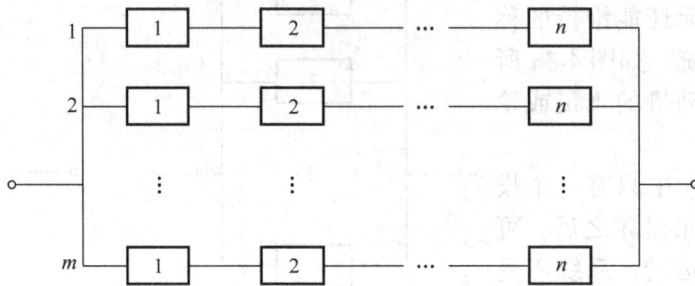

图 4-5　并串联系统

混联系统可靠性的计算没有一成不变的公式，而需具体分析。通常，串并联系统的可靠度计算是先将并联单元系统转化为一个等效的串联系统，然后再按串联系统计算。并串联系统的可靠度则先分别计算串联系统的可靠度，然后再按并联系统计算。

现以常用的 2K-H 行星齿轮减速器为例加以说明，见图 4-6a 所示。该图可简化为串并联系统，如图 4-6b 所示。三个行星轮 2 组成一并联系统，若不计轴、轴承、键的可靠度，则并联系统的可靠度 $R_{222}=1-(1-R_2)^3$，把它转化为一个等效的串联系统，按串联系统公式计算，即系统的可靠度 $R_s=R_1R_{222}R_3=R_1\left[1-(1-R_2)^3\right]R_3$

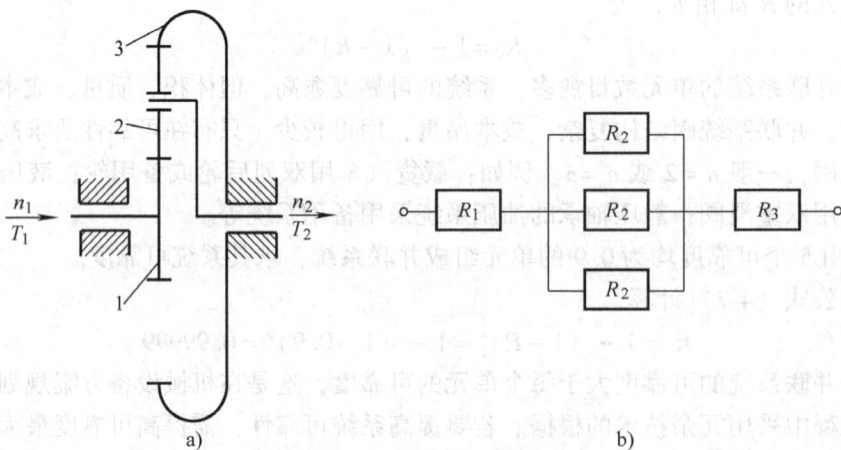

图 4-6　2K-H 行星齿轮减速器
1、3—太阳轮　2—行星轮

设 $R_1=0.995$，$R_2=0.999$，$R_3=0.990$，

此减速器的可靠度为

$$R_s = R_1 \left[1 - (1 - R_2)^3 \right] R_3$$
$$= 0.995 \times \left[1 - (1 - 0.999)^3 \right] \times 0.990 = 0.985$$

第四节　可靠性理论在维修中的应用

一、提高系统和零部件的可靠性

在串联系统中，串联的单元愈多，可靠性愈差；反之，愈简单的机械愈可靠。因此，机械上可有可无的零部件应尽量不要，尽可能把几个零件合并成一个零件。

在并联系统中，并联的单元愈多，可靠性愈好。一般来说，非工作储备系统的可靠度高于工作储备系统。

不论串联或并联，提高其中任何一个零件的可靠度都能提高系统的可靠度。

提高可靠性的主要措施有：

1）在满足要求的情况下，力求结构简单、传动链短、零件数少、调整环节少且简便、联接可靠。

2）尽可能采用独立的结构单元，分离方便，整个单元能迅速更换，有利于提高维修性，保证维修质量。

3）设法提高系统中最低可靠度零件的可靠度。

4）尽量选用可靠度高的标准件。

5）避免采用容易出现疏忽、维护和操作错误的结构。

6）结构布置要能直接检查和修理，如油面指示器位置应便于观察油面；要设置检查孔等。

7）合理规定维修期，维修期过长，可靠度下降，如润滑油变质、配合间隙过大。

8）必要时增加备用系统，如双列滚动轴承，重要的液体动压滑动轴承备有两套系统。

9）设置监测系统，及时报警故障，如进行温度监测、微裂纹监测。

10）增加过载保护装置和自动停机装置。

二、根据可靠性规律制定相应的维修制度

故障率呈正指数型的机械设备有明显的耗损故障期，应在它到来之前及时进行维修，这就是维修行业历来采用的定期检修制。没有耗损故障期的机械设备，不仅没有必要定期检修，而且每次检修后出现早期故障反而降低了可靠性，像飞机这样的可修复的复杂系统没有耗损故障，因此不用定期检修。

故障率呈常数型的机械设备，其可靠性只受随机因素影响，定期检修不能预防随机故障。通过分析随机因素，尽量减少随机因素的发生概率或采用并联系统，就能够避免故障的产生。

第五章 维修性理论概述

评价机械设备的使用性能，不仅要研究其可靠性，估计它从开始工作到发生故障的可靠程度及工作寿命，而且还要研究其维修性，即该机械设备一旦发生故障能否在较短的时间内经过修理或更换，恢复到原来的工作状态。从经济角度讲，不仅要求机械设备具有高的可靠性，而且还要求其在使用过程中维修费用最低。

维修贯穿于机械设备的整个寿命周期，即由规划、设计、试制、生产、销售、安装、使用、改造直至报废的全过程。做好维修需要三个条件，又称维修三要素，即1) 机械设备的维修性；2) 维修人员的素质和技术；3) 维修的保障系统，包括人力、技术、测试装置、工具、备件、材料供应等。

第一节 概 念

一、定义

机械设备在规定的条件下，在规定的时间内，按规定的程序和方法进行维修时，保持或恢复到规定状态的能力称维修性。

所谓规定的条件，是指选定了合理的维修方式、准备了维修用的测试仪器及装备和相应的备件、标准、技术资料，由一定技术水平和良好劳动情绪的维修人员进行操作。

所谓规定的时间，是指机械设备从寻找、识别故障开始，直至检查、拆卸、清洗、修理或更换、安装、调试、验收，最后达到完全恢复正常功能为止的全部时间。

维修与维修性是两个不同的概念。维修是指维护或修理进行的一切活动，包括保养、修理、改装、翻修、检查等。而维修性是指机械设备在维修方面具有的特性或能力；反映发生故障后进行维修的难易程度；是维修需要付出的工作量大小、人员多少、费用高低以及维修设施先进或落后的综合体现；是由设计、制造等因素决定的一种固有属性，直接关系到机械设备的可靠性、经济性、安全性和有效性；是机械设备三项基本性能参数之一，它和使用性能一样重要。

二、评定指标

1. 维修度

它是定量地评定维修性的尺度。可修复的机械系统、设备和零部件等，在规定的条件下进行维修，在规定的时间内恢复到正常状态完成的修复概率，称维修度，用 $M(t)$ 表示。

由于维修时间有很大的随机性，它是随故障发生的原因、部位和程度的不同而不同，因此维修的定量化只能用概率表示。

设 t 为规定的维修时间，τ 为实际维修所用的时间，是随机变量，则维修度 $M(t)$ 就是在 $\tau \leqslant t$ 时间内完成维修的概率，即 $M(t) = P(\tau \leqslant t)$。

维修度 $M(t)$ 对时间的导数称维修概率密度函数，记为 $m(t)$，即 $m(t) =$

$\dfrac{\mathrm{d}M\ (t)}{\mathrm{d}t}$。它表示在某一时刻 t，可能修复的瞬时概率。当 $t=0$ 时，处于故障状态，尚未进行维修，$M\ (t)\ =0$；当 $t\to\infty$ 时，表明已修好，$M\ (t)\ =1$。

具体的维修时间是遵循一定的分布规律，它与 $m\ (t)$ 有关。在一定的时间内，$M\ (t)$ 大，说明维修的速度快；反之，维修速度慢。

应该指出，$M\ (t)$ 为 t 的单调递增函数，可按正态分布、对数正态分布和指数分布等

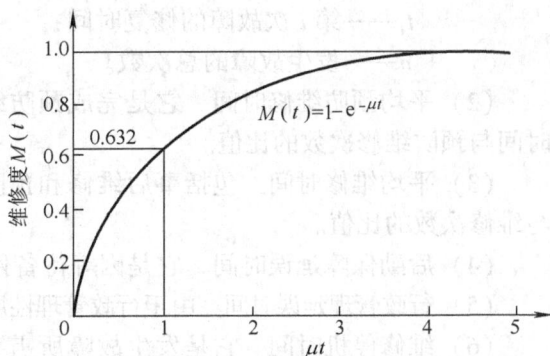

图 5-1　维修度函数呈指数分布

函数来表示。通常 $M\ (t)$ 是服从指数分布，见图 5-1。

写成公式

$$M\ (t)\ =1-e^{-\mu t} \tag{5-1}$$
$$m\ (t)\ =\mu e^{-\mu t} \tag{5-2}$$

式中　μ——单位时间内完成维修的瞬时概率，即修复率，其倒数 $1/\mu$ 为平均维修时间。

例 1：某机械设备过去的平均维修时间为 20h，现在该机械设备又发生了故障，假设维修条件不变，试估算其在 12h、24h 和 48h 修复的维修度。

解：根据式（5-1）$M\ (t)\ =1-e^{-\mu t}$

则 $M\ (12)\ =1-e^{-12/20}=1-0.55=0.45$

$M\ (24)\ =1-e^{-24/20}=1-0.30=0.70$

$M\ (48)\ =1-e^{-48/20}=1-0.09=0.91$

即 12h 修复的维修度为 0.45，24h 为 0.70，48h 为 0.91。

例 2：根据维修日记，某工程机械在一个月内发生故障 15 次，共停机 1200min。根据正常运行研究分析，假设故障分布遵从指数分布，机械化施工公司与用户签有协议，规定故障停机达 100min 需罚款，用 100min 作为标准时间 t，试求其维修度。

解：先估算修复率 $\mu=\dfrac{15}{1200}=0.0125$

根据式（5-1）维修度 $M\ (100)\ =1-e^{-0.0125\times100}=1-0.286=0.714$

即 100min 的维修度为 0.714。

与维修度相反的概念是不可维修度，即修不好的可能性，用 $G\ (t)$ 表示，故有 $M\ (t)+G\ (t)\ =1$。

不难看出，可靠度是研究机械系统、设备、零部件由正常状态向故障状态变化的可能性；而维修度则相反，它是由故障状态向正常状态变化的可能性。

2. 延续时间指标

主要有：

（1）平均事后维修时间　故障发生后，整个维修过程所需要的时间即为事后维修时间。平均事后维修时间则是多次事后维修时间的平均值，

即　$\text{MTTR}=\dfrac{1}{n}\sum\limits_{i=1}^{n}t_i$ \tag{5-3}

式中　MTTR——平均事后维修时间；

t_i——第 i 次故障的修复时间；

n——发生故障的总次数。

（2）平均预防维修时间　它是完成预防维修项目所用的平均延续时间，即预防维修总时间与预防维修次数的比值。

（3）平均维修时间　包括事后维修和预防维修所需要的平均延续时间，即维修总时间与维修次数的比值。

（4）后勤保障延误时间　它是因等待备件、材料、运输等所延误的时间。

（5）行政管理延误时间　由于行政管理性质的原因使维修工作不能按时进行而延误的时间。

（6）维修停机时间　它是发生故障所需要的停机修复时间，包括平均维修时间、后勤保障延误时间和行政管理延误时间。

3. 工时指标

包括机械设备或零部件每工作一小时、一个月、一个周期所用的维修工时，以及每项维修措施所用的维修工时。

4. 维修频率指标

它关系到能否使机械设备对维修的要求减少到最低限度。可靠性特征量中的故障率 $\lambda(t)$ 和平均故障间隔时间（MTBF）是确定事后维修频率的依据。

（1）平均维修间隔时间　它是各类维修活动（事后、预防）之间的平均工作时间，是确定机械设备在某一特定的瞬间维持其正常功能的概率，即有效度的主要参数。

（2）平均更换间隔时间　它表示某零部件或总成更换的间隔平均时间，是确定备件需要量的一个重要参数。

5. 维修费用指标

机械设备的寿命周期费用是一项综合性的货币形态价值预测指标，可分解为购置费（原值）、使用费、维修费和停机损失费等四大项。维修费在寿命周期费用中所占的比例很大。维修性设计的最终目标是以最低的费用完成维修工作。它包括：

（1）每项任务、每项维修措施的费用。

（2）运行一小时、一个月、一年的维修费用。

（3）维修效益 $= \dfrac{生产量}{维修费用}$。

（4）综合效益 $= \dfrac{机械设备寿命周期内的输出}{机械设备寿命周期费用}$。

6. 有效度

由于机械设备维修需要占用一定时间，使它在保有期内不能得到充分利用，为衡量其充分利用的程度，引入有效度即可利用率的概念。参见第四章。有效度还可用 $A(t) = \dfrac{\mu}{\lambda + \mu}$ 表示，其中 μ 是修复率，λ 是故障率，它们同时影响利用率。若要提高有效度，必须降低 λ 或提高 μ。一台高度可靠的机械，若故障十分稀少，而维修性不好，其利用率降低。

第二节　影响维修性的主要因素和提高途径

一、影响维修性的主要因素

影响维修性的因素，主要有机械设备维修性设计的优劣、维修保养方针、体制、维修装备设施的完善程度，维修保养人员的水平高低和劳动情绪等，见表 5-1。

表 5-1　影响维修性的主要因素

设　计　方　面	维修保养方针、体制及维修装备设施	对维修人员的要求
1. 总体布局和结构设计应使各部 　分易于检查，便于维修 2. 良好的可达性，设置维修操作 　通道，有合适空间 3. 部件与联接件易拆装 4. 标准化，互换性和可更换性 5. 安全性 6. 材料易于购置，零件加工方便 7. 技术资料齐全 8. 专用工具和试验装置	1. 维修方式的确定 　故障修理 　定期更换 　状态监测维修 　无维修设计 2. 维修资源的组织 　维修组织机构 　维修力量配备 　维修计划和控制 3. 维修材料和备件供应 　储备方式 　库存管理 4. 维修装备设施 5. 费用因素	1. 考核和选择 　教育 　经验 　素质 2. 训练 3. 熟练程度 4. 能力分析 5. 劳动情绪

二、提高维修性的主要途径

从上述影响维修性的主要因素中，不难找到提高维修性的主要途径。其中特别要注意以下几点。

1. 简化结构，便于拆装

结构简单的机械设备不仅故障少，一旦发生故障，检查、判断、修复也容易。大量采用标准件、各种类型的机械设备零部件之间能够通用，均可减少停机维修时间。

2. 提高可达性

故障发生后，维修人员在检查、拆卸和修理中，应能用眼睛直接看到、用手接触操作部位；应有足够的操作空间，并符合工程心理学和人机工程规定的标准；取出零件时应有适当的通道。

3. 保证维修操作安全

维修人员在操作时，应没有被锐边、突起划伤，被重物砸伤的可能，也没有被电击的危险，以提高效率。

4. 按规定使用和维修

要按使用说明书规定的内容进行使用、润滑、调试、保养；按编制的维修技术指南和维修标准进行维修；按机械设备本身的特点采取最合理的维修工艺 、材料和方法，取得最好的维修效果。

5. 部件和联接件易拆易装

采用整体式安装单元（模块化），设置定位装置和识别标志，配备适合的专用拆装工具等，都有利于实现易拆易装。

6. 零部件的无维修设计

可靠性、维修性的理想极限是无维修设计，即不需要维修的零部件。目前主要有：不需润滑的固定关节、自润滑轴承、塑料轴承等；不需调整的，利用弹簧张力或液压等自调刹车闸等；将零部件设计为具有一定寿命，到时就予以报废处理。

第三节 维 修 思 想

维修思想是指导维修实践的理论，又称维修理论、维修原理、维修观念、维修哲学等。维修思想是人们对维修的客观规律的正确反映，是对维修工作总体的认识，其正确与否直接影响维修工作的全局。维修思想的确立取决于当时的生产水平、维修对象、维修人员的素质、维修手段和条件等客观基础。

一、"事后维修为主"的维修思想

事后维修属于非计划性维修，它以机械设备出现功能性故障为基础，有了故障才去维修，往往处于被动地位，准备工作不可能充分，难以取得完善的维修效果。在产业革命初期都以此为指导思想。

二、"以预防为主"的维修思想

这是一种以定期全面检修为主的维修思想。它以机件的磨损规律为基础，以磨损曲线中的第三阶段起点作为维修的时间界限，其实质是根据量变到质变的发展规律，把故障消灭在萌芽状态，防患于未然。通过对故障的预防，把维修工作做在故障发生之前，使机械设备经常处于良好的技术状态。定期维修成为预防性维修的基本方式；拆卸分解成为预防性维修的主要方法。

几十年来，我国机械设备维修的各种技术规定和制度，都是在这种维修思想指导下建立和发展起来的。虽然它起到过一定的积极作用，但是多年来的实践证明这种维修思想有局限性。预防性维修思想对很多故障的认识无能为力，使维修工作存在着很大的盲目性，日益显得保守。随着科学技术的不断发展和深化，需要寻求更合理、更科学、更经济、更符合客观实际的新的维修思想。

三、"以可靠性为中心"的维修思想

它是建立在"以预防为主"的实践基础上，但又改变了传统的维修思想观念。

1. 产生的主要原因

1）很多故障不可能通过缩短维修周期或扩大修理范围解决。相反，会因频繁的拆装而出现更多的故障，增加维修工作量和费用。不合理的维修，甚至维修"一刀切"，反而会使可靠性下降。并不是维修工作做得愈多愈好，应当不做那些不必要的无效维修工作。

2）可靠性取决于两个因素，一是设计制造水平；二是使用维修水平以及工作环境。前者是内在的、固有的因素，起决定性的作用，称固有可靠性；后者通过前一因素起作用，称使用可靠性。有效地进行维修只能保持和恢复固有可靠性，而不可能通过维修把固有可靠性差的转变为好的。

3）复杂的机械设备只有少数机件有耗损故障期，一般机件只有早期故障和偶然故障期。可靠性与时间无关。

4）定期维修方式采取分解检查，它不能在机械设备运行中来鉴定其内部零件可靠性下降的程度，不能客观地确定何时会出现故障。

5）复杂机械设备的故障多数是随机性的，因而是不可避免的。预防维修对随机故障是无效的，只有耗损故障才是有效的。

2. 基本要点

"以可靠性为中心"的维修思想的形成是以视情维修方式的扩大使用、以逻辑分析决断方法的诞生为标志、以最低的费用实现机械设备固有可靠性水平。

1）提高可靠性必须从机械设备研制开始。维修的责任是控制影响机械设备可靠性下降的各种因素，保持和恢复其固有可靠性。

2）旧的机械设备其故障不见得就多，而新的机械设备其故障不见得就少。故障是随机发生的，故障与使用时间没有直接关系。

3）频繁地维修或维修不当会导致可靠性下降。要科学分析、有针对性地预防故障。

4）有效的预防性维修能够以最少的资源消耗来保持机械设备的固有可靠性水平，但不能超过。要想超过，只有重新设计或实施改进性维修。

5）有明确的潜在故障概念。进行预防性维修可使机械设备在不发生功能故障的前提下得到充分利用，达到安全、经济的使用目的。通过检查并排除隐蔽功能故障，可以预防多重故障的严重后果。

6）根据实践中取得的大量数据进行可靠性的定量分析，并按故障后果等确定不同的维修方式，分析和了解使用、维修、管理水平，发现问题，有针对性地采取各项技术和管理措施。

7）分析机械设备的可靠性，必须要有一个较完善的资料、数据收集与处理系统，尤其要重视故障数据的收集与统计工作。做好初始预防性维修大纲，并在使用中不断修订，逐步完善。

综上所述，这种维修思想不仅用来指导预防故障等技术范畴的工作，同时也用于指导维修管理范畴的工作，把有关维修的各个环节连成一个维修系统。

第四节 维 修 方 式

维修方式是对机械设备及零部件维修工作内容及其时机的控制形式。在实际使用中，维修方式是指控制拆卸、更换和修理时机的形式，它包括查找故障部位、修复或更换零部件、进行调整、验收等一系列技术活动。

一、维修方式

根据维修思想，维修的基本方式如图5-2所示。

1. 事后维修（CM）

又称故障维修、损坏维修、非计划性维修。它不控制维修时机，而是当机械设备发生故障或损坏后才进行的维修。它以修复原来的功能为目的。这种维修方式由于事先没有充分掌握故障现象，而且多数情况下故障又是由偶然因素所致，因此故障造成停机停产的经济损失较大。此外，因不能事先做好维修的准备工作，在紧急性维修时往往维修时间长、费用高、质量不易保证。这是一种传统和落后的维修方式，适用于安全性、可靠性要求不高的情况。

事后监控维修，它是根据过去对故障进行统计分析的基础上，采取相应的措施不断地监控机械设备的可靠性，一直到零部件发生故障，然后再根据对故障分析的结果进行修复。在可能情况下还要改进设计及修改维修规程，包括维修方式、周期、工作内容及操作方法等。显然，这种维修方式是建立在故障分析及诊断的理论基础上。它适用于对安全没有直接危害的偶然故障，以及规律不清楚的故障。由于它不规定机械设备的使用时间，因此能充分地利用机械设备的寿命，使维修工作量最低。事后监控维修是一种较经济的维修方式，目前应用较为普遍。

2. 预防维修（PM）

预防维修是指机械设备未发生停机故障或损失而进行的维修。随着机械设备或系统结构的日趋复杂，发生故障后造成的经济损失日益增大，只通过事后维修的方法已不能满足需要，尤其是一些安全性受到特别重视的机械设备或生产系统中的关键设备，采用预防维修是不可缺少的。

预防维修分为两种基本形式：

（1）定期维修　又称计划维修、时间预防维修。它以概率论为基础，根据主要零部件发生故障时间的统计分布和使用经验确定维修周期，不管其技术状态如何，都要按规定的程序进行维修工作，防止引起突发性事故。定期维修的依据是机件的磨损规律，关键是准确地掌握机件的维修时机。这种维修方式由于必须对零部件进行拆卸分解，进行离位式的检查维修，因此，不仅增加了维修时间，而且也

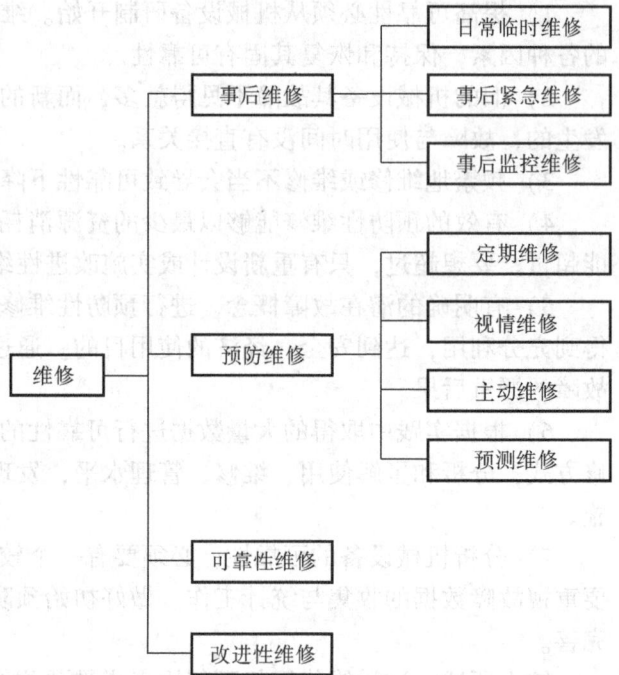

图5-2　维修的基本方式

影响了机械设备的固有可靠性。另外，规定的维修周期往往受多种因素，特别是受偶然性故障的影响，不能完全符合实际，容易造成不是机械设备失修就是维修次数增多、费用增加。但由于维修可以有计划地安排在生产空隙离线进行，维修资源可提前准备，能使停机造成的损失减到最小。到目前为止，定期维修仍是广泛采用的一种维修方式。

（2）视情维修　亦称按需维修、状态监测维修、预知维修。它是对机械设备进行连续性状态监控，当其中一个或几个监测的特性参数下降到某种标准值以下时就进行维修，以消除潜在故障，避免进一步发生功能性故障。

视情维修适用于：①属于耗损故障的机件，且有如磨损那样缓慢发展的特点，能估计出量变到质变的时间；②难以依靠人的感官和经验去发现故障，又不允许对机械设备任意解体检查；③对那些机件故障直接危及安全，且有极限参数可监测；④除本身有测试装置外，必须有适当的监控或诊断手段，能评价机件的技术状态，指出是否正常，以便决定是否立刻维修。

视情维修的优点是可以充分发挥机件的潜力，提高机件预防维修的有效性，减少维修工作量及人为差错。而缺点则是费用高，要求有一定的诊断条件，根据实际需要和可能来决定是否采用视情维修。

在视情维修的基础上，20世纪90年代出现了主动维修方式和预测维修方式。

主动维修方式是对重复出现的潜在故障根源进行系统分析，采用强有力的监测诊断和先

进的维修技术，或用更改设计的办法，从故障根源上来预防故障的一种维修方式。它把故障最大限度地消灭在萌芽状态，是视情维修方式的发展与深化，显得更合理、更有效。

预测维修方式是通过预测与状态管理系统提出的有关信息，确定退化零部件的剩余寿命，能指示何时该进行维修，并提供合适的维修方法。它是一种真正的视情维修方式。

3. 可靠性维修（RM）

以可靠性为中心的维修称可靠性维修。它以可靠性理论为基础，通过对影响可靠性的因素作具体分析和试验，应用逻辑分析决断法，科学地制定维修内容，优选维修方法，合理确定使用期限，控制机械设备的使用可靠性，以最低的费用来保持和恢复机械设备的固有可靠性。可靠性维修使机械设备维修工作进一步走向科学化和现代化，值得重视和研究。

4. 改进性维修（IM）

在故障发生过分频繁，即平均故障间隔期很短，以及修理或更换的费用又很大，即人力、备件费用或停工损失很大时，改进性设计是对付这种情况的最好办法。如果实施得正确，这种方式一次就可以排除上述问题，而其它维修方式都会有反复进行维修活动的可能。改进性维修与机械设备改装是有区别的，只有在维修过程中进行的改进，并且与维修目的一致的工作才属于改进性维修。

二、维修方式的选择

维修的目的在于保证机械设备运转的可靠性，即保证使用价值的可靠性；另外要使维修费用最省。因此维修决策的基本要求是：1）可靠度不得低于允许的最小值〔R〕，即 $R(t) \geqslant 〔R〕$；2）维修费用 K_r 为最少或不得大于某个预定的维修费限额 $K_{r\,min}$，即 $K_r \leqslant K_{r\,min}$。从系统工程的基本观点来看，维修阶段可视为寿命周期这个概念系统的子系统，上式则指出了这一子系统优化的目标函数和约束条件的基本形式。要优化维修决策，首先应选择合理的维修方式。

维修方式的选择应从故障发生后的安全性、经济性考虑。由于机械设备一般都是断续运行，安全性不突出，所以选定维修方式一般侧重于经济性。

上述维修方式各有一定的适用范围。然而应用是否恰当，则有优劣之分。维修方式的发展趋势是事后维修逐步走向定期的预防维修，再从定期的预防维修走向计划的定期检查，并按检查结果安排近期的计划维修。对一些精密、贵重、重要的机械设备，则随状态监测技术的发展，逐步走向视情维修，最后走向可靠性维修。

我们应根据本单位的具体情况去选择某一种或几种维修方式的组合，或再配合其它管理方法，在充分利用其固有可靠性的前提下，尽可能选定最合适的维修方式。表5-2列出了三种主要维修方式的特征供选用时参考。

表 5-2　三种主要维修方式的特征

序　号	特　征	事 后 维 修	定 期 维 修	视 情 维 修
1	维修性质	非预防性	预防性	预防性
2	维修对象	一个或几个项目	一个项目	一个项目
3	维修判据	事后不断监控项目的状态变化，按结果采取相应措施	定期进行全面分解，检修或更换，有可能对不该维修的也进行维修	事先不断监控项目的状态，按状态更换或维修

（续）

序 号	特 征	事后维修	定期维修	视情维修
4	基本条件	数据或经验	数据或经验	视情设计、资料、控制手段、检查参数、参数标准
5	检查方法	分解	分解	不分解
6	适用范围	对安全无直接危害的偶然故障、规律不清楚的故障、故障损失小于预防维修费用的耗损故障	影响严重、对安全有危害、且发展迅速、无条件视情的耗损故障	影响严重、对安全有危害、且发展缓慢并有条件视情的耗损故障
7	维修费用	有充分准备的维修资源，需要一定费用	接近事后维修费用，备件量过多	需要高的投资和经常性费用

第五节 维修制度

维修工作不仅是技术性工作，也是一项管理性工作。维修制度是在一定的维修理论和思想指导下，制定出来的一套规定，它包括：维修计划、类别、方式、时机、范围、等级、组织和考核指标体系等。

实施合理的维修制度有利于安排人力、物力和财力，及早做好修前准备，适当地进行维修工作，满足工艺需要，提高机械设备技术状态、可靠性和使用寿命，缩短维修停歇时间，减少维修费用和停机损失。

建国以来，我国在机械设备维修领域引入了一些国外先进经验。经过多年的实践、消化、吸收、总结、创新、积累了不少适合我国国情的有效经验和做法。

一、计划预防维修制

它是在掌握机械设备磨损和损坏规律的基础上，根据各种机件的磨损速度和使用期限，贯彻防重于治、防患于未然的原则，相应地组织保养和修理，以避免机件的过早磨损，对磨损给予补偿，防止或减少故障，延长使用寿命，节省维修时间，从而有利于提高有效度和经济效益。

计划预防维修制的具体实施可概括为："定期检查、按时保养、计划修理"，它适合于维修的宏观管理。计划预防维修制的实行需要具备以下条件：1）通过统计、测定、试验研究，确定总成、主要零部件的修理周期，合理地划分修理类别；2）制定一套相应的维修技术定额标准；3）具备按职能分工，合理布局的修理基地。

计划预防维修制的主要缺点是从技术角度出发，经济性较差，修理周期和范围固定，会造成部分机件进行不必要的维修，即过剩维修或修理不足。据资料分析，通用机床一个修理周期的维修费用相当原值的350%，即维修费可购置2~3台同样的机床。它不利于提高机械设备的可靠性和维修经济性。

在维修过程中，按维修内容、工作量大小及范围的深度和广度，维修可分为大修、中修、小修、项修、改造和计划外维修等几种不同层次或类别。

1. 大修

全面或基本恢复机械设备的功能，一般由厂矿企业内的专业维修人员或在工业设施比较集中地区设置的维修中心进行。大修时，将对机械设备进行全部或大部解体，重点修复基础件，更换和维修丧失或即将丧失功能的零部件，调整后的精度基本上达到原出厂水平，并对外观重新整修。

2. 小修

以更换或修复在维修间隔期内磨损严重或即将失效的零部件为目的，不涉及对基础件的维修，是排除故障的维修。

3. 中修

是一种介于大修和小修之间的层次，为平衡性维修。

大中小修这三种层次客观上反映了机械设备磨损的时间进程，因而最适合以时间为基准的计划预防维修制的实施，为大多数单位采用。但它还需要其它修理层次作补充，才能解决预测不到的维修需要。

4. 项修

在机械设备运行，进行状态监测的基础上，专门针对即将发生故障的零部件或技术项目进行事前计划性的维修。项修是穿插在大中小修之间，没有周期性的一种计划维修层次。

5. 改造

用新技术、新材料、新结构和新工艺，在原机械设备的基础上进行局部改造，以提高其功能、精度、生产率和可靠性为目的。这种维修属于改善性，其工作量的大小取决于原机械设备的结构对实行改造的适应程度，也决定于人们需要将原机械设备的功能提高到什么水平。改造又称现代化改装。

6. 计划外维修

因突发性故障和事故而必须对机械设备进行的一种维修层次。计划外维修的次数和工作量越少，表明管理水平越高。

二、以状态监测为基础的维修制

它是以可靠性理论、状态监测、故障诊断为基础，根据机械设备的实际技术状态检测结果而确定修理时机和范围。鉴于一些复杂的机械设备一般只有早期和偶然故障，而无耗损期，因此定期维修对许多故障是无效的。现代机械设备只有少数项目的故障对安全有危害，因而应按各部分机件的功能、功能故障、故障原因和后果来确定需要做的维修工作。

这种维修制的特点是修理周期、程序和范围都不固定，要依照实际情况而灵活决定。它把维修工作的重心由修理和保养转到检查上来，它的基础是推行点检制。点检工作不仅为修理时机和范围提供信息依据，而且分散地完成了一部分修理工作内容。对机械设备进行日常点检、定期点检和精密点检，然后将状态检测与故障诊断提供的信息进行分析处理，判断劣化程度，并在故障发生前有针对性地进行维修，既保证了机械设备经常处于完好状态，也充分利用了机件的使用寿命，比计划预防维修制更为合理。

实行以状态监测为基础的维修应具备的条件有：①要有充分的可靠性试验数据、资料和作为判别机件状态的依据；②要求设计制造和维修部门密切配合，制定机械设备的维修大纲；③具备必要的检测手段和标准。

三、针对性维修制

这种维修制是按综合管理原则和以可靠性为中心的维修思想，从实际出发，根据机械设备的型式、性能和使用条件等特点，在推行点检制基础上，有针对性地采用不同维修方式，即视情维修、定期维修和事后维修等，并充分利用决策技术、计算机技术和状态监测、故障诊断技术等，使维修工作科学化，实现设备寿命周期费用最经济、综合效益最高的目标。

针对性维修制的特点是：

1）它吸收并改进了分类管理办法，强化了重点机械设备、重点部位的维修管理，并按其特点和状态，有针对性地采取不同的维修方式，充分发挥其不同的适用性和有效性，以获得最佳的维修效果。

2）在各种维修方式中，把状态监测、视情维修作为主要推广方式，实施点检制，体现以可靠性为中心的思想，把维修工作重点放在日常保养上，尽量做到有针对性。

3）重视信息作用，应用计算机技术实行动态管理，并进行适时决策，保证维修工作真正做到有针对性。

针对性维修制的内容包括：①推行点检制，对机械设备进行分类，有针对性地采用多种维修方式；②改进计划预防维修，对实行状态监测视情维修方式的机械设备采用维修类型决策，有针对性地进行项修或大修；③建立一套维修和检测标准，确定工时定额；④进行计算机辅助动态管理，包括各项决策的支持系统。

四、操作维护制度

这是对操作人员行为的一种规范化要求，是机械设备管理中一项重要的软件工程，主要包括操作人员的"三好"、"四会"、"四项要求"、"五项纪律"和"润滑五定"等。

"三好"：①管好；②用好；③养好。

"四会"：①会使用；②会保养；③会检查；④会排除故障。

"四项要求"：①整齐；②清洁；③润滑；④安全。

"五项纪律"：①实行定人定机的操作制；②保持机械设备的整洁，搞好润滑维护；③遵守安全操作规程及交接班制度；④管好工具及附件；⑤发现故障立即停机检查。

"润滑五定"：①定点；②定质；③定量；④定期；⑤定人。

对于大型、精密机械设备还要定人使用、定人检修、定操作规程、定维护保养等。

机械设备的维护是提高利用率、实现其功能的重要手段，它分为日常维护和定期维护两种形式。

日常维护主要由机械设备的操作者进行，班前检验，加油；班中严格按操作规程使用机械设备，注意观察运行情况，发现问题，及时处理；班后清扫、擦拭，保证机械设备处于良好的技术状态。

定期维护又称一级和二级保养，由操作人员完成，维修人员辅助。它近似于小修，维护周期视不同的机械设备而异，一般为 1~2 个月，或实际开动台时达 500h 左右。其内容包括保养部位和重点部位的拆卸检查；油路和润滑系统的清洗与疏通；调整各检查部位的间隙；紧固各部件和零件；电气部件的保养维修等。通过定期维护，必须达到：①内外清洁，呈现本色；②油路畅通，油标明亮；③操作灵活，运转正常。

第六节　维　修　费　用

一、总费用的最佳化

费用是机械设备设计中十分重要且比较复杂的因素。虽然可靠性、维修性与费用之间不存在总的函数关系，但是，为提高可靠性，应使用优质材料、故障率低的高级零部件，而这又需要更多的时间和资金。通常，应发展一种具有相当高的可靠性和维修性，且总费用最低的机械设备。

一方面由于研究和设计费用将随可靠性的提高而增加，制造时因需要较精密复杂的生产加工设施和较新的加工工艺，使生产费用也随之增加；另一方面因可靠性提高，使维修和备件费用却相应减少。因此，如图5-3所示的机械设备总费用曲线就会有一个最低点，该点所代表的就是寿命周期费用的最佳化。

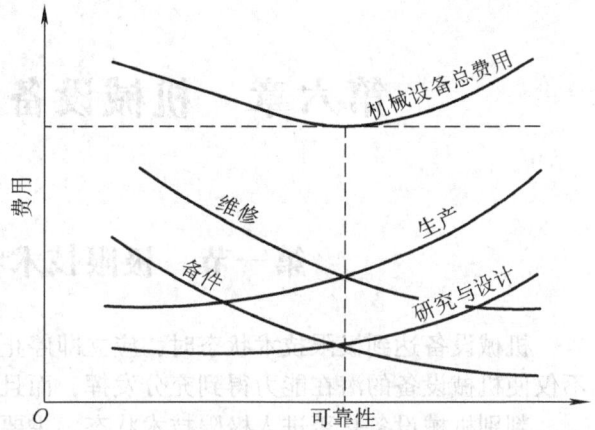

图5-3 可靠性、维修性与总费用

维修性在机械设备设计中很重要，如果把可靠性保持在一个适当的水准，提高维修性将会带来实质性的效果。可靠性和维修性均要立足于经济性才能得以存在，对这三项要素应进行综合平衡。

二、维修的直接费用和间接费用

维修的直接费用包括：日常维修、检查、修理（指修复突然故障和劣化）等费用。间接费用是指停产、准备等损失的费用。

机械设备发生故障和损坏，如果用较长时间去维修，则直接费用较低；若用短时间投入大量的维修手段进行总检修，则花费多。至于间接费用，显然与维修时间成正比，停机时间愈长，损失愈大。维修费用与时间的关系可用图5-4表示。

三、维修方式与费用

采用何种维修方式都要考虑到直接费用和间接费用，并使它们保持平衡。

对于定期维修，不论有无故障，定期地将全部可换的零部件进行更换；未到更换期发生故障的零部件，则坏一个更换一个。这时的费用是定期维修费用加上维修周期内因发生故障而进行修理的费用。

如果对于发生故障的零部件，损坏一个修复一个，即采用个别更换式的修理费用应包括零部件的费用、更换的人工费，以及维修期间因停工而造成的损失等。

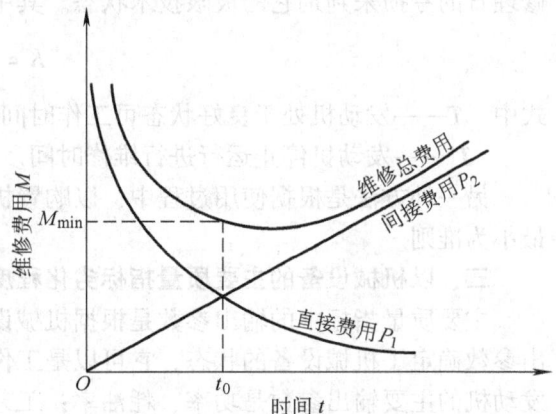

图5-4 维修总费用与时间

可见，不同的维修方式，其维修费用的计算是不相同的。

第六章　机械设备的极限技术状态

第一节　极限技术状态的确定原则

机械设备达到极限技术状态时，应立即停止使用，进行维修。确定合适的极限技术状态不仅使机械设备的潜在能力得到充分发挥，而且使维修的经济性也得到保证。

判别机械设备是否进入极限技术状态，主要应按照能不能继续工作的技术原则；应不应继续工作的运行安全原则；适宜不适宜继续工作的经济原则进行。依据以上原则有多种方法进行判断。

一、以机械设备无故障工作的概率为标志

由于机械设备种类繁多，用途各异，对可靠性要求又各不相同，因此，无故障工作的概率降低到什么数值即表明已进入极限技术状态是不一样的。例如，根据现在的技术水平和要求，汽车无故障的工作概率下降到 0.5 时，即达到极限技术状态。另外，也可由机械设备的瞬时故障率曲线找出故障率超过正常故障率并开始明显增加的时刻，作为制定极限技术状态的依据。无故障工作概率的允许值能充分表示故障及其后果的全部特点。

二、用技术经济分析的方法来确定

在评定极限技术状态时，经济指标十分重要。要求机械设备在使用过程中能以最少的消耗，获取尽可能大的效益。对发动机来说，常用技术完好系数 K，再结合工作日盈利和停运修理日的亏损来判别它的极限技术状态。其中

$$K = \frac{T}{T + T'} \tag{6-1}$$

式中　T——发动机处于良好状态可工作时间；

　　　T'——发动机停止运行进行维修时间。

另一种方法是根据使用过程中，以购置机械设备与保持其正常工作状况的单位费用之和最小为准则。

三、以机械设备的主要质量指标劣化程度为判据

主要质量指标中的输出参数是根据机械设备的用途和对其提出的不同要求而制定的。输出参数确定了机械设备的状态，它可以是工作精度、运动参数、动力参数和经济指标。例如发动机的主要输出参数是功率、耗油率；工艺设备的主要输出参数为质量和生产率；机床的主要输出参数是精度。

机械设备在使用过程中输出参数是变化的，由于它较易检测，技术文件又经常规定其极限值，因此常用输出参数的极限值判断机械设备的极限技术状态。

第二节　极限技术状态的确定方法

由于机械设备的种类繁多，要求各异，工况条件不同，各使用单位的情况差别又很大，

因此很难制定出统一的极限标准。尽管这样也还需要有一个大致的极限技术状态范围。

在确定极限技术状态时，首先应明确研究的对象，对象的复杂程度不同，研究的方法、测量的指标参数也不同；其次要拟定判别原则和范围，它直接影响资料收集的内容和试验的安排。极限技术状态与零件的损伤过程特性、输出参数变化特性有关，为此要研究这两类特性。一般情况下极限技术状态的确定方法有以下几种：

一、经验类比法

对机械设备长期使用维修积累的有关典型故障、故障率及其随时间的变化、使用期限、维修工作内容、劳动量和费用等信息资料进行汇集总结，从中找出零件损坏的规律、技术状态变化规律和使用期限等。通过认真调查研究，进行正确处理，得出可靠的、合乎实际的结论。目前有许多修理规范、标准就是根据经验统计类比而制定的，如表6-1、表6-2、表6-3和表6-4所示。这种方法是以群众实践为基础，实际意义较大，能反映机械设备的真实信息。但是只有在大量使用和维修取得丰富资料后才能得到可靠数据。为此应坚持做好机械设备的使用、调查和记录工作。

表6-1　发动机气缸的磨损极限值

缸径 mm	磨损极限值 mm
80 ~ 90	0.4 ~ 0.5
100	0.6

表6-2　齿轮的磨损极限值

种　类	磨损极限值
开式或低速传动	分度圆齿厚的30%或0.5m[①]
中速传动	分度圆齿厚的20%或0.3m
渗碳齿轮	渗碳层达80%或出现裂纹

①m——齿轮模数。

表6-3　发动机轴承的配合间隙

材　料	最小配合间隙/mm
三层金属铅基 或锡基合金	(0.0005 ~ 0.00075) d[①]
铜铝合金	(0.00075 ~ 0.001) d
铝基合金	(0.0008 ~ 0.0012) d

①d——轴的直径。

表6-4　零件的温度极限值

零　件	温度极限值/℃
滑动轴承	80
滚动轴承	100
齿轮	比环境温度高80

二、模拟试验法

这种方法是把零件按照模拟的各种工作条件在实验室里进行模拟试验，研究极限技术状态。有时还要对材料性能、磨损性能、腐蚀性能等进行试验。该方法试验时间较短，能很快得出结果，是评定极限技术状态的基础。但可靠性较差，试验结果有待于生产实践验证。

三、生产试验法

在模拟试验的基础上，用几台机械设备作为试验样机，在相同的正常使用条件或给定条件下进行试验。通过不断地观察和检测，并在工作一段时间后将它们拆卸检验，查明有关情况。经过长时间的记录、整理、分析、综合，归纳出极限数值。这种方法比较可靠，和生产实际情况吻合，但需要的时间长、费用高、有相应的检测设备，且因多次拆装引起零件的附加损坏，影响工作效能和使用寿命。

四、计算分析法

它是用数学模型来描述极限技术状态与各因素的关系，并通过数学运算进行预测。这种方法既不需要进行大量试验，也不影响工作效能，完全建立在理论分析基础上。一台机械设备是由具有不同故障模式的众多个零部件构成，所以极限技术状态的计算公式很难把众多的影响因素都包括在内，属于近似的方法。

上述几种方法各有优缺点和局限性，应根据实际情况，互相配合，取长补短确定合适的极限技术状态。

第三节 零部件维修更换的原则

在维修中，经常遇到零部件是更换还是修复的问题。它对机械设备的可靠性、维修内容、工作量、计划性和经济性都有重要影响。

一、确定零部件修换应考虑的因素

1. 对机械设备精度的影响

应按工作精度决定修换零部件。例如机床床身导轨、主轴及轴承等基础零件磨损严重，对工作精度影响较大，应进行修换；若磨损不严重，估计能满足下一个维修周期使用，则可不修换。

2. 对完成预定使用功能的影响

当零部件不能完成预定的使用功能时，应考虑修换。零部件虽还能完成预定的功能，但降低了机械设备的性能，应考虑修换。

3. 对生产率的影响

由于机械设备本身的原因增加了工作时间和劳动强度，使自动装置失常、废品率上升、生产率明显下降，应考虑修换有关零部件。

4. 对零部件强度和刚度的影响

有些零部件强度和刚度已达到最小值，因磨损严重而可能破坏时，必须修换；零件刚度下降引起精度降低或破坏了正常工作条件时，应修换；对安全性要求高的零件，当强度下降，出现裂纹等，必须修换。

5. 磨损条件

当零部件磨损急剧上升，破坏了正常配合、啮合和传动，使效率下降、发热量大增、润滑失常、表面拉伤、咬住或断裂，应修换；如果零件表面硬化层被磨掉或脱皮、配合间隙过大、表面拉伤、疲劳剥蚀等，应及时修换有关零件，保护较贵重的配对件。

6. 经济分析

一些零件接近失效极限但尚未达到，要考虑其剩余寿命对今后使用维修的影响，从经济上分析是否应修换和什么时候修换最适宜。对允许事后维修的零件可使用到其寿命极限；对维持不了一个修理间隔期，而修换拆装劳动量大、停机损失大、对生产影响大，又无替代时，应修换；对安全要求高而又无可靠的监测手段，应定期修换，不过多考虑其剩余寿命。

二、修复零部件应满足的要求

对已决定修换的零部件，要进一步确定是更换还是修复再用。一般情况下，对失效零件进行修复可节约材料、减少配件的加工和备件的储备量，从而降低成本。

修复零部件应满足以下要求：

1）零部件修复后必须恢复和保持原有的各项技术要求，包括尺寸、形位公差、表面质量、足够的强度和刚度等。

2）修复零部件要求有足够的使用寿命，其耐用度至少应维持一个修理间隔期，防止因故障和事故而停机。

3）修复零部件要考虑经济效益，在保证前两项要求的前提下降低维修成本。在比较修复、更换的成本和使用寿命时，若相对维修成本低于相对新制件成本，应考虑修复。

零部件是修复还是更换也受到其它一些因素的影响，如本单位的制造和修复工艺水平、备件的储备、采购条件的影响、计划停机时间的限制等。

第七章 维修前的准备工作

机械设备在维修前应进行有关准备工作。它包括：技术准备、组织准备、拆卸、清洗、检验等。这些工作必须按机械设备的结构特点、技术性能要求、需要修复或更换零部件的情况，以及本单位的具体条件，依照一定的计划、方法和步骤，选用合适的工具及设备进行。

第一节 技术和组织准备

一、技术准备

做好维修前的技术准备是保证维修质量、缩短维修时间、降低维修费用的重要因素。

技术准备主要是为维修提供技术依据。例如：准备现有的或需要编制的机械设备图册和备件图册；确定维修工作类别和年度维修计划；整理机械设备在使用过程中的故障及其处理记录；调查维修前机械设备的技术状况；明确维修内容和方案；提出维修后要保证的各项技术性能要求；提供必备的有关技术文件等。

二、组织准备

维修工作的组织形式和方法是否恰当，会直接影响维修质量、生产效率和费用成本。因此，必须根据需要，结合本单位的维修规模、机械设备情况、技术水平、承修机械设备的类型，以及材料供应等具体条件，全面考虑、分析比较，采用更合理更适用的组织形式和方法。

1. 机械设备维修的组织形式

（1）集中维修 这种形式多用于小单位。由厂部统一管理，设备部门及机修车间对机械设备从拆卸、维修到装配集中组织进行。它的优点是：维修力量可集中使用，有利于采用先进的维修工艺和技术，便于备件供应和制造，统筹安排使用资金费用。其缺点是各部件或总成不可能同时进行维修，因此停修时间较长，生产任务和维修工作容易出现矛盾。

（2）分散维修 它多用于车间分散、机械设备数量较多的大型单位。日常维护和修理均由车间负责；机修车间主要负责精密、大型、稀有机械设备的大修。这种维修形式的优点是，各部件或总成能同时进行维修，缩短了停修时间，有利于充分调动和发挥生产车间的积极性、主动性，维修工人的工作相对固定，质量容易保证，设备利用率较高，可组织流水作业。

（3）混合维修 它适合于中型单位。除大修由机修车间负责外，其余维修工作均由生产车间负责。该形式既有集中又有分散，兼备两种组织形式的优点，一方面可加强生产车间对机械设备保养维修的责任感；另一方面集中进行大修有利于提高质量。但是，有些维修工作分工会出现困难，使用和维修不易协调，占用的维修设备和人员较多。

2. 机械设备的维修企业

（1）中心修配厂 它是整个行业部门的机械设备检修基地，是大修厂。其承担的维修任务较多、规模较大、车间设备较多、工种齐全。

（2）专业单位的机修车间 它比中心修配厂规模要小，一般归专业单位领导，如机械化施工公司，汽车运输公司，各厂、矿等。它一般完成中修任务。

（3）基层单位的修配站（所） 它只能进行小修。若未设修配站（所），可组织巡回维修服务队进行巡回服务。

3. 机械设备的维修方法

（1）单机维修 一台机械设备除个别专业维修外，其余工作全部由一组工人在一个工作地点上完成。这种方法是将所需要维修的零件从机械设备上拆下，进行清洗、检验分类、更换不可修的零件，修复需要修的零件，等修好以后仍复装在该机械设备上，直至全部装配成整机为止。单机维修适用于修理规模不大的厂以及中小修的情况下。

（2）部件维修 一台机械设备按部件或总成分别由许多小组在不同的工作地点同时进行维修，每个小组只完成一部分维修工作。这种方法适用于批量较大的大修厂。

（3）更换零部件及总成 对于有缺陷的零部件、甚至总成，采用更换新件的方法进行维修，并将整机装配出厂，而将换下的零部件和总成另行安排维修，待修竣并检验合格后，再补充到周转零部件或总成的储备量中，以备下次换用。这种方法适用于具备一定数量的周转总成、维修量大、承修机械设备类型较单一的单位。

第二节 拆 卸

一、一般规则和要求

拆卸的目的是为便于检查和维修。由于机械设备的构造各有其特点，零部件在重量、结构、精度等各方面存在差异，因此若拆卸不当，将使零部件受损，造成不必要的浪费，甚至无法修复。为保证维修质量，在解体之前必须周密计划，对可能遇到的问题有所估计，做到有步骤地进行拆卸。一般应遵循下列规则和要求：

1. 拆卸前必须先弄清楚构造和工作原理

机械设备种类繁多，构造各异。应弄清所拆部分的结构特点、工作原理、性能、装配关系，做到心中有数，不能粗心大意、盲目乱拆。对不清楚的结构，应查阅有关图样资料，搞清装配关系、配合性质，尤其是紧固件位置和退出方向。否则，要边分析判断，边试拆，有时还需设计合适的拆卸夹具和工具。

2. 拆卸前做好准备工作

准备工作包括：拆卸场地的选择、清理；拆前断电、擦拭、放油；对电气、易氧化、易锈蚀的零件进行保护等。

3. 从实际出发，可不拆的尽量不拆，需要拆的一定要拆

为减少拆卸工作量和避免破坏配合性质，对于尚能确保使用性能的零部件可不拆，但需进行必要的试验或诊断，确信无隐蔽缺陷。若不能肯定内部技术状态如何，必须在拆卸检查，确保维修质量。

4. 使用正确的拆卸方法，保证人身和机械设备安全

拆卸顺序一般与装配顺序相反，先拆外部附件，再将整机拆成总成、部件，最后全部拆成零件，并按部件汇集放置。根据零部件联接形式和规格尺寸，选用合适的拆卸工具和设备。对不可拆的联接或拆后降低精度的结合件，必须在拆卸时需注意保护。有的拆卸需采取

96

必要的支承和起重措施。

5. 对轴孔装配件应坚持拆与装所用的力相同原则

在拆卸轴孔装配件时，通常应坚持用多大的力装配，用多大的力拆卸。若出现异常情况，要查找原因，防止在拆卸中将零件碰伤、拉毛、甚至损坏。热装零件需利用加热来拆卸。一般情况下不允许进行破坏性拆卸。

6. 拆卸应为装配创造条件

如果技术资料不全，必须对拆卸过程有必要的记录，以便在安装时遵照"先拆后装"的原则重新装配。拆卸精密或结构复杂的部件，应画出装配草图或拆卸时做好标记，避免误装。零件拆卸后要彻底清洗，涂油防锈，保护加工面，避免丢失和破坏。细长零件要悬挂，注意防止弯曲变形。精密零件要单独存放，以免损坏。细小零件要注意防止丢失。对不能互换的零件要成组存放或打标记。

二、常用拆卸方法

1. 击卸法

利用锤子或其它重物在敲击或撞击零件时产生的冲击能量把零件拆下。

2. 拉拔法

对精度较高不允许敲击或无法用去卸法拆卸的零部件应使用拉拔法。它是采用专门拉拔器进行拆卸。

3. 顶压法

利用螺旋 C 型夹头、机械式压力机、液压压力机或千斤顶等工具和设备进行拆卸。适用于形状简单的过盈配合件。

4. 温差法

拆卸尺寸较大、配合过盈量较大或无法用击卸、顶压等方法拆卸时，或为使过盈较大、精度较高的配合件容易拆卸，可用此种方法。温差法是利用材料热胀冷缩的性能，加热包容件，使配合件在温差条件下失去过盈量，实现拆卸。

5. 破坏法

若必须拆卸焊接、铆接等固定联接件，或轴与套互相咬死，或为保存主件而破坏副件时，可采用车、锯、錾、钻、割等方法进行破坏性拆卸。

三、典型联接件的拆卸

（一）螺纹联接件

螺纹联接应用广泛，它具有简单、便于调节和可多次拆卸装配等优点。虽然它拆卸较容易，但有时因重视不够或工具选用不当、拆卸方法不正确而造成损坏，应特别引起注意。

1. 一般拆卸方法

首先要认清螺纹旋向，然后选用合适的工具，尽量使用呆扳手或螺钉旋具、双头螺栓专用扳手等。拆卸时用力要均匀，只有受力大的特殊螺纹才允许用加长杆。

2. 特殊情况的拆卸方法

（1）**断头螺钉的拆卸**　机械设备中的螺钉头有时会被打断。断头螺钉在机体表面以下时，可在断头端的中心钻孔，攻反向螺纹，拧入反向螺钉旋出，见图 7-1b；断头螺钉在机体表面以上时，可在螺钉上钻孔，打入多角淬火钢杆，再把螺钉拧出，如图 7-1a；也可在断头上锯出沟槽，用一字形螺钉旋具拧出；或用工具在断头上加工出扁头或方头，用扳手拧出；或在断头上加焊弯杆拧出；也可在断头上加焊螺母拧出，如图7-1c所示；当螺钉较粗时，可用扁錾沿圆周剔出。

（2）打滑内六角螺钉的拆卸　当内六角磨圆后出现打滑现象时，可用一个孔径比螺钉头外径稍小一点的六方螺母，放在内六角螺钉头上，将螺母和螺钉焊接成一体，用扳手拧螺母即可把螺钉拧出，如图7-2所示。其中1为螺母，2为螺钉。

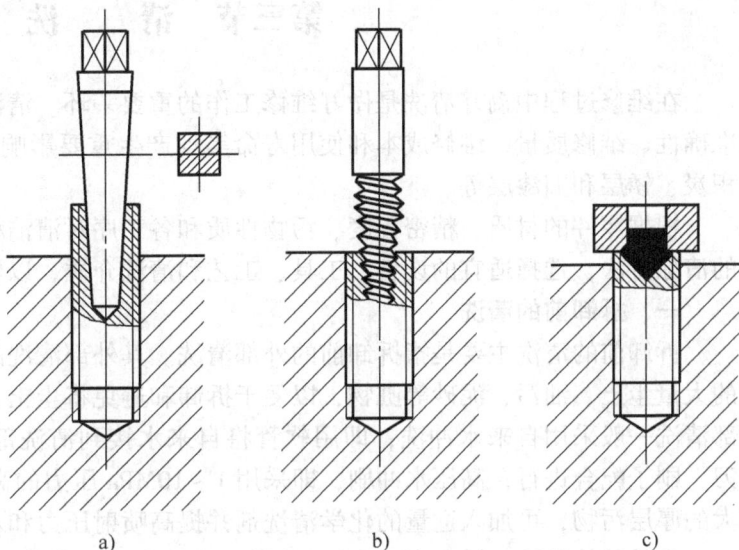

图7-1　断头螺钉的拆卸

（3）锈死螺纹的拆卸　可向拧紧方向拧动一下，再旋松，如此反复，逐步拧出；用锤子敲击螺钉头、螺母及四周，锈层震松后即可拧出；可在螺纹边缘处浇些煤油或柴油，浸泡20min左右，待锈层软化后逐步拧出；若上述方法均不可行，而零件又允许，可快速加热包容件，使其膨胀，软化锈层也能拧出；还可用錾、锯、钻等方法破坏螺纹件。

（4）成组螺纹联接件的拆卸　它的拆卸顺序一般为先四周后中间，对角线方向轮换。先将其拧松少许或半周，然后再顺序拧下，以免应力集中到最后的螺钉上，损坏零件或使结合件变形，造成难以拆卸的困难。要注意先拆难以拆卸部位的螺纹件。

（二）过盈联接件

拆卸过盈件，应按零件配合尺寸和过盈量大小，选择合适的拆卸工具和方法。视松紧程度由松至紧，依次用木锤、铜棒、锤子或大锤、顶拔器、机械式压力机、液压压力机、水压机等进行拆卸。过盈量过大或为保护配合面，可加热包容件或冷却被包容件后再迅速压出。

无论使用何种方法拆卸，都要检查有无定位销、螺钉等附加固定或定位装置，若有必须先拆下。施力部位要正确，受力要均匀，方向要无误。

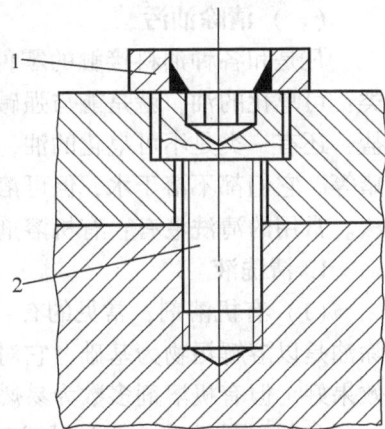

图7-2　打滑内六角螺钉的拆卸
1—螺母　2—螺钉

（三）滚动轴承的拆卸

拆卸滚动轴承时，除按过盈联接件的拆卸要点进行外，还应注意尽量不用滚动体传递力；拆卸轴末端的轴承时，可用小于轴承内径的铜棒或软金属、木棒抵住轴端，在轴承下面放置垫铁，再用锤子敲击。

（四）不可拆联接的拆卸

焊接件的拆卸可用锯割、扁錾切割、用小钻头钻一排孔后再錾或锯，以及气割等。铆接件的拆卸可錾掉、锯掉、气割铆钉头，或用钻头钻掉铆钉等。

第三节 清 洗

在维修过程中搞好清洗是做好维修工作的重要一环。清洗方法和清洗质量对鉴定零件的准确性、维修质量、维修成本和使用寿命等均产生重要影响。清洗包括：清除油污、水垢、积炭、锈层和旧漆层等。

根据零件的材质、精密程度、污物性质和各工序对清洁程度的要求不同，必须采用不同的清除方法，选择适宜的设备、工具、工艺和清洗介质，以便获得良好的清洗效果。

一、拆卸前的清洗

拆卸前的清洗主要是指拆卸前的外部清洗。其外部清洗的目的是除去机械设备外部积存的大量尘土、油污、泥砂等脏物，以便于拆卸和避免将尘土、油泥等脏物带入厂房内部。外部清洗一般采用自来水冲洗，即用软管将自来水接到清洗部位，用水流冲洗油污，并用刮刀、刷子配合进行；高压水冲刷，即采用 1～10MPa 压力的高压水流进行冲刷。对于密度较大的厚层污物，可加入适量的化学清洗剂并提高喷射压力和水的温度。

常见的外部清洗设备有：1）单枪射流清洗机，它是靠高压连续射流或汽水射流的冲刷作用或射流与清洗剂的化学作用相配合来清除污物；2）多喷嘴射流清洗机，有门框移动式和隧道固定式两种。喷嘴安装位置和数量，根据设备的用途不同而异。

二、拆卸后的清洗

（一）清除油污

凡是和各种油料接触的零件在解体后都要进行清除油污的工作，即除油。油可分为两类：可皂化的油，就是能与强碱起作用生成肥皂的油，如动物油、植物油，即高分子有机酸盐；还有一类是不可皂化的油，它不能与强碱起作用，如各种矿物油、润滑油、凡士林和石蜡等。它们都不溶于水，但可溶于有机溶剂。去除这些油类，主要是用化学方法和电化学方法。常用的清洗液有：有机溶剂、碱性溶液和化学清洗液等。清洗方式则有人工和机械。

1. 清洗液

（1）有机溶剂 常见的有：煤油、轻柴油、汽油、丙酮、酒精和三氯乙烯等。有机溶剂除油是以溶解污物为基础，它对金属无损伤，可溶解各类油脂，不需加热，使用简便，清洗效果好。但有机溶剂多数为易燃物，成本高，主要适用于规模小的单位和分散的维修工作。

（2）碱性溶液 它是碱或碱性盐的水溶液。利用碱性溶液和零件表面上的可皂化油起化学反应，生成易溶于水的肥皂和不易浮在零件表面上的甘油，然后用热水冲洗，很容易除油。对不可皂化油和可皂化油不容易去掉的情况，应在清洗溶液中加入乳化剂，使油垢乳化后与零件表面分开。常用的乳化剂有肥皂、水玻璃（硅酸钠）、骨胶、树胶等。清洗不同材料的零件应采用不同的清洗溶液。碱性溶液对于金属有不同程度的腐蚀作用，尤其是对铝的腐蚀较强。

用碱性溶液清洗时，一般需将溶液加热到 80～90℃。除油后用热水冲洗，去掉表面残留碱液，防止零件被腐蚀。碱性溶液应用最广。

（3）化学清洗液 这是一种化学合成水基金属清洗剂，以表面活性剂为主。由于其表面活性物质降低界面张力而产生润湿、渗透、乳化、分散等多种作用，具有很强的去污能力。

它还具有无毒、无腐蚀、不燃烧、不爆炸、无公害、有一定防锈能力、成本较低等优点，目前已逐步替代其它清洗液。

2. 清洗方法

（1）擦洗　将零件放入装有柴油、煤油或其它清洗液的容器中，用棉纱擦洗或毛刷刷洗。这种方法操作简便，设备简单，但效率低，用于单件小批生产的中小型零件。一般情况下不宜用汽油，因其有溶脂性，会损害人的身体且易造成火灾。

（2）煮洗　将配制好的溶液和被清洗的零件一起放入用钢板焊制适当尺寸的清洗池中。在池的下部设有加温用的炉灶，将零件加温到 80～90℃ 煮洗。

（3）喷洗　将具有一定压力和温度的清洗液喷射到零件表面，以清除油污。此方法清洗效果好，生产效率高，但设备复杂。适于零件形状不太复杂、表面有严重油垢的清洗。

（4）振动清洗　它是将被清洗的零部件放在振动清洗机的清洗篮或清洗架上，浸没在清洗液中，通过清洗机产生振动来模拟人工漂刷动作，并与清洗液的化学作用相配合，达到去除油污的目的。

（5）超声清洗　它是靠清洗液的化学作用与引入清洗液中的超声波振荡作用相配合达到去污目的。

（二）清除水垢

机械设备的冷却系统经长期使用硬水或含杂质较多的水后，在冷却器及管道内壁上沉积一层黄白色的水垢。它的主要成分是碳酸盐、硫酸盐，有的还含二氧化硅等。水垢使水管截面缩小，热导率降低，严重影响冷却效果，影响冷却系统的正常工作，必须定期清除。

水垢的清除方法可用化学去除法，有以下几种：

1. 磷酸盐清除水垢

用 3%～5% 的磷酸三钠溶液注入并保持 10～12h 后，使水垢生成易溶于水的盐类，而后被水冲掉。洗后应再用清水冲洗干净，以去除残留碱盐而防腐。

2. 碱溶液清除水垢

对铸铁的发动机气缸盖和水套可用苛性钠 750g、煤油 150g 加水 10L 的比例配成溶液，将其过滤后加入冷却系统中停留 10～12h 后，然后起动发动机使其以全速工作 15～20min，直到溶液开始有沸腾现象为止，此后放出溶液，再用清水清洗。

对铝制气缸盖和水套可用硅酸钠 15g，液态肥皂 2g 加水 1L 的比例配成溶液，将其注入冷却系统中，起动发动机到正常工作温度；再运转 1h 后放出清洗液，用水清洗干净。

对于钢制零件，溶液浓度可大些，约有 10%～15% 的苛性钠；对有色金属零件浓度应低些，约 2%～3% 的苛性钠。

3. 酸洗液清除水垢

酸洗液常用的是磷酸、盐酸或铬酸等。用 2.5% 盐酸溶液清洗，主要使之生成易溶于水的盐类，如 $CaCl_2$，$MgCl_2$ 等。将盐酸溶液加入冷却系统中，然后使发动机以全速运转 1h 后，放出溶液。再以超过冷却系统容量 3 倍的清水冲洗干净。

用磷酸时，取密度为 1.71 的磷酸（H_3PO_4）100mL、铬酐（CrO_3）50g，水 900mL，加热至 30℃，浸泡 30～60min，洗后再用 0.3% 的重铬酸盐清洗，去除残留磷酸，防止腐蚀。

清除铝合金零件水垢，可用 5% 浓度的硝酸溶液，或 10%～15% 浓度的醋酸溶液。

清除水垢的化学清除液应根据水垢成分与零件材料选用。

（三）清除积炭

在维修过程中，常遇到清除积炭的问题，如发动机中的积炭大部分积聚在气门、活塞、气缸盖上。积炭的成分与发动机的结构、零件的部位、燃油、润滑油的种类、工作条件以及工作时间等有很大的关系。积炭是由于燃料和润滑油在燃烧过程中不能完全燃烧，并在高温作用下形成的一种由胶质、沥青质、油焦质、润滑油和炭质等组成的复杂混合物。这些积炭影响发动机某些零件散热效果，恶化传热条件，影响其燃烧性，甚至会导致零件过热，形成裂纹。

目前，经常使用机械清除法、化学法和电解法等进行积炭清除。

1. 机械清除法

它是用金属丝刷与刮刀去除积炭。为了提高生产率，在用金属丝刷时可由电钻经软轴带动其转动。此法简单，对于规模较小的维修单位经常采用，但效率很低，容易损伤零件表面，积炭不易清除干净。

也可用喷射核屑法清除积炭。由于核屑比金属软，冲击零件时，本身会变形，所以零件表面不会产生刮伤或擦伤，生产效率也高。这种方法是用压缩空气吹送干燥且碾碎的桃、李、杏的核及核桃的硬壳冲击有积炭的零件表面，破坏积炭层而达到清除目的。

2. 化学法

对某些精加工零件的表面，不能采用机械清除法，可用化学法。将零件浸入苛性钠、碳酸钠等清洗溶液中，温度为 $80 \sim 95℃$，使油脂溶解或乳化，积碳变软，约 $2 \sim 3h$ 后取出，再用毛刷刷去积碳，用加入 $0.1\% \sim 0.3\%$ 的重铬酸钾热水清洗，最后用压缩空气吹干。

3. 电化学法

将碱溶液作为电解液，工件接于阴极，使其在化学反应和氢气的剥离共同作用下去除积炭。这种方法有较高的效率，但要掌握好清除积炭的规范。例如：气门电化学法清除积炭的规范大致为：电压 6V、电流密度 $6A/dm^2$，电解液温度 $135 \sim 145℃$，电解时间为 $5 \sim 10min$。

（四）除锈

锈是金属表面与空气中氧、水分以及酸类物质接触而生成的氧化物，如 FeO、Fe_3O_4、Fe_2O_3 等，通常称为铁锈。去锈的主要方法有机械法、化学酸洗法和电化学酸蚀法。

1. 机械法

它是利用机械摩擦、切削等作用清除零件表面锈层。常用的方法有刷、磨、抛光、喷砂等。单件小批维修靠人工用钢丝刷、刮刀、砂布等刷、刮或打磨锈蚀层。成批或有条件的，可用电动机或风动机作动力，带动各种除锈工具进行除锈，如电动磨光、抛光、滚光等。喷砂除锈是利用压缩空气，把一定粒度的砂子通过喷枪喷在零件的锈蚀表面上。它不仅除锈快，还可为油漆、热喷涂、电镀等工艺做好准备。经喷砂后的表面干净，并有一定的粗糙度，能提高覆盖层与零件的结合力。机械法除锈只能用在不重要的表面。

2. 化学酸洗法

这是一种利用化学反应把金属表面的锈蚀产物溶解掉的酸洗法。其原理是：酸对金属的溶解，以及化学反应中生成的氢对锈层的机械作用而脱落。常用的酸包括盐酸、硫酸、磷酸等。由于金属的不同，使用的溶解锈蚀产物的化学药品也不同。选择除锈的化学药品和其使用操作条件主要根据金属的种类、化学组成、表面状况和零件尺寸精度及表面质量等确定。

3. 电化学酸蚀法

就是零件在电解液中通以直流电，通过化学反应达到除锈目的。这种方法比化学酸洗法快，能更好地保存基体金属，酸的消耗量少。一般分为两类：一类是把被除锈的零件作为阳极；另一类是把被除锈的零件作阴极。阳极除锈是由于通电后金属溶解以及在阳极的氧气对锈层的撕裂作用而分离锈层。阴极除锈是由于通电后在阴极上产生的氢气，使氧化铁还原和氢对锈层的撕裂作用使锈蚀物从零件表面脱落。上述两类方法，前者主要缺点是当电流密度过高时，易腐蚀过度，破坏零件表面，故适用于外形简单的零件。而后者虽无过蚀问题，但氢易浸入金属中，产生氢脆，降低零件塑性。因此，需根据锈蚀零件的具体情况确定合适的除锈方法。

此外，在生产中还可用由多种材料配制的除锈液，把除油、锈和钝化三者合一进行处理。除锌、镁金属外，大部分金属制件不论大小均可采用，且喷洗、刷洗、浸洗等方法都能使用。

（五）清除漆层

零件表面的保护漆层需根据其损坏程度和保护涂层的要求进行全部或部分清除。清除后要冲洗干净，准备再喷刷新漆。

清除方法一般用手工工具，如刮刀、砂纸、钢丝刷或手提式电动、风动工具进行刮、磨、刷等。有条件的也可用各种配制好的有机溶剂、碱性溶液等作退漆剂，涂刷在零件的漆层上，使之溶解软化，再借助手工工具去除漆层。

为完成各道清洗工序，可使用一整套各种用途的清洗设备，包括：喷淋清洗机、浸浴清洗机、喷枪机、综合清洗机、环流清洗机、专用清洗机等。究竟采用哪一种设备，要考虑其用途和生产场所。

第四节 检 验

维修过程中的检验工作包含的内容很广，在很大程度上，它是制定维修工艺措施的主要依据。它决定零部件的弃取，决定装配质量，影响维修成本，是一项重要的工作。

一、检验的原则

1）在保证质量的前提下，尽量缩短维修时间，节约原材料、配件、工时，提高利用率、降低成本。

2）严格掌握技术规范、修理规范，正确区分能用、需修、报废的界限，从技术条件和经济效果综合考虑。既不让不合格的零件继续使用，也不让不必维修或不应报废的零件进行修理或报废。

3）努力提高检验水平，尽可能消除或减少误差，建立健全合理的规章制度。按照检验对象的要求，特别是精度要求选用检验工具或设备，采用正确的检验方法。

二、检验的内容

1. 检验分类

（1）修前检验　它是在机械设备拆卸后进行。对已确定需要修复的零部件，可根据损坏情况及生产条件选择适当的修复工艺，并提出技术要求；对报废的零部件，要提出需补充的备件型号、规格和数量；不属备件的零部件需要提出零件蓝图或测绘草图。

（2）修后检验　这是指零件加工或修理后检验其质量是否达到了规定的技术标准，确定是成品、废品或返修。

（3）装配检验　它是指检验待装零部件质量是否合格、能否满足要求；在装配中，对每道工序或工步都要进行检验，以免产生中间工序不合格，影响装配质量；组装后，检验累积误差是否超过技术要求；总装后要进行调整、工作精度、几何精度及其它性能检验、试运转等，确保维修质量。

2. 检验的主要内容

（1）零件的几何精度　包括：尺寸、形状和表面相互位置精度。经常检验的是尺寸、圆柱度、圆度、平面度、直线度、同轴度、平行度、垂直度、跳动等项目。根据维修特点，有时不是追求单个零件的几何尺寸，而是要求相对配合精度。

（2）零件的表面质量　包括：表面粗糙度、表面有无擦伤、腐蚀、裂纹、剥落、烧损、拉毛等缺陷。

（3）零件的物理力学性能　除硬度、硬化层深度外，对零件制造和修复过程中形成的性能，如应力状态、平衡状况、弹性、刚度、振动等也需根据情况适当进行检测。

（4）零件的隐蔽缺陷　包括制造过程中的内部夹渣、气孔、疏松、空洞、焊缝等缺陷，还有使用过程中产生的微观裂纹。

（5）零部件的质量和静动平衡　如活塞、连杆组之间的质量差；曲轴、风扇、传动轴、车轮等高速转动的零部件进行静动平衡。

（6）零件的材料性质　如零件合金成分、渗碳层含碳量、各部分材料的均匀性、铸铁中石墨的析出、橡胶材料的老化变质程度等。

（7）零件表层材料与基体的结合强度　如电镀层、热喷涂层、堆焊层和基体金属的结合强度，机械固定联结件的联结强度、轴承合金和轴承座的结合强度等。

（8）组件的配合情况　如组件的同轴度、平行度、啮合情况与配合的严密性等。

（9）零件的磨损程度　正确识别摩擦磨损零件的可行性，由磨损极限确定是否能继续使用。

（10）密封性　如内燃机缸体、缸盖需进行密封试验，检查有无泄漏。

三、检验的方法

1. 感觉检验法

不用量具、仪器，仅凭检验人员的直观感觉和经验来鉴别零件的技术状况，统称感觉检验法。这种方法精度不高，只适于分辨缺陷明显的或精度要求不高的零件，要求检验人员有丰富的经验和技术。具体方法有：

（1）目测　用眼睛或借助放大镜对零件进行观察和宏观检验，如倒角、圆角、裂纹、断裂、疲劳剥落、磨损、刮伤、蚀损、变形、老化等，作出可靠的判断。

（2）耳听　根据机械设备运转时发出的声音，或敲击零件时的响声判断技术状态。零件无缺陷时声音清脆，内部有缩孔时声音相对低沉，若内部出现裂纹，则声音嘶哑。

（3）触觉　用手与被检验的零件接触，可判断工作时温度的高低和表面状况；将配合件进行相对运动，可判断配合间隙的大小。

2. 测量工具和仪器检验法

这种方法由于能达到检验精度要求，所以应用最广。

1）用各种测量工具（如卡钳、钢直尺、游标卡尺、百分尺、千分尺或百分表、千分表、塞尺、量块、齿轮规等）和仪器检验零件的尺寸、几何形状、相互位置精度。

2）用专用仪器、设备对零件的应力、强度、硬度、冲击性、伸长率等力学性能进行检验。

3）用静动平衡试验机对高速运转的零件作静动平衡检验。

4）用弹簧检验仪或弹簧秤对各种弹簧的弹力和刚度进行检验。

5）对承受内部介质压力并须防止泄漏的零部件，需在专用设备上进行密封性能检验。

6）用金相显微镜检验金属组织、晶粒形状及尺寸、显微缺陷、分析化学成分。

3. 物理检验法

它是利用电、磁、光、声、热等物理量，通过零部件引起的变化来测定技术状况、发现内部缺陷。这种方法的实现是和仪器、工具检测相结合，它不会使零部件受伤、分离或损坏。目前普遍称无损检测。

对维修而言，这种检测主要是对零部件进行定期检查、维修检查、运转中检查，通过检查发现缺陷，根据缺陷的种类、形状、大小、产生部位、应力水平、应力方向等，预测缺陷发展的程度，确定采取修补或报废。目前在生产中广泛应用的有磁力法、渗透法、超声波法、射线法等。

（1）磁力法 它是利用磁力线通过铁磁性材料时所表现出来的情况来判断零件内部有无裂纹、空洞、组织不均匀等缺陷，又称磁力探伤。这种方法的原理是用强大的直流电感应出磁场，将零件磁化。当磁场通过导磁物质时，磁力线将按最短的直线通过。如果零件内部组织均匀一致，则磁力线通过零件的方向是一致的。若零件的内部有缺陷时，在缺陷部分就会形成较大的磁阻，磁力线便会改变方向，绕过缺陷，聚结在缺陷周围，并漏出零件表面形成与缺陷相似的漏磁场。在零件的表面，均匀地撒上铁粉时，铁粉即被吸附在缺陷的边缘，从而显露出缺陷的位置和大小，如图7-3所示。

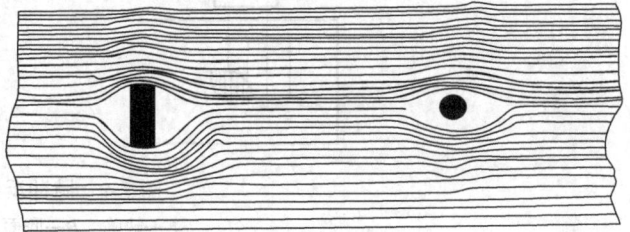

图7-3 磁力探伤原理

这种方法的特点是灵敏度高、操作简单迅速，但只能适应于易被磁化的零件，且在零件的表面处。若缺陷在较深处则不易查出。磁力探伤在生产单位中应用十分广泛。通用的探伤设备有机床式和手提式两种。

在进行磁力探伤前，应将零件表面清洗干净，将可能流入磁粉的地方堵住。探伤时首先将零件磁化。探伤后应进行退磁处理，其目的是为消除零件中的剩磁，以免影响正常工作。

（2）渗透法 这种方法是在清洗过的零件表面上施加具有高度渗透能力的渗透液。由于润湿作用，使之渗入缺陷中，然后将表面上的多余渗透液除去，再均匀涂上一层薄显像剂（常用 MgO_2、SiO_2 白色粉末）。在显像剂的毛细作用下而将缺陷中的残存渗透液吸到表面上来，从而显示出缺陷。

渗透法分为着色法和荧光法两大类。着色法是在渗透液中加入显示性能强的红色染料，显像剂用白垩粉调制，使渗透液被吸出后，在白色显像剂中能明显地显示出来；荧光法则是在渗透液中加入黄绿色荧光物质，显像剂则专门配制，当渗透液被吸出后，再用近紫外线照射，便能发出鲜明的荧光，由此显示缺陷的位置和形状。

着色法所用的渗透液由苏丹、硝基苯、苯和煤油组成；荧光渗透液由荧光质，即拜尔荧光黄和塑料增白剂，还有溶剂，即二甲苯、石油醚、邻苯二甲酸二丁酯组成。

显像剂由锌白、火棉胶、苯、丙酮、二甲苯、无水酒精配制而成。

着色法用以检验零件表面裂纹和磁力探伤及荧光法难以检验的零件；荧光法本身不受材料磁性还是非磁性的限制，主要用于非磁性材料的表面缺陷检验。

渗透法所用设备简单，操作方便，不受材料和零件形状限制，与其它方法相比具有明显的优点，在维修中检测零件表面裂纹由来已久，至今仍不失为一种通用的方法。

（3）超声波法 它是利用超声波通过两种不同介质的界面产生折射和反射的现象来探测零件内部的隐蔽缺陷。这种方法又分为：

1）脉冲反射法 如图7-4所示。把脉冲振荡器发射的电压加到探头的晶片上使之振动后产生超声波，以一定的速度通过工件传播，当遇到缺陷和底面产生反射时，被探头接收，通过高频放大、检波、视频放大后在荧光屏上显示出来。荧光屏的横坐标表示距离，纵坐标代表反射波声压强度。从图中可看出缺陷波（F）比底面反射波（B）先返回探头，这样就可以根据反射波的有无、强弱和缺陷、反射波与发射脉冲之间的时间间隔，知道缺陷是否存在，以及缺陷的位置和大小等。

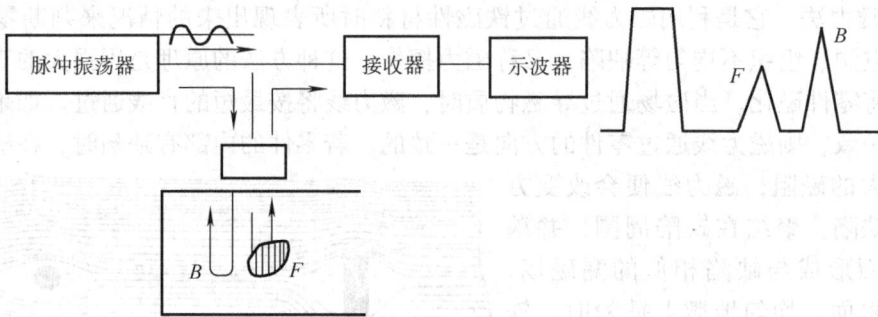

图7-4 脉冲反射法
F—缺陷 B—底面反射波

2）穿透法 如图7-5所示。穿透法又称声影法。从图中看到高频振荡器与发射探头 A 连接，探头 A 发射超声波由工件一面传入内部。若工件完整无缺陷，则超声波可以顺利通过工件被探头 B 接收，通过放大器放大并在指示器显示出来。如途中遇到缺陷，则部分声波被挡住而在其后形成一"声影"，此时接收到的超声波能量将大大降低，指示器作出相应的指示，从而表示发现了缺陷。

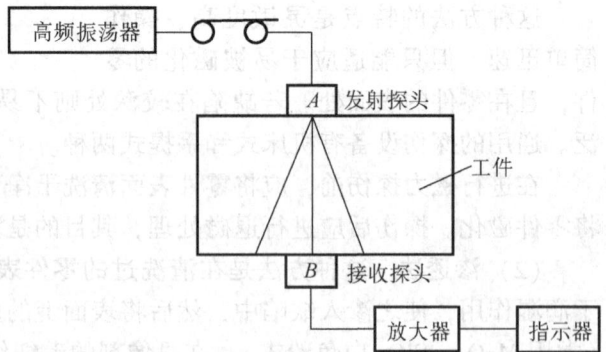

图7-5 穿透法

3）共振法 以频率可调的超声波射入到具有两面平行的工件时，由底面反射回来的超声波同入射波在一直线上沿相反方向彼此相遇，若工件厚度等于超声波的半个波长或半波长的整数倍便叠加而成驻波，即此时入射波同反射波发生了共振。根据共振频率的测定就能确定工件厚度或检验存在的缺陷。工件完整无缺陷时是对应整个工件厚度产生共振；若具有同工件表面平行的缺陷时，是对应着缺陷深度产生共振，共振频率不同。至于形状不规则的缺陷，因为不可能造成相反方向的两个波，所以不论怎样改变超声波频率都得不到共振，据此断定缺陷的存在。

以上 3 种方法各应用在不同场合。脉冲反射法灵敏度高，可检查出较小的缺陷，能准确地知道缺陷的位置和大小，但不宜探测太薄的工件或靠近表面的缺陷，此方法使用方便，是目前超声波探伤中最常用的方法。穿透法要求工件两面必须平行，灵敏度较低，对两探头的相对位置要求高，常用于板类夹层和非金属材料的检查，如橡胶、塑料。共振法可准确测定工件厚度，特别适用于检查板件、管件、容器壁、金属胶接结构等薄壁件的内部缺陷，对工件表面粗糙度要求高。

总之，超声波探伤主要与被探测材料的组织结构、超声波频率、探头结构、接触条件、工件表面质量和几何形状、灵敏度的调节等因素有关。它能探测工件深处的缺陷，多种不同类型的缺陷，不受材质限制，设备轻便，可在现场就地检验，成本较低，易于实现探测的自动化。但对形状复杂工件探测有困难。

（4）射线法　射线种类很多，其中易于穿透物体的主要有 X 射线、γ 射线和中子射线三种。X 射线和 γ 射线的区别只是发生的方法不同，都是波长很短的电磁波，两者本质相同。中子和质子是构成原子核的粒子，发生核反应时，中子飞出核外形成中子射线。

这 3 种射线在穿透物体的过程中受到吸收和散射，因此其穿透物体后的强度衰减，而衰减程度由物体的厚度、材料品种及射线种类确定。当厚度相同的板材含有气孔时，这部分不吸收射线，容易透过。相反，若混进容易吸收射线的异物时，这些地方射线就难以透过。因此，根据射线穿透的强弱程度来判断物体有无缺陷。

1）X 射线　射线穿透物体强度的差异通过射线检定器得到反映。按采用检定器的不同，X 射线分为：①X 射线照相法，检定器为照相软片；②X 射线荧光屏观察法，检定器为荧光屏；③X 射线电视观察法，其基本原理与普通工业用闭路电视系统一样。

上述几种方法，目前在生产中应用最广泛的还是 X 射线照相法。

2）γ 射线　放射性同位素产生的 γ 射线与 X 射线的本质及基本特性是一样的，因此探伤原理相同，但反射线的来源不同。常用的 γ 射线照相，它同 X 射线照相法相比具有许多突出的优点，如穿透能力更大、设备轻便、透射效率更高，一次可检验许多工件，可长时间不间断工作，不用电，适宜野外现场使用。

3）中子射线　中子射线不同于上述两种，主要用于照相探伤。它常应用在检查由含氢、锂、硼物质和重金属组成的物体，对陶瓷、固体火箭燃料、子弹、反应堆等进行试验研究工作。

此外，还有涡流探伤、激光全息照相检测、声阻法探伤、红外无损检测、声发射检测、氚化法探伤等，限于篇幅，这里不多介绍，可参阅有关专著和资料。

第八章 机械零件的修复技术

修复技术是机械设备维修的三大基础技术之一。合理地选择和运用修复技术，是提高维修质量、节约资源、缩短停修时间和降低维修费用的有效措施。

第一节 概 述

一、机械零件修复的优点

对失效的机械零件进行修复与更换相比较有如下优点：修复零件一般可节约材料、节约加工以及拆装、调整、运输等费用，降低维修成本；减少新备件的消耗量；避免等待配件，有利于缩短停修时间；一般不需精、大、稀关键设备，易于组织生产。利用新技术修复旧件还可提高零件的某些性能，延长使用寿命。尤其对于贵重、大型、加工周期长、精度要求高、需要特殊材料和特种加工的零件，修复的优点就更为突出。

二、确定旧件修复的基本出发点

1）修复的成本一般应低于更换新件的成本，并满足修复的时间要求。

2）在保证质量的前提下，尽可能就地取材，工艺简单便利。

3）零件修复后应达到原有的技术要求和性能，保持原有的强度和刚度，避免造成事故或达不到检修间隔期。

4）零件修复既可能是原样恢复，也可以有所改进。通过改进，延长寿命或改善性能，较原样恢复具有更好的效果。"小修小改、大修大改"是维修人员的重要经验总结。

三、常用的修复工艺

零件的修复工艺和方法有很多，通过长期的实践总结，目前在生产中常用的如表 8-1 所示。应该按照"以修为主，以换为辅"的原则，在经济合理的条件下，大力推广和采用行之有效的先进修复技术。

表 8-1 几种常用的修复工艺

修复工艺	基 本 方 法
钳 工 机械加工	1. 钳工、机械加工：（1）铰削；（2）珩磨；（3）研磨；（4）刮削；（5）钳工修补；（6）车削； 　　　　　　　　　（7）铣削；（8）磨削；（9）其它 2. 局部更换法 3. 换位法 4. 镶套法 5. 金属扣合法：（1）强固扣合；（2）强密扣合；（3）加强扣合；（4）热扣合 6. 调整法 7. 修理尺寸法

（续）

修复工艺	基 本 方 法
压力加工 （塑性变形）	1. 镦粗法 2. 扩张法 3. 缩小法 4. 压延法 5. 校正：（1）压力校正；（2）冷作校正；（3）热校
热喷涂	1. 氧—乙炔焰喷涂：（1）粉末喷涂；（2）线材喷涂 2. 电弧喷涂：（1）普通电弧喷涂；（2）高速射流电弧喷涂 3. 等离子喷涂 4. 爆炸喷涂 5. 特种喷涂：（1）高速氧—燃气喷涂；（2）低压等离子弧喷涂；（3）超音速等离子弧喷涂；（4）反应等离子弧喷涂；（5）激光喷涂；（6）塑料粉末涂料热喷涂等
焊 修	1. 焊补：（1）气焊（热焊、冷焊）；（2）电弧焊（热焊、半热焊、冷焊） 2. 堆焊：（1）手工电弧堆焊；（2）氧—乙炔焰堆焊；（3）振动堆焊；（4）埋弧堆焊；（5）等离子弧堆焊；（6）CO_2 气体保护堆焊；（7）电渣堆焊；（8）宽带极堆焊；（9）激光堆焊等 3. 喷焊：（1）氧—乙炔等焰喷焊；（2）等离子弧喷焊 4. 钎焊：（1）软钎焊；（2）硬钎焊
电 镀 与刷镀	1. 电镀：（1）镀铜；（2）镀铁；（3）镀铬；（4）其它 2. 刷镀：（1）普通刷镀；（2）复合刷镀；（3）刷镀与热喷涂复合；（4）刷镀与钎焊复合；（5）刷镀与激光重熔复合；（6）刷镀与激光微精处理复合；（7）刷镀与离子注入复合；（8）刷镀与减摩技术复合等
粘接	1. 一般粘接：（1）有机粘接；（2）无机粘接 2. 特种粘接：（1）纯特种粘接；（2）复合特种粘接
粘涂	1. 一般粘涂 2. 新型粘涂
治漏	1. 一般治漏 2. 带压治漏
其 它	1. 真空熔结 2. 感应熔涂 3. 表面强化：（1）喷丸强化；（2）电火花强化等 4. 离子注入 5. 摩擦修复添加剂等

第二节 钳工和机械加工

钳工和机械加工是零件修复过程中最主要、最基本、最广泛应用的工艺方法。它既可以作为一种独立的手段直接修复零件，也可以是其它修复方法如焊、镀、涂等工艺的准备或最后加工必不可少的工序。

但是必须指出，机械加工修复的零件是旧件，表面除磨损还有变形，原来的加工基准又被破坏，加工余量小。修复时不能只考虑表面本身的精度要求，还要保证加工表面与其它不修复表面之间的相互位置精度要求，有一定的难度。因此要区别不同情况，合理选择加工基准和工艺方法。

一、钳工、机械加工

（一）铰削

这是一种利用铰刀进行精密孔加工和修整性加工的工序，它能得到很高的尺寸精度和较小的表面粗糙度，主要用来修复各种配合的孔。

（二）珩磨

它是利用珩磨工具对工件表面施加一定压力，珩磨工具同时作相对旋转和直线往复运动，切除工件上极小余量的精加工方法。珩磨是修复圆柱内表面的一种好工艺。

（三）研磨

这是一种用研磨工具和研磨剂，从工件上去除一层极薄表面层的精加工方法。它常用于修复高精度的配合表面。

（四）刮削

刮削是用刮刀从工件表面上刮去一层很薄的金属的手工操作。它一般是在机械加工之后进行。刮后表面的精度较高，表面粗糙度较小，常用于零件上互相配合的重要滑动表面，如机床导轨、滑动轴承等，使它们彼此能均匀地接触。由于刮削生产效率低、劳动强度大，常用磨削等机械加工方法代替。

（五）钳工修补

1. 键槽

当轴或轮毂上的键槽只磨损或损坏其一时，可把磨损或损坏的键槽加宽，然后配制阶梯键。当轴或轮毂上的键槽全部损坏时，允许将键槽扩大 10% ~ 15%，然后配制大尺寸键。当键槽磨损大于 15% 时，可按原槽位置旋转 90°或 180°，重新按标准开槽。开槽前需把旧槽用气、电焊填满并修整。

2. 螺孔

当螺纹孔产生滑牙或螺纹剥落时，可先把螺孔钻去（所用钻头直径应等于所需螺纹孔的小径），然后攻出新螺纹，配上特制的双头螺栓。如损坏的螺纹孔不允许加大时，可配上螺塞，然后在螺塞上再钻、攻出原规格的螺纹孔。

3. 铸铁裂纹修补

对铸铁裂纹，在没有其它修复方法时，可采用加固法修复，见图 8-1。一般用钢板加固，螺钉联接。脆性材料裂纹应钻止裂孔。

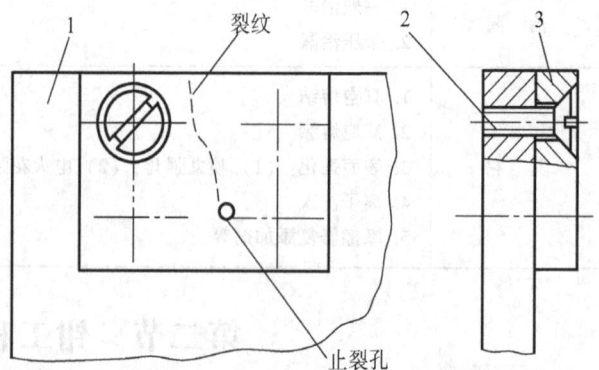

图 8-1　铸铁裂纹用加固法修复
1—被修复件　2—螺钉　3—补强板

二、局部更换法

若零件的某个部位局部损坏严重，而其它部位仍完好，一般不宜将整个零件报废。可把损坏的部分除去，重新制作一个新的部分，并以一定的方法使新换上的部分与原有零件的基本部分联接在一起成为整体，从而恢复零件的工作能力，这种维修方法称局部更换法。例如重型机械的齿轮损坏，可将损坏的齿圈退火车掉，再压入新齿圈。新齿圈可事先加工好，也可压入后再加工。联接方式用键或过盈联接，还可用紧固螺钉、铆钉或焊接等方法固定。局部更换法尤其适用于多联齿轮局部损坏或结构复杂的齿圈损坏的情况。它可简化修复工艺，扩大修复范围。

三、换位法

有些零件由于使用的特点，通常产生单边磨损，或磨损有明显的方向性，对称的另一边磨损较小。如果结构允许，在不具备彻底对零件进行修复的条件下，可以利用零件未磨损的一边，将它换一个方向安装即可继续使用，这种方法称换位法。例如：两端结构相同，且只起传递动力作用，没有精度要求的长丝杠局部磨损可调头使用。大型履带行走机构，其轨链销大部分是单边磨损，维修时应将它转动 180°便可恢复履带的功能，并使轨链销得到充分利用。

四、镶套法

镶套是把内衬套或外衬套以一定的过盈装在磨损的轴承孔或轴颈上，然后加工到最初的基本尺寸或中间的修理尺寸，从而恢复组合件的配合间隙，如图 8-2 所示。

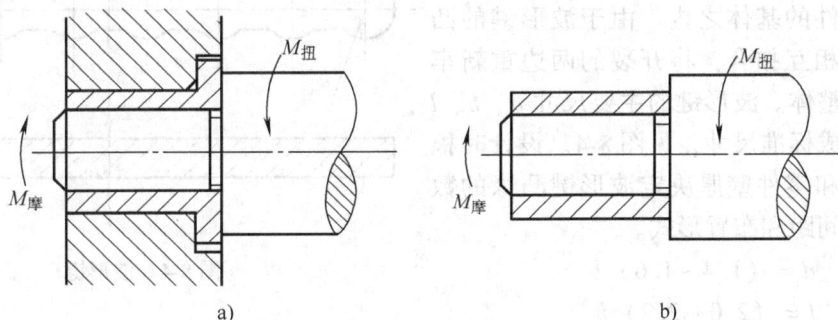

图 8-2　镶套

a）加内衬套（轴承衬套）　b）加外衬套（轴颈衬套）

图 8-2 中的 a、b 分别表示加内衬套和外衬套承受摩擦扭矩 $M_摩$。内外衬套均用过盈配合装到被修复的零件上，其过盈量的大小应根据所受力矩和摩擦力进行计算。有时还可用螺钉、点焊或其它方法固定。如果需要提高内外套的硬度，则应在压入前先进行热处理。这种方法只有在允许减小轴颈或扩大孔的情况下才能使用。

例如，车床尾座套筒锥孔镶套，见图 8-3。

尾座套筒锥孔已磨损，但此套

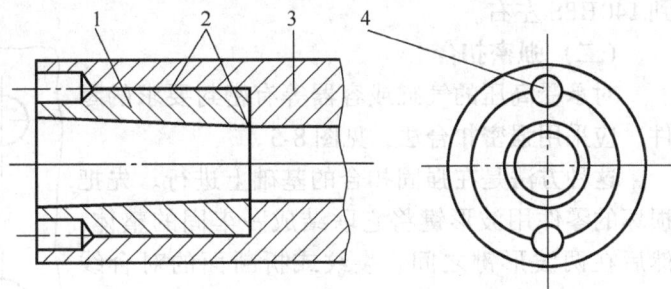

图 8-3　尾座套筒锥孔镶套修复示意图

1—内套　2—无机粘接层　3—套筒　4—定位销

筒的其它部分却仍保持着较好的几何精度，所以采用镶内套的方法进行修复。内套 1 与套筒 3 之间可留有 0.2mm 间隙，供无机粘接层用。图中的 2 是无机粘接层。为防止出现位移与变形，粘接后加两个定位销 4。为保证镶套后套与主轴保持同轴度，粘接时在主轴箱主轴中装一个标准心轴，将镶套套在标准心轴上，涂以胶粘剂，把尾座移近主轴箱，待胶粘剂固化后，再把尾座退回。

镶套法又称附加零件法，附加零件磨损后可以更换，为以后的维修带来方便，因此在维修领域中应用很广。有些机械设备的某些结构，在设计和制造时就应用了这一原理。

在使用镶套法时还要特别注意镶套的材料应尽量与基体一致，尺寸要合适，尽量选择合理的过盈量，配合面的加工精度和表面粗糙度均有一定的要求。

五、金属扣合法

对于不易焊补的钢件、不许有较大变形的铸件发生裂纹或断裂时，可用金属扣合法修复。它是利用扣合件的塑性变形或热胀冷缩的性质完成扣合作用，达到修复零件的目的。

金属扣合法的特点是，整个过程在常温下进行，排除了热变形、应力集中的影响；不需特殊设备；方法简便；可用于人工现场作业；能快速修理。金属扣合法主要有：

（一）强固扣合

先在垂直于损坏零件的裂纹或折断面上，铣或钻出具有一定形状和尺寸的波形槽。然后把形状与波形槽相吻合的波形键镶入，在常温下铆击，使其产生塑性变形而充满槽腔，甚至嵌入零件的基体之内。由于波形键的凸缘和波形槽相互扣合，将开裂的两边重新牢固联接为一整体。波形键的主要尺寸 d、b、l 一般已归纳成标准尺寸，见图 8-4。设计时根据受力大小和零件壁厚决定波形键凸缘的数目、波形槽间距和布置形式。

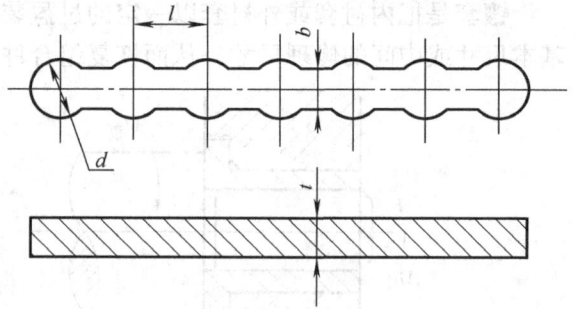

图 8-4　波形键

通常，　$d = (1.4 \sim 1.6) b$

　　　　　$l = (2.0 \sim 2.2) b$

　　　　　$t \leqslant b$

波形键凸缘的数目一般选用 5、7、9 个。波形键的材料常用 1Cr18Ni9 或 1Cr18Ni9Ti 的奥氏体镍铬钢，其制造工艺是在液压压力机上用模具冷挤压成形，并经热处理，硬度要求达到 140HBS 左右。

（二）强密扣合

对承受高压的气缸或容器等有密封要求的零件，应采用强密扣合法，见图 8-5。

这种方法是在强固扣合的基础上进行。先把损坏的零件用波形键将它联结成一牢固的整体，然后在两波形键之间、裂纹或折断面的对合线上，每间隔一定距离加工缀缝栓孔，并使第二次钻的缀缝栓孔稍微切入已装好的波形键和缀缝栓，形成一条密封的"金属纽带"，达到阻止流体受压渗漏的目的。

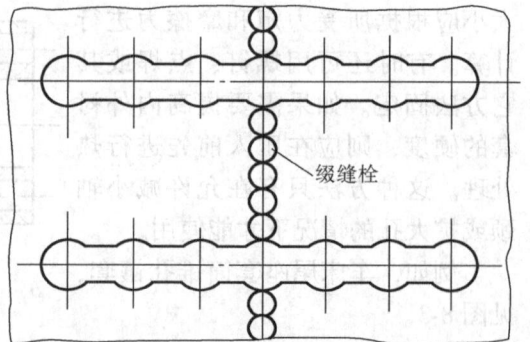

缀缝栓

图 8-5　强密扣合法

缀缝栓有螺栓形和圆柱形两种形式。前者承受较低压力，后者承受较高压力、密封要求高的零件。缀缝栓材料以及与零件的联接与波形键相同。用螺栓时可涂以环氧树脂或无机胶粘剂，然后一件件旋入。用圆柱时，分片装入逐步铆紧。

（三）加强扣合

它主要用于修复承受重载荷的厚壁零件，如水压机横梁、轧机主架、辊筒等。这种零件单纯使用波形键扣合不能保证修复质量，而必须在垂直于裂纹或折断面上镶入钢制的砖形加强件来承受载荷，使载荷能够分布到更多的面积和更远离裂纹或折断处。钢制砖形加强件和零件的联接，大多数采用缀缝栓。缀缝栓的中心安排在它们的结合线上，使一半嵌在加强件上，另一半则留在零件基体内。必要时还可再加入波形键。加强件根据需要可设计成十字形、X 形、楔形、矩形等。

（四）热扣合

它是利用金属热胀冷缩的原理，将选定的具有一定形状的扣合件进行加热，然后放入零件损坏处与扣合件形状相同已加工好的凹槽中。扣合件在冷却过程中必然产生收缩，将破裂的零件重新密合。它比其它扣合法更加简便实用，多用来修复大型飞轮、齿轮和重型机架等，见图 8-6。

根据零件损坏部位的形状和安装的可能性，热扣合件可设计成不同的样式。修复轮廓部分损坏常用圆环状扣合件，而工字形扣合件则适用于零件壁部的裂纹或断裂。

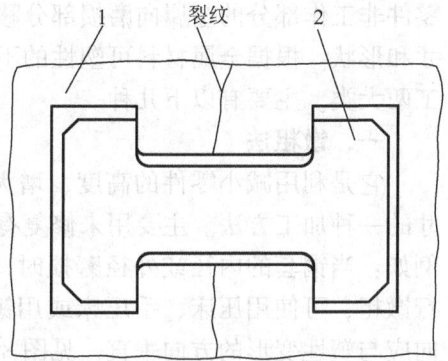

图 8-6 热扣合
1—零件 2—扣合件

金属扣合法对大型铸件发生裂纹或断裂的情况下进行修复其效果更为显著。由于金属扣合法是在常温下进行，避免了热变形的影响；波形槽分散排列，波形键分层装入，逐步铆击，避免了应力集中。金属扣合法具有工艺简便、不需特殊设备、成本低、质量好、完全用手工作业、便于就地和快速维修等特点。

六、调整法

用增减垫片或调整螺钉的方法来弥补因零件磨损而引起配合间隙的增大，这是维修中最常用的方法。例如：圆锥滚子轴承和各种摩擦片的磨损而引起游动间隙的增大，可通过调整法恢复正常状况。

七、修理尺寸法

在失效零件的修复中，修后能达到原设计尺寸和其它技术要求的称标准尺寸修理法。修理时不考虑原来的设计尺寸，采用切削加工和其它加工方法恢复其形状精度、位置精度、表面粗糙度和其它技术条件，从而获得一个新尺寸，称为修理尺寸。而与此相配合的零件则按修理尺寸制作新件或修复，这种方法称修理尺寸法。它的实质是在修复中解尺寸链。

确定修理尺寸时，即去除表面层厚度，首先应考虑零件结构上的可能性和修理后零件的强度、刚度是否满足需要。例如轴颈尺寸减小量一般不超过原设计尺寸的10%；轴上键槽可扩大一级；对于淬硬的轴颈，应考虑修理后能满足硬度要求。为了得到有限的互换性，有时可将零件修理尺寸标准化，如内燃机气缸套的修理尺寸，通常规定了几个标准尺寸，以适应尺寸分级的活塞备件。标准尺寸的大小与级别还取决于气缸套的磨损量、加工余量、安全系数和磨损后几何形状变化等条件。

修理尺寸法在汽车、拖拉机和工程机械等行业的维修中应用极为普遍。常用这种方法修复曲轴主轴颈、连杆轴颈、凸轮轴颈、缸套、气缸、活塞等许多零件。修理尺寸法通常是最小修理工作量的维修方法，工作方便、设备简单、经济性好，在一定的修理尺寸范围内能保持零件的互换性，对于贵重和复杂的零件则意义更大。但是，它减弱了零件的强度和刚度，需要更换或修复相配件，使零件互换性复杂化；有关部门需扩大供应备件，零件要配套。

第三节 压力加工（塑性变形）

压力加工修复零件是利用外力的作用使金属产生塑性变形，恢复零件的几何形状，或使零件非工作部分的金属向磨损部分移动，以补偿磨损掉的金属，恢复零件工作表面原来的尺寸和形状。根据金属材料可塑性的不同，分为常温下进行的冷压加工和热态下进行的热压加工两大类。主要有以下几种。

一、镦粗法

它是利用减小零件的高度、增大零件的外径或缩小内径尺寸的一种加工方法。主要用来修复有色金属套筒和圆柱形零件。例如：当铜套的内径或外径磨损时，在常温下通过专用模具进行镦粗，可使用压床、手压床或用锤子手工锤击，作用力的方向应与塑性变形的方向垂直，见图8-7。

用镦粗法修复，零件被压缩后的缩短量不应超过其原高度的15%，对于承载较大的则不应超过其原高度的8%。为镦粗均匀，其高度与直径比例不应大于2，否则不宜采用这种方法。

二、扩张法

扩张法是利用扩大零件的孔径，增大外径尺寸，或将不重要部位的金属扩张到磨损部位，使其恢复原来尺寸的修复方法。例如：空心活塞销外圆磨损后，一般用镀铬法修复。但当没有镀铬设备时，可用扩张法修复。活塞销的扩张既可在热态下进行，也能在冷态下进行。

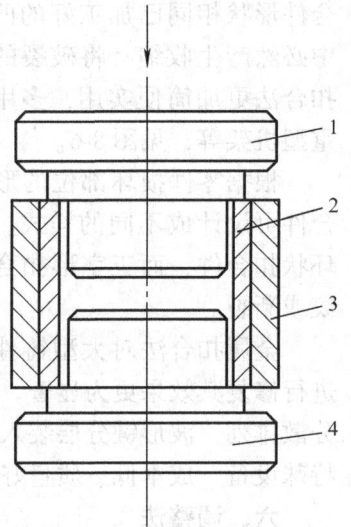

图8-7 铜套的镦粗
1—上模 2—铜套 3—轴承
4—下模

图8-8a是利用圆柱冲头1扩张活塞销2的模具。为了便于冲头放入，放入端用锥形和圆弧过渡。4是模具座，3为胀缩套，它的作用是防止孔壁损伤和使张力均匀。图8-8b为锥形冲头扩张活塞销的模具。

活塞销热态扩张，应先把它加热到950~1000℃，保温2~3h，在此温度下立即放入模具，在压力机上进行施压。冷态扩张前，应加热到600℃左右，保温1.5~2h进行退火。待活塞销冷却后涂上机油放入模具，然后连同模具一起放在压力机上进行施压。

扩张后的活塞销，应按技术要求进行热处理，然后磨削外圆，达到尺寸要求。

扩张法主要应用于外径磨损的套筒形零件。

三、缩小法

缩小法与扩张法正好相反，它是利用模具挤压外径来缩小内径尺寸的一种修复方法。例如：修复轴套可用图8-9所示的模具进行。把轴套2放在外模的锥形孔1中，利用冲头3，在压力的作用下使轴套2的内径缩小。

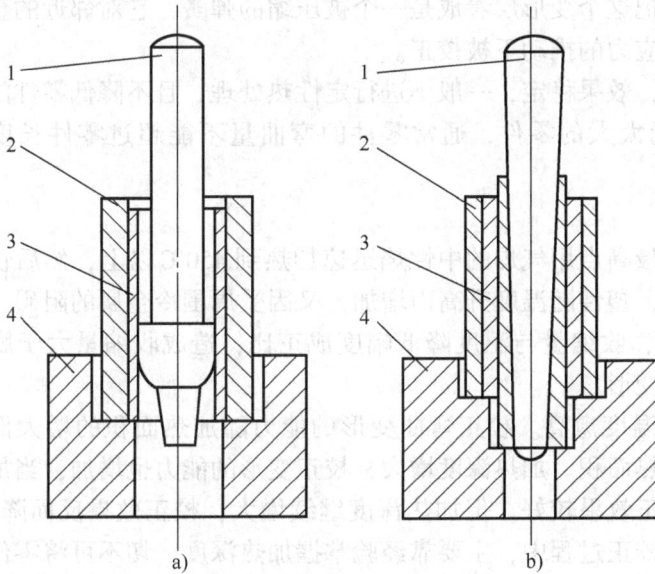

图 8-8 扩张活塞销
1—冲头 2—活塞销 3—胀缩套 4—模具座

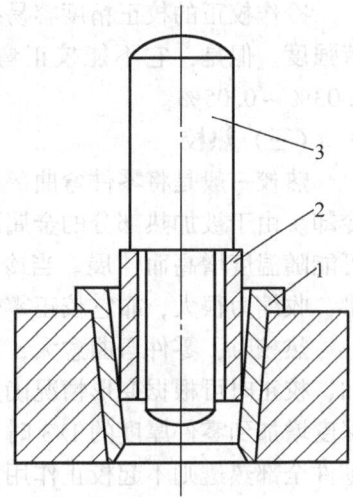

图 8-9 用模具缩小轴套内径
1—外模 2—轴套 3—冲头

被缩小后的轴套外径，可用热喷涂、镀铜或镶套等方法修复。如果轴套很大，也可在外径上焊 3~4 个铜环，然后进行机械加工，使内径和外径都达到规定尺寸要求。

模具锥形孔的大小需根据零件材料塑性变形和需要压缩量数值的大小来确定。当塑性变形性质低、而需要压缩量数值较大时，模具锥形孔的锥度可用 10°~20°；需要压缩量数值较小时，锥度为 30°~40°。对塑性变形性质高的材料，锥度可用 60°~70°。

缩小法主要用于筒形零件内径的修复。

四、压延法

压延法又叫模压法。它是把零件加热到 800~900℃之后，立即放入到专用模具中，在压力机的作用下使上模向下移动，达到零件成形的一种修复方法。例如圆柱齿轮齿部磨损后，可在热态下把齿轮，通过压延使齿部胀大，然后加工齿形并进行热处理。

五、校正

零件在使用过程中，常会发生弯曲、扭曲等残余变形。利用外力或火焰使零件产生新的塑性变形，去消除原有变形的方法称校正。

校正分为冷校和热校，而冷校又分压力校正与冷作校正。

（一）压力校正

将变形的零件放在压力机的 V 形槽中，使凸面朝上，用压力把零件压弯，弯曲变形量为原来的 10~15 倍，保持 1~2min 后撤除压力，检查变形情况。若一次校不直，可进行多次，直到校直为止。

为使压力校正后的变形保持稳定，并提高零件的刚性，校正后需进行定性热处理。

压力校正简单易行，但校正的精度不易控制，零件内留下较大的残余应力，效果不稳定，疲劳强度下降。

（二）冷作校正

冷作校正是用锤子敲击零件的凹面，使其产生塑性变形。该部分的金属被挤压延展，在塑性变形层中产生压缩应力。可以把这个变形层看成是一个被压缩的弹簧，它对邻近的金属有推力作用。弯曲的零件在变形层应力的推动下被校正。

冷作校正的校正精度容易控制，效果稳定，一般不进行定性热处理，且不降低零件的疲劳强度。但是，它不能校正弯曲量太大的零件，通常零件的弯曲量不能超过零件长度的0.03%~0.05%。

（三）热校

热校一般是将零件弯曲部分的最高点用气焊的中性焰迅速加热到450℃以上，然后快速冷却。由于被加热部分的金属膨胀，塑性随温度升高而增加，又因受周围冷金属的阻碍，不可能随温度增高而伸展。当冷却时，收缩量与温度降低幅度成正比，造成收缩量大于膨胀量，收缩力很大，靠它校正零件的变形。

热校时，零件弯曲愈大，加热温度愈高。校正弯曲变形的能力随加热面积的增大而增加，校正时可根据变形情况确定加热面积。加热深度增大，校正变形的能力也增加，当加热深度增加到零件厚度的1/3时，校正效果较好。但加热深度继续增大，校正效果反而降低，零件全部热透则不起校正作用。在校正过程中，主要靠经验掌握加热深度，切不可将零件热透，必要时采取冷却措施。

热校适用于校正变形量较大，形状复杂的大尺寸零件，校正保持性好，对疲劳强度影响较小，应用比较普遍。

对于要求较高的零件，校正后必须进行探伤检查，若发现裂纹应及时采取措施修补或报废。

校正可以在压力机上进行，也可用专用工具或锤子校正。

第四节　热　喷　涂

一、概述

热喷涂是利用一种热源将喷涂材料加热至熔融状态，并通过气流吹动使其雾化，高速喷射到零件表面而形成喷涂层的表面加工技术。近年来，它以其方法的多样性、涂层种类的广泛性和良好的经济性，在机械设备维修中得到广泛应用。

喷涂材料需要热源加热，喷涂层与零件基体之间主要是机械结合，从而构成了热喷涂技术的最基本特征。

热喷涂的分类是以热源形式为主，并在此基础上必要时再冠以喷涂材料的形态（粉材、丝材、棒材）、材料的性质（金属、非金属）、能量级别（高能、高速）、喷涂环境（大气、真空、负压）等。热喷涂可分为四大类，即火焰喷涂、电弧喷涂、等离子喷涂和特种喷涂。

火焰喷涂通常是指以氧—乙炔焰为热源的喷涂，又可分为线材、粉末、棒材、塑料、超音速以及气体爆燃即爆炸喷涂等。电弧喷涂是以电弧为热源，将金属丝熔化并用气流雾化，使熔融的粒子高速喷到工件表面形成涂层。等离子喷涂是以等离子弧为热源的热喷涂。特种喷涂则是以特种方法获得的涂层。

二、几种主要的热喷涂

（一）氧—乙炔焰粉末喷涂

它是用氧—乙炔焰为热源，将需用的喷涂金属、合金或氧化铝粉末借助气流输送到火焰区，待加热到熔融状态后以一定的速度射向工件表面形成涂层。图 8-10 为这种喷涂的原理简图。喷涂的粉末从上方料斗通过进料口，送入到气体（氧气）通道中，与气体一起在喷嘴 1 出口处遇到氧—乙炔燃烧气流而被加热，同时喷射到工件 3 的表面上。

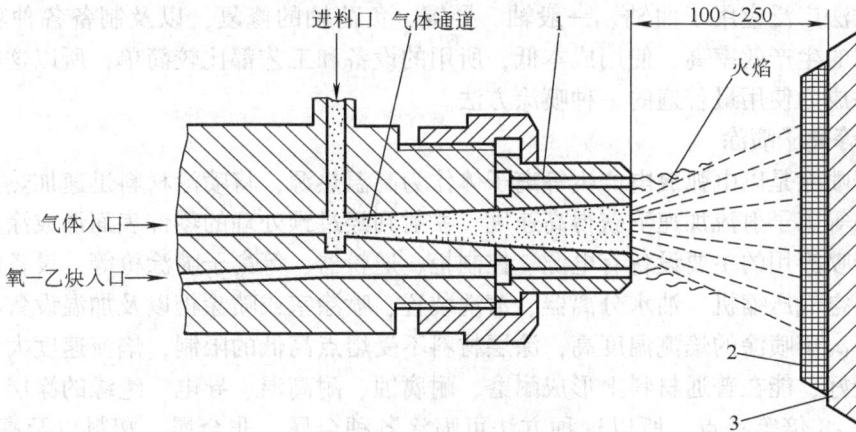

图 8-10　氧—乙炔焰粉末喷涂原理简图

1—喷嘴　2—喷涂层　3—工件

氧—乙炔焰粉末喷涂的主要设备有喷枪、氧气和乙炔供给装置、压缩空气及控制装置等。这种喷涂方法适用于预保护或修理已经精加工或不允许变形的零件，如轴类、轴套的修复。

（二）氧—乙炔焰线材喷涂

将用来喷涂的线状金属材料不断送入气体强烈燃烧的火焰区，线端不断地被加热熔化，借助压缩空气将熔化的金属雾化成微粒，喷向清洁而毛糙的表面，形成涂层。

氧—乙炔焰线材喷涂的主要设备有射吸式气体金属喷涂枪（简称气喷枪）、氧和乙炔供给装置、压缩空气及干燥、过滤、控制等装置、供丝装置等。

这种喷涂方法的应用很广。例如，在曲轴、机床主轴、柱塞、轧辊轴颈、机床导轨等磨损部位上喷钢；在桥梁、高压铁塔、钢闸门、碳化塔及化工、化肥厂区的钢铁设施上喷铝、喷锌防腐；在轴瓦上喷铜、喷巴氏合金；在食品容器上喷锡等。

（三）电弧喷涂

电弧喷涂的过程如图 8-11 所示。

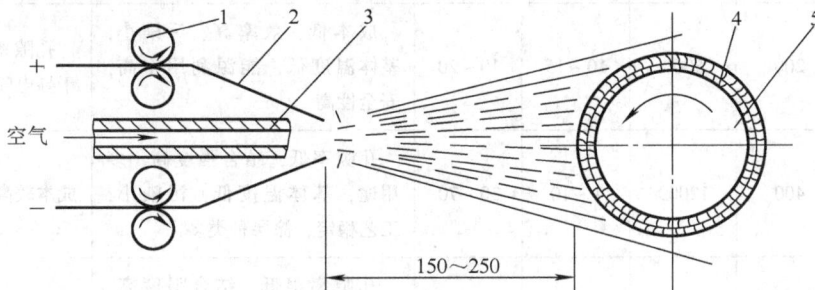

图 8-11　金属电弧喷涂示意图

1—送丝轮　2—金属丝　3—喷嘴　4—涂层　5—工件

两根金属丝 2 作为两个消耗电极，由电动机通过变速驱动等速向前送进，在喷嘴 3 的喷口处相交时，因短路产生电弧。金属丝不断地被电弧熔化，随即又被压缩空气吹成细小微粒，并以高速喷向工件5，在清洁而毛糙的工件表面上堆积成涂层4。

金属电弧喷涂的主要设备有直流电焊机、控制箱、空气压缩机及供气装置、供丝装置、电弧喷涂枪及其它附属辅助装置。

这种方法广泛应用于曲轴、一般轴、导辊、负荷轴的修复，以及制备各种功能性的涂层。由于它的生产效率高、使用成本低，所用的设备和工艺都比较简单，所以这种技术得到迅速发展并成为使用最普遍的一种喷涂方法。

（四）等离子喷涂

等离子喷涂是以电弧放电产生等离子体作为高温热源，将喷涂材料迅速加热至熔化或熔融状态，在等离子射流加速下获得高速度，喷射到经过预处理的零件表面形成涂层。

等离子喷涂用的主要设备有电源、控制柜、送粉器、等离子喷涂枪等，设备的辅助部分有喷砂机、空气压缩机、油水分离器、清洗装置、喷涂室或喷涂柜以及加温设备等。

由于等离子喷涂的焰流温度高，涂层材料不受熔点高低的限制，焰流速度大，涂层较细密，质量较好，能在普通材料上形成耐磨、耐腐蚀、耐高温、导电、绝缘的涂层，零件的寿命可提高 $1 \sim 8$ 倍等特点，所以这种方法可喷涂各种金属、非金属、塑料以及高熔点材料。主要用于喷涂耐磨层，已在修复动力机械中的阀门、阀座、气门等磨损部位取得良好成效。

（五）爆炸喷涂

爆炸喷涂是将经过严格定量的氧和乙炔的混合气体送到喷枪的水冷燃烧筒内，同时再利用氮气流注入一定量的喷涂粉末，悬浮于混合气体中，通过火花塞点燃氧和乙炔，产生燃爆，用此爆炸能加热熔化粉末，并在爆炸力的加速下，熔化粒子以很高的速度喷向工件形成涂层。由于爆炸喷涂的喷射能量大、密度高，所以涂层与基体的结合强度较高。它可喷涂高熔点、高硬度的陶瓷粉末材料，制成优良的抗磨层，用于汽轮机叶片、刀具、模具等。

爆炸喷涂虽然粘结强度极高，但成本也极高，沉积速度很慢，应用较少。

几种常用的热喷涂技术的特点比较见表8-2。

表8-2　几种常用的热喷涂技术的特点比较

热喷涂技术	熔粒速度 /m/s	温度值 /K	孔隙率 （%）	结合强度 /MPa	优　点	缺　点
氧—乙炔焰喷涂	150	3000	10~15	5~10	设备简单、工艺灵活	孔隙率高，结合强度低，工件需预热
电弧喷涂	200	5000	10~15	10~20	成本低、效率高、污染小，基体温度低，能源利用率高，安全性高	孔隙率较高，只应用于导电喷涂材料
等离子喷涂	400	12000	1~10	30~70	孔隙率低，结合强度高，多用途，基体温度低，污染小，工艺稳定，涂层种类多	成本较高
爆炸喷涂	1500	4000	1~2	80~100	孔隙率很低，结合强度高，基体温度低，喷涂材料广泛操作简单，易于掌握	成本高，效率低

三、喷涂材料

用于喷涂的材料品种很多，就其形状只有两种。一种是线状，供电弧喷涂用，直径一般为 1.6～1.8mm；供氧—乙炔焰喷涂用，直径为 2～3mm。材质主要是钢铁和非铁金属，也有陶瓷材料制成棒状。另一种为粉状，粒径一般为 77～125μm，超细粉末粒径约为 5～40μm。氧—乙炔焰喷涂的多为金属、自熔合金及熔点较低的陶瓷和金属陶瓷材料；等离子喷涂及爆炸喷涂，还可用熔点高于 2700℃ 的材料。这些材料，有的可直接喷涂在基体金属上，有些则需要先在基体上喷结合层。

主要喷涂材料可归纳为以下几大类。

（一）自熔性合金粉末

它是在合金粉末中加入适量的硼、硅等强脱氧元素，降低合金熔点，增加液态金属的流动性和润湿性。主要有镍基合金粉、铜基合金粉、铁基合金粉和钴基合金粉等。它们在常温下具有较高的耐磨性和耐腐蚀性。

（二）喷涂合金粉末

喷涂合金粉末分为两大种。

1. 打底层粉末

为提高涂层和基体的结合强度，需采用自放热型复合粉末，主要是镍铝复合粉末（镍包铝或铝包镍）。在喷涂过程中，通过镍铝化学反应生成金属间化合物并放出大量的热，使镍向基体金属扩散，作为打底层。

2. 工作层粉末

根据不同的工况要求而设计选择，主要有镍基粉 111、粉 112、粉 113；铁基粉 313、粉 314；铜基粉 411、粉 412 等。

（三）复合粉末

所谓复合粉末就是由两种或两种以上性质不同的固相物质组成的粉末，它能发挥多材料的优点，得到综合性能的涂层。按复合粉末涂层的使用性能，大致可分为以下几种。

1. 硬质耐磨复合粉末

常用的有钴包碳化钨和镍包碳化钨等。用这种粉末制成的涂层具有很高的硬度和耐磨性能。

2. 抗高温耐热和隔热复合粉末

一般采用具有自粘结性能的耐热合金复合粉末（NiCr/Al）或（NiCr）耐热合金线材打底，形成一层致密的耐热涂层，中间采用金属陶瓷型复合粉末材料（如 Ni/Al$_2$O$_3$），外层采用导热率低的耐高温的陶瓷粉末（如 Al$_2$O$_3$）。

3. 减磨、润滑、密封复合粉末

一般常用的有镍包石墨、镍包硅藻土、镍包二硫化钼、镍包氟化钙等。

4. 放热型复合粉末

常用的是镍包铝，其镍铝比为 80：20、90：10、95：5。它常作为涂层的打底材料。

（四）丝材

丝材主要有钢质丝材，如 T12、T9A、80# 及 70# 高碳钢丝等，用于修复磨损表面；还有纯金属丝材，如锌、铝等，用于防腐。

四、喷涂工艺过程

（一）喷前准备

零件喷涂前的表面准备，对涂层和基体金属的结合强度影响很大。为使涂层和基体金属能牢固地结合，零件表面上不应有氧化物、油脂、水和其它污物，并能形成一定的粗糙度，因此必须做好喷前准备。

1）用碱水和清水清除表面油污；用砂布打磨表面锈层，保持表面的清洁。

2）将零件加热到超过喷涂时的温度，烘干 2～3h 后进行喷前整形。

3）对修复表面进行加工和粗糙处理，常用喷砂、电火花拉毛、压花、车槽、车螺纹等方法。

4）对不喷涂的表面进行保护，如轴上有键槽和油孔时，可用装假键和碳棒堵塞油孔的方法保护。

表面处理完毕后，必须在 3～6h 内进行喷涂，以免重新氧化。

（二）喷涂过程

喷涂时先预热到 100～250℃，减少涂层与基体的温度差。先喷一薄层约 0.06～0.13mm 作为过渡，然后立即喷工作涂层。在丝材的电弧喷涂和氧—乙炔焰喷涂中，过渡层的材料为钼；在氧—乙炔焰粉末喷涂及等离子喷涂中，有时采用钼，多数用镍包铝或铝包镍粉。喷涂层的厚度根据零件的磨损量、表面准备时的加工量和喷涂后的加工余量而定。为保证有较高的结合强度，对直径为 30～150mm 的零件，每侧涂层厚度不得小于 0.6～1.0mm；平面和孔的涂层厚度最好不要超过 3～4mm，以免涂层脱落。

为保证喷涂材料得到充分熔化，获得高质量的涂层，必须选择合理的工艺参数。工艺参数需根据设备型号、材料性质、零件用途等因素决定。包括：零件的表面速度；喷枪的纵向移动速度；压缩空气的工作压力；送丝速度；喷枪嘴到工件表面距离；金属丝直径；电喷时的电压和电流；气喷时的氧气和乙炔压力等。

喷涂要连续进行。喷涂过程的零件温度不超过 60～80℃。

（三）喷后处理和加工

喷涂完毕后，要对涂层进行检查，通常用锤子轻轻敲击涂层，若声音清脆，表示喷涂层结合良好；反之，声音低哑，则涂层不够紧密，应除掉重新喷涂。

喷涂后的工件非常粗糙，必须经过机械加工，加工后应认真清洗。

为提高喷涂层的耐磨性，零件喷涂后应进行渗油处理，即把清洗后的零件放入 80～100℃润滑油中，浸泡 1～10h，使润滑油较多地渗入涂层孔隙中。

在喷涂中，常见的缺陷、产生的原因及消除方法见表 8-3。

表 8-3　热喷涂的缺陷、产生原因及消除方法

缺　陷	产　生　原　因	消　除　方　法
在预热时，零件待喷表面出现油斑	未彻底清除零件的油污	加热零件，直至烧净全部油污
在喷涂过程中涂层脱开	1. 未喷保证结合强度的底层 2. 移动速度低，使涂层过热	彻底清除涂层，严格按操作规程重新喷涂
喷涂时，基本喷涂层出现龟裂	移动速度低，使涂层过热	去除已喷的涂层，加大移动速度，重新喷涂。在较大厚度涂层喷涂时，为避免过热，层间的喷涂时间间隔拉长一些
冷却时，涂层出现龟裂	预热不足	彻底清除涂层，严格按操作规程重新喷涂

（续）

缺　陷	产　生　原　因	消　除　方　法
在切削加工时，涂层分离	喷涂时，移动速度太低，涂层过热	去除已喷的涂层，加大移动速度，重新喷涂。保持涂层层间的间隔时间为 9min，以免过热
在切削加工时，涂层从边角处损坏、脱落	1. 工作载荷方向使涂层易于分离； 2. 切削过厚 3. 切削速度太快 4. 切削刀具已钝	减小吃刀量，降低切削速度，磨刀，彻底清除涂层，严格按操作规程重新喷涂
在加工过的涂层上出现发裂	切削刀具已钝	在过盈配合时，涂层如无脱粒，可使用；在间隙配合时，必须去除涂层后，按操作规程重新喷涂加工

影响喷涂层质量的主要因素有：（1）零件喷涂前的表面状态，包括：是否清洗干净；粗糙情况；预热温度的高或低等。（2）喷涂规范，工艺参数的选择。（3）喷涂材料等。

五、应用

由于热喷涂具有适应性强、可喷涂的材料很多、不受可焊性的限制、使修复零件具有复合性能、工艺简单、生产效率高、设备不复杂、且重量轻、移动方便、不受场地限制等特点，目前已广泛应用于机械、矿山、石油、化工、轻纺、水电、铁路、交通、航空航天、船舶以及军工国防等工业领域，并被国家列入重点推广项目。热喷涂主要应用在以下几个方面：

1）恢复磨损零件的尺寸。对圆柱体、内圆、平面等均能进行喷涂。例如：轧辊、机床主轴、机床导轨面、汽车拖拉机的曲轴、缸套、凸轮轴、半轴、活塞环、阀门、压模等。

2）修补铸造和机械加工的废品，填补铸件的裂纹。

3）制造和修复减磨材料轴瓦。在铸造或冲压出来的轴瓦上以及在合金已脱落在瓦背上，喷涂一层"铅青铜"或"磷青铜"等材料，就可以制造和修复减磨材料的轴瓦。这种方法不但造价低，而且含油性能强，增加耐磨性。

4）喷涂特殊的合金材料，可以得到耐热、耐腐蚀的涂层，例如：室外金属构架、壳体结构、铁塔、炉用耐热构件、泵壳内表面、泵零件、搅拌器等。

5）用于防腐和装饰。

六、特种喷涂简介

1. 高速氧—燃气喷涂

它是利用一种特殊火焰喷枪获得高温、高速焰流，用来喷涂碳化钨等难熔材料，并得到优异性能和高结合强度的喷涂层。这种方法已广泛应用于喷涂切割刀片、风机叶片、泵叶轮、挤压螺旋、密封环和锅炉管道等。

2. 高速射流电弧喷涂

这种工艺是在普通电弧喷涂原理的基础上，通过对喷涂枪进行创新设计，用高速空气射流枪及液体燃料超音速喷枪，大幅度提高喷涂压缩空气流速和改善空气质量，从而提高喷涂粒子的雾化程度和喷射速度，用以增大涂层与基体的结合强度，使其达到普通电弧喷涂的 1.5 ~ 2.2 倍，并降低涂层的孔隙率。高速射流电弧喷涂其电弧的稳定性高，涂层的表面粗糙度值小和内部组织致密。另外通用性强、经济性好，可以获得耐磨损、防腐蚀、抗高温等优异性能，在维修领域中迅速地得到了应用，可以与等离子喷涂相媲美。目前，这项技术的开发和应用仍是国际前沿性课题。

3. 超音速等离子弧喷涂

它是利用转移型离子弧与高速气流混合时出现的"扩展弧"，得到稳定集聚的高热熔、超高速等离子焰流进行喷涂的方法。它的喷涂功率高、气流量大、焰流热熔速度极高，可喷涂任何高熔点陶瓷粉末，得到结合强度高、致密的坚硬涂层。

4. 低压等离子弧喷涂（低真空等离子弧喷涂）

它是在一个密封的气室内，用惰性气体（氩或氮）排出室内的空气，然后抽真空至5kPa，在这种保护气氛下的低真空环境里进行等离子喷涂。它能有效地防止空气中的有害气体对熔融粒子的侵入，显著降低涂层中的杂质含量，保证更高的涂层质量。但是，这种工艺的设备比较复杂，价格很高。主要用于尖端技术部门喷涂一些难熔金属、活性金属和碳化物等。

5. 反应等离子弧喷涂

它的工作原理是将反应剂注入到等离子弧空间，使其分解并处于激活态，而后在高温下与喷涂材料反应形成涂层。

6. 激光喷涂

它是采用激光为热源进行喷涂。从激光发生器射出的激光束，经透镜聚焦，焦点落在喷枪出口的喷嘴旁，待喷涂的粉末或线材向焦点位置输送，被激光束熔融。压缩气体从环状喷嘴喷出，将熔融的材料雾化，喷射到基体上形成涂层。激光喷涂能获得高功能性涂层。

第五节　焊　　修

把焊接技术用于维修工作时称为焊修。

焊修的模式是基体与焊条或焊粉在热能的作用下一起熔化并得到良好的晶内结合，结合强度高。但是，热能的影响会使基体的组织和形状发生变化，这是焊修的关键问题。

根据提供热能的不同方式，焊修可分为电弧焊、气焊和等离子焊等。按照焊修的工艺和方法不同，又可分为焊补、堆焊、喷焊和钎焊等。下面分别加以简要介绍。

一、焊补

焊接技术用以修补零件缺陷称焊补。

（一）铸铁

1. 普通铸铁

铸铁由于具有突出的优点，所以至今仍是制造形状复杂、尺寸庞大、易于加工、防振减磨的基础零件的主要材料。在机械设备中，铸铁件的种类和重量约占一半以上。

铸铁件的故障或失效，对在制品来说，多为铸件的气孔、砂眼、裂纹、疏松、浇不足等铸造缺陷。对已加工好的零件来说，多为使用过程中发生的裂纹、磨损等现象。铸件的生产工艺过程较长，工艺费用在铸件价值中占有很大的比重，尤其是尺寸庞大、形状复杂、加工量大的铸铁零件，凝结着机械设备大部分原材料和加工制造成本，寄寓着大部分设备的残值。许多大铸件，如机床床身、机器底座、大型箱体等，本单位一般缺乏自行铸造毛坯和加工的能力。因此，在维修过程中要想方设法修旧利废，补偿它们的自然磨损。铸铁件的焊补，不仅适用于失效零件的修复，而且也作为铸件在制品局部缺陷的修复，可大大降低生产成本。进一步研究铸铁件的修复，具有十分重要的意义。

由于铸铁在焊补时加热和冷却的温度变化很大，可焊性差，会产生许多困难，其中：

1）焊补时熔化区小，冷却速度快，石墨化的元素会使焊缝易生成既脆又硬的白口铸铁；出现气孔和夹渣；使焊缝金属与母材不熔合，焊后加工困难；接头易产生裂纹；局部过热使母材性能变坏，晶粒粗大，组织疏松，加剧应力不均衡状态，又促使裂纹产生，甚至脆断。

2）铸铁含碳量高，年久的铸件组织老化、性能衰减、强度下降。尤其是长期在高温或腐蚀介质中工作的铸铁，基体松散、内部组织氧化腐蚀、吸收油脂，可焊性进一步降低，甚至焊不上。

3）铸铁组织和零件结构形状对焊接要求的多样性，使铸铁焊补工艺复杂化。重大零件需进行全位施焊，但铸铁焊接性能差、熔点低、铁水流动性大，给焊补带来困难。

4）铸件损坏，应力释放，粗大晶粒容易错位，不易恢复原来的形状和尺寸精度。

为此，对铸铁进行焊补时，要采取一些必要的技术措施才能保证质量。要选择性能好的铸铁焊条；做好焊前的准备工作，如清洗、除锈、预热等；控制冷却速度；焊后要缓冷等。

铸铁件的焊补，主要应用于裂纹、破断、磨损、因铸造时产生的气孔、熔渣杂质等缺陷的修复。焊补的铸铁主要是灰铸铁，而白口铸铁则很少应用。

铸铁件的焊补分为热焊和冷焊两种，需根据外形、强度、加工性、工作环境、现场条件等特点进行选择。

1）热焊 它是焊前对工件先进行高温预热，焊后加热、保温、缓冷。用气焊和电弧焊均可达到满意的效果。焊前预热600℃以上，焊接过程中不低于500℃，焊后缓冷，工件温度均匀，焊缝与工件其它部位之间的温差小，有利于石墨析出，避免白口、裂纹和气孔。热焊的焊缝与基体的金相组织基本相同，焊后机加工容易，焊缝强度高、耐水压、密封性能好。特别适合于铸铁件毛坯或机械加工过程中发现形状复杂的基体缺陷的修复，也适合于精度要求不太高或焊后可通过机械加工修整达到精度要求的铸铁件。但是，热焊需要加热设备和保温炉，劳动条件差，周期长，整体预热变形较大，长时间高温加热氧化严重，对大型铸件来说，应用受到一定限制。主要用于小型或个别有特殊要求的铸件焊补。

2）冷焊 冷焊是不对铸件预热或预热温度低于400℃的情况下进行，一般采用手工电弧焊或半自动电弧焊。冷焊操作简便，劳动条件好，施焊的时间较短，具有更大的应用范围，一般铸铁件多采用冷焊。

冷焊时要根据不同的焊补厚度选择焊条的直径，按照焊条直径选择焊补规范，包括电流强度、焊条药皮类型、电源性质、电弧长度等，使焊缝得到适当的组织和性能，减轻焊后加工时的应力危害。冷焊要有较高的焊接技术，为保证焊补质量，需采取一系列工艺措施，尽量减少输入基体的热量，减少热变形、避免气孔、裂纹和白口等缺陷。

常用的国产铸铁冷焊焊条有氧化型钢芯铸铁焊条（Z100）、高钒铸铁焊条（Z116、Z117）、纯镍铸铁焊条（Z308）、镍铁铸铁焊条（Z408）、镍铜铸铁焊条（Z508）、铜铁铸铁焊条（Z607、Z612）、以及奥氏体铸铜焊条等，它们可按需要分别选用，见表8-4。

铸铁冷焊工艺大致如下：

a）焊前准备 了解零件的结构、尺寸、损坏情况及原因、组织状态、焊接操作条件、应达到的要求等情况，决定修复方案及措施；清整洗净工件；检查损伤情况，对未断件应找出裂纹的端点位置，钻止裂孔；对裂纹零件合拢夹固、点焊定位；坡口制备，一般为 V 形坡口，薄壁件开较浅的尖角坡口；烘干焊条，工件火烤除油；低温预热工件，小件用电炉均匀预热至 50~60℃，大件用氧—乙炔焰虚火对焊接部件较大面积进行烘烤。

表 8-4 常用的铸铁电弧焊焊条

类 别	铸铁组织焊缝类		非铸铁组织焊缝类					
焊条名称	钢芯石墨化型铸铁焊条	铸铁芯铸铁焊条	氧化型钢芯铸铁焊条	高钒铸铁焊条	纯镍铸铁焊条	镍铁铸铁焊条	镍铜铸铁焊条	铜铁铸铁焊条
统一牌号	Z208	Z248	Z100	Z116	Z308	Z408	Z508	Z607
国际牌号	TZG-2	TZZ-2	TZG-1	TZG-3	TZNi	TZNiFe	TZNiCu	TZCuFe
焊芯成分	碳钢	铸铁芯	碳钢	碳钢或高钒钢	$w_{Ni} > 92\%$	$w_{Ni} 60\%$ $w_{Fe} 40\%$	镍铜合金	紫铜芯
药皮类型	石墨	石墨	强氧化型	含钒铁低氢型	石墨	石墨	石墨	低氢型
焊缝金属	灰铸铁	灰铸铁	碳钢	高钒钢	镍	镍铁合金	镍铜合金	铜铁混合
电源	交直流	交直流	交直流	直流（反接）或交流	交直流（正接）	交直流（正接）	交直流	直流（反接）
用途	一般的灰铸铁	一般的灰铸铁	一般的灰铸铁的非加工面	高强度铸铁和球墨铸铁	重要灰铸铁薄壁件	重要的高强度灰铸铁及球墨铸铁	强度要求不高的灰铸铁	一般灰铸铁的非加工面
主要特点	需预热至 400℃，缓冷，小型、薄型、刚度不大的零件	焊缝与母材组织、颜色均相同，可不预热，焊后保温，可防裂缝及白口	与母材熔合好、价格低、表面较硬、抗裂性差	抗裂性能好，焊后易加工，比较经济	不需预热具有良好的抗裂性和加工性、价格高	强度高、塑性好、抗裂性好、加工性略差，不需加热、价格高	工艺性、切削加工性均较差，抗裂性较差，强度较低	抗裂性好，切削加工性一般，强度较低

b) 施焊 用小电流、分段、分层、锤击，以减少焊接应力和变形，并限制基体金属成分对焊缝的影响，这是电弧冷焊的工艺要点。

施焊电流对焊补质量影响很大。电流过大，熔深大，基体金属成分和杂质向熔池转移，不仅改变了焊缝性质，也在熔合区产生较厚的白口层。电流过小，影响电弧稳定，导致焊不透、气孔等缺陷产生。

分段焊的主要作用是减少焊接应力和变形。每焊一小段熄弧后立即用小锤从弧坑开始轻击焊缝周围，使焊件应力松弛。直到焊缝温度下降到不烫手时，再引弧继续焊接下一段。

工件较厚时，应采用多层焊，后焊一层对先焊一层有退火软化作用。使用镍基焊条时，可先用它焊上两层，再用低碳钢焊条填满坡口，节约贵重的镍合金。

多裂纹焊件用分散顺序焊补，即先焊支裂纹，再焊主裂纹，最后焊主要的止裂孔。焊缝经修整后，使组织致密。

施焊时要合理选择规范，包括焊接电流强度、焊条直径、坡口形状和角度、电源极性的连接、电弧长度等。

对手工气焊冷焊时应注意采用"加热减应"焊补。"加热减应"又叫"对称加热"，就是在焊补时，另外用焊炬对焊件已选定的部位加热，以减少焊接应力和变形，这个加热部位就叫"减应区"。

用"加热减应"焊补的关键，在于确定合适的"减应区"。"减应区"加热或冷却不影响焊缝的膨胀和收缩，它应选在零件棱角、边缘和肋等强度较大的部位。

c）焊后处理　为缓解内应力，焊后工件必须保温和缓慢冷却；清除焊渣；检查质量。

铸铁零件常用的焊补方法见表 8-5。

表 8-5　铸铁零件常用的焊补方法

焊补方法		要点	优点	缺点	适用范围
气焊	热焊	焊前预热 650～700℃，保温缓冷	焊缝强度高，裂纹、气孔少，不易产生白口，易于修复加工，价格低些	工艺复杂，加热时间长，容易变形，准备工序的成本高，修复周期长	焊补非边角部位，焊缝质量要求高的场合
	冷焊	不预热，焊接过程中采用加热感应法	不易产生白口，焊缝质量好，基体温度低，成本低，易于修复加工	要求焊工技术水平高，对结构复杂的零件难以进行全方位焊补	适于焊补边角部位
电弧焊	冷焊	用铜铁焊条冷焊	焊件变形小，焊缝强度高，焊条便宜，劳动强度低	易产生白口组织，切削加工性差	用于焊后不需加工的地方，应用广泛
		用镍基焊条冷焊	焊件变形小，焊缝强度高，焊条便宜，劳动强度低，切削加工性能极好	要求严格	用于零件的重要部位，薄壁件修补，焊后需加工
		用铸铁芯焊条或低碳钢芯铁粉型焊条冷焊	焊接工艺性好，焊接成本低	易产生白口组织，切削加工性差	用于非加工面的焊接
		用高钒焊条冷焊	焊缝强度高，加工性能好	要求严格	用于焊补强度要求较高的厚件及其它部件
	半热焊	用钢芯石墨化焊条，预热 400～500℃	焊缝强度与基体相近	工艺较复杂，切削加工性不稳定	用于大型铸件，缺陷在中心部位，而四周刚度大的场合
	热焊	用铸铁芯焊条预热、保温、缓冷	焊后易于加工，焊缝性能与基体相近	工艺复杂、易变形	应用范围广泛

对于大、中型不重要或非受力的铸铁件，或焊后不再切削加工的零件，也可以采用低碳钢焊条进行冷焊。焊缝具有钢的化学成分，在钢与铸铁的交界区，通常是不完全熔化区，易

产生白口组织，这种焊缝强度低。为增加焊缝的强度，在现场通常用加强螺钉法进行焊补，将螺钉插入焊补部分的边缘和坡口斜面上，如图8-12所示。

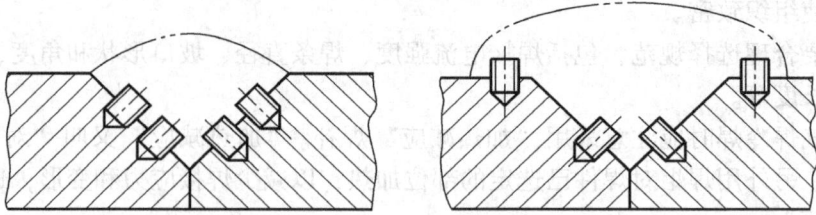

图8-12　铸铁冷焊时的加强螺钉

当铸铁件裂纹处的厚度小于12mm时，可不开坡口。厚度超过12mm时应开V形或X形坡口，其深度为裂纹深度的0.5~0.6倍。螺钉直径可按焊件厚度选择，一般是它的0.15~0.20倍，可取3~12mm。螺钉的插入深度为直径的1.5~2.0倍，螺钉的间距为直径的4~10倍，螺钉露出部分的长度等于直径，插入螺钉的数量要根据切应力计算。若焊件不允许焊缝凸出表面时，则要开6~20mm深的沟槽，填满沟槽即可满足焊缝的强度。

2. 球墨铸铁

球墨铸铁比普通铸铁难焊。其主要原因是：1）作为球化剂的镁在焊补时极易烧损，使焊缝中的碳球化困难。同时，镁又是白口化元素，在焊补和焊后热处理不当时易使焊缝和熔合区产生白口。2）球墨铸铁的弹性模量和体积收缩量均比普通铸铁大，焊补区产生的拉应力及因此而产生的裂纹倾向要比后者大得多。

为保证球墨铸铁零件的焊补质量，必须对焊补方法和工艺、焊接材料、焊后热处理工艺等进行正确选择。

用钢芯球墨铸铁焊条焊补时，焊条药皮中含有石墨化元素的球化剂，可使焊缝仍为球墨铸铁。使用这种焊条，工件需预热，小件500℃左右，大件700℃；焊后要缓冷并热处理，正火时加热900~920℃，保温2.5h，随炉冷到730~750℃，保温2h，取出空冷；或退火处理，加热900~920℃，保温2.5h，随炉冷至100℃以下出炉。

用镍铁焊条及高钒焊条冷焊时，最好也能适当预热到100~200℃，焊后其焊缝的加工性能良好。用钇基重稀土铸芯球墨铸铁焊条，使用效果较好，焊补时用直流电，焊后要正火或退火处理。

气焊为球墨铸铁焊补提供了有利条件，可预热，防止白口产生，镁的蒸发损失少，宜用于质量要求较高的中小件焊修。

（二）有色金属

机械设备中常用的有色金属有铜及铜合金、铝及铝合金等。因它们的导热性高、线膨胀系数大、熔点低、高温状态下脆性较大、强度低，很容易氧化，所以可焊性差，焊补比较复杂和困难。

1. 铜及铜合金

它的特点是：在焊补过程中，铜易氧化，生成氧化亚铜，使焊缝的塑性降低，促使产生裂纹；导热性强，比钢大5~8倍，焊补时必须用高而集中的热源；热胀冷缩量大，焊件易变形，内应力增大；合金元素的氧化、蒸发和烧损，改变合金成分，引起焊缝力学性能降低，产生热裂纹、气孔、夹渣；铜在液态时能熔解大量氢气，冷却时过剩的氢气来不及析出，而在焊缝熔合区形成气孔，这是铜及铜合金焊补后常见的缺陷之一。

针对上述特点，要保证焊补的质量，必须重视以下问题：

（1）焊补材料及选择　电焊条，目前国产的主要有：TCu（T107）——用于焊补铜结构件；TCuSi（T207）——用于焊补硅青铜；TCuSnA 或 TCuSnB（T227）——用于焊补磷青铜、纯铜和黄铜；TCuAl 或 TCuMnAl（T237）——用于焊补铝青铜及其它铜合金。

气焊和氩弧焊焊补时用焊丝，常用的有：SCu-1 或 SCu-2（丝 201 或丝 202）——适用于焊补纯铜；SCuZn-3（丝 221）——适用于焊补黄铜。

用气焊焊补纯铜和黄铜合金时，也可使用焊粉。

（2）焊补工艺　焊补时必须要做好焊前准备，对焊丝和焊件进行表面清理，开 60°～90° 的 V 形坡口。施焊时要注意预热，一般温度为 300～700℃，注意焊补速度，遵守焊补规范、锤击焊缝；气焊时选择合适的火焰，一般为中性焰；电弧焊则要考虑焊法。焊后要进行热处理。

2. 铝及铝合金

铝的氧化比铜容易，它生成致密难熔的氧化铝薄膜，熔点很高，焊补时很难熔化，阻碍基体金属的熔合，易造成焊缝金属夹渣，降低力学性能及耐蚀性；铝的吸气性大，液态铝能熔解大量氢气，快速冷却及凝固时，氢气来不及析出，易产生气孔；铝的导热性好，需要高而集中的热源；热胀冷缩严重，易产生变形；由于铝在固液态转变时，无明显的颜色变化，焊补时不易根据颜色变化来判断熔池的温度；铝合金在高温下强度很低，焊补时易引起塌落和焊穿现象。以上是铝与铝合金焊补的特点，它是由其本身的一些特性决定的。

焊补铝及铝合金时，一般都采用与母材成分相近的标准牌号的焊丝。常用的有：丝 301（纯铝焊丝）——焊补纯铝及要求不高的铝合金；丝 311（铝硅合金焊丝）——通用焊丝，焊补铝镁合金以外的铝合金；丝 321（铝锰合金焊丝）——用于焊补铝锰合金及其它铝合金；丝 331（铝镁合金焊丝）——焊补铝镁合金及其它铝合金。

为了使焊补顺利进行，保证焊缝质量，在气焊焊补时需添加焊粉，消除氧化膜及其它杂质，如气剂 401（CJ401）。

铝及铝合金焊补，以气焊应用最多。因为气焊设备简单、操作方便，但质量较差、变形大，生产效率低，不易掌握。主要用于耐蚀性要求不高，壁厚不大的小型铝合金件的焊补。气焊工艺是：进行焊前清理，用化学方法或机械方法清理工件焊接处和焊丝表面的油污杂质；开 V 形、X 形或 U 形坡口；焊补较大零件的裂纹应在两端打止裂孔；背面用石棉板或纯铜板垫上，离焊补较近的边缘用金属板挡牢，防止金属溢流。施焊时需预热；采用小号焊嘴；中性焰或轻微碳化焰，切忌使用氧化焰或碳化焰，避免氧化和使氢气带入熔池，产生气孔；注意焊嘴和焊丝的倾角；根据焊补厚度确定左焊或右焊；整条焊缝尽可能一次焊完，不要中断；特别注意加热温度。工件焊后应缓冷，待完全冷却后用热水刷洗焊缝附近，把残留焊粉熔渣冲净。

对于大型铝及铝合金工件的焊补，宜用电弧焊。焊前准备同气焊工艺。常用的焊条有：L109——焊补纯铝及一般接头要求不高的铝合金；L209——焊补铝板、铝硅铸件、一般铝合金及硬铝；L309——用于纯铝、铝锰合金及其它铝合金的焊补。在电弧焊工艺中，主要是预热，烘干药皮；选择焊条直径和焊接电流；操作时，在保持电弧稳定燃烧前提下，尽量用短弧焊、快速施焊，防止金属氧化，减少飞溅，增加熔透深度。电弧焊由于对电弧热调节和操作较困难，所以对焊工要求较高。

（三）钢

对钢进行焊补主要是为修复裂纹和补偿磨损尺寸。由于钢的种类繁多，所含各种元素在焊补时都会发生一定的影响，因此可焊性差别很大。其中以含碳量的变化最为显著。低碳钢和低碳合金钢在焊补时发生淬硬的倾向较小，有良好的可焊性；随着含碳量的增加，可焊性降低；高碳钢和高碳合金钢在焊补后因温度降低，易发生淬硬倾向，并由于焊区氢气的渗入，使马氏体脆化，易形成裂纹。焊补前的热处理状态对焊补质量也有影响，含碳或合金元素很高的材料都需经热处理后才能使用，损坏后如不经退火就直接焊补比较困难，易产生裂纹。钢件的裂纹可分为焊缝金属在冷却时发生的热裂纹和近焊缝区母材上由于脆化发生的冷裂纹两类。

1. 低碳钢

它的焊接性能良好，不需要采取特殊的工艺措施。手工电弧焊一般选用 J42 型焊条即可获得满意的结果。若母材或焊条成分不合格、碳偏高或硫过高、或在低温条件下焊补刚度大的工件时，有可能出现裂纹，在这种情况下要注意选用优质焊条，如 J426、J427、J506、J507 等，同时采用合理的焊补工艺，必要时预热工件。在操作时注意引弧、运焊条、焊缝的起头和收尾。在确定工艺参数时要考虑电流、电压、焊条直径、电源种类和极性、焊补速度等，避免缺陷的产生。气焊时一般选用与被焊金属相近的材料作为焊补材料，不用气焊粉。操作时注意火焰的选用及调整；点火和熄火；焊补顺序；操作方法等，防止缺陷产生。

2. 中碳钢

中碳钢焊补的主要困难是在焊缝内，特别是弧坑处非常容易产生热裂纹。其主要原因是在焊缝中碳和硫的含量偏高，特别是硫的存在。结晶时产生的低熔点硫化铁常以液态或半液态存在于晶间层中形成极脆弱的夹层，一旦收缩即引起裂纹。在焊缝处，尤其是在近焊缝区的母材上还会出现冷裂纹。它是在焊后冷却到 300℃ 左右或更低的温度时出现，有的甚至在冷却后经过若干时间后产生的。其主要原因是钢的含碳量增高后，淬火倾向也相应增大，母材近焊缝区受热的影响，加热和冷却速度都大，结果产生低塑性的淬硬组织。另外，焊缝及热影响区的含氢量随焊缝的冷却而向热区扩散，那里的淬硬组织由于氢的作用而碳化，即因收缩应力而导致裂纹产生。

这有一种是热应力裂纹，产生的部位经常在大刚度焊件的薄弱断面上，例如厚板坡口中的第一、二道焊缝、定位焊缝或母材减薄处，产生的时间是在冷却过程中。造成裂纹的原因是焊补区的刚性过大，使其不能自由收缩，产生巨大的焊补应力，焊件薄弱断面因承受不了而开裂。

预热是防止焊补中碳钢工件产生裂纹的主要措施，尤其是工件刚度较大，预热有利于降低热影响区的最高硬度，防止冷裂纹和热应力裂纹，改善接头塑性，减少焊后残余应力。通常，35 和 45 钢的预热温度为 150～200℃，最好整体预热。其次，要根据钢件的工作条件和性能要求选用合适的焊条，尽可能选用抗裂性能较强的碱性低氢型焊条，特殊情况也可用铬镍不锈钢焊条。第三，设法减少母材熔入焊缝金属中的比例，采用 V 形坡口，第一层焊缝用小电流、慢焊速，注意母材熔透，避免产生夹渣和未熔合等缺陷。第四，避免焊补区受热过大和焊补区与焊件整体之间产生过大的温差。第五，焊后尽可能缓慢冷却，并进行低温回火，在电炉或其它密封炉内 150～200℃ 的温度下保温 2～4h，随炉冷却，消除部分焊补应力。

3. 高碳钢

这类钢的焊接特点与中碳钢基本相似。由于含碳量更高，焊后硬化和裂纹倾向更大，可焊性更差，因此焊补时对焊条的要求更高。一般的选用 J506 或 J507；要求高的选用 J607 或 J707。必须进行预热，且温度不低于 350℃。为防止产生缺陷，尽量减少母材的熔化，用小电流慢速度施焊。焊后要进行热处理。

二、堆焊

堆焊是焊接工艺方法的一种特殊应用。它的目的不是形成接头焊缝，而是在零件表面上堆敷一层金属，得到一定尺寸，弥补基体上的损失，或赋于零件表面一定的特殊性能，比新件更耐磨、耐蚀，从而节约材料和资金，延长使用寿命。堆焊在机械设备维修中得到了广泛应用。

由于堆焊与焊接的任务不同，因此，在焊接材料的应用以及生产工艺上，均有它本身的特点。但是，作为焊接工艺方法的一种特殊应用，堆焊的物理实质、工艺原理、热过程以及冶金过程的基本规律和焊接并没有什么不同。绝大多数的熔焊方法均可用于堆焊。

堆焊的分类是以衍用焊接方法的分类为主，如气体火焰堆焊、电弧堆焊、等离子弧堆焊、电渣堆焊、激光堆焊等。在必要时，冠以堆焊材料的形态（粉末、丝材）、电极的熔化情况（熔化电极、不熔化电极）、保护介质（气体保护、自保护、熔渣保护）、自动化程度（手工、半自动、自动）等。目前应用最广的有手工电弧堆焊、氧—乙炔焰堆焊、振动堆焊、埋弧堆焊、等离子弧堆焊等。

堆焊的主要工艺特点是：1）堆焊层金属与基体金属有很好的结合强度，堆焊层金属具有很好的耐磨性和耐蚀性；2）堆焊形状复杂的零件时，对基体金属的热影响最小，防止焊件变形和产生其它缺陷；3）可以快速得到大厚度的堆焊层，生产率高。

堆焊材料主要有焊条、焊丝和堆焊合金粉末。按药皮的不同，焊条分为低氢型、钛钙型和石墨型。按主要用途不同，可分为不同硬度的常温堆焊焊条、常温高锰钢焊条、合金铸铁堆焊焊条、碳化钨堆焊焊条、钴基合金堆焊焊条等。焊丝主要有管状焊丝和硬质合金堆焊焊丝。合金粉末主要有高硬度、高耐磨的镍基、钴基、铁基合金粉末，以及高铬、高硅合金铸铁粉末等。关于它们的主要性能和用途可查阅有关手册和资料。

（一）手工堆焊

手工堆焊是利用电弧或氧—乙炔火焰产生的热量熔化基体金属和焊条，采用手工操作进行堆焊的方法。它适用于工件数量少，没有其它堆焊设备的条件下，或工件外形不规则、不利于机械化自动化堆焊的场合。这种方法不需要特殊设备，工艺简单，应用普遍；但合金元素烧损严重，劳动强度大、生产率低。

手工堆焊的操作技术与普通焊接基本相同。但需注意：要针对零件和堆焊材料的具体情况采用不同的工艺，才能获得满意的结果。

在工艺措施中要采取：

1）预热和缓冷。耐磨堆焊层一般都有较高的硬度，存在淬硬性，容易产生裂纹，为减少这种倾向，采取预热和缓冷是一个重要措施。预热温度对碳钢和低合金钢来说可按碳的质量分数考虑，表 8-6 列出工件碳的质量分数与预热温度的关系，可作为参考。当采用高硬度的合金铸铁堆焊焊条时，工件一般要求预热到 500～600℃。

2）耐磨堆焊使用的堆焊材料都含有较多的合金元素，堆焊时由于基体金属的熔化会冲淡堆焊材料中的合金元素的浓度，其冲淡程度用进入焊层中的基体金属与整个焊层的重量比表示，称为冲淡率。冲淡率增大，堆焊层的性能降低，所以在堆焊中应尽可能降低冲淡率。通常可用小电流、直流反极性、分散焊等措施，降低基体金属的熔深，减少基体金属的热输入，降低熔化程度；也可采用分层焊的方法。

表 8-6　工件碳的质量分数与预热温度的关系

材料种类	碳的质量分数（%）	预热温度/℃
碳钢和低合金钢	≤0.3	≤100
	≤0.4	≥100
	≤0.5	≥150
	≤0.7	≥200~250
	≤0.8	≥300~350
高合金钢		≥400
高锰钢		不预热
不锈钢		不预热

（二）自动堆焊

自动堆焊与手工堆焊的主要区别是引燃电弧、焊丝送进、焊炬和工件的相对移动等全部由机械自动进行，克服了手工堆焊生产率低、劳动强度大等主要缺点。

1. 振动堆焊

它是金属焊丝以一定频率和振幅振动的脉冲电弧焊，是特殊形式的自动堆焊。

（1）过程及特点　图 8-13 是振动堆焊过程示意图。

焊接电流从电源 1 的正极经焊嘴 2、焊丝 3、工件 13 和电感线圈 14 回到电源负极。焊丝从焊丝盘 5 经送丝轮 6 进入焊嘴，送丝轮由小电动机 7 驱动，焊嘴受交流电磁铁 4 和弹簧 9 的作用产生振动。为防止焊丝和焊嘴熔化粘上，焊嘴由少量冷却液冷却。为控制堆焊层的硬度和零件温度，设有喷液嘴 10 向焊层或零件上喷射冷却液。11 为水泵，12 为冷却液水箱，8 为上水箱。

工件 13 被夹持在具有普通车床结构的专用机床上，随机床主轴以不同的转速转动。焊丝等速下降、振动，并沿机床旋转轴线方向移动。因此堆焊出螺旋状的焊纹，修复轴类零件。

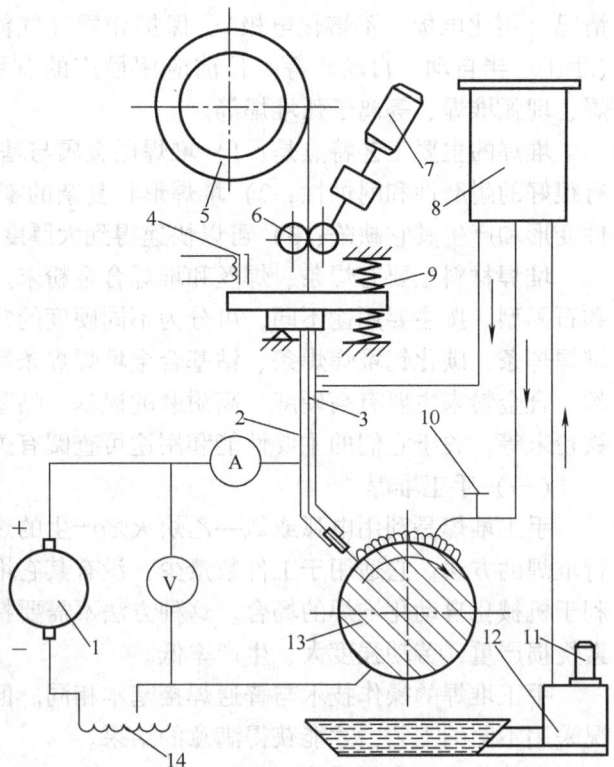

图 8-13　振动堆焊过程示意图

1—电源　2—焊嘴　3—焊丝　4—交流电磁铁　5—焊丝盘　6—送丝轮　7—小电动机　8—上水箱　9—弹簧　10—喷液嘴　11—水泵　12—冷却液水箱　13—工件　14—电感线圈

振动堆焊的实质是焊丝在送进的同时，按一定频率振动，造成焊丝与工件周期性地短路、放电，使焊丝在较低电压（约 12～20V）下熔化，并稳定均匀地堆焊到工件表面。由于焊丝是振动的，因此堆焊过程中的电弧是断续的，在电弧的每一断续循环过程中，焊丝相对工件的运动情况及相应的电压、电流是变化的。每一振动循环可分为：短路期、电弧期和空程期三个阶段，其时间的长短取决于堆焊参数，关键是电感，增加电感应量可延长电弧期，缩短空程期，最佳电感应量恰好消灭空程期，使振动循环中只有短路期和电弧期，有利于堆焊过程的稳定，改善焊层质量。

由于振动堆焊是采用细焊丝、低电压、小电流，焊丝振动能形成很小的金属焊滴，基体金属熔深浅，并且在堆焊过程中能对焊件进行适当的冷却，所以具有焊接温度低，工件焊后变形小，热影响范围小，堆焊层薄而均匀，硬度比较高，结合良好，不经热处理即可获得较高耐磨性，堆焊过程是自动进行的，生产效率高，成本低，操作简便，易于掌握等特点。

振动堆焊适用于修复金属工件磨损面，如内外圆柱表面、螺纹表面、锥面、球面、平面、键齿侧面等。它是目前修复磨损零件的主要方法之一。

为进一步提高堆焊质量，扩大应用范围，还可用水蒸气、二氧化碳等介质进行保护。

（2）设备　主要有以下几种。

1）电源　用来产生电弧和电感。常用的是硅整流器电源、可控硅整流电源、直流弧焊机改装、低压直流发电机改装等。

2）振动机头　用来均匀地送进焊丝和使它产生振动。常用的是电磁立式、机械立式、电磁卧式、机械卧式等。

3）堆焊机床　用来夹持工件，使它按需要的转速旋转，同时使振动机头沿轴向以一定速度移动。国产的有 ADZ-300 型、NU-300-1 型等，也可利用旧车床改装。

4）电器控制柜　由硅整流器、电感器和控制器等组成，用来启闭电源，调整电压和电流、控制主轴转速、送丝速度和机头的移动速度、调节振动电磁铁的绕组电压等。

5）冷却液供给装置　使工件具有一定硬度，保护焊嘴、对电弧区起一定保护作用。

6）水蒸气发生器　用水蒸气将电弧和熔池笼罩起来，防止氧和其它有害气体的侵入。

7）二氧化碳保护装置　用二氧化碳保护堆焊，有效地排除可能进入焊区的有害气体。

其中6）和7）两项附属装置只有为减少堆焊时出现气孔和防止有害杂质进入焊层才配备。

（3）工艺

1）焊前准备　包括零件表面去油除锈、擦净。必要时进行探伤检查，有疲劳裂纹的不能采用振动堆焊。若偏磨量大的或有喷涂层的零件，应先用机械加工方法清除和修整。对直径大于 60mm 的工件要预热，温度为 150～350℃。

根据焊件材质和堆焊层要求，选用合适的焊丝，一般用中碳钢丝，如 45 钢、50 钢；要求高的用 70 钢、65Mn 等。常用焊丝直径为 1.2～1.6mm。用 10% 碳酸钠水溶液清洗去油，把焊丝均匀地分层绕在焊丝盘上。

准备冷却液，并做到每工作 200～300h 更换一次。冷却液是 5% 碳酸钠和 0.5% 矿物油的水溶液。

2）施焊　主要是堆焊规范参数的选择。规范参数较多且互相影响，又有一定规律。堆焊采用具有平硬外特性的直流电源，反极性接法，即工件接负极，焊丝接正极。

工作电压为 14 ~ 18V。电压低，起焊困难，堆焊过程不稳定，易产生焊不透缺陷；电压高，起焊容易，基体金属熔化较透。

堆焊电流依据电源外特性、电压、焊丝直径与成分、送丝速度、电路中电阻值等的变化而确定，电流应稳定，摆动量为 ±10A。

电感应量一般为 0.2 ~ 0.7mH。

送丝速度要求适中，它与工作电压和电流有关。一般情况下，焊丝直径为 0.8 ~ 1.6mm，送丝速度为 1.5 ~ 2.0m/min。

堆焊速度是堆焊时工件回转的线速度，一般为 0.2 ~ 0.6m/min。在送丝速度不变的情况下，堆焊层厚度与工件转速成反比，工件转速按工件直径确定。

堆焊螺距一般按焊丝直径选择，即螺距为焊丝直径的 1.3 ~ 2.0 倍。

焊丝伸出焊嘴的长度，以不使金属粘住焊嘴为原则，一般为 8 ~ 12mm。

焊丝与工件的相对位置有水平角 α 和接触角 β，如图 8-14 所表示。一般 α 角取 75° ~ 90°，它影响结合强度，β 角一般取 40° ~ 75°，它影响堆焊过程的稳定和焊波成形。

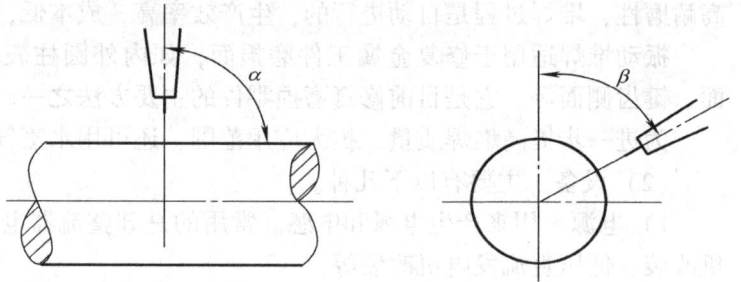

图 8-14　焊丝与工件的相对位置

此外，还应注意焊嘴的冷却、工件的冷却和工件焊后保温。

3）堆焊质量检查　要检查焊层厚度、平整性和弯曲度等，必要时应采取措施弥补。

4）焊后机械加工和检查。

2. 埋弧堆焊

它是在焊剂保护下的自动堆焊。

（1）过程及特点　图 8-15 是埋弧堆焊设备的示意图。

焊接电流从电源 6 的正极经焊丝导管 2、焊丝、工件 1 和电感器 7 回到电源负极，构成回路。焊剂由焊剂斗 5 漏向工件表面，焊丝由卷盘 3 送进。焊接过程中工件回转，焊丝导管 2 和焊剂斗 5 作轴向移动。

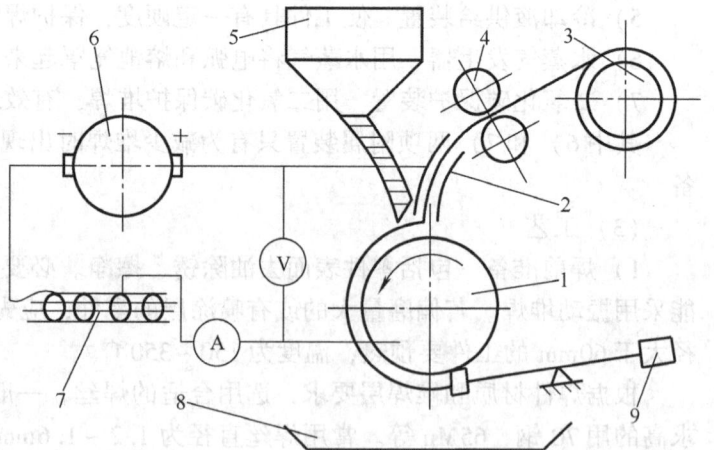

埋弧堆焊的电弧发生在焊剂层下。焊剂起着保护作用和合金化作用。当焊丝和焊件之间引燃电弧，电弧热使焊件、焊丝和焊剂熔化，并有部分蒸发。金属和焊剂的蒸发形成一个空腔，电弧就在空腔内燃烧，隔绝了大

图 8-15　埋弧堆焊设备示意图

1—工件　2—焊丝导管　3—焊丝卷盘　4—送丝机构　5—焊剂斗
6—电源　7—电感器　8—焊剂盘　9—除渣刀

气对电弧和熔池的影响，并防止了热量的迅速散失，使有碍操作的弧光辐射不再散射出来，使冶金过程比较完善。

埋弧堆焊的焊层质量好，这是熔渣的保护作用；焊层的化学成分和性能比较均匀，表面光洁平整，气孔夹渣较少；焊层力学性能好，耐磨性、疲劳强度均比振动堆焊好；埋弧堆焊生产率高，比手工堆焊提高 3～5 倍；由于电弧和熔融金属都在焊剂底下，减少了金属飞溅，消除了弧光对操作人员的有害影响，改善了劳动条件。但是，埋弧堆焊热量比较集中，热影响区大，熔深大，易引起零件变形；所用堆焊材料较贵，成本较高。

埋弧堆焊在零件修复中已获得了良好效果，不仅能修复一般零件，还可堆焊出具有优异性能的耐磨层。因埋弧堆焊是依靠颗粒状焊剂堆积形成保护条件，所以更适用于平焊或短粗大的零件。

（2）设备与材料　埋弧堆焊设备由电源、控制箱、焊丝送进机构、堆焊机床、行走机构及焊剂输送装置等组成。可将振动堆焊所用设备稍加改造即可用来进行埋弧堆焊，把焊丝的振动取消，适当地提高电源的工作电压，添置一个焊剂箱和焊嘴以及连接它们的管道即可。

堆焊材料主要指焊丝和焊剂，需根据对焊层的不同要求和有利于保证焊层质量进行正确选用。常用低碳钢丝、合金钢丝，如 H10Mn2、H08MnA、H08、H08A 等；相应使用的焊剂是 HJ130、HJ230、HJ430、HJ431 等。不锈钢要用不锈钢丝，焊剂是 HJ260；镍基合金则用镍基钢丝，焊剂是 HJ131。

（3）工艺　埋弧堆焊工艺与一般埋弧焊工艺基本相同。需注意的是要根据实际情况确定规范，并控制冲淡率和设法提高熔敷率。工艺参数主要有电流、电压、堆焊速度、送丝速度、堆焊螺距、焊丝直径、焊丝偏移量和伸出长度等。

降低冲淡率的方法有很多，例如增大焊丝直径和送丝速度，降低基体金属在焊缝中的含量；使焊丝倾斜约 45°，基体金属熔深可降低一半。

提高熔敷率的方法也有很多，例如多丝埋弧焊；预热焊丝埋弧焊；大幅度提高送丝速度都可以在不增加对母材的热输入情况下显著地提高焊丝熔化速度。

3. 等离子弧堆焊

它是利用等离子弧作为热源将填加金属熔化，使之与基体金属实现冶金结合的一种堆焊方法。

（1）过程及特点　等离子弧也叫压缩电弧，是通过对自由电弧压缩而得到的，由特别喷嘴产生。图 8-16 为等离子弧堆焊示意图。把制成圆形通道的圆筒形喷嘴 2 接正极，喷嘴中装有钨棒 3 接负极。在正负极之间加充惰性气体，例如氩、或氩和氮、或氩和氢。工作时接通焊接电源，在起弧装置作用下，正负极间产生电弧使惰性气体电离，电弧通过通道 5 时，由于喷嘴的机械效应、

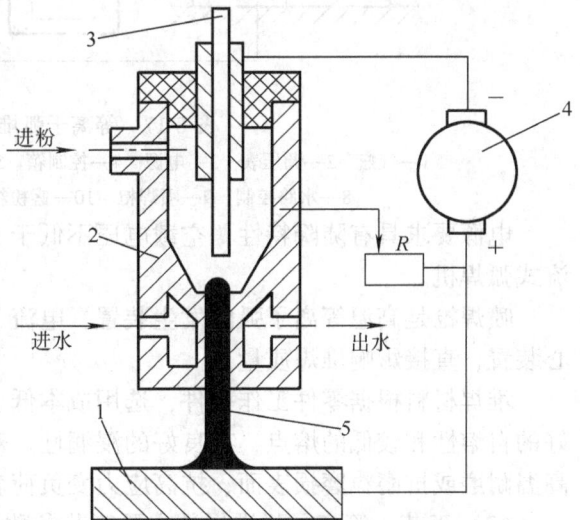

图 8-16　等离子弧堆焊示意图
1—工件　2—喷嘴　3—钨棒　4—电源　5—通道

热收缩效应和电磁收缩效应的压缩作用，使弧流径向收缩，电流密度增加，能量更为集中，

成为温度很高的等离子弧。

根据电极的不同接法，等离子弧有三种形式。第一种是非转移型等离子弧，又称等离子焰，它是在钨极和喷嘴内表面之间产生的，依靠从喷嘴喷出的等离子焰流来加热和熔化金属，温度不够高，能量也不太集中，多用于非金属材料的切割和金属喷涂；第二种是转移型等离子弧，它产生于钨极和工件之间，温度高，能量集中，多用于金属切割、堆焊；第三种是转移弧和非转移弧同时工作，具有二者的共同特征，多用于堆焊。

等离子弧堆焊热量集中、温度高，可堆焊高熔点的合金材料，如钨、碳化钨、陶瓷等；提高零件的耐磨、耐热、耐蚀性能；堆焊效率高；热影响区小，焊接变形小；等离子弧稳定性好，容易掌握，堆焊质量稳定；等离子弧具有好的可控性，适当改变工艺参数，可获得 0.35~4.0mm 的厚度均匀焊层。但设备复杂，投资大。

等离子弧堆焊主要用于焊修难熔、易氧化、热敏感性强的材料，如钼、钨、铬、镍、钛及其合金钢，耐热钢、不锈钢；也能焊修一般钢材和有色金属材料的零件。多用于磨损零件的堆焊。

（2）设备与材料 等离子弧堆焊设备由电源、控制箱、喷焊枪、送粉机构、供气、供水系统等组成，如图 8-17 所示。

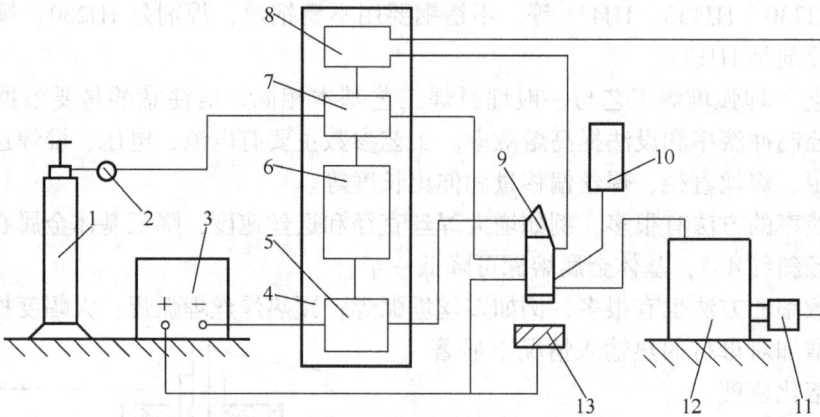

图 8-17 等离子弧堆焊设备组成示意图

1—气瓶 2—调压表 3—电源 4—控制箱 5—高频发生器 6—程序控制 7—气路控制
8—水路控制 9—喷焊枪 10—盛粉箱 11—水泵 12—水箱 13—工件

电源要求具有陡降特性，空载电压不低于 70V，常用的有普通旋转式直流弧焊机、硅整流式弧焊机。

喷焊枪是高温等离子弧的发生装置，电流、水流、气流、粉流都通过枪体，是设备的核心装置，直接影响堆焊质量。

堆焊材料根据零件工作条件，选用成本低、耐磨、耐蚀性能好的材料，要求粉末具有良好的自熔性和较低的熔点，有良好的浸润性。对于常温耐磨表面常用铁基或镍基合金；对于高温耐磨或抗磨粒磨损表面、抗高应力变负荷表面常用钴基合金。

（3）工艺 等离子弧堆焊的主要工艺参数是：

电压和电流，工作气、送粉气和保护气流量，堆焊速度和送粉量等。

其中电压与喷嘴通道比，钨棒与工件距离，以及电流大小有关。当上述参数一定时。

电压稳定在一定范围。

电流通常以熔池状况来选定，不能过大，也不能太小。

工作气流量一般取 $0.25 \sim 0.6 m^3/h$。它影响弧焰，使电弧不稳定。

送粉气流量一般为工作气流量的 $1 \sim 2$ 倍。

此外，焊前要处理，除油、锈、渗碳层、疲劳层，最好用机械加工获得规整的清洁表面。粉末使用前应烘干，粒度范围尽可能窄些。为避免堆焊层产生裂纹，工件焊前应预热，温度为 $500 \sim 550℃$。焊后立即放入干石棉中进行缓冷。

4. 宽带极堆焊

它是利用金属带作为填充材料的一种焊剂层下的堆焊方法。其过程类似于埋弧焊，所不同的是它用金属带而不是用金属丝作电极和填充材料；所用的焊带具有良好的导电性，带极的熔化主要靠电阻热，辅之以偶尔产生的电弧。从这一点看，宽带极堆焊更类似于电渣焊。目前，宽带极堆焊在化工、核电工业中应用于堆焊反应釜、交换器等大容器表面。

（三）堆焊后产生的缺陷及原因

堆焊后产生的主要缺陷及原因见表8-7。

表 8-7　堆焊后产生的主要缺陷及原因

缺　陷	原　　因
裂　纹	1. 焊丝和工件的含碳量过高，工件质量大； 2. 焊丝中的硫、磷含量太高，焊剂质量不好； 3. 堆焊速度和冷却速度太快，工艺不够规范； 4. 熔池保护不好； 5. 焊前预热和焊后缓冷不好，未采用过渡层焊法
气　孔	1. 焊丝和工件表面有锈和油污，工件表面有涂敷层； 2. 遇高温产生氢气和一氧化碳气体； 3. 冷却速度太快，气体来不及析出； 4. 熔池保护不好，有空气侵入，微粒或焊渣飞溅在工件表面，氧化物未完全熔化； 5. 焊嘴与零件夹角不正确
未焊透	1. 工作温度太低； 2. 焊速太快，焊接过程不稳定； 3. 断弧； 4. 焊层太厚； 5. 工件表面不洁净； 6. 电流小

三、喷焊

喷焊是在热喷涂基础上发展起来的。它将喷涂层再进行一次重熔过程处理，与基体表层材料达到熔融状态，进一步形成更紧密的冶金结合层，在零件表面获得一层类似堆焊性能的涂层。喷焊可以看成是合金喷涂和金属堆焊两种工艺的复合，它克服了热喷涂层结合强度低、硬度低等缺陷，同时使用高合金粉末之后可使喷焊层具有一系列特殊性能，这是一般堆焊所不易得到的。但是，喷焊又不同于堆焊，堆焊时基体的熔池较深且不规则，而喷焊基体表面的熔化层薄而均匀；喷焊与热喷涂又有所区别，喷涂时工件表面未熔化，而喷焊表面产生熔化的熔敷层。

喷焊不仅用来修复表面磨损的零件,当使用合金粉喷焊时,能使修复件比新件更耐磨,而且它还可用于新零件表面的强化、装饰等,使零件的使用性能更好,寿命更长。因此,喷焊日益受到设计、制造和维修部门的重视,得到较广泛的应用。

四、钎焊

钎焊是将熔点比基体金属低的材料作钎料,把它放在焊件连接处一同加热到高于钎料熔点而低于基体金属的熔点温度,利用熔化后的液态钎料润湿基体金属,填充接头间隙,并与基体金属产生扩散作用而把分离的两个焊件连接起来的一种焊接方法。

钎焊具有温度低,对焊接件组织和力学性能影响小,接头光滑平整,工艺简单,操作方便等优点。但是又有接头强度低,熔剂有腐蚀作用等缺点。

钎焊适用于焊接薄板、薄管、硬质合金刀头及焊修铸铁件,电器设备等。

钎焊根据钎料熔化温度的不同分为两类:①软钎焊,即钎料的熔点在450℃以下进行钎焊。也称低温钎焊,如锡焊等。常用的钎料是锡铅焊料。②硬钎焊,用熔点高于450℃的钎料进行钎焊。常用的钎料有铜锌、铜磷、银基、铝基等,尤以前两种应用最广。

钎焊按采用的热源不同又可分为火焰钎焊、炉中钎焊、高频钎焊等。

为焊接牢固,钎焊时必须要用熔剂(又称焊剂)。它的作用是熔解和清除零件钎焊部分表面的氧化物,保护钎焊表面不受氧化,改善液态钎料对焊件的润湿性。熔剂的选择应依基体金属的种类而定,选择不当会影响焊接质量。常用的熔剂有铝钎焊熔剂和银钎焊熔剂两类。软钎焊还可用松香或氯化锌等作熔剂。当用铜锌钎料时,也可用100%硼砂或50%硼砂加50%硼酸等作为熔剂。

最近,用锡铋合金钎焊机床导轨面的划伤和研伤取得了较好的技术经济效果。它是根据锡铋在常温下稳定、铋在熔融凝结后体积增大、加之锡铋合金熔点低、流动性好、焊条可自制,操作简便,硬度低于铸铁,焊缝可用刮刀修整等特点而获得广泛应用。现将有关问题简介如下:

1. 材料配制

把锡55%、铋45%按质量比分别秤取后一起放入铁制容器内加热到239~320℃,待完全熔融后迅速注入三角槽内,冷凝后便成为锡铋合金焊条。

焊剂配方按质量比,氯化锌12%,氯化亚铁21%,蒸馏水67%放入玻璃瓶内,用玻璃棒搅拌至完全溶解后即可使用。

2. 焊前准备

1)将待焊处用煤油初洗并用细砂布打光;

2)将划伤或研伤处用三角锉或刮刀加工出金属光泽,并用钢丝刷清除表面上的石墨粉,再用丙酮擦洗到保持原色为止;

3)用脱脂棉浸蘸1号铜镀液(硫酸铜75%、蒸馏水25%)反复涂擦需镀铜部位。接着用同样方法涂擦2号铜镀液(浓盐酸30%、锌4%、硫酸铜或氯化铜4%、蒸馏水62%)作为过渡层,厚度为0.02~0.05mm;

4)镀铜液自然凉干后,用铜丝刷除去镀层上异物,若镀层脱落应重镀;

5)将导轨施焊部位加热到34~42℃,避免火焰直接触及镀层,以防烧毁或氧化;

6)用锡铋合金焊条不断触及已加热到340~350℃的热烙铁,焊条熔化即停止加热。烙铁蘸上焊剂,同时在工件的镀铜层和焊条上用干净毛刷涂上焊剂。

3. 施焊操作

1）用热烙铁切下少量焊条涂于施焊部位，趁焊料熔化迅速在镀层上往复移动涂擦；

2）钎焊时，若因毛细管现象和气体不易排出而出现焊缝不平时，应在烙铁焊完后，用氧—乙炔还原焰火重新把已焊上去的焊料熔化和整平；

3）待焊料凝固后，用刮刀铲平，若有气孔，未焊处、未焊牢等缺陷，应补焊；

4）清理钎焊导轨面，并在焊缝上涂敷一层机油防腐蚀。

综上所述，可见焊修在机械设备维修中应用十分广泛。焊修能修复零件的各种缺陷，各种金属材料都可焊修；焊修的设备简单；操作容易；能在任何场合下工作；焊修的结合强度高；质量好；效率高；成本低；灵活性大；能节约大量金属材料。尽管焊修要求较高的技术水平，容易产生气孔、夹渣、裂纹等缺陷，热影响区大，基体金属的组织结构和性质改变，但是，随着焊接技术的发展和采取相应的工艺措施，大部分都是可以克服和避免的。

第六节 电镀与刷镀

电镀是在直流电场作用下，利用电解原理，使金属或合金沉积在零件表面上，形成均匀、致密、结合力强的金属镀层的过程。

电镀不仅可以恢复磨损零件的尺寸，而且还能改善零件的表面性质，提高耐磨性、防腐能力，形成装饰性镀层，以及特殊用途，如防止渗碳用的镀铜、防止氮化用的镀锡、提高表面导电性的镀银等。有些电镀还可改善润滑条件。因此，电镀是修复零件的最有效方法之一，应用十分广泛。

刷镀则是在电镀基础上发展起来的修复新技术。它比传统的电镀有其显著的特点。过去曾用涂镀、快速电镀、无槽电镀、擦镀等名称，按国家标准称为刷镀。随着刷镀技术的迅速发展，其应用范围逐渐扩大，成为机械设备维修领域的一项新的修复技术。

一、电镀

（一）概述

1. 基本原理

图 8-18 为电镀基本原理示意图。在装有电解液的镀槽中，悬挂着阴极和阳极，当电流通过电解液时，就发生电解过程。

镀槽中的电解液，除镀铬采用铬酸溶液外，一般都用所要镀复金属的盐类水溶液。镀槽中的阴极为电镀的零件，接直流电源负极。阳极为与镀层材料相同的极板（镀铬除外），接电源正极。将电源接通，在电场力的作用下，带正电荷的阳离子向阴极方向移动；带负电荷的阴离子向阳极方向移动。

电解液中的阳离子，主要是所需镀复的金属离子和氢离子，金属离子在阴极表面得到电子，生成金属原子，并覆盖在阴极表面上。同时氢离子也从

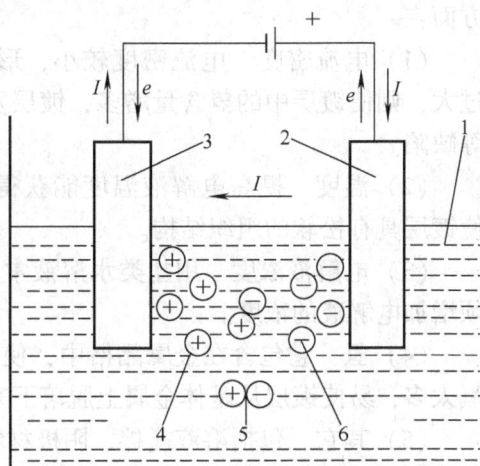

图 8-18 电镀基本原理示意图
1—电解液 2—阳极 3—阴极 4—正离子
5—未电离的分子 6—负离子

阴极表面得到电子，生成氢原子，一部分进入零件镀层，另一部分逸出镀槽。这种反应称为阴极的电极反应。

2. 主要参数

(1) 电镀时间 t (h) 按下式计算

$$t = \frac{1000\gamma\delta}{JC\eta}$$ (8-1)

式中　γ——镀层金属的密度（g/cm^2）；

　　　δ——镀层厚度（mm）；

　　　J——电流密度（A/dm^2）；

　　　C——电化当量〔$g/$（$A \cdot h$）〕；

　　　η——电流效率（镀铬为 13% ~ 18%，镀铁 80% ~ 90%，镀铜 70% ~ 95%）。

(2) 理论沉积量 M (g) 由法拉第定律求得

$$M = CIt$$ (8-2)

式中　I——电流（A）。

(3) 实际沉积量 M' (g)

$$M' = CIt\eta$$ (8-3)

(4) 沉积速度 U 是指单位时间内镀层厚度（mm/h）

$$U = \frac{d}{t}$$ (8-4)

式中　d——电镀层厚度（mm）。

3. 影响镀层质量的基本因素

镀层的质量由两方面评定，一是镀层与基体金属的结合牢固程度，无起皮、脱落现象；二是镀层表面不得有针孔、麻点、疏松、斑痕和毛刺等缺陷。影响质量的因素主要有以下几方面：

(1) 电流密度　电流密度较小，形成粗结晶的镀层；反之形成细小晶粒的组织结构；过大，则使镀层中的氢含量增多，镀层发脆，硬度过高，甚至形成镀焦、脆性的疱瘤状镀层等缺陷。

(2) 温度　提高电解液温度能获得粗晶粒结构，能降低氢的过电压，氢气易于析出，使镀层具有松软的组织结构。

(3) 电解液浓度　用盐类水溶液常形成粗大晶粒的镀层。要获得细小晶粒的镀层，必须增加电解液的浓度。

(4) 氢　它包含在金属晶格中，使晶格扭曲，产生内应力，镀层变硬发脆。当镀层夹氢太多，易使镀层从基体金属上脱落下来。

(5) 其它　包括溶液搅拌、阴极材料、溶液的酸度 pH 值以及杂质等。

4. 主要设备

电镀的主要设备包括：电源，有专供电镀用的低压直流发电机组、硅整流器、硒整流器、氧化铜整流器等；电镀槽，含外镀槽、衬槽、水套、电热器等；干燥处理设备；清洗抛光设备；挂具等。

5. 工艺过程

（1）镀前准备　包括镀前磨削和抛光、除油、除锈、表面绝缘、安装挂具、清洗、表面活性处理等。

（2）电镀过程　主要是选择合适的电镀规范；预热溶液；对零件进行刻蚀处理；采用高电流密度作短时间的冲击猛镀；按规范进行正常电镀。

（3）镀后处理　包括清洗镀件；回收溶液；清水冲洗；拆下零件；除去绝缘；干燥处理；质量检查；磨削和抛光等。

（二）镀铜

铜的镀层与基体金属的结合能力很强，不需要进行复杂的镀前准备，在室温和很小的电流密度下即可进行，操作很方便。

镀铜在维修中常用于以下方面：恢复过盈配合的表面，如滚动轴承、铜套、轴瓦、缸套外圈的加大；改善间隙配合件的摩擦表面，提高磨合质量，如缸套和齿轮镀铜；对紧固件起防松作用，如在螺母上镀铜可不用弹簧垫圈或开尾销；零件渗碳处理前，对不需渗碳部分镀铜作防护层；在钢铁零件镀铬、镀镍之前常用镀铜作底层；作防腐保护层等。

按镀液的成分不同，镀铜可分为酸性和碱性两种：酸性镀铜的镀液是硫酸铜和硫酸，其成分简单、价格便宜、电流效率高、镀得快，但铁的化学性质比铜活泼，铜容易在化学置换作用下沉积在零件上，疏松而结合强度差；碱性镀铜的镀液过去常用氰化物，因它价高且有剧毒，目前都用硫酸铜、焦磷酸盐和磷酸氢二钠。碱性镀铜与基体金属结合好，无置换现象，但生产率不如酸性镀铜，可用它作底层，酸性镀铜镀厚层。

（三）镀铁

镀铁又称镀钢。按电解液的温度分为高温镀铁和低温镀铁。在 90～100℃ 温度下进行镀铁，使用直流电源的称高温镀铁。这种方法获得的镀层硬度不高，且与基体结合不可靠；在 40～50℃ 常温下进行镀铁，采用不对称交流电源的叫低温镀铁。它解决了常温下镀层与基体结合的强度问题，镀层的力学性能较好，工艺简单，操作方便，在修复和强化机械零件方面可取代高温镀铁，并已得到广泛应用。

1. 工艺特点

1）镀层与基体金属有较高的结合强度和较高的硬度、耐磨性好。

2）电流效率高，沉积速度快，一次镀厚能力强，可达 1.0～1.5mm。

3）原料来源广，成本低，经济效益显著。

4）电解液温度低，毒性小，有利于工人操作和环境保护。

2. 电源和电解液

（1）电源

1）不对称交流电—直流电　它是用不对称交流电起镀，然后平滑地过渡到直流电镀铁，目前应用较广，但专用电源价格较高；

2）直流电　即用普通电源，小电流起镀，逐渐过渡到正常电流进行镀铁，操作简化，便于掌握和应用；

3）特殊波形电流　它是在一般电源上再串联一特殊波形调制器或使用交流和直流电叠加而得到特殊波形电流的特殊电源，使用这种电源镀铁，镀层质量好，是一种很有发展前途的工艺。

（2）电解液　这是进行电镀的媒介。目前使用较多的是单盐电解液。

1）低碳钢和盐酸　用含杂质少的低碳钢屑或铁板与盐酸溶液配制，用蒸馏水或经过其它方法处理的水。

2）三氯化铁和盐酸　用还原三氯化铁的方法配制。

3）氯化亚铁和盐酸　用工业用氯化亚铁和盐酸直接配制。这种电解液配制方法简单，配制过程较快、成本较高。

用上述方法配制的电解液需通电处理，使电解液中的 Fe^{3+} 还原为 Fe^{2+}。为改善氯化亚铁电解液的性能，经处理后还要加入添加剂。处理好的标志是：溶液呈草绿色，清彻透明，使阴极上的毛刺呈球形，且坚实发亮。

3. 镀铁工艺

镀铁工艺一般分为：

（1）镀前准备　主要包括零件检查、清洗、镀前机械加工、装挂、绝缘、除油、除锈、冲洗等。

零件清洗是用 10%～15% 苛性钠溶液煮 10～20min 后用清水冲净。镀前机械加工用磨削，去除被镀表面磨痕，消除形状误差，表面粗糙度 R_a 不大于 $0.8\mu m$。零件不镀的部位应用聚乙烯塑料带或薄膜绝缘。

（2）表面活化处理　它是将零件表面的氧化膜清除，使基体金属露出洁净的微观组织。铁离子在这种充分活化的表面上放电沉积，才能具有高的结合强度。表面活化质量的好坏是保证镀层与基体结合强度的关键之一。

目前，镀铁表面活化处理的方法有多种，常用的有阳极刻蚀、盐酸浸蚀和交流活化等。

阳极刻蚀是在 30% 的硫酸溶液中，以欲镀零件为阳极，铅板作阴极，阴极面积是阳极面积的 3～4 倍，通以直流电进行处理。由于电解和大量氧气泡的冲刷作用，使工件露出粗糙的洁净表面，同时又在表面生成一层很薄且致密的钝化膜，使它不再被氧化。镀铁时，在镀槽中去除钝化膜后再行起镀。目前，阳极刻蚀规范有一步法和两步法两种，通常对未淬火钢、铸钢零件用一步法；合金钢、淬火钢等用两步法。一步法的电流密度为 20～60A/dm^2，时间 2～3min；二步法中的第一步电流密度为 8～10A/dm^2，时间 8～10min；第二步电流密度是 60～70A/dm^2，时间 0.5～1.0min。阳极刻蚀是目前应用最多、结合强度最高的一种活化方法，它操作简单，但劳动强度大，易将硫酸带入镀槽中而污染电解液。

盐酸浸蚀是在室温下将零件浸入 15%～30% 的工业盐酸中 1～3min，利用盐酸对铁的氧化物溶解快的特点，把零件表面的氧化物溶解和剥离。这种活化方法操作简单，易于掌握，既减轻了劳动强度，又避免了硫酸的带入而造成对电解液的污染。但因和空气接触，表面被钝化，盐酸腐蚀，表面吸附较多氢气，使结合强度降低。

交流活化是将零件先在 15%～30% 的盐酸中腐蚀 1～3min，取出冲洗干净后入槽，然后通对称交流电，处理 2～6min，即开始起镀。这种方法克服了盐酸浸蚀的缺点，也不会将硫酸带入镀槽，结合强度较高。

在实际生产中，电镀大型复杂零件和合金钢零件，有时先在镀槽中进行交流活化，然后再刻蚀，以便得到镀层与基体的良好结合。

（3）镀铁　分为不对称交流电—直流电镀铁；直流电流镀铁；特殊波形电流镀铁 3 种工艺。当零件经过表面电化学处理后应立刻进行起镀和过渡镀，然后施镀，在此过程中一定要遵守镀铁工艺规范。

（4）镀后处理　包括清水冲洗、在碱液里中和、除氢处理、冲洗、拆挂具，彻底清除绝缘涂料和机械加工等。

镀铁常见的缺陷特征、产生原因及排除方法见表8-8。

表8-8　镀铁常见的缺陷特征、产生原因及排除方法

缺陷特征	产 生 原 因	排 除 方 法
镀层与基体结合强度差、镀层剥落	1. 零件除油不净 2. 电解液中含硫酸、铜、铬等杂质 3. 阳极刻蚀或浸蚀不当 4. 起镀电流密度太大 5. 起镀温度过低 6. 酸度过高	1. 加强除油工序 2. 清除杂质 3. 注意选择刻蚀或浸蚀规范 4. 起镀电流密度应控制在 $1 \sim 2A/dm^2$ 5. 起镀温度最少应在30℃以上 6. 调节 pH 值为 1.5 ± 0.2
镀层表面粗糙，有针孔、麻点	1. 酸度过低 2. 电解液太脏、碳质太多 3. 电流密度过大 4. 电解液中有有机物	1. 调整 pH 值 2. 对电解液处理、提纯 3. 降低电流密度 4. 用活性碳吸附排除
镀层成层状，厚度不均匀	1. 电流中断 2. 电镀时，酸度剧烈变化 3. 阳极分布不正确，阴、阳极间距不均匀 4. 电解液上下温差大	1. 避免中断电流 2. 避免酸度变化，加酸化水 3. 装挂具时均匀布置阳极 4. 搅拌电解液，减小温差
镀层破裂和卷起	1. 酸度过高或过低 2. 电流密度过高 3. 温度过低 4. 电解液老化，有杂质 5. 镀件表面处理不净	1. 调整 pH 值 2. 降低电流密度 3. 提高温度在 $30 \sim 50℃$ 4. 更换和提纯电解液 5. 加强镀件的镀前处理
沉积速度低	1. 漏电、绝缘不良、无效性消耗大 2. 挂具截面积小或接触不良 3. 电流密度过小 4. 零件有棱角，造成尖端放电	1. 注意检查，消除漏电 2. 注意挂具设计，减小接触电阻 3. 适当调整 4. 消除尖角
硬度低	1. 表面光滑平整时为电解液含铝、锡 2. 表面粗糙时为 pH 值过低或温度过高	通电处理并检查调整

（四）镀铬

镀铬是用电解法修复零件的最有效方法之一。它不仅可修复磨损表面的尺寸，而且在相当大的程度上能改善零件的质量，特别是提高表面耐磨性。

1. 特点及种类

1）镀铬层的化学稳定性好，摩擦因数小，硬度高达 $400 \sim 1200HV$，比零件淬火层还硬，有较高的耐磨性。

2）通过调节控制电解规范可得到不同性质的镀铬层，镀层与基体金属结合强度高，甚至高于它自身晶间的结合强度。

3）镀铬层有较好的耐热性，在480℃以下不变色，500℃以上开始氧化，700℃时硬度才显著下降，镀铬过程不会使零件产生内应力和变形，铬层能在较高温度下工作。

4）抗腐蚀能力强，铬层与有机酸、硫、硫化物、稀硫酸、硝酸、碳酸盐或碱等均不起作用，能长期保持其光泽，使外表美观。

5）镀铬层性脆，不宜承受分布不均匀的载荷，不能抗冲击。当镀层厚度超过 0.5mm 时，结合强度和疲劳强度降低，不宜修复磨损量较大的零件。

6）沉积效率低，润滑性能不好，工艺较复杂，成本高，一般不重要的零件不宜采用。

镀铬层的种类、特点和应用见表 8-9。

表 8-9　镀铬层的种类，特点及应用

种类		特点	应用
硬质镀铬	乳白色铬层	在高温和低电流密度时获得。镀层结晶细密、无裂纹、硬度较低，但韧性好，耐磨性好，颜色呈乳白色，耐蚀性好	适用于承受冲击载荷和大的单位面积压力的零件，防腐装饰性镀铬
	无光泽铬层	在较低温度和较高电流密度下获得。具有网状裂纹，结晶粗大，硬而脆，耐磨性差，表面粗糙，颜色灰暗	由于脆性太大，很少使用，只用于某些工具、刀具的镀铬
	光泽铬层	在中等温度和电流密度下获得。结晶细致，有密集的网状裂纹，硬度较高，韧性较好，耐磨性好，表面光亮	作为修复过盈配合件表面，往复运动的零件和承受较大载荷的零件，或作一般装饰性镀铬
多孔镀铬	点状铬层	在阳极腐蚀无光泽或无光泽铬和光泽铬的过渡铬层时获得。腐蚀表面呈凹坑状剥落（点状），硬度较低，储油性能好，易磨合	用于承受交变载荷，重载荷，高温，需要好的润滑，易于磨合，气密性要求较高的场合，如活塞环、压缩环
	沟状铬层	在阳极腐蚀光泽铬或光泽铬和乳白色铬的过渡铬层时获得。腐蚀裂纹呈沟状，硬度高，储油能力强	用于润滑条件较差，较重载荷下工作，需抗磨损的零件，如发动机缸套

2. 主要设备和电解液

（1）主要设备　包括电源，要求输出电压 6～15V 可调直流电源，输出电流依设备容量大小而不同。整流电源多为硅整流器或交流电动机—直流发电机组；时间控制装置，控制通电时间，常用人工计时，也有用时间继电器；镀槽，容纳电解液，依被镀零件的体积和生产批量决定，一般长、宽、高的比例为10：6：7，根据电解液的性质和工作条件，常用瓷槽、铁槽、塑料槽、衬铅槽等，镀槽要有通电、加热及抽气装置；加热装置；温度控制装置；抽气通风装置；汇流排、极杠及挂具等。

（2）电解液　普通镀铬溶液是使用最广泛的溶液，它是用铬酐（三氧化铬）和硫酸的水溶液作电解液，阳极用不溶解的铅，金属离子完全来自铬酐。此外，用硫酸和氟硅酸作催化剂的镀铬溶液称复合镀铬溶液；还有用硫酸锶和氟硅酸钾作催化剂，浓度能自动调节的自动调节镀铬溶液。普通镀铬溶液需要控制的最关键因素是铬酐和硫酸的质量比，它对镀铬的质量影响很大。

3. 镀铬工艺

（1）一般工艺　包括：1）镀前准备，进行机械加工；绝缘处理，采用护屏；除去油脂和氧化皮；进行刻蚀处理。2）装挂具吊入镀槽进行电镀，根据镀铬层要求选定镀铬规范，按时间控制镀层厚度。3）镀后加工及处理，镀后首先检查镀层质量，测量镀后尺寸。不合格时，用酸洗或反极退镀，重新电镀。通常镀后要进行磨削加工。镀层薄时，可直接镀到尺寸要求。对镀层厚度超过 0.1mm 的重要零件应进行热处理，以提高镀层韧性和结合强度。

（2）新工艺　镀铬的一般工艺虽得到了广泛应用，但因电流效率低、沉积速度慢、工作稳定性差、生产周期长、需经常分析和校正电解液等缺点，所以必须研究新的镀铬工艺。

1）快速镀铬　通过改变电解液的成分，加大电流密度可得到快速镀铬。一种是用比标准浓度低得多的铬酐浓度镀铬，即低铬镀铬，它的电流效率较高，电解液稳定，镀层晶粒细密、光亮、结合强度高，硬度也高；另一种是复合镀铬，它向电解液中加入某些阴离子或金属盐，提高电流效率、铬层质量、减少气孔；再一种是铬酐和硫酸用量之比为 200：1 时，再加入 5g/L 的氟硅酸，制成阴极电流效率较高的快速镀铬溶液，收到了较好的效果。

2）无槽镀铬　它是在辅助容器内或零件本身中空部位中注入少量流动的电解液进行电镀，适用于大轮廓的零件镀铬。

3）喷流镀铬　用电解液喷流来进行电镀，它可减少零件的绝缘工作，随时检查镀层质量。

4）三价铬镀铬　它是以氯化铬为主盐的电解液，还含有氯化铵、氯化钠、硼酸、二甲基甲酰胺等材料，采用石墨作阳极。三价铬镀铬的最大优点是毒性小、无有害气体产生，均镀能力较强，工艺简单，无特殊要求，不受电流中断的影响，耐腐蚀性能也比六价铬好。但是经济性不好、镀层不厚，只能在 3μm 以下，仅适于装饰性镀铬，还不能用于硬质镀铬。

5）快速自调镀铬　它是用有限溶解盐硫酸锶 $SrSO_4$ 和氟硅酸钾 K_2SiF_6 代替硫酸，加入铬酸溶液而配成自动调节电解液，解决普通硫酸镀铬的缺点。快速自调镀铬规范推荐如下：铬酐 $CrO_3$250g/L；硫酸锶 $SrSO_4$7.5g/L；氟硅酸钾 $K_2SiF_6$20g/L；蒸馏水 H_2O1L；温度 55～65℃；电流密度 30～100A/dm²。这种新工艺的优点是：生产率高；电流效率可达 17%～24%；镀层厚达 1mm 或更大，物理力学性能仍很高；电解液成分改变，电流密度和温度有很大波动，仍能获得高质量的镀铬层；成本低。

4. 镀铬常见的缺陷特征　产生原因及排除方法见表8-10。

见表8-10。

表 8-10　镀铬常见的缺陷特征、产生原因及排除方法

缺陷特征	产　生　原　因	排　除　方　法
镀层粗糙并有颗粒	1. 在一定温度下电流密度过大 2. 未装保护阴极或装置不当 3. 阳极与阴极距离太近 4. 电解液中有杂质 5. 电解液中硫酸含量低	1. 调节电流与温度相适应 2. 正确装置保护阴极 3. 适当增大它们之间距离 4. 搅拌后静止一段时间或过滤 5. 分析调整，补加适量硫酸
镀层剥落	1. 镀前处理不严格 2. 镀件进槽预热时间短 3. 镀铬中途加冷水 4. 中途断电后再次通电时电流过大 5. 电流和温度剧烈变化 6. 工件带有尖角产生较大应力 7. 镀件反复次数过多，未除氢	1. 彻底去除油污和氧化皮 2. 延长预热时间 3. 镀前应补足水量 4. 电流由小到大逐步过渡到正常值 5. 严格控制规范 6. 尽量倒圆角或装置保护阴极 7. 除氢处理

(续)

缺陷特征	产 生 原 因	排 除 方 法
局部无镀层	1. 装挂不当，阻碍气体排出 2. 阳极板导电不良 3. 需镀部位被遮挡 4. 电流太小 5. 工件有凹坑及小孔	1. 调整装挂位置 2. 检查并清理阳极板 3. 调整工件排列顺序 4. 适当增大电流 5. 用铅或其它绝缘物填平
镀层发暗	1. 在一定电流密度下，温度过低 2. 硫酸含量低 3. 三价铬含量过高 4. 内孔镀铬温度过高	1. 提高温度与电流相适应 2. 补足硫酸至规定范围 3. 通电处理 4. 应取温度下限
镀层有针孔或麻斑	1. 工件表面有锈坑 2. 气体滞留在工件上 3. 铸铁件含碳量过高 4. 硫酸含量低	1. 抛光或机械加工除去 2. 调整工件悬挂位置，抖动工件 3. 精车后立即电镀 4. 补加硫酸至规定范围
沉积速度低	1. 电流太小 2. 阴阳极距离太小 3. 铬酐与硫酸含量过高 4. 三价铬含量过低 5. 镀液污染	1. 增大电流 2. 适当调整距离 3. 调整浓度 4. 通电处理校正 5. 过滤后调整成分
镀层厚度不均匀	1. 阳极导电不良 2. 阳极长度与镀铬面不适当 3. 保护阴极不适当 4. 气体不能自由排出 5. 两极相对部位间距不一致	1. 消除阳极上黄色氧化物 2. 合理选用阳极长度 3. 正确装置 4. 在挂具、绝缘块上应钻些孔眼 5. 认真放置，使两极各部位距离一致

（五）其它电镀方法

1. 复合电镀

将均匀悬浮在镀液中的纤维或粒状非金属、金属材料，在制件表面共沉积而得到的复合材料的电镀称复合电镀，其镀层为复合镀层。复合镀层具有优良的耐磨性；加有减摩性微粒（尼龙）的复合镀层有良好的减摩性；与聚四氟乙烯等颗粒共沉积的复合镀层具有良好的润滑性。它们已在修复和强化零件上得到了广泛应用。复合电镀的技术关键是选择材料、颗粒物的添加方式和搅拌。

2. 化学镀镍

这是一种不需通电，利用强还原剂次亚磷酸钠在镍盐溶液中将镍离子还原成金属镍，在钢、铜、镍和铝制零件上形成一厚度均匀、由镍和磷组成的镀层。化学镀镍的镀层厚度均匀、与基体结合力强、覆盖性能好、耐磨性和耐蚀性强，具有较高的硬度，比电镀镍层有较高的化学稳定性，孔隙率较电镀镍少，有光亮的外观。化学镀镍层虽有较优越的物理力学性能，可在许多非金属材料上沉积镀层，但因成本较高、沉积速度低、镀液维护较困难，所以在一般机械设备上只用作一些精密零件的防腐、抗磨的覆盖层。

3. 脉冲电镀

它是利用脉冲整流器作为电源转换为镀槽电流，按规定的时间间隔接通和切断电源。如此反复循环，使电流用于金属离子的还原，得到一个致密的细晶粒的沉积层。脉冲电镀孔隙率较低，结合强度较高，分散能力较好，沉积速度快，韧性和耐磨性好，主要用于镀金、银、镍、铜。

4. 周期转向镀

这是电流方向周期性变化的电镀。电镀过程中采用换向，让零件进行阳极处理的时间小于在阴极沉积的时间，周期性地反复进行，使金属阴极沉积与溶解交替。

5. 摩擦电喷镀

它是金属电沉积与机械摩擦同时进行的一种新技术。它使用体积小、功率大、能满足大电流密度要求的专门的脉冲电源和独特的阳极。电镀时，特殊的高浓度溶液以一定流量、压力连续地被喷射到阴阳极之间。同时，固定在阳极上的摩擦器以一定的压力在阴极上作相对运动，对镀层进行摩擦，使之既具有机械活化作用，又限制了部分晶粒在垂直方向上的过快增长。这样便于去除镀层表面的浮层和粗晶粒层，改善了电沉积过程，使镀层组织更加致密，晶粒更加细化，性能得以提高。摩擦电喷镀具有优质、高效、低耗和易于实现工艺过程自动化等优点，摩擦器与阳极做成一体，灵巧方便。

二、刷镀

（一）概述

1. 原理

刷镀和电镀的金属沉积原理基本相同，只不过所用的阳极和电解液输送形式不同。

刷镀是使用不同形式的镀笔和阳极、专门研制的刷镀液、以及专用的直流电源进行，如图8-19所示。

工作时，电源的负极与被镀工件1相联，刷镀笔5接正极，刷镀笔上的阳极（石墨材料）包裹着有机吸水材料（如用脱脂棉或涤纶、棉套或人造毛套等），称阳极包套4，浸蘸或浇注专用刷镀液3，与待镀工件表面接触，并擦拭或涂抹作相对运动。刷镀笔和工件接上电源正负极后，镀液中的金属离子在电场力的作用下向工件表面迁移，不断还原并以原

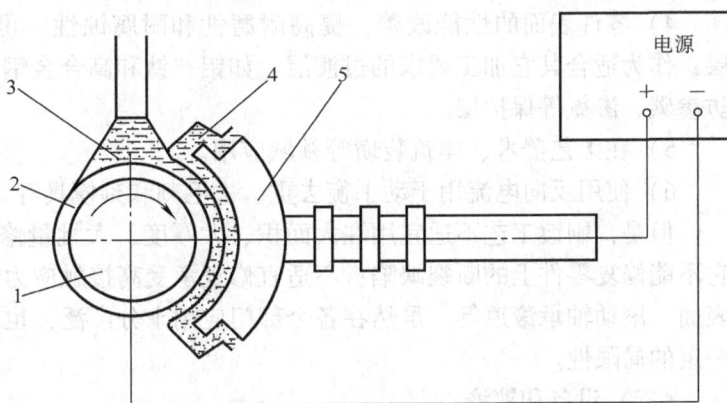

图8-19　刷镀工作原理图

1—工件　2—刷镀层　3—刷镀液　4—阳极包套　5—刷镀笔

子状态沉积在工件表面上，从而形成镀层。随着时间的延长和通过电量的增加，镀层逐渐增厚，直至达到需要的厚度。镀层厚度由专用的刷镀电源控制，镀层种类由刷镀液品种决定。

2. 特点

刷镀区别于电镀的最大工艺特点是镀笔与工件必须保持一定的相对运动速度。

1）刷镀在低温下进行，基体金属性质几乎不受影响，热处理效果不会改变；镀层具有

良好的力学和化学性能，它与基体金属结合强度高于常规的电镀和热喷涂；对于铝、铜、铸铁和高合金钢等难以焊接的金属，以及淬硬、渗碳、渗氮等热处理层也可刷镀，不需附加随后的热处理。

2）工艺适用范围大，同一套设备可以镀不同的金属镀层，也可以由同一种金属获得不同性能的镀层，达到沉积速度快、致密性好、电导率高、内应力小、耐磨性好、镀层光亮或吸水性好等目的。

3）设备轻便简单，工艺灵活，不需镀槽，工件尺寸不受限制，不拆卸解体就可在现场刷镀修复，操作简便，一般技工经短期培训即可掌握，镀液不需经常或定期化验及调整成分。

4）经济效益好，镀层厚度可控制在 ±0.01mm，适于修复精密零件。对大型工件和贵重金属零件以及加工工艺复杂的工件尤有价值。刷镀后一般不需要再进行机械加工，修复时间短，维修成本低。

5）操作安全，对环境污染少。刷镀液一般都不含氰化物和其它剧毒化学药剂，性能稳定，对人体无毒害，排除废液少，储运时不需防火。

3. 应用

刷镀的应用范围大致归纳为以下几方面：

1）修复零部件中由于磨损或加工后尺寸超差的那部分，特别是精密零件和量具。如滚动轴承内外座圈的孔和外圆、花键轴的键齿宽度、变速箱体轴承座孔、曲轴轴颈等。

2）修复大型、贵重零件，如曲轴、机体等局部磨损、擦伤、凹坑、腐蚀、空洞和槽镀产品的缺陷或电镀难以完成的工作。

3）机床导轨划伤或研伤的修补，它比选用机械加工、锡铋合金钎焊、热喷涂、粘接等修复技术效果更佳。

4）零件表面的性能改善，提高耐磨性和耐腐蚀性。可选择合适的金属镀层作为防腐层；作为适合其它加工要求的过渡层，如铝、钛和高合金钢电镀前的过渡层；作为零件局部防渗碳、渗氮等保护层。

5）在工艺美术、建筑装璜等领域应用。

6）使用反向电流用于动平衡去重、去毛刺和刻模具等。

但是，刷镀工艺不适宜用在大面积、大厚度、大批量修复，其技术经济指标不如电镀；它不能修复零件上的断裂缺陷；不适宜修复承受高接触应力的滚动或滑动摩擦表面，如齿轮表面、滚动轴承滚道等。虽然在各个部门应用十分广泛，也取得了明显的经济效果，但仍有一定的局限性。

（二）设备和镀液

1. 设备

主要有专用电源（也可用普通直流电源）、用不溶性阳极制成的刷镀笔和一些辅助设备。

（1）专用电源　这是刷镀技术的主要设备。对电源要求能输出电压、电流无级可调的直流电，并有平硬的输出外特性，快速过流保护性能。能准确地计算消耗的电量，控制镀层的厚度。

（2）刷镀笔　它是主要工具，由导电柄和阳极组成。目前已有大、中、小和回转四种类型。导电柄的作用是连接电源和阳极，用手或机械夹持来移动阳极，做各种规定动作。阳极是工作部分，由不溶性材料制成，通常使用碳的质量分数为 99.7% 以上的高纯石墨制成。阳极的表面要包装一层脱脂棉，其作用是为了储存镀液和防止阳极与工件直接接触而产生电弧，烧伤工件。为适应不同工件形状和特殊需要，可把阳极设计成各种专门形状规格。为保证刷镀质量，避免镀液相互污染，阳极必须专用，一个阳极只用于一种镀液。

2. 镀液

镀液是刷镀过程中的主要物质条件，对刷镀质量有关键性的影响。按其作用可分为 4 类：预处理溶液、金属刷镀溶液、退镀溶液和钝化溶液。常用的是前两种。

(1) 预处理溶液 它用于刷镀前对工件进行表面处理，包括清洗油污和杂质，清除金属表面氧化膜和疲劳层。该类溶液又分为电净液和活化液两种。

1) 电净液 它呈碱性，在电流作用下具有较强的去油污能力，同时也有轻度的去锈能力，适用于所有金属基体的净化。常用的是无色透明的碱性水溶液。

2) 活化液 它呈酸性，具有去除金属表面氧化膜的能力，可保证镀层与基体金属间有强的结合力。不同基体金属应选不同的活化液。常用的有 1# ~ 4# 活化液。

(2) 金属刷镀溶液 这类溶液多为有机络合物水溶液，其金属离子含量高，沉积速度快。金属刷镀溶液的品种很多，按获得镀层成分可分为单金属和合金刷镀液；根据镀液酸碱程度分为碱性和酸性。碱性镀液其镀层致密，对边角、裂缝和盲孔部位有较好的刷镀能力，不会损坏旁边的镀层和基体，能适用于各种金属材料，但沉积速度慢。酸性镀液的沉积速度快，但它对基体金属有腐蚀性，故不宜用于多孔的基体（如铸铁等）及易被酸浸蚀的材料（如锌和锡等）。除镀镍溶液外，大多数使用中性或碱性镀液。几种主要的刷镀溶液性能、特点和应用范围见表 8-11。

表 8-11 几种主要的刷镀溶液性能、特点和应用范围

溶液名称	代号	主 要 性 能 特 点	应 用 范 围
特殊镍	SDY101	深绿色，pH = 0.9 ~ 1.0，金属离子含量 86g/L，工作电压 6 ~ 16V，有较强烈的醋酸味，有较高的结合强度，沉积速度较慢	适用于铸铁、合金钢、镍、铬及铜、铝等材料的过渡层和耐磨表面层
快速镍	SDY102	蓝绿色，中性 pH = 7.5 ~ 8.0，金属离子含量 53g/L，工作电压 8 ~ 20V，略有氨的气味，沉积速度快，镀层具有多孔倾向和良好的耐磨性	适用于恢复尺寸和作一般耐磨镀层
低应力镍	SDY103	绿色，酸性 pH = 3 ~ 3.5，金属离子含量 75g/L，工作电压 10 ~ 25V，有醋酸气味，组织致密、孔隙少，镀层内具有压应力	可改善镀层应力状态，用作夹心镀层，防护层
镍钨合金	SDY104	深绿色，酸性 pH = 1.8 ~ 2.0，金属离子含 15% 钨，工作电压 6 ~ 20V，有轻度醋酸气味，镀层致密，耐磨性很好，有一定耐热性，沉积速度低	主要用作耐磨涂层
碱铜	SDY403	蓝紫色，碱性 pH = 9 ~ 10，金属离子含量 64g/L，工作电压 5 ~ 20V，溶液在 -21℃ 左右结冰，回升到室温后性能不变，镀层组织细密，孔隙率小，结合强度好	主要作过渡层和防渗碳、防渗氮层，改善钎焊性的镀层，抗粘着磨损镀层，特别适用于铝、锌和铸铁等难镀金属

刷镀溶液一般按待修零件对镀层性能要求选择。如需要快速修复尺寸，常用铜、镍和钴等镀液；要求表面有一定硬度和耐磨性，则用镍、镍—钨合金等镀液；要求表面防腐蚀，可用镍、镉、金和银等镀液；需要镀层有良好导电性，用铜、金和银等镀液；要求改变表面可焊性，用锡和金等镀液。

（三）工艺

1. 镀前准备

备好电源、镀液和镀笔，对工件表面进行预加工，去除毛刺和疲劳层，并获得正确的几何形状和较小的表面粗糙度值（$R_a3.2\mu m$ 以下）。当修补划伤和凹坑等缺陷时，还需进行修整和扩宽。对油污严重的工件，应预先进行全面除油。对锈蚀严重的工件还应进行除锈。

2. 电净处理

它是对工件欲镀表面及其邻近部位用电净液进行精除油。电净时，工作电压为 $4 \sim 20V$，阴阳极相对运动速度为 $8 \sim 18m/min$，时间 $30 \sim 60s$。电净后，用清水将工件冲洗干净。电净的标准是水膜均摊。

3. 活化处理

它是用活化液对工件表面进行处理，以去除氧化膜和其它污物，使金属表面活化，提高镀层与基体的结合强度。活化时间 $60s$ 左右，活化后用清水将工件冲洗干净。不同的金属材料需选用不同的活化液及其工艺参数。活化的标准是达到指定的颜色。

4. 镀底层

在刷镀工作层前，首先刷镀很薄一层（$1 \sim 5\mu m$）特殊镍、碱铜或低氢脆镉作底层，提高镀层与基体的结合强度，避免某些酸性镀液对基体金属的腐蚀。

5. 刷镀工作层

它是最终镀层，应满足工件表面的力学、物理和化学性能要求。为保证镀层质量，需合理地进行镀层设计，正确选定镀层的结构和每种镀层的厚度。当镀层厚度较大时，通常选用两种或两种以上镀液，分层交替刷镀，得到复合镀层，这样既可迅速增补尺寸，又可减少镀层内应力，保证镀层质量。若有不合格镀层部分可用退镀液去除，重新操作，冲洗、打磨，再电净和活化。

6. 镀后处理

刷镀后工件用温水彻底清洗、擦干、检查质量和尺寸，需要时进行机械加工。剩余镀液过滤后分别存放，阳极、包套拆下清洗、晾干，分别存放，下次对号使用。

影响刷镀质量的主要因素有工作电压、电流、阴阳极相对运动速度、镀液和工件温度、被镀表面的润湿状况，以及镀液的清洁等。

（四）新进展

1. 复合刷镀

它是采用复合刷镀工艺而获得复合镀层，简称为复合刷镀。复合刷镀是复合电镀的一种，其本质都是通过电化学沉积在工件基体表面，获得复合材料（复合镀层）。如果说复合电镀是电镀历史发展的里程碑，那么复合刷镀则是复合电镀的新进展。

复合镀层按其结构分：一类是由两种或几种金属元素依次沉积而形成的多层状镀层；另一类为在金属镀液中加入不溶性固体微粒，使其与镀液中的金属离子共沉积，并均匀地弥散在金属镀层中的组合镀层。

复合刷镀的主要目的是获得复合镀层，其基本原理同普通刷镀。但复合刷镀与普通刷镀的主要区别是在镀液中加入一定量的不溶性固体微粒，并使其均匀地悬浮在镀液中，能够有选择地吸附镀液中的某些正离子参与阴极反应，与镀层金属一起沉积在工件上而获得复合镀层。不参与阴极反应的也能像杂质一样被嵌镶在镀层中，获得同样的弥散强化效果。

复合刷镀的工艺特点是搅拌与悬浮。采用的搅拌方法主要有机械搅拌法、超声波分散法和流镀法等。

2. 刷镀与其它修复技术的复合

（1）刷镀与热喷涂复合　用热喷涂迅速恢复尺寸，然后在涂层上刷镀，从而减小表面粗糙度值和获得需要的涂层性能。

（2）刷镀与钎焊复合　在一些难钎焊的材料上镀铜、锡、银、金等镀层，然后再进行钎焊，解决了难钎焊金属或两种性能差异很大的金属表面钎焊问题。修复机床铸铁导轨划伤是最典型的应用。

（3）刷镀与激光重熔复合　先刷镀金属镀层或合金镀层，再进行激光重熔，从而提高刷镀的结合强度或提高工件材料的表面性能。

（4）刷镀与激光微精处理复合　在一些重要摩擦副表面上刷镀工作层，然后再用激光器在镀层表面打出有规则的微凸体和微凹体。它们不仅自身得到强化，而且还有良好的储油能力，从而提高耐磨性。

（5）刷镀与离子注入复合　为进一步提高刷镀层的耐磨性，可在镍镀层、镍钨镀层、铜镀层上注入氮离子。由于氮与铜或镍不易形成稳定的化合物，而主要以间隙原子滞留在铜或镍晶格原子的间隙处，打破了平衡相图对元素的比例，有利于阻止位错移动，因此使镀层得到强化。

（6）刷镀与减摩技术复合　在刷镀耐磨镀层后，再添加减摩添加剂可获得十分明显的减摩效果。

此外，还有刷镀与焊补复合、刷镀与修光复合等。

刷镀与其它修复技术的复合绝不是两种技术的简单叠加，而应是以最佳协同效应为目标进行合理的镀层设计。

第七节　粘　　接

粘接是一项古老而又实用的技术。它是利用胶粘剂把两个分离、断裂或磨损的零件进行联接、密封、堵漏、修复或补偿尺寸的一种工艺方法。目前，它以快速、牢固、节能、经济等优点取代了部分传统的铆、焊及螺纹联接等工艺，成为一种应用领域非常广泛、经济效益十分显著的维修技术。

一、原理

1. 机械联接理论

从微观上看，任何物体表面都是粗糙的、多孔的。粘接时，各种胶粘剂渗入到物体的孔隙中，固化后形成无数微小的"销钉"将两个物体镶嵌在一块，起到机械固定作用。

2. 物理吸附理论

任何物质分子之间都存在着物理吸附作用，这种力虽然弱，但由于分子数目多，总的吸附力还是很强的。当物质分子接触得愈紧密、愈充分时，物理吸附力就愈大。但这种理论无法解释某些非极性高分子聚合物，如聚异丁烯和天然橡胶等之间具有很强的粘附现象。

3. 扩散理论

胶粘剂的分子成链状结构且在不停地运动。在粘接过程中，胶粘剂的分子通过运动进入到被粘物体的表层。同时，被粘物体的分子也会进入到胶粘剂中。这样相互渗透、扩散，使胶粘剂和被粘物体之间形成牢固的结合。

4. 化学键理论

胶粘剂与被粘物体表面之间通过化学作用，形成化学键，从而产生紧密的化学结合，它如同铁链一样。当环氧、酚醛等树脂与金属铝表面粘接时，就有化学键形成。

实际上，胶粘剂与被粘接物体之间的粘合是由机械联接、物理吸附、分子间互相扩散与化学键等多种形式综合作用的结果。

二、特点

1）粘接时温度低，不产生热应力和变形，不改变基体金相组织，密封性好，接头的应力分布均匀，不会产生应力集中现象，疲劳强度比焊、铆、螺纹联接高 3~10 倍，接头重量轻，有较好的加工性能，表面光滑美观。

2）粘接工艺简便易行，一般不需复杂的设备，胶粘剂可随机携带，使用方便，成本低、周期短，便于推广应用，适用范围广，几乎能联接任何金属和非金属、相同的和不同的材料，尤其适用于产品试制、设备维修、零部件的结构改进。对某些极硬、极薄的金属材料、形状复杂、不同材料、不同结构、微小的零件采用粘接最为方便。

3）胶粘剂具有耐腐蚀、耐酸、耐碱、耐油、耐水等特点，接头不需进行防腐、防锈处理，联接不同金属材料时，可避免电位差的腐蚀。胶粘剂还可作为填充物填补砂眼和气孔等铸造缺陷，进行密封补漏，紧固防松，修复已松动的过盈配合表面。还可赋予接头绝缘、隔热、防振，以及导电、导磁等性能，防止电化学腐蚀。

4）粘接有难以克服的许多不足之处，如不耐高温，一般只能在 300℃ 以下工作，粘接强度比基体强度低得多。胶粘剂性质较脆，耐冲击力较差，易老化变质，且有毒、易燃。某些胶粘剂需配制和调解，工艺要求严格，粘接工艺过程复杂，质量难以控制，受环境影响较大，分散性较大，目前还缺乏有效的非破坏性质量检验方法。

三、胶粘剂

胶粘剂简称胶。它是由粘料、增塑剂、稀释剂、固化剂、填料和溶剂等配制而成。

胶粘剂的种类很多，分类方法也不一样。

（1）按粘料的化学成分　①无机胶粘剂，主要有硅酸盐（水玻璃）、硫酸盐（石膏）、磷酸盐（磷酸—氧化铜基）等；②有机胶粘剂，主要有天然胶，如动物胶（骨胶）、植物胶（松香）、矿物胶（沥青）、天然橡胶（橡胶水）等；合成胶，如树脂型（环氧树脂）、橡胶型（丁腈橡胶）、复合型（酚醛—氯丁橡胶）等。

（2）按工艺特点　溶剂型、反应型、热熔型、厌氧型、压敏型等。

（3）按基本用途　结构胶、通用胶、特种胶、密封胶等。

（4）按形态　乳胶型、糊状型、粉末型、胶膜胶带型等。

常用的胶粘剂有：

（一）无机胶粘剂

在维修中应用的无机胶粘剂主要是磷酸—氧化铜胶粘剂。它由两部分组成，一是氧化铜粉末；另一是磷酸与氢氧化铝配制的磷酸铝溶液。这种胶粘剂能承受较高的温度（600～850℃），粘附性能好，抗压强度达 90MPa、套接抗拉强度达 50～80MPa、平面抗拉强度为 8～30MPa，制造工艺简单，成本低。但性脆、耐酸和碱的性能差。可用于粘接内燃机缸盖进排气门座过梁上的裂纹、硬质合金刀头、套接折断钻头、量具等。

（二）有机胶粘剂

由高分子有机化合物为基础组成的胶粘剂称有机胶粘剂。常用的有环氧树脂和热固性酚醛树脂。

1. 环氧树脂

它是因分子中含有环氧基而得名。环氧基是一个极性基团，在粘接中能与某些其它物质产生化学反应而生成很强的分子作用力。因此，它具有较高的强度，粘附力强，固化后收缩小、耐磨、耐蚀、耐油，绝缘性好，适合于工作温度在 150℃ 以下，是一种使用最广泛的胶粘剂。

环氧树脂种类很多，最常用的是高环氧值，低、中分子量的双酚 A 型环氧树脂。它的粘度较低，工艺性好，价格低廉，在常温下具有较高的胶接强度和良好的耐各种介质的性能。

2. 热固性酚醛树脂

它也是一种常用的胶料，其粘附性很好，但脆性大、机械强度差，一般用其它高分子化合物改性后使用，例如与环氧树脂或橡胶混合使用。

此外，还有一种是厌氧密封胶。它是由甲基丙烯酸脂或丙烯酸双脂以及它们的衍生物为粘料，加入由氧化剂或还原剂组成的催化剂和增稠剂等组成。由于丙烯酸脂在空气或氧气中有大量的氧的抑制作用而不易聚合，只有当与空气隔绝时，在缺氧的情况下才能聚合固化，因此称厌氧胶。厌氧胶粘度低，不含溶剂，常温固化，固化后收缩小，能耐酸、碱、盐以及水、油、醇类溶液等介质，在机械设备维修中可用于螺栓紧固、轴承定位、堵塞裂缝、防漏，但它不适宜粘接多孔性材料和间隙超过 0.3mm 的缝隙。

常用胶粘剂的性能和用途见表 8-12。

表 8-12　常用胶粘剂的性能和用途

类别	牌 号	主要成分	主　要　性　能	用　途	研制单位生产厂
通用胶	HY-914	环氧树脂，液体聚硫橡胶，703 固化剂	双组分，室温快速固化，强度较高，密封性能好，耐水耐油，耐一般化学物质	60℃ 以下金属、陶瓷、玻璃、热固塑料、木材、竹材等	天津延安化工厂
	农机 2 号	E-44 环氧树脂，改性胺，固化剂	双组分、室温固化、粘接性能较好、韧性好、中强度	120℃ 以下各种材料快速粘接修补，应用范围较广	大连第二有机化工厂
	KH-520	E-44 环氧树脂，液体聚硫橡胶，聚酰胺，703 固化剂	高强度、高韧性、耐油、耐水、双组分、室温快速固化	60℃ 以下金属、陶瓷、硬质塑料、玻璃等	北京粘合剂二厂
	502	α-氰基丙烯酸乙酯	单组分、室温快速固化、中强度、耐高温、耐油、耐有机溶剂	常温、受力不大的各种金属、玻璃、陶瓷和一般橡胶等	山东禹城东方化学试剂厂

（续）

类别	牌号	主要成分	主 要 性 能	用 途	研制单位 生产厂
结构胶	J-19C	环氧树脂双氰胺	单组分，高压高温固化，高强度、高韧性、耐油、耐水	用于金属结构件及磨、钻、铣、刨、车床刀具的粘接	辽宁海城市胶粘剂厂
	J-04	钡酚醛树脂，丁腈橡胶	单组分、中强度，较高耐热性，耐油、耐水、耐老化	200℃以下受力较大的机件粘接和尺寸恢复，常用于摩擦片、刹车片粘接	黑龙江省石油化学研究所
	204 （JF-1胶）	酚醛—缩醛、有机硅酸	固化条件：180℃，2h，性能较脆，可在200℃长期使用，300℃短期使用	200℃以下金属与非金属零部件粘接，摩擦片、刹车片、玻璃钢粘接	上海新光化工厂
密封胶	Y-150 厌氧胶	甲基丙烯酸环氧树脂	单厌氧型，绝缘空气后固化，毒性小，低强度，使用方便，工艺性好	100℃以下螺纹接头和平面配合处紧固、密封、堵漏、工艺固定	湖北襄樊市胶粘技术研究所
	7302 液态密封胶	聚酯树脂	半干性，密封耐压	200℃以下各种机械设备平面、法兰、螺纹联接部位的密封	大连第二有机化工厂
	W-1 液态密封胶	聚醚环氧树脂	涂敷后长期不固化，起始粘度高，可拆卸，不腐蚀金属	用于联接部位的防漏、密封	上海新光化工厂

四、工艺

粘接的工艺过程大致如下：根据被粘物的结构、性能要求及客观条件，确定粘接方案，选用胶粘剂；按尽可能增大粘接面积，提高粘接力的原则设计粘接接头；对被粘表面进行处理，包括清洗、除油、除锈、增加微观表面粗糙度的机械处理和化学处理；调制胶粘剂；涂胶粘剂，厚度一般为 0.05～0.2mm，要均匀薄施；固化，要掌握固化温度、压力和保持时间等工艺参数；检验抗拉、抗剪、冲击和扯离等强度，并修整加工。

工艺要点：

（1）胶粘剂的选用　目前市场上供应的胶粘剂没有一种是"万能胶"。选用时必须根据被粘物的材质、结构、形状、承受载荷的大小、方向和使用条件，以及粘接工艺条件的可能性等，选择适用的胶粘剂。被粘物的表面致密、强度高，可选用改性酚醛胶、改性环氧胶、聚氨酯胶或丙稀酸酯胶等结构胶；橡胶材料粘接或与其它材料粘接时，应选用橡胶型胶粘剂或橡胶改性的韧性胶粘剂；热塑性的塑料粘接可用溶剂或热熔性胶粘剂；热固性的塑料粘接，必须选用与粘接材料相同的胶粘剂；膨胀系数小的材料，如玻璃、陶瓷材料自身粘接，或与膨胀系数相差较大的材料，如铝等粘接时，应选用弹性好、又能在室温固化的胶粘剂；当被粘物表面接触不紧密、间隙较大时，应选用剥离强度较大而有填料作用的胶粘剂。

粘接各种材料时可选用的胶粘剂见表8-13，供参考。

表8-13　粘接各种材料时可选用的胶粘剂

胶粘剂代号 材料名称	软质材料	木　材	热固性塑料	热塑性塑料	橡胶制品	玻璃、陶瓷	金　属
金　属	3、6、8、10	1、2、5	2、4、5、7	5、6、7、8	3、6、8、10	2、3、6、7	2、4、6、7
玻璃、陶瓷	2、3、6、8	1、2、5	2、4、5、7	2、5、7、8	3、6、8	2、4、5、7	
橡胶制品	3、8、10	2、5、8	2、4、5、7	5、7、8	3、8、10		
热塑性塑料	3、8、9	1、5	5、7	5、7、9			
热固性塑料	2、3、6、8	1、2、5	2、4、5、7				
木　材	1、2、5	1、2、5					
软质材料	3、8、9、10						

注：表中数字为胶粘剂种类代号。其中：1—酚醛树脂胶；2—酚醛—缩醛胶；3—酚醛—氯丁胶；4—酚醛—丁腈胶；5—环氧树脂胶；6—环氧—丁腈胶；7—聚丙烯酸酯胶；8—聚氨酯胶；9—热塑性树脂溶液胶；10—橡皮胶浆。

（2）接头设计　接头的受力方向应在粘接强度的最大方向上，尽量使其承受剪切力。接头的结构尽量采用套接、嵌接或扣合联接的形式。接头采用斜接或台阶式搭接时，应增大搭接的宽度，尽量减少搭接的长度。接头设计尽量避免对接形式，如条件允许时，可采用粘—铆、粘—焊、粘—螺纹联接等复合形式的接头。接头结构设计，目前尚没有准确的计算方法与标准模式，在实践中对重要的零件粘接应进行模拟试验。

（3）表面处理　它是保证粘接强度的重要环节。一般结构粘接，被粘物表面应进行预加工，例如用机械法处理，表面粗糙度 $R_a 12.5 \sim 25.0 \mu m$；用化学法处理，表面粗糙度 $R_a 3.2 \sim 6.3 \mu m$。表面处理后，表面清洗与粘合的时间间隔不宜太长，以避免沾污粘接的表面。

表面处理与清洗效果，决定于被粘物的材质和选用的清洗剂，要正确选用。

（4）粘合　按胶粘剂的形态（液体、糊状、薄膜、胶粉）不同，可用刷涂、刮涂、喷涂、浸渍、粘贴或滚筒布胶等方法。胶层厚度一般控制在 0.05 ~ 0.35mm 为最佳，要完满、均匀。

（5）固化　加压是为了挤出胶层与被粘物之间的气泡和加速气体挥发，从而保证胶层均匀。加温要根据胶粘剂的特性或规定的选定温度，并逐渐升温使其达到胶粘剂的流动温度。同时，还需保持一定的时间，才能完成固化反应。所以，温度是固化过程的必要条件，时间是充分条件。固化后要缓慢冷却，以免产生内应力。

（6）质量检验　检查粘接层表面有无翘起和剥离现象，有无气孔和夹空，是否固化。一般不允许做破坏性试验。

（7）安全防护　大多数胶粘剂固化后是无毒的，但固化前有一定的毒性和易燃性。因此在操作时应注意通风、防止中毒、发生火灾。

粘接中常见的几种主要缺陷、产生原因及排除方法见表8-14。

表 8-14　粘接工艺常见的缺陷、产生原因及排除方法

缺陷形式	产 生 的 主 要 原 因	排 除 方 法
胶层脱皮	1. 粘接表面不清洁，表面处理不好 2. 胶层太厚，胶层与基体金属膨胀系数相差过大，产生过大应力 3. 胶粘剂失效或过期 4. 固化温度、压力或时间控制不当 5. 胶粘剂选用不当	1. 重新进行清洁处理，处理后保持干净 2. 控制胶层厚度，不超过 0.05～0.15mm 3. 不得使用超过有效期或失效的胶粘剂 4. 按工艺要求固化 5. 根据被粘材料选用良好性能的胶粘剂
胶层夹有气孔	1. 胶层厚度不均匀，粘合时夹入空气 2. 含溶剂的胶层一次涂胶过厚、或晾置时间不够、或固化压力不足、或固化温度过低 3. 粘合孔未排出空气 4. 涂胶时带入空气	1. 提高胶层温度，待胶层均匀后再粘合 2. 严格按工艺要求进行涂胶，固化操作 3. 钻排气孔或用导杆引入胶液 4. 及时排出空气
接头缺胶	1. 固化压力过大，胶被挤出 2. 对流动性好的常温固化胶，缺乏阻挡胶液措施，加温固化加热时，胶液粘度降低而流失	1. 按规定的固化压力加压 2. 固化时涂胶面水平放置，加用快速固化胶堵塞流胶口或在边缘棱角处用玻璃纤维布作挡体，阻止胶液漫流
接头错位	1. 固化时定位不当或缺乏定位措施 2. 固化时加压偏斜	1. 采用夹具定位 2. 采用双胶粘接，除用本胶外，加用快速固化胶 502 定位
胶层固化过慢	1. 固化剂不纯或加入量过少，未考虑活性稀释剂对固化剂的消耗量 2. 调胶搅拌不均匀 3. 固化温度过低	1. 使用纯的固化剂，增加加入量 2. 均匀调胶 3. 提高固化温度

五、应用

　　由于粘接有许多优点，随着高分子材料的发展，新型胶粘剂的出现，所以粘接在维修中的应用日益广泛。尤其在应急维修中，更显示其固有的特点。

　　1) 用于零件的结构联接。如轴的断裂、壳体的裂纹、平面零件的碎裂、环形零件的裂纹与破碎，输送带运输机的输送带的粘接等。

　　2) 用于补偿零件的尺寸磨损。例如机械设备的导轨研伤粘补以及尺寸磨损的恢复，可采用粘贴聚四氟乙烯软带、涂抹高分子耐磨胶粘剂、101 聚氨酯胶粘接氟塑料等。

　　3) 用于零件的防松紧固。用胶粘替代防松零件，如开口销、止动垫圈、锁紧螺母等。

　　4) 用于零件的密封堵漏。铸件、有色金属压铸件，焊缝等微气孔的渗漏，可用胶粘剂浸渗密封，现已广泛应用在发动机的缸体、缸盖、变速箱壳体、泵、阀、液压元件、水暖零件以及管道类零件螺纹联接处的渗漏等。

　　5) 用粘接替代过盈配合。如轴承座孔磨损或变形，可将座孔镗大后粘接一个适当厚度的套圈，经固化后镗孔至尺寸要求；轴承座孔与轴承外圈的装配，可用粘接取代过盈配合，这样避免了因过盈配合造成的变形。

6）用粘接替代焊接时的初定位，可获得较准确的焊接尺寸。

六、特种粘接技术

它是指使用特殊粘接材料、特种胶粘剂和特殊粘接工艺进行粘接操作的一种技术。使用复合材料、智能材料和纳米材料是特种粘接技术的一个显著特点。

特种粘接技术分为纯特种粘接技术和复合特种粘接技术两大类。

纯特种粘接技术是指使用单纯的特种胶粘剂，依靠或调整它的性能完成粘接的全过程。它注意施胶的方法和粘接工作环境的条件等因素。施胶常用刷涂、喷涂、点涂等方法。粘接工作环境的条件主要是温度、湿度、清洁度等。

复合特种粘接技术是指不仅要依靠特种胶粘剂的特点，而且还要按照一些特定的与其它技术复合构成的使用方法完成粘接的全过程。例如：当粘接面积受到限制，单一的粘接方案不能获得较理想、较可靠的粘接强度；被粘处要承受较大的冲击负载等情况下，就可选择复合的粘接方案，即粘接与铆接、粘接与焊接、粘接与机械联接、粘接与贴敷层等。

特种粘接技术是在跨学科、跨专业、跨领域、跨行业的交叉点上成长起来的高新技术。它不仅能解决焊、铆、螺栓联接、过盈配合及一般粘接技术不易或不能解决的问题，还能解决表面处理，热处理等许多传统技术不易解决的难题。由于特种粘接技术在节省能源和原材料、节约人力和资源、在提高产品质量和工作效率、杜绝事故和挽回经济损失等方面发挥了重要作用，因此越来越被人们重视，已成为粘接科技的重要组成部分，有着广阔的应用市场。

第八节　粘　涂

粘涂是利用高分子聚合物与特殊填料（如石墨、二硫化钼、金属粉末、陶瓷粉末和纤维等）组成的复合材料胶粘剂，涂敷在零件表面上，实现耐磨、抗蚀、耐压、绝缘、导电、保温、防辐射、密封、连接、锁固等特定用途的一种表面强化、维修与防护技术。

一、组成

粘涂层一般由粘料、固化剂和具有一定特性的填料组成。

1. 粘料或称基料、胶粘剂

它把涂层中的各种材料包容并牢固地粘着，在基体表面形成涂层。粘料的种类很多，如热固性树脂、热塑性树脂、合成橡胶等。

2. 固化剂

它与粘料发生化学反应，形成网状立体聚合物，把填料包容在网状体中，形成三向交联结构。常用的有胺类、酚醛改性胺、低分子聚酰胺等。

3. 填料

在粘涂层中起抗磨、减摩、耐热、耐蚀、绝缘、导电等作用。常用的有纤维、石墨、二硫化钼、聚四氟乙烯等。

4. 辅助材料

它的作用是改善涂层性能，如韧性、防老化性、降低胶的粘度、提高涂敷质量等。主要有增塑剂、增韧剂、稀释剂、固化促进剂、偶联剂、消泡剂、防老化剂等。

二、机理

粘涂层的形成是依靠粘料和固化剂中含有活泼的氢原子起化学反应，形成网状立体聚合物，把填料等网络固定下来。同时，涂层分子向被粘涂基体表面移动，使涂层与基体形成物理化学和机械结合。粘涂层的形成过程是粘料与固化剂固化反应的过程。粘涂层与基体的结合机理和一般粘接机理相同。

三、特点

粘涂作为粘接技术的发展，具有粘接的许多特点。

1）粘涂材料品种多、原料丰富、价格低廉、密度小、绝缘性好、导热低，有优异的耐磨性、耐蚀性、较高的抗拉、抗剪强度，有独特的多功能性。

2）粘涂工艺简单，零件不会产生热影响区和变形，尤其适用于维修特殊用途（如井下机械设备、储油和储气管道等）、特殊结构（薄壁等）、特殊要求的失效零部件。

3）安全可靠，不需专门设备，可现场作业、缩短维修时间，甚至不用停产，提高了生产效率，是一种快速廉价的维修技术。

4）由于胶粘剂性能的局限，因而使粘涂在应用上受到一些限制，如在湿热、冷热交变、冲击条件下以及其它复杂环境下的工作寿命有限。另外还存在耐温性不高、抗剥离强度较低、易燃和有毒等问题。

四、工艺

1. 初清洗

用汽油、煤油或柴油粗洗，最后用丙酮精洗，除掉待涂表面的油污、锈迹。

2. 预加工

为保证待修表面有一定厚度的涂层，在涂粘料前必须进行机械加工，厚度一般为 0.5～3mm。为增加粘涂面积，提高粘涂强度，被粘涂表面应加工成"锯齿形"。

3. 清洗及活化处理

清洗用丙酮或专用清洗剂。有条件时可对待修表面喷砂，进行粗化活化处理，彻底清除表面氧化层。也可进行火焰处理、化学处理等，提高涂层的表面活性。

4. 配制粘涂层材料

它通常由 A、B 两组份组成。为获得最优效果，必须按规定比例配制。粘涂层材料经完全搅拌均匀后，应立即使用。

5. 涂敷

涂层的涂敷方法主要有：

（1）涂刮法　先把涂层材料涂在处理好的零件表面上，然后用专用的工具模板把多余的涂料刮掉，达到一定尺寸要求。此法操作工艺简单，适用于轴颈的修复，但刮后表面涂层难以获得要求的精度和表面粗糙度，需用机械加工保证。

（2）喷涂法　利用喷枪将涂层材料涂在处理好的零件表面上，形成具有特殊功能的涂层。

（3）涂压法　先把涂层材料涂在处理好的零件表面上，再用制好的与之相配的零件压制成形，不用后加工，适用于面积较大的平面与一定形状的表面，如大中型机床导轨面的修复。

（4）模具成形法　利用类同被粘涂件相配的零件作为模具进行成形，它不需进行机械加工，适用于孔颈及批量修复的零件。

6. 固化

涂层的固化反应速度与环境温度有关，温度高固化快，最适宜的温度为 20~30℃。一般室温固化需 24h，达到最高性能需 7 天。若加温 80℃ 固化，则只需 2~3h。

7. 修整、清理或后加工

对不需后续加工的涂层，可用锯片、锉刀等修整。涂层表面若有直径大于 1mm 的气孔时，先用丙酮洗净，再用胶修补，固化后研平。对需后续加工的涂层，可用车削或磨削加工达到尺寸和精度要求。

五、常见缺陷及处理

常见缺陷及处理见表 8-15。

表 8-15　粘涂层常见缺陷及处理

缺陷形式	产 生 的 主 要 原 因	解 决 方 法
涂层发粘	1. 温度太低，未完全固化或不固化 2. 粘涂材料 A、B 组份配比不当 3. 配制粘涂材料时混合不均匀 4. 固化时间不够	1. 提高固化温度，升温至 25℃ 以上 2. 严格按说明书规定比例配制 3. 搅拌均匀 4. 延长固化时间
涂层脱落	1. 表面不清洁、表面处理不良 2. 表面处理后停放时间太长 3. 表面太光滑 4. 涂层未彻底固化，加工时易脱落 5. 表面划伤太浅，涂层过薄 6. 粘涂材料失效或过期 7. 粘涂材料选择不当	1. 重新进行表面处理，彻底除锈除油除湿 2. 表面处理后立即涂敷 3. 表面打磨粗化 4. 提高固化温度，延长固化时间 5. 把划伤处打磨到深 2mm 以上 6. 不使用失效或过期的粘涂材料 7. 根据被粘涂材料性能和要求正确选用
涂层气孔	1. 涂层厚度不均匀，粘涂时夹入空气 2. 涂层过厚或晾置时间不够 3. 搅拌速度太快，过量空气混入 4. 固化压力不足，固化温度过低 5. 粘度太大、包裹空气	1. 尽量使涂层厚度均匀，防止涂敷时带入空气 2. 严格按工艺要求涂敷、固化 3. 放慢搅拌速度，朝一个方向搅拌 4. 加大压力，反复按压涂层，提高温度 5. 提高环境温度，降低粘度
涂层太脆	1. B 组份固化剂用量过多 2. 固化速度太快 3. 固化温度过高 4. 未完全固化	1. 严格按说明书规定比例配制 2. 降低固化速度 3. 严格控制固化温度，在 100℃ 以下 4. 延长固化时间，适当提高固化温度
涂层粗糙	1. 粘涂材料配制时混合不均匀 2. 粘涂材料失效或变质 3. 涂敷时超过了适用期 4. 涂敷温度太低，粘涂材料粘度太大	1. 配制时混合均匀 2. 严格注意储存期 3. 严格按说明书规定执行 4. 被粘涂表面预热或提高环境温度

六、应用

粘涂在维修领域的应用十分广泛。

1. 铸造缺陷的修补

粘涂可修补铸造缺陷，如气孔、缩孔等，简便易行，省时省工，效果良好。

2. 零件磨损及尺寸超差的修复

用耐磨修补胶直接涂敷于磨损表面，然后进行机械加工或打磨，使其尺寸恢复到设计要求，且具有很好的耐磨性。它与传统的修复技术相比，简单易行，既无热影响，涂层厚度又不受限制。

3. 零件划伤的修复

液压缸体、机床导轨的划伤采用粘涂是一种最有效的方法。

4. 零件的防腐

涂敷于零件表面上的涂层不仅能保护其不受环境的侵蚀，而且施工相当方便，不需要专门设备。化工管道、储液池、船舶壳体、螺旋桨等均可采用粘涂防腐。

5. 零件的减摩润滑

粘涂获得的涂层应用于零件的减摩润滑称粘结固体润滑膜。它特别适用于解决特殊工况条件下、高新技术中的润滑难题，如人造卫星、火箭、飞机、原子核反应堆、汽车发动机等。它既是新材料，又是高新技术

6. 零件密封堵漏

应用粘涂堵漏十分安全、方便、省时、可靠，不仅可停机堵漏、密封，而且可带压、带温、不停机堵漏，特别适合石油、化工、制药、橡胶等行业易燃易爆场合的机械设备维修。

七、新技术

随着粘涂在维修领域中的广泛应用，近年来，新的粘涂材料不断涌现，新的粘涂技术层出不穷。

1. 纳米级金刚石粉胶粘剂

它不仅具有金刚石特性，而且还有小尺寸效应、大比表面积效应、量子尺寸效应等纳米材料特性。

2. 防冷焊润滑粘涂与胶粘层

它是一种常温固化的复合涂层，由复合有机树脂为胶粘剂的二硫化钼基础涂层和低表面能的高分子材料表层组成。这种涂层既有很低的动、静摩擦因数，又有良好的摩擦特性，广泛用于真空环境和极严寒条件下金属部件间的防冷焊。

3. 耐高温防粘防滑粘涂与胶粘层

它广泛用于暴露在高温环境中使用的紧固件金属接触的防粘和防腐。

4. 新型特殊功能涂层

在有机硅耐热粘料中加入玻璃陶瓷材料，提高涂层的使用温度。

5. 粘涂——电刷镀复合技术

用粘涂耐磨胶导电修补胶填平零件表面划伤凹坑、腐蚀麻点、铸造气孔等缺陷，待胶固化后打磨、抛光，然后再进行电刷镀，恢复零件尺寸。这样既能满足使用要求，又非常美观，甚至如同新件一样。它确实是一种省时、简便、美观、可靠的复合技术。

此外，还有高性能环保型粘料、微机配方、机器人涂胶、紫外线或电子束固化新技术等。

第九节 治 漏

机械设备、液压系统、润滑系统、管道、阀门及容器等的泄漏治理是维修工作中的主要任务之一。泄漏不仅浪费大量的能源材料，而且污染环境。若泄漏物是腐蚀性的、有毒的、易燃易爆的、高温的流体，还将引起火灾或爆炸，严重时危及人身和机械设备的安全，甚至造成事故而停产。国内外资料表明，因泄漏而酿成的事故约占35%～40%。泄漏的防治是一项涉及面广、技术性强的工作。在这里主要介绍漏油问题。

一、漏油及其分级

机械设备漏油一般分为：①渗油（轻微漏油），固定联接部位每0.5h滴一滴油；活动联接部位每5min滴一滴油。②滴油（漏油），每2～3min滴一滴油。③流油（严重漏油），1min滴五滴油以上。

二、治漏方法

造成漏油的原因是多方面的，既有先天性的，如设计不当、加工和装配工艺不好、密封件质量有问题等；也有后天性的，如使用中介质的腐蚀、冲刷、温度、压力、振动、焊接缺陷、密封件失效、运行人员误操作等。由于零部件结构型式多种多样，密封结构、部位、元件和材料又千差万别，因此治漏的方法也各不相同。主要有：

1. 封堵

它是应用密封技术堵住界面泄漏的通道，是最常见的治漏方法。静结合面的密封主要用各种性能好的液态密封胶、垫片和填料，减小表面粗糙度、改进密封结构等。动结合面可采用合适的密封装置或软填料，如O形密封圈、油封、唇形密封圈等。

2. 疏导

若封堵不行，则采用回油槽、回油孔、挡板等进行疏导防漏，使结合面处不积存油而顺利流回油池。

3. 均压

由于机械设备存在压力差是造成泄漏的重要原因之一，因此需设置大小适当的通气帽、通气孔，并保持畅通，使箱体内外压力接近，减少泄漏。

4. 阻尼

将流体的泄漏通道做成犬牙交错的各式沟槽，人为地加长泄漏路程，加大阻力。或在动结合面处控制间隙，形成一层极薄的临界液膜来阻止或减少泄漏。

5. 抛甩

通过装甩油环，利用离心力的作用阻止泄漏。

6. 接漏

在漏油难以避免的部位增设接油盘、接油杯，或流回油池。

7. 管理

制定治漏计划，配备技术力量，落实岗位责任，加强质量管理，普及治漏知识。

三、带压治漏

泄漏是不可避免的。用传统的方法治漏又有很大的局限性，它只适用于温度不高，压力又低、泄漏孔眼很小、非易燃易爆的场合，不仅安全可靠性差，而且破坏了可拆联接结构。

在现代化工业的连续生产中，由于进行非计划停机检修治漏，又会严重影响生产，因此必须寻求一种新的技术。随着密封技术的发展，带压治漏技术应运而生。它是指在不影响生产正常进行的前提下，带温、带压修复泄漏部位，达到重新密封的一种特殊手段。简单、迅速、可靠的带压治漏技术，特别在石油化工、制药、橡胶等行业易燃易爆场合下的维修显示其独有的优越性，得到了广泛应用。

1. 原理

它是在液体介质动态下建立密封结构，利用泄漏部分的外表面与专用夹具构成新的密封空间，采用大于介质内压力的外部推力，将具有热固性的密封胶粘剂灌注或涂敷于泄漏部位，并充满密封空间，使其迅速固化，从而建立一个新的密封结构，堵塞正在泄漏的孔隙或通道。在这里密封胶粘剂是带压治漏技术的关键部分、核心内容。

2. 密封胶粘剂

密封胶粘剂主要有环氧树脂类、酚醛树脂类、橡胶类、酚醛丁腈类等。对温度高于400℃的介质应选用无机胶粘剂。使用时除按说明配制外，还应加入一定量的填充剂，如石墨粉、滑石粉、二氧化硅粉等，使之形成膏糊状，便于装胶和注射，并根据介质温度控制固化剂用量，调整固化时间。

国内常用的密封胶粘剂有北京天工表面材料技术有限公司生产的金属填补胶（如TG101通用修补胶，TG518快速修补胶等），还有兰州化工公司化工研究院和沈阳橡胶工业研究所生产的多种牌号的密封胶粘剂。

3. 方法

带压治漏的方法主要根据泄漏部位、泄漏性质和泄漏量来决定。常见的方法有：

（1）单纯粘接法　选择粘接强度大于泄漏点压力的胶粘剂或自制胶泥，对泄漏点直接堵塞。这种方法不需要其它设备和工具，操作简单、节省时间，适用于低压泄漏部位。

（2）粘贴板材法　先将泄漏点周围涂以胶粘剂，再将涂上胶粘剂的板材（如石墨板）粘贴到泄漏点上。它适用于负压或低压表面泄漏点。

（3）先堵后粘法　先选择充塞物堵截，使其不漏，然后用选好的胶粘剂或自制胶泥粘接加强，再以浸渍或涂刷胶粘剂的玻璃布缠绕铺贴泄漏点，固化后即成。温度较高时，施工操作要迅速。它适用于低、中压的砂眼、裂纹、法兰接头等泄漏点。

（4）夹具堵漏法　中高压泄漏、创伤性裂口、法兰接头等，可根据泄漏点的实际情况，设计制作金属夹具，选择填料如橡胶板料、四氟带料、柔性石墨料等堵在漏点上。然后组装夹具，用螺栓紧固，或在夹具上留注入螺栓孔，用注射器注入密封胶，使其在泄漏部位与夹具所构成的密封空腔，经迅速固化，形成坚硬的新的密封结构。这种方法适用于中、高压的管道或容器的堵漏，应急效果好，操作简单方便，但需制作专门的夹具。

（5）压力辅助法　在高温高压情况下，胶粘剂和充塞物往往不能很好地附着于泄漏处，可采用专门工具将需堵塞处先压住，待胶粘剂固化后再撤去压力。根据产生压力的方式，分为磁铁压固和机械压固两种。

（6）引流法　当泄漏发生在凸凹不平的部位时，根据泄漏部位设计制作引流板，在其上部开出引流通道和引流螺纹孔。将泄漏部位四周及引流板涂上快速固化胶粘剂，把引流板迅速粘于泄漏处，使引流孔正好对准泄漏点，泄漏介质通过引流通道和引流螺纹孔排出。待胶粘剂固化后，拧上螺钉，泄漏立即停止。引流板可用金属和塑料、橡胶、木材等非金属材料制作。

第十节　其它修复技术

一、真空熔结

真空熔结是一种现代表面冶金新技术。它可以制备各种玻璃陶瓷或合金涂层，获得耐磨、耐蚀等各种使用要求的物理化学性能，广泛应用在航空、冶金、机械、石油化工、汽车、模具等工业中。真空熔结涂层工艺既可以单独使用，也能与热喷涂、电镀等其它工艺配合使用。

（一）原理

真空熔结是在一定真空度条件下，通过足够而集中的热能作用，在短时间内使预先涂敷在基体表面上的涂层熔融并浸润基体表面，使它们之间产生扩散互溶或界面反应，形成一条狭窄的互溶区，冷凝时又重结晶，将涂层与基体牢固结合在一起。熔融、浸润、扩散、互溶以至重结晶是真空熔结的全部过程。

（二）材料

真空熔结涂层所用的材料非常广泛，主要有：

1. 合金粉

1）常用的有 Ni 基、Co 基和 Fe 基三种硬度较高的自熔合金粉。它们都有较高的硬度、红硬性、较好的耐磨性和耐蚀性。

2）常用的有 Cu 基、Sn 基和 Ag 基三种硬度较低的有色金属及贵金属合金粉。它们适用于在一些机油润滑的摩擦副或需要抗撞击抗氧化的特定场合下作真空熔结涂层。

2. 金属元素粉

主要有 Si—Cr—Ti 系、Mo—Cr—Si 系、Si—Cr—Fe 系和 Mo—Si—B 系。

3. 混合物

为得到更好的耐磨、耐蚀或抗氧化效果，常以金属间化合物加入元素金属粉或合金粉，形成一种混合物。例如为提高抗氧化寿命，可加入 Si 化合物，即 $MoSi_2$、$CrSi_2$ 和 VSi_2 等；为提高耐磨性，常加入 WC 和 CrB 等硬质化合物。

（三）方法

根据热源与装置的不同，熔结方法有：

1. 炉中熔结

它是在真空或氩气中以电阻元件为辐射加热源的炉中熔结方法。真空环境对涂层合金与金属基体有防氧化保护作用，能得到较致密的涂层。这种方法简便易行，适用于对各种形状的金属部件，在任意部位的局部或全部进行高质量的涂层，应用较多。但是它对基体有中等程度的热影响。

2. 感应熔结

它是将顶部涂满合金粉并用硼砂覆盖的工件置于感应圈中进行感应加热。硼砂首先熔融起到了焊剂的保护作用。当温度继续升高后，合金粉熔融，数秒钟后即对工件淬冷。冷凝后的涂层其硬度可达 60～62HRC。感应熔结法一般只适用于对较小圆形零件的表面进行熔结，对基体的热影响较少，但涂层难免含有少量气孔夹杂。

3. 激光束或电子束熔结

它是用激光束或电子束作为高密度能源进行熔结。激光束熔结速率极高，涂层中的夹杂物很少，有效地克服了对基体的热影响，涂层的厚度与密度均匀性很好。电子束是一种比激光束效率更高的聚焦能源，但是电子束能量的稳定性较差，不可能产生均匀的熔融带，熔结不如激光束均匀。

（四）工艺

1. 前准备

对零件待修表面进行预加工、清洗、除油、去污等，改善表面与涂层的润湿性。

2. 调制料浆

用不含灰分的有机物，如汽油橡胶溶液、树脂、糊精或松香等作为胶粘剂与一定的涂层材料按规定比例混合，调制成料浆。

3. 涂覆

将调制好的料浆涂覆到零件表面，在80℃的烘箱中烘干，出炉后整修外形。

4. 熔结

在非氧化气氛中或 $10^{-5} \sim 10^{-6}$ MPa 的低真空钼丝炉中熔结，获得致密的合金涂层。

5. 熔结后加工。

（五）特性

合金涂层的特性主要由涂层合金的化学成分和组织结构决定。此外，涂层与基体间在熔结过程或在高温使用过程中的互扩散对涂层的性能也有十分重要的影响。

合金涂层具有良好的耐磨性，可与渗碳层相媲美；具有极好的耐腐蚀性，包括抗氧化、抗热腐蚀和耐酸、耐碱等。一般合金涂层的厚度可达到 0.02～7mm，孔隙率为零，粗糙度可达到 $R_a 2.5 \mu m$ 左右，平整度较好，涂层均匀。

（六）应用

真空熔结具有涂层、成形、钎接、封孔和修复五大功能。

1. 涂层

真空熔结除制备一般的耐磨耐蚀合金涂层外，还可制备多孔润滑涂层、增加比表面积的表面粗糙度涂层和新型的非晶态涂层。

2. 成形

它可将自熔合金粉直接熔结成各种形状的耐磨镶块，然后在较低温度下把镶块熔结焊接在工件的特定部位上。成为一种耐磨复合金属件。

3. 钎接

用真空炉中熔结法，以自熔合金粉为钎接合金，把两个或两个以上的金属条或镶块钎接成一个冶金结合的整体，成为一种复合金属耐磨件。

4. 封孔

在石油化工设备中，高压下使用的不锈钢铸件或焊件，由于本身有许多毛细孔或微观隙缝，因此造成漏气渗液而无法使用。将工件表面清洗干净，放在真空熔结炉中，熔结一层 Ni 基或 Co 基自熔性合金涂层，可实现完全密封。

5. 修复

涂层、钎接与封孔诸功能不仅能制造新件，也可以修复已磨损或断裂的旧件。许多机械设备的零部件若工作部位磨损后，都能用真空熔结涂层使其再生，整旧如新。例如当 55Cr

钢压辊的辊齿被磨损后，用硬度更高的 NiCrBSi 涂层使辊齿再生，使用寿命比新件提高 12 倍之多。又如再生的聚丙烯造粒机模板的使用寿命与新件相当，但造价仅为新件的 1/10。

二、感应熔涂

（一）原理

感应熔涂是通过专门的设备，利用感应快速趋肤致热原理，使感应线圈中的交变电磁场在工件中形成涡流，通过涡流产生的热量将各种自熔性合金粉末及金属陶瓷原料熔涂在零件表面上，形成优质涂层。

（二）设备

感应熔涂的专门设备是高频感应加热设备。它主要由三相可控整流器、电子管振荡器和控制电路三大部分组成。其中：三相可控整流器是将线电压为 380V 的工频交流电，先经过阳极变压器升压，然后整流成连续可变的高压直流电供给振荡器。振荡器则是将高压直流电转换为高频高压交流电，并经淬火变压器降低电压，通过内置工件的感应器产生强大的高频磁场，感应涡流而发热。控制电路的作用是保证感应加热设备安全运行。此外还有熔涂机床，以及包括配电柜、冷却水循环系统、碱液清洗池、喷砂设备、预涂机床、烘干箱、预加工和后加工机床等附属设备。

（三）材料

感应熔涂的涂层材料是在 Ni、Co、Fe、Cu 基合金中加入能形成低熔点共晶体的合金元素，形成一系列的自熔性合金粉末。它们具有低熔点、自脱氧造渣和多种强化相组织结构三个基本特性，有很好的耐磨、耐蚀和抗氧化能力。

（四）工艺

1. 预处理

对熔涂表面预处理，包括用溶剂法或碱液法进行清洗处理、表面预加工和表面喷砂，达到粗化、净化和活化表面的目的。这是保证熔涂质量非常重要的一步。

2. 涂层预制备

用氧—乙炔焰将涂层预喷在基体上或用胶粘剂将粉末粘接在基体上，经烘干后可直接熔涂。

3. 感应熔涂

关键是加热。要合理选择熔涂工艺参数，特别是频率和加热速度，做好工艺控制，保证涂层能同时熔化而不流出，熔渣也能浮出，减小热传导和对基体的影响。

4. 熔涂后的机械加工

注意合理选用硬质合金刀具及几何参数，合理选用砂轮，合理选择切削用量。

（五）特点

1）涂层与基体是熔融态化学结合，结合力强，不脱落。

2）预涂层经过充分熔化后再结晶，能形成优质的抗蚀耐磨显微组织。

3）利用感应快速趋肤加热，工件热影响深度极浅，制作效率高，可进行批量化生产，工艺自动控制，适于规则零件的熔涂。

4）可根据不同的环境工况变换涂层材料，得到不同的防腐耐磨涂层，而且可设计涂层寿命。

5）涂层厚度均匀，能根据需要进行调整。熔涂后的加工余量小，材料浪费少。

6）成本低，是同等厚度电镀硬铬成本的 1/2～2/3，是激光熔涂成本的 1/5。

（六）应用

广泛地用于机械、石油、冶金、矿山、化工、电力、航空、军工、工业锅炉，制药等领域，为机械设备中的关键零部件制备耐磨耐蚀涂层，或进行磨损、腐蚀后的维修。

三、表面强化

（一）喷丸强化

它是将大量高速运动的弹丸（钢丸、铸铁丸、硬质合金丸、玻璃丸等），喷射到零件表面上，犹如无数的小锤反复锤击表面，使其产生极为强烈的塑性变形和一定深度的冷作硬化层，并形成一层残余压应力来抑制表面疲劳裂纹的形成和扩展，能显著提高被修复零件在室温和高温时的疲劳强度及寿命。喷丸强化已成为近年来迅速发展并应用于零件维修的一项新技术，显示出设备简单、成本低、易操作及效率高的突出特点。

（二）电火花强化

它是指在空气中火花放电，用阳极材料使阴极工件表面合金化。合金元素同空气中离解的原子氮和碳，以及基体材料起化学反应，在表面层形成淬火组织和复杂的化合物（高弥散氮化物、氰化物和碳化物），扩散后形成耐磨强化层，改变了表面的物理和化学性能。它是电火花加工技术的分支之一，目前已在生产中得到应用，并逐步推广。

此外，表面强化还有激光强化、滚压强化、挤光强化、冲击强化、超声波强化、金刚石碾平强化、振动滚压强化、离心钢珠强化、爆炸波强化等。

四、离子注入

离子注入是将氮、碳、硼、钴、钼等一种或多种元素，在高真空中先电离成为离子，再用高压电场加速和会聚，注入到零件的表层，使它发生合金化，从而改变零件表面的成分和结构，能显著改善材料的抗疲劳和抗高温氧化性能。近年来，离子注入在零件修复中得到了广泛应用。它的优点是在真空和室温下进行，既无污染，又无加热的影响；注入元素的种类和剂量不受热力学的相变平衡图中固溶度的影响和限制。缺点是设备的投资费用较高。

五、摩擦修复添加剂

在摩擦过程中，由于加入摩擦修复添加剂后，使其产生摩擦物理和化学作用，对磨损的表面具有一定的补偿的"修复"功能。摩擦修复添加剂的作用机理与常见的活性添加剂不同，它不是以牺牲添加剂和表面物质为条件，而是在摩擦条件下，在摩擦表面上沉积、结晶、铺展成膜，使磨损得到一定补偿，并具有一定抗磨减摩作用。

常用的摩擦修复添加剂有含金刚石纳米微粒和含硼等。

第十一节　修复后的性能

机械零件通过各种修复工艺进行修复后，修复层与基体的结合型式可分为晶内结合、晶间结合和机械结合三种。晶内结合是指修复层的晶粒或部分晶粒在基体晶粒上延续生长而成的一种结合型式。它的结合力是以金属键为主，结合强度很高。例如：焊补、堆焊、电镀等；晶间结合是指基体金属不熔化，而通过修复层熔化、扩散形成的结合型式。它有较好的结合强度，但比晶内结合小，主要取决于金属键所占的比重多少。例如：氧—乙炔喷焊等；机械结合则是修复层渗入到基体金属表面凹坑中，靠范氏力形成的结合型式，结合力很小。例如：热喷涂、粘接等。特别需要指出的是各种修复工艺通常是几种结合型式并存，只不过各占比例不同。

一、修复层的主要性能

（一）结合强度

修复层的结合强度，是衡量修复质量的一个重要指标。如果修复层的结合强度不好，使用时发生脱皮、滑圈等现象，则其它性能也就变得没有意义了。但是，修复层的结合强度是一个比较复杂的问题，它不仅与修复工艺和修复层本身的结合强度有关，而且也与零件形状、刚度、表面状态和工作条件等有密切关系。由于晶内结合的结合强度高，因此各种修复工艺都力求实现全部或局部晶内结合。

结合强度按试验的方法不同可分为：抗拉、抗剪和抗扭结合强度等。其中抗拉结合强度能比较真实地反映修复层和基体金属的结合强度。对结合强度的测试可从定性和定量两方面进行。

1. 定性测试

（1）敲击 用锤子轻敲修复层，当声音清脆而不掉皮时，说明结合良好。

（2）车削或磨削 把带有修复层的圆柱形零件进行车削或磨削，能够承受切削力而不脱皮者，说明结合良好；若修复层与基体表面有分离现象，则说明它们之间的结合强度很差。

（3）划痕 用带有30°锐刃的硬质钢划刀，以足够的压力在修复层上相距2mm处划两根平行线。如果单行程就切割到基体金属，在各线之间的任一部分修复层从基体上剥落，说明结合不好。

（4）弯曲 在与工件材料相同的长×宽×高=100mm×50mm×1.2mm的板上堆积修复层，把它放在φ25mm的心轴上弯曲90°，若修复层不剥落，则说明结合良好。

（5）缠绕 把具有修复层的带或线状试件，缠绕在规定的心轴上，若有碎屑或片状剥离，说明结合强度低。

（6）热震 把具有修复层的试件加热，然后放在室温水中骤冷，修复层不应有剥离、鼓泡等现象。对氧化敏感的修复层，需在还原性气氛中加热。由于加热会提高电沉积层的结合强度，因此该方法不适于电镀层。

以上这些方法操作简便，使用广泛，但不能得出结合强度的定量数据，影响修复工艺的进一步研究。

2. 定量测试

（1）粘接法 它的原理和试件结构如图8-20所示。圆柱形试件4的端面经表面处理后进行热喷涂，而后精加工，保留涂层3的厚度约0.5mm，再将此涂层面用高强度胶（E-7）与同一尺寸试件1的端面在V形块上按粘接工艺进行粘接并固化，同时除去外表溢出的胶粘剂后形成一粘接层2。然后在万能材料试验机上无冲击地缓慢加载，拉伸速度约4mm/min，直至试件拉脱，记录其载荷。采用这种方法时，试件直径一般用φ10～40mm。涂层的结合强度σ按下式计算

$$\sigma = \frac{P}{\frac{\pi}{4}d^2} \tag{8-5}$$

式中 σ——结合强度（MPa）；

P——试件拉脱时最大拉力（N）；

d——试件直径（mm）。

粘接法简便易行，数据准确，但受胶粘剂结合强度的限制，只能用于测定结合强度小于粘接强度的喷涂材料。

（2）拉伸法　图 8-21 为修复层与基体表面的拉伸试验示意图。

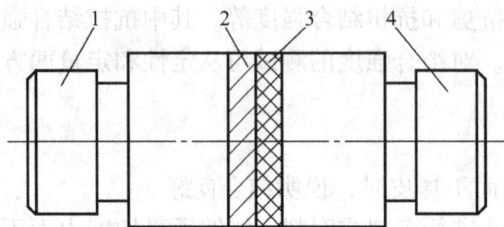

图 8-20　粘接法
1—试件　2—粘接层　3—涂层　4—试件

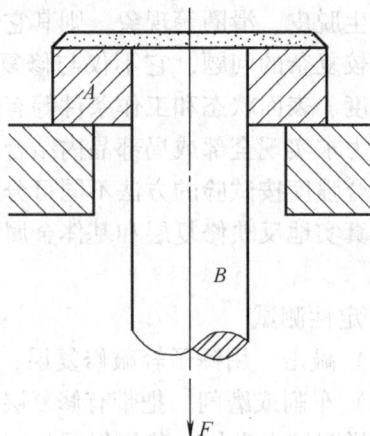

图 8-21　拉伸法

在零件 A 的中心部位加工一通孔，使内孔与活塞杆 B 为极高精度的动滑配合。零件 A 的上端面与活塞杆 B 的上端面处于同一平面上，按设计的工艺规范对此平面进行修复。然后支承起 A 的下端面，并垂直向下拉活塞杆 B。当修复层与活塞杆 B 断裂时，由所加的载荷 F 与活塞杆 B 的端面积即可测得修复层与基体的法向结合强度。

（3）锥销法　其原理和试件结构如图 8-22 所示。

按预定的工艺规范在销座 2 的上端面进行修复，获得修复层 1。然后对锥销 3 施加压力，直至修复层与销座脱开，记录其压力大小。由压力与修复层的端面积即可测得修复层与基体的法向结合强度。锥销法因小直径锥销和销座锥孔的加工较困难，且因加工误差大造成预紧力和测试结果分散，所以不甚理想。

（4）拉片法　这种方法的原理和试件结构见图 8-23。

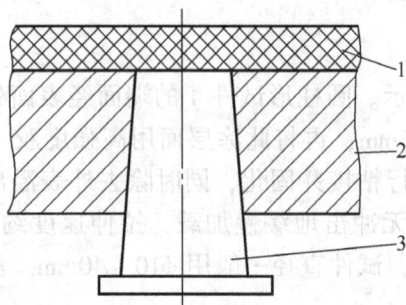

图 8-22　锥销法
1—修复层　2—销座　3—锥销

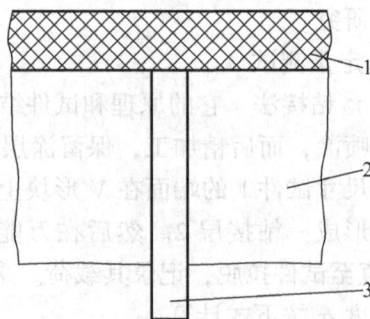

图 8-23　拉片法
1—修复层　2—夹板　3—试片

它是在锥销法的基础上进行改进，用夹板 2 代替销座，试片 3 代替锥销。这种方法预紧力小，测试数据比较集中，试件加工也较方便，且能重复使用，是一种比较理想的方法，可普遍适用。

（5）全息照相法　它是使用全息照相设备对试件进行干涉拍照，从得到的干涉图像上获取结合强度的信息。这是在各种定量测试结合强度的方法中唯一的无损检测，因而具有重要价值，但它在生产中推广应用还有一定距离。

（二）耐磨性

通常用下述几个指标定量地表征磨损现象，说明材料的磨损程度和耐磨性能。

1. 磨损量

它表示磨损过程结果的量。常用尺寸、体积或质量的减少量来表达。即线磨损量 h（单位为 mm 或 μm）、体积磨损量 V（单位为 mm^3 或 μm^3）和质量磨损量 G（单位为 g 或 mg）。

2. 磨损率

它是指磨损量对产生磨损的行程或时间之比。它可用 3 种方式表示，即：单位滑动距离的材料磨损量；单位时间的材料磨损量；每转或每一往复行程的材料磨损量。

3. 耐磨性

它表示材料抵抗磨损的性能，用规定的摩擦条件下的磨损率的倒数表示。

4. 相对耐磨性

在相同条件下，两种材料（通常以其中一种材料或试件作为标准材料或标准试件）的耐磨性之比值。它是无因次量。

耐磨性是决定零件寿命的主要因素，也是修复层的主要性能。它不仅决定于修复层的硬度，而且还与摩擦因数、磨合性和润滑条件有关。目前耐磨性尚无统一的数量指标，通常把修复层与某种标准试件在相同条件下进行磨损试验，求得相对耐磨性，即在相同条件下修复层材料与标准试件材料的耐磨性之比值。

$$\varepsilon_\gamma = \frac{\varepsilon_b}{\varepsilon_s} \tag{8-6}$$

式中　ε_γ——相对耐磨性；

ε_b、ε_s——修复层材料与标准试件材料的耐磨性。

磨损试验是在专用的磨损试验机上进行。磨损量的测量方法有很多，见表 8-16。

表 8-16　磨损量的测量方法

序号	方法	要点	应用范围
1	称重法	在精密天平上秤量试件在试验前后的质量变化而确定磨损量。此法简便易行，是一种常用方法	小试件，塑性变形不大的材料
2	测长法	用普通卡尺或测微仪测量摩擦面试验前后法向尺寸的变化来确定磨损量	表面粗糙度值小，磨损量不大的试件
3	表面轮廓法或表面粗糙度法	用轮廓仪或表面粗糙度仪测量摩擦表面磨损前后的轮廓或表面粗糙度变化来确定磨损量，它可全面评价磨损表面的特征	磨损量非常小的超硬材料，如陶瓷、硬涂层等，或轻微磨损
4	刻痕法	用专门的金刚石在经受磨损的零件或试件表面上预先刻上压痕，最后用显微镜或硬度计测量磨损前后刻痕尺寸的变化确定磨损量	方便地用于测定气缸套和机床导轨的磨损

（续）

序号	方 法	要 点	应 用 范 围
5	金相分析法	用光学显微镜或电子显微镜观察摩擦表面磨损前后显微组织的变化，分析其变化规律，判断磨损程度	特别适用于研究疲劳和腐蚀磨损
6	化学分析法	铁质零件在给定的润滑条件下试验，从润滑油取样，烧成灰烬后再用化学定性定量法分析其组成，按润滑油中含铁量高低估计零件的磨损程度	在发动机试验中评定主要零件的磨损率，及某些因素对磨损影响
7	放射性同位素法	试件先进行放射性同位素活化，使之带有放射性，然后进行磨损试验，测量磨屑的放射性计量或活化试件的放射性强度下降量或金属转移量，定量地换算出磨损量	适用于测量精度要求高的试件
8	分析润滑油中含铁量法	从机械设备中抽出带有磨损碎屑的润滑油，利用光谱技术和铁谱技术分析磨屑中的金属种类、含量、形状、尺寸、材料成分，从而判别零件磨损情况	能确定磨损情况，进行工况监测

提高修复层耐磨性的主要途径有：

（1）提高硬度　提高修复层的硬度可提高其耐磨性。但硬度太高，脆性相应增加，耐磨性反而下降。因此，在维修中应提倡等硬度观点，使修复层的硬度尽量与原件相等。

（2）细化晶粒　晶粒细化的修复层，在相同面积内的晶界增多，修复层的强度和硬度同时增加，其耐磨性也相应提高。

（3）改善金相组织　碳钢的基本相是铁素体和渗碳体，加入适量的合金元素，使之强化。Ni、Si、Al、Co 等元素通常溶于铁素体，形成固溶强化；Cr、W、Mo、V 等元素能置换渗碳体中的 Fe，形成高硬度的碳化物，在软基体上均匀分布硬质点，是理想的耐磨组织。

（4）改善抗粘着磨损性能　In、Mo 的抗粘着磨损性能好，在修复层表面电镀或刷镀一层 In 或 In 的合金，在热喷涂层中加入 Mo，都能显著地提高抗粘着磨损性能。

（5）形成多孔表面　修复层表面有很多微孔，能储存润滑油，改善润滑条件，提高耐磨性。热喷涂和电镀后经阳极处理得到的多孔镀层，均能提高耐磨性。

（三）疲劳强度

许多机械零件都是在交变载荷下工作。修复层的疲劳强度不仅影响零件的使用寿命，而且也关系到机械设备在使用过程中发生事故的可能性。

修复层使零件疲劳强度降低的原因主要是：零件表面受到损伤，修复层与零件表面之间存在内应力等。

1. 影响疲劳强度的因素

（1）疲劳源　零件中的缺陷、热喷涂层中的多孔隙、焊接产生的气孔等都是造成疲劳强度降低的根源。

（2）残余应力　表面层若保留残余拉应力，将降低零件的疲劳强度；而保留残余压应力，则可提高疲劳强度。

（3）氢脆　堆焊材料中的油、水处理不彻底，或电镀规范掌握不好，氢原子会进入修复层而形成氢脆，它将降低零件的疲劳强度。

2. 提高疲劳强度的措施

1）加强焊接过程的保护，防止空气中的杂质和有害气体进入熔池，形成气孔，减少修复层的缺陷。

2）改进热喷涂前的预处理工艺，进行粗糙处理。试验表明，喷砂处理可以提高零件的疲劳强度，这是喷砂时，砂粒的撞击使零件表层产生压应力的结果。由于车螺纹、镍拉毛等都会引起零件疲劳强度的降低，所以被喷砂处理逐步取代。

3）热喷涂前和堆焊后应进行滚压强化处理，使零件表面的金属经冷压后产生强化作用，组织更致密，硬度和疲劳强度相应得到提高。

4）对埋焊层应进行渗氮处理。焊前要对焊丝进行除油、去锈，对焊剂进行烘焙，减少气孔和渗氢。

5）优选电镀规范，减少渗氢。

6）修复层应作回火处理，降低残余拉应力，同时也可驱氢。

（四）耐腐蚀性

金属的腐蚀过程虽然缓慢，但它带来的危害却相当大，破坏机械设备的正常工作，降低使用寿命甚至报废，因此耐腐蚀性也是修复层的重要性能。

防止金属腐蚀的方法很多，大致可分三大类，即外围介质的处理、电化保护法和保护镀层。其中保护镀层是用得最普遍的。通常在零件表面镀以金属膜或非金属膜，以及给金属表面加以适当的化学处理，其中热喷涂、金属电镀用得最多。但是必须注意：如果修复层与基体材料不同，修复后会加重电化学腐蚀；修复层若有残余应力也会加重应力腐蚀；进行修复层设计时，要充分考虑到零件修复后的工作条件、环境等问题，根据特点选用耐腐蚀性较好的工艺；要按工艺规范进行修复；在修复过程中，零件经常接触各种酸、碱性材料，修复后要及时进行中和处理。

几种修复工艺及其修复层的力学性能见表 8-17。

表 8-17　几种修复层的力学性能

修复工艺	修复层本身抗拉强度/MPa	修复层与 45 钢的结合强度/MPa	修复后疲劳强度降低的百分数（%）	硬　度
手工电弧堆焊	300 ~ 450	300 ~ 450	36 ~ 40	210 ~ 420HBS
埋弧堆焊	350 ~ 500	350 ~ 500	36 ~ 40	170 ~ 200HBS
振动堆焊	620	560	与 45 钢相近	25 ~ 60HRC
铜　焊	287	287	—	—
银焊（含银45%）	400	400	—	—
锰青铜钎焊	350 ~ 450	350 ~ 450		217HBS
镀　铬	400 ~ 600	300	25 ~ 30	600 ~ 1000HV
低温镀铁	—	450	25 ~ 30	45 ~ 65HRC
低温镀铜	—	320	—	56 ~ 62HRC
热镀铜	230 ~ 300	170 ~ 210	25 ~ 30	140 ~ 200HBS
金属喷涂	80 ~ 110	40 ~ 95	45 ~ 50	200 ~ 240HBS
环氧树脂粘接	—	热粘 20 ~ 40 冷粘 10 ~ 20	—	80 ~ 120HBS

二、改善修复层性能的主要工艺措施

为避免和减少修复工艺对基体的影响，保证和改善修复层的性能，从前面已介绍过的几种修复工艺过程中总结归纳以下主要措施。

（一）修复前的准备

1. 机械加工

待修复表面一般先进行机械加工，其目的是为了恢复待修表面的形状，使修复层厚度均匀；除去待修表面的疲劳层，延长疲劳寿命。

2. 清洗

清除待修表面的油、锈及其它污染膜，其目的是为了提高结合强度，减少修复层的气孔和夹渣，提高疲劳强度。

3. 活化

用酸性水溶液组成的各种活化液，通过电化学的方法，同时伴随机械摩擦运动，去除待修表面上的氧化膜、杂质和残留物，从而使基体金属显露出其纯净的显微组织，有利于分子结合，提高结合强度。

4. 粗化

对待修表面进行车螺纹、镍拉毛或喷砂等粗糙处理，增大表面粗糙度值和不平度，增强修复层与基体的机械结合作用，提高结合强度。喷砂还可以降低疲劳强度。

5. 滚压或喷丸

在待修表面滚压或喷丸，改变金属表面的组织和结构，使表面硬度提高，使表面层产生相当大的残余压应力，提高基体的耐磨损和耐接触疲劳性能。

6. 预热

它能提高基体表面原子的活力，提高结合强度，减轻加热温度不均匀的程度，降低应力、减少变形。

（二）修复过程

1. 采用过渡层

电镀前，通常在基体表面先镀一层铜，利用铜与各种金属都能良好地结合的特点，提高结合强度。在刷镀中，经常要先刷镀一层特殊镍或碱铜作为过渡层，提高镀层与基体的结合强度和稳定性，并使工艺简化。热喷涂前，先在待喷涂表面喷涂上一层镍包铝或铝包镍，通过它的放热效应，在许多微区形成冶金结合，提高结合强度。

2. 采用特殊的起镀工艺

电镀起镀时，通常用两倍于正常电流密度的大电流进行冲击，造成大的极化度，形成大量晶核，从而细化晶粒，提高结合强度。在镀铁中用不对称交流起镀和小电流起镀，均能提高结合强度，减低镀层的内应力。

3. 采用复合层设计

堆焊时，先用普通结构钢焊条或普通堆焊焊条打底，然后再在其上面堆一层加强层，这样做既可节约贵重材料，又可提高耐磨性和耐腐蚀性。

（三）修复后处理

1. 回收

许多镀液价值很高，从镀槽中取出的工件要先在蒸馏水中回收。

2. 中和

若修复表面有酸、碱等物，为防止腐蚀工件需进行中和。

3. 热处理

把热喷涂或电镀后的工件放入 200～300℃ 的回火炉中或 80～100℃ 的热机油中进行处理，可驱氢，并消除应力，提高结合强度和疲劳强度。

4. 保温

堆焊后的工件要保温缓冷，其作用是降低残余应力、改善组织、减少淬硬性和冷裂纹。

5. 机械加工

热喷涂后的工件应进行机械加工，一般先车削，后磨削，达到修复要求。刷镀后的工件，需要时也要进行机械加工。

6. 清理

焊后残留在焊缝表面及边缘附近的熔渣和熔剂，能与金属起化学反应，引起腐蚀，因此焊后要及时清理。其它修复工艺修复后也需进行必要的清理。

7. 检验

修复后都应进行必要的质量检验，保证满足修复要求。不符合要求的应重新修复。

第十二节　修复工艺的选择和工艺规程的制订

在机械设备维修中，充分利用修复技术，选择合理的修复工艺，制订修复工艺规程，具有重要意义。

一、几种主要修复工艺的优缺点及应用范围

虽然前面已介绍了几种主要修复工艺，但是为便于对它们进行比较，以利于合理选择使用，现列表简要归纳它们的优缺点及其应用范围，见表8-18。

表8-18　几种修复工艺的优缺点及应用范围

修复工艺		优　点	缺　点	应　用　范　围
镶套法		可恢复零件的名义尺寸，修复质量较好	降低零件强度，加工较复杂，精度要求较高，成本较高	适用于磨损量较大场合，如气缸、壳体、轴承孔、轴颈等部位
修理尺寸法		工艺简单，修复质量好，生产率高，成本较低	改变了零件尺寸和质量，需供应相应尺寸配件，配合关系复杂，零件互换性差	发动机上重要配合件，如气缸和活塞、曲轴和轴瓦、凸轮轴和轴套、活塞销和铜套等
压力加工法（塑性变形）		不需要附加的金属消耗，不需要特殊设备，成本较低，修复质量较高	修复次数不能过多，劳动强度较大，加热温度不易掌握，有些零件结构限制此工艺应用，强度有所降低	适用于设计时留有一定的"储备金属"，以补偿磨损的零件，如气门、活塞销、犁铲等
热喷涂	金属线材喷涂	生产率较高，涂层耐磨性好，热影响极小，零件基本上不变形	结合强度低，涂层本身强度较低，金属丝利用率较低，疲劳强度降低	适用于要求结合强度不高的轴类零件，也可喷涂修复直径较大的内孔，主要用于曲轴修复

（续）

修复工艺		优 点	缺 点	应 用 范 围
热喷涂	氧—乙炔焰粉末喷涂	设备和工艺较简单，涂层质量和耐磨性能主要决定于粉末质量，热影响较小，基本不变形，生产率较高	对金属粉末的粒度和质量要求较严，粉末的价格较贵、结合强度较低	适用于修复各种要求结合强度不高的磨损部位，也可修复内孔，如曲轴、缸套等
	等离子粉末喷涂	弧焰温度高、气流速度大，惰性气体保护，涂层质量高，耐磨性能好，结合强度较高，热影响较小，生产率较高	设备和工艺较复杂，粉末成本高，惰性气体供应点少，对安全保护要求较严，推广受到一定限制	适用于修复各种零件的耐磨，耐蚀表面，如轴颈、轴孔、缸套等，有广阔的发展前途
堆焊	手工电弧堆焊	设备简单、适应性强、灵活机动，采用耐磨合金堆焊能获得高质量的堆焊层，可焊补铸铁	生产率低，劳动强度大，变形大，加工余量大，成本较高，修复质量主要取决于焊条和工人的技术水平	用于磨损表面的堆焊及自动堆焊难以施焊的表面，或没有自动堆焊的情况下，适用范围广
	振动堆焊	热影响小，变形小，结合强度较高，可获得需要的硬度，焊后不需热处理，工艺较简单，生产率高，成本低	疲劳强度较低，硬度不均匀，易出现气孔和裂纹，噪声较大，飞溅较多	机械设备的大部分圆柱形零件都能堆焊，可焊内孔、花键、螺纹等
	埋弧堆焊	质量好，力学性能较高，气孔、裂纹等缺陷较少，热影响小，变形较小，生产率高，成本低	需要专用焊丝，低碳、锰硅含量较高，飞溅较多，设备较复杂，需要 CO_2 气体供应系统	应用较广，可堆焊各种轴颈、内孔、平面和立面，尤其是适用堆焊小直径零件、铸铁件等
	等离子弧堆焊	弧柱温度高，热量集中，可堆焊难熔金属，零件变形小，堆焊质量好，耐磨性能好，延长零件使用寿命，可节约贵重金属	设备较复杂，粉末堆焊时，制粉工艺较复杂，目前生产惰性气体的单位少，对安全保护要求较严	用于耐磨损、耐高温、耐腐蚀及其它有特殊性能要求的表面堆焊，如气门、犁铲和重要的轴类零件等
氧——乙炔焰喷焊		在氧—乙炔焰喷涂的基础上增加了重熔工艺，结合强度较高，工艺较简单、灵活	热影响较大，零件易变形，对金属粉末质量要求较严，粉末熔点低于1100℃	适用于修复较小的零件，如气门、油泵、凸轮轴等
电镀	镀铬	镀层强度高、耐磨性好、结合强度较高，质量好，无热影响	工艺较复杂，生产率低，成本高，沉积速度较慢，镀层厚度有限制，污染严重，对安全保护要求严格	适用于修复质量较高，耐磨损和修复尺寸不大的精密零件，如轴承、柱塞、活塞销等
	镀铁	镀层沉积速度高，电流效率高，耐磨性能好，结合强度较高，无热影响，生产率高	工艺较复杂，对合金钢零件结合强度不稳定，镀层的耐腐蚀、耐高温性能差	适于修复各种过盈配合零件和一般的轴颈及内孔，如曲轴等

（续）

修复工艺	优 点	缺 点	应 用 范 围
刷 镀	基体金属性质不受影响，不变形，不用镀槽，设备轻便、简单零件尺寸不受限制，工艺灵活，操作方便，镀后不需加工，生产率高	不适宜大面积、大厚度、低性能的镀层，更不适于大批量生产	适用于小面积、小厚度、高性能镀层，局部不解体，现场维修，修补镀镀产品的缺陷，各种轴类、机体、模具、轴承、键槽、密封表面等修复
粘 接	工艺简单易行，不需复杂设备，适用性强，修复质量好，无热影响，节约金属，成本低，易推广	粘接强度和耐高温性能尚不够理想，工艺严格，工艺过程复杂	适用于粘补壳体零件的裂纹，离合器片，密封堵漏，代替过盈配合，防松紧固，应用范围广
粘 涂	材料品种多，工艺简单，不产生热影响区和变形，不需专门设备，可现场作业，安全可靠	受胶粘剂性能限制，耐温性不好，抗剥离强度较低，易燃和有毒	适用于特殊场合、结构、要求的失效零部件，铸造缺陷修补，磨损尺寸超差和划伤修复，作防腐层，密封堵漏

几种常用修复工艺的有关参数比较见表 8-19。

表 8-19　几种常用修复工艺的有关参数比较

有关参数	热喷涂	堆 焊	电 镀
零件尺寸	几乎不受限制	易变形件除外	受电镀槽尺寸限制
零件几何形状	一般适用于简单形状	对小孔有困难	范围很广
零件材料	几乎不受限制	金属材料	导电或经过导电化处理的材料
表面材料	几乎不受限制	金属材料	金属、简单合金
涂层厚度/mm	1 ~ 25	达 25	达 1
涂层孔隙率/%	1 ~ 15	通常无	通常无
涂层与基体结合强度	一般	高	良好
热输入	低	通常很高	无
预处理	喷砂	机械清洁	化学清洁
后处理	通常不需要	消除应力	通常不需要
公 差	小	大	较小
表面粗糙度值	较小	较大	极小
沉积速率/kg/h	1 ~ 30	1 ~ 70	0.25 ~ 0.50

二、修复工艺的选择原则

合理选择修复工艺是维修中的一个重要问题，特别是对于一种零件存在多种损坏形式，或一种损坏形式可用几种修复工艺维修的情况下，选择最佳修复工艺显得更加必要。在选择和确定合理的修复工艺时，要保证质量、降低成本、缩短周期，从技术经济观点出发，结合本单位的实际生产条件，需考虑以下原则。

1. 工艺合理

采用的修复工艺应能满足待修零件的修复要求，并能充分发挥该工艺的特点。

（1）**工作条件** 载荷、速度、温度、润滑、配合、工作面间介质等不同，采用的修复工艺也应不一样。例如，气缸体冻裂，一般用粘接；而后桥和变速箱壳体、轴承座孔间的裂纹，就不能用粘接修复；缸盖气门口间的裂纹，因工作温度高，也不能用一般的粘接修复，而需要用栽丝和打孔灌注无机胶粘剂相结合，或用焊补法修复。滑动配合的零件表面，其承受的接触应力较低，各种修复工艺的覆盖层都可胜任。仅从这点考虑，滚动配合的零件表面，承受的接触应力较高，只有镀铬、喷焊、堆焊等工艺可满足；承受冲击载荷的零件，宜采用喷焊、堆焊工艺。

（2）**磨损程度** 各种零件由于磨损程度不同，修复时要补偿的修复层厚度也各有所异。因此，必须掌握各种修复工艺所能达到的修复层厚度。表 8-20 是几种常用修复工艺能达到的修复层厚度。当零件的直径磨损量超过 1mm 时，用镀铬修复显然是不合适的。

表 8-20 几种常用修复工艺能达到的修复层厚度

修复工艺	修复层厚度/mm	修复工艺	修复层厚度/mm
镀铬	0.05~1.0	手工电弧堆焊	0.1~3.0
低温镀铁	0.1~5.0	振动堆焊	0.5~3.0
镀铜	0.1~5.0	埋弧堆焊	0.5~20.0
刷镀	0.001~2.0	等离子弧堆焊	0.5~5.0
氧—乙炔焰喷涂	0.05~2.0	氧—乙炔焰喷焊	0.5~5.0
热喷涂	0.1~3.0	钎焊	0.03~5.0
粘接	0.05~3.0		

（3）**零件特征** 它包括零件材料、尺寸、结构、形状及热处理等。几种修复工艺对常用材料的适用范围见表 8-21。

表 8-21 几种修复工艺对常用材料的适用范围

修复工艺	低碳钢	中碳钢	高碳钢	合金结构钢	不锈钢	灰铸铁	铜合金	铝
镀铬	+	+	+	-	-	+		
镀铁	+	+	+	+	+	+		
镀铜	+	+	+	+	+			-
气焊	+			+				
手工电弧堆焊	+	+	-	+	+			
振动堆焊	+	+	+	+				
埋弧堆焊	+							
等离子弧堆焊	+	+	-	+	+			
热喷涂	+	+	+	+	+	+	+	+
氧—乙炔焰喷焊	+	+	-	+	-			
钎焊	+	+	+	+	+	+	+	-
粘接	+	+	+	+	+	+	+	+
金属扣合						+		
塑性变形（压力加工）	+	+					+	+

注：表中的"＋"表示修复效果良好；"－"能修复，但需采取一些特殊措施；空格表示不适用。

例如：热喷涂工艺在零件材质上的适用范围较宽，它对绝大部分黑色金属及合金均适用；对少数有色金属及合金（纯铜、钨合金、钼合金等）热喷涂则较困难，主要是这些材料的导热系数很大，喷涂材料与它们熔合困难。喷焊工艺对材质的适应性较复杂，铝、镁及其合金，青铜、黄铜等材料不适用于喷焊。球墨铸铁曲轴的可焊性较差，用堆焊修复就不如用等离子喷涂或低温镀铁效果好。

零件本身的尺寸结构和热处理特性限制了某些工艺的采用。例如：直径较小的零件用埋弧堆焊和喷涂修复就不合适；平面用热喷涂修复其结合强度更低；用堆焊法修复零件，不可避免地会破坏零件的热处理状态；轴上螺纹车小时，要考虑螺母的拧入是否受到附近轴径尺寸较大部位的限制；电动机端盖轴承孔磨损，不宜用镶套法修复。

(4) 精度和性能　修复工艺对零件的精度及力学性能均有不同程度的影响，选择修复工艺就应该考虑修复层的硬度、加工性、耐磨性、密实性、精度等。例如，要保持磨合面的润滑性能，提高零件的耐磨性，可采用多孔镀铬、镀铁、热喷涂、振动堆焊等工艺；电镀、热喷涂、粘接等工艺对零件的组织几乎没有影响，受热变形也小；而电弧焊、气焊、堆焊等工艺，由于高温使热影响区的金属组织及力学性能要发生变化，所以只适用于焊修后需要加工整形的零件、未淬硬及焊后要进行热处理的零件。

2. 经济合算

所谓经济合算，是指不单纯考虑工艺的直接消耗，即修复费用低，同时还要考虑零件的使用寿命。通常下式比较

$$\frac{S_修}{T_修} \leqslant \frac{S_新}{T_新} \tag{8-7}$$

式中　$S_修$——修复旧件的费用（元）；

$\quad\quad T_修$——零件修复后的使用期（日或公里）；

$\quad\quad S_新$——新件的制造费用（元）；

$\quad\quad T_新$——新件的使用期（日或公里）。

上式说明，若修复件的单位使用寿命所需用的修复费用低于新制造件的单位使用寿命所需用的制造费用，则可认为选用的修复工艺是经济的。但是，还需注意考虑因缺乏备品配件而停机停产造成的经济损失情况。这时即使所采用的修复费用较高，若从整体的经济方面分析还可取，则应不受上式限制。有的工艺虽然修复成本很高，但其使用寿命却高出新件很多，则也应认为是经济合算的工艺。

3. 效率提高

修复工艺的生产效率可用自始至终各道工序时间的总和表示。总时间愈长，工艺效率就愈低。以车轮轮缘修复工艺为例，镶焊或锻焊成的钢圈，从制圈到装配焊成需要多道工序、多种设备，生产效率低；而用堆焊法修复，省略气割和焊接钢圈两道工序，直接将金属丝熔化在轮缘上，不仅效率提高了，而且车轮的力学性能也得到改善。

4. 生产可能

选择修复工艺时，还要注意本单位现有的生产条件、修复技术水平、协作环境，考虑修复工艺的可行性。同时，努力创造条件，不断更新现有的修复技术，推广和采用先进的修复工艺。

总之，选择修复工艺时，不能只从一个方面考虑问题，而应综合分析比较，从中确定最优方案，直至做到工艺上合理、经济上合算、生产上可能。

三、修复工艺规程的制订

1. 调查研究

1）查明零件存在缺陷的部位、性质、损坏程度；

2）分析零件的工作条件、材料、结构和热处理等情况；

3）明确修复技术要求；

4）根据本单位的具体情况，比较各种修复工艺的特点。

2. 确定修复方案

在调查研究的基础上，根据零件各损坏部位的情况和修复工艺的适用范围，以及工艺选择的原则，确定合理的修复方案。

3. 制订修复工艺规程

修复方案确定后，按一定原则拟订先后顺序，形成修复工艺规程。这时应注意以下问题。

（1）合理编排顺序　应该做到：

1）变形较大的工序应排在前面，电镀、热喷涂等工艺，一般在压力加工和堆焊修复后进行；

2）零件各部位的修复工艺相同时，应安排在同一工序中进行，减少被加工零件在同一车间多次往返；

3）精度和表面质量要求高的工序应排在最后。

（2）保证精度要求　必须合理选择基准：

1）尽量使用零件在设计和制造时的基准；

2）原设计和制造的基准被破坏，必须安排对基准面进行检查和修正的工序；

3）当零件有重要的精加工表面不修复，且在修复过程中不会变形，可选该表面为基准。

（3）保证足够强度　为此：

1）零件的内部缺陷会降低疲劳强度，因此对重要零件在修复前后都要安排探伤工序。

2）对重要零件要提出新的技术要求，如加大过渡圆角半径、提高表面质量、进行表面强化等，防止出现疲劳断裂。

（4）安排平衡试验工序　为保证高速运动零件的平衡，必须规定平衡试验工序。例如曲轴修复后应做动平衡试验。

（5）保证适当硬度　必须保证零件的配合表面具有适当的硬度，绝不能为便于加工而降低修复表面的硬度；也要考虑某些热加工修复工艺会破坏不加工表面的热处理性能而降低硬度。因此：

1）保护不加工表面的热处理部分；

2）最好选用不需热处理就能得到高硬度的工艺，如镀铬、镀铁、等离子弧喷焊、氧—乙炔焰喷焊等；

3）当修复加工后必须进行热处理时，尽量采用高频淬火。

第九章 维修实践

第一节 轴的修复

轴是最容易磨损或损坏的零件，常见的失效形式、损伤特征、产生原因及维修方法见表9-1。

表9-1 轴常见的失效形式、损伤特征、产生原因及维修方法

失效形式		损 伤 特 征	产 生 原 因	维 修 方 法
磨损	粘着磨损	两表面的微凸体接触，引起局部粘着、撕裂，有明显粘贴痕迹	低速重载或高速运转、润滑不良引起胶合	1. 修理尺寸法 2. 电镀 3. 热喷涂 4. 镶套 5. 堆焊 6. 粘接 7. 刷镀 8. 粘涂
	磨粒磨损	表层有条形沟槽刮痕	较硬杂质介入	
	疲劳磨损	表面疲劳、剥落、压碎、有坑	受变应力作用，润滑不良	
	腐蚀磨损	接触表面滑动方向呈均细磨痕，或点状、丝状磨蚀痕迹，或有小凹坑、伴有黑灰色、红褐色氧化物细颗粒、丝状磨损物产生	在氧化性、腐蚀性较强的气、液体作用，外载荷或振动作用下，在接触表面产生微小滑动	
断裂	疲劳断裂	可见到断口表层或深处的裂纹痕迹，并有新的发展迹象	交变应力作用、局部应力集中、微小裂纹扩展	1. 焊补 2. 焊接断轴 3. 断轴接段 4. 断轴套接
	脆性断裂	断口由裂纹源处呈鱼骨状或人字形花纹状扩展	温度过低、快速加载、电镀等使氢渗入轴中	
	韧性断裂	断口有塑性变形和挤压变形痕迹，颈缩现象或纤维扭曲现象	过载、材料强度不够、热处理使韧性降低，低温、高温等	
过量变形	过量弹性变形	受载时过量变形，卸载后变形消失，运转时噪声大，运动精度低，变形出现在受载区或整轴上	轴的刚度不足、过载或轴系结构不合理	1. 冷校 2. 热校
	过量塑性变形	整体出现不可恢复的弯、扭曲与其它零件接触处呈局部塑性变形	强度不足、过载过量，设计结构不合理，高温导致材料强度降低，甚至发生蠕变	

具体的修复内容主要有以下要点。

一、中心孔损坏

修复前，首先除去孔内的油污和铁锈，检查损坏情况，如果损坏不严重，用三角刮刀或油石等进行修整；损坏严重时，应将轴安装在车床上用中心钻加工修复，直至符合规定的技术要求。

二、轴颈磨损

轴颈因磨损而失去正确的几何形状和尺寸，变成椭圆形或圆锥形。常用以下方法修复：

1. 镶套法

当轴颈磨损量小于0.5mm时，可用机械加工方法使轴颈恢复正确的几何形状，然后按轴颈的实际尺寸选配新轴衬。这种用镶套法进行修复可避免变形，经常使用。

2. 堆焊法

几乎所有的堆焊工艺都能用于轴颈的修复。堆焊后不进行机械加工的，堆焊层厚度应保持在1.5~2.0mm；若堆焊后仍需进行机械加工的，堆焊层厚度应比轴颈名义尺寸大2~3mm，堆焊后应进行热处理退火。

3. 电镀或热喷涂

当轴颈磨损量在0.4mm以下时，可用镀铬修复，但成本较高，只适于重要的轴。对于非重要的轴应用镀铁修复，用低温镀铁效果很好，原材料便宜、成本低、污染小，镀层厚度可达1.5mm，硬度较高。磨损量不大的也可用热喷涂修复。

4. 粘接修复

把磨损的轴颈车小1mm，然后用玻璃纤维蘸上环氧树脂胶，一层一层地缠在轴颈上，待固化后加工到规定的尺寸。

三、圆角

圆角对轴的使用性能影响很大，特别是在交变载荷作用下，因轴颈之间突变部分的圆角被破坏或圆角半径减小，易使轴折断。因此，圆角的修复不可忽略。

圆角的磨伤可用细锉或车削、磨削修复。当圆角磨损很大时，需要进行堆焊，然后退火车削到原尺寸。圆角修复后，不允许留有划痕、擦伤或刀迹，圆角半径也不许减小，否则会减弱轴的性能并导致轴的损坏。

四、螺纹

当轴表面上的螺纹碰伤，螺母不能拧入时，可用圆板牙或车削修整。若螺纹滑牙或掉牙时，可先把螺纹全部车削掉，然后进行堆焊，再车削加工修复。

五、键槽

当键槽只有小凹痕、毛刺和轻微磨损时，可用细锉、油石或刮刀等进行修整。若键槽磨损较大时，可扩大键槽或重新开槽，并配大尺寸的键或阶梯键；也可在原槽位置上旋转90°或180°重新按标准开槽。开槽前需先把旧键槽用气焊或电焊填满。

六、花键槽

1）当键齿磨损不大时，先将花键部分退火，进行局部加热，然后用钝錾子对准键齿中间，再用锤子敲击，并沿键长移动，使键宽增加0.5~1.0mm，花键被挤压后，劈成的槽可用电焊焊补，最后进行机械加工和热处理。

2）堆焊法。一般采用纵向或横向施焊的自动堆焊。纵向堆焊时，把清洗好的花键轴装到堆焊机床上，机床不转动，将振动堆焊机头旋转90°，并将焊嘴调整到与轴中心线成45°角的键齿侧面。焊丝伸出端与工件表面的接触点应在键齿的节径上，由床头向尾架方向施焊。横向施焊与一般轴类零件修复时的自动堆焊相同。为保证堆焊质量，焊前应将工件预热。堆焊结束时，应在焊丝离开工件后再断电，以免产生端面弧坑。

堆焊后要重新进行铣削或磨削，达到规定的技术要求。

3）低温镀铁。按照规定的工艺规程进行低温镀铁，镀后进行磨削，符合技术要求。

七、裂纹和折断

轴出现裂纹后若不及时修复，就有折断的危险。对受载不大或不重要的轴，当径向裂纹不超过轴直径的 10% 时，可用焊补修复。焊补前，必须认真做好清洁工作，并在裂纹处开坡口。焊补时，先在坡口周围加热，然后再进行焊补。为消除内应力，焊后需进行回火处理，最后通过机械加工满足尺寸要求。

对于轻微裂纹还可用粘接修复，先在裂纹处开槽，然后用环氧树脂胶填补和粘接，待固化后进行机械加工。

对轴上有深度超过轴直径 10% 的裂纹或角度超过 10° 的扭转变形，且是受载很大或重要的轴，应予以调换。

当载荷大或重要的轴出现折断时，应及时调换。一般受力不大或不重要的轴，可用图9-1 所示的方法进行修复。

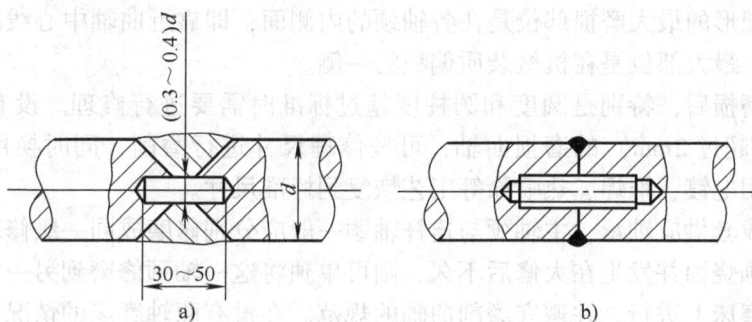

图 9-1　断轴修复

图中 9-1a 是用焊接法把断轴两端对接起来。焊接前，先将两轴端面钻好圆柱销孔、插入圆柱销、然后开坡口进行对接。圆柱销直径一般为 (0.3 ~ 0.4) d，d 为断轴外径。图中 b 是用双头螺柱代替前面的圆柱销。

若轴的过渡部位折断，可另车一段新轴代替折断部分，新轴一端车出带有螺纹的尾部，旋入轴端已加工好的螺纹孔内，然后进行焊接。

有时折断的轴其断面经过修整后，使轴的长度缩短了，此时需要采用接段修理法进行修复，即在轴的断口部位再接上一段轴颈。

八、弯曲

对弯曲量较小的轴，一般小于长度的 8/1000，可用冷校法进行校正。通常对普通的轴可在车床上校正，也可用千斤顶或螺旋压力机进行校正。这些方法的弯曲量能达到 1m 长是0.05 ~ 0.15mm，可满足一般低速运行的机械设备要求。对要求较高、需精确校正的轴，或弯曲量较大的轴，则用热校法进行校正。通过加热，使温度达到 500 ~ 550℃，然后待冷却进行校正。加热时间根据轴的直径大小、弯曲量和加热设备确定。热校后应使轴的加热处退火，达到原来的力学性能和技术要求。

九、其它

外圆锥面和圆锥孔磨损，均可用车削或磨削加工到较小或较大尺寸，达到修配要求，另外配相应的件；轴上销孔磨损了，也可铰大一些，另配销子；轴上的扁头、方头及球面磨损可用堆焊或加工修整几何形状；当轴的一端损坏，可切削损坏的一段，再焊上一段新的，并加工到要求的尺寸。

十、曲轴的修复

曲轴是机械设备中一种较重要的零件，它的制造工艺比较复杂，造价较高，因此修复曲轴是维修中一项重要工作。

曲轴常见的故障有：曲轴弯曲、轴颈磨损、表面疲劳裂纹和螺纹破坏等。

1. 曲轴弯曲校正

将曲轴置于压床上，用 V 形铁支承两端主轴颈，并在曲轴弯曲的反方向对其施压，产生弯曲变形。若曲轴弯曲程度较大，为防止折断，校正可分几次进行。经过冷压校的曲轴，因弹性后效作用还会使其重新弯曲，最好施行自然时效处理或人工时效处理，消除冷压产生的内应力，防止出现新的弯曲变形。

2. 轴颈磨损修复

主轴颈的磨损主要是失去圆度和圆柱度，最大磨损部位是在靠近连杆轴颈的一侧。连杆轴颈磨损成椭圆形的最大磨损部位是在各轴颈的内侧面，即靠近曲轴中心线的一侧。连杆轴颈的锥形磨损，最大部位是在机械杂质偏积的一侧。

曲轴轴颈磨损后，特别是圆度和圆柱度超过标准时需要进行修理。没有超过极限尺寸（最大收缩量不超过 2mm）的磨损曲轴，可按修理尺寸进行磨削，同时换用相应尺寸的轴承，否则应采用电镀、堆焊、热喷涂等工艺恢复到标准尺寸。

为有利于成套供应轴承，主轴颈与连杆轴颈一般应分别修磨成同一级修理尺寸。特殊情况，如个别轴颈烧蚀并发生在大修后不久，则可单独将这一轴颈修磨到另一等级。曲轴磨削可在专用曲轴磨床上进行，并遵守磨削曲轴的规范。在没有曲轴磨床的情况下，也能用曲轴修磨机或在普通车床上磨修，不过需配置相应的夹具和附加装置。

磨损了的曲轴轴颈还可用焊贴切分轴套的方法进行修复，如图 9-2 所示。

先把已加工的轴套 2 切分开，然后焊贴到曲轴磨损的轴颈 1 上，并将两个半套也焊在一起，再用通用的方法加工到公称尺寸。

不同直径的曲轴和不同的磨损量，所采用的切分轴套的壁厚也不一样。当曲轴的轴颈为 50 ~ 100mm，切分轴套的厚度可取 4 ~ 6mm；当轴颈为 150 ~ 200mm，切分轴套的厚度为 8 ~ 12mm。切分轴套在曲轴的轴颈上焊接

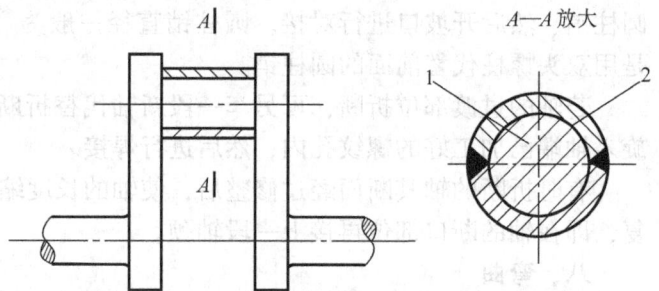

图 9-2　曲轴轴颈的修复
1—曲轴轴颈　2—轴套

时，应先将半轴套铆焊在曲轴上，然后再焊接其切口，轴套的切口可开 V 形坡口。为防止曲轴在焊接过程中产生变形或过热，应用小的焊接电流，分段焊接切口，多层焊、对称焊。焊后需将焊缝退火，消除应力，再进行机械加工。

曲轴的这种修复方法使用效果很好，并可节省大量的资金，广泛用于空压机、水泵等机械设备的维修。

3. 曲轴裂纹修复

曲轴裂纹易产生在主轴颈或连杆轴颈与曲柄臂相连的过渡圆角处和轴颈的油孔边缘。若发现连杆轴颈上有较细的裂纹时，经修磨后裂纹能消除，则可继续使用。一旦发现有横向裂纹时，通常不进行修复，须予以调换。

第二节　齿轮的修复

对于因磨损或其它故障而失效的齿轮进行修复，在机械设备维修中甚为多见。齿轮的类型很多，用途各异。齿轮常见的失效形式、损坏特征、产生原因和维修方法见表9-2。

表9-2　齿轮常见的失效形式、损伤特征、产生原因及维修方法

失效形式	损 伤 特 征	产 生 原 因	维 修 方 法
轮齿折断	整体折断一般发生在齿根，局部折断一般发生在轮齿一端	齿根处弯曲应力最大且集中，载荷过分集中、多次重复作用、短期过载	堆焊、局部更换、栽齿、镶齿
疲劳点蚀	在节线附近的下齿面上出现疲劳点蚀坑并扩展，呈贝壳状，可遍及整个齿面，噪声、磨损、动载增大，在闭式齿轮中经常发生	长期受交变接触应力作用，齿面接触强度和硬度不高、表面粗糙度值大一些、润滑不良	堆焊、更换齿轮、变位切削
齿面剥落	脆性材料、硬齿面齿轮在表层或次表层内产生裂纹，然后扩展，材料成片状剥离齿面，形成剥落坑	齿面受高的交变接触应力，局部过载、材料缺陷、热处理不当、粘度过低、轮齿表面质量差	堆焊、更换齿轮、变位切削
齿面胶合	齿面金属在一定压力下直接接触发生粘着，并随相对运动从齿面上撕落，按形成条件分热胶合和冷胶合	热胶合产生于高速重载，引起局部瞬时高温、导致油膜破裂、使齿面局部粘焊；冷胶合发生于低速重载、局部压力过高、油膜压溃、产生胶合	更换齿轮、变位切削、加强润滑
齿面磨损	轮齿接触表面沿滑动方向有均匀重迭条痕、多见于开式齿轮，导致失去齿形、齿厚减薄而断齿	铁屑、尘粒等进入轮齿的啮合部位引起磨粒磨损	堆焊、调整换位、更换齿轮、换向、塑性变形、变位切削、加强润滑
塑性变形	齿面产生塑性流动、破坏了正确的齿形曲线	齿轮材料较软、承受载荷较大、齿面间摩擦力较大	更换齿轮、变位切削、加强润滑

具体的修复内容，归纳以下要点。

一、调整换位法

对于单向运转受力的齿轮，轮齿常为单面损坏，只要结构允许，可直接用调整换位法修复。所谓调整换位就是将已磨损的齿轮变换一个方位，利用齿轮未磨损或磨损轻的部位继续工作。

对于结构对称的齿轮，当单面磨损后可直接翻转180°，重新安装使用，这是齿轮修复的通用办法。但是，对圆锥齿轮或具有正反转的齿轮不能采用这种方法。

若齿轮精度不高，并由齿圈和轮毂组合的结构（铆合或压合），其轮齿单面磨损时，可先除去铆钉，拉出齿圈，翻转180°换位后再进行铆合或压合，即可使用。

结构左右不对称的齿轮，可将影响安装的不对称部分去掉，并在另一端用焊、铆或其它方法添加相应结构后，再翻转180°安装使用；也可在另一端加调整垫片，把齿轮调整到正确位置，而勿需添加结构。

对于单面进入啮合位置的变速齿轮，若发生齿端碰缺，可将原有的换档拨叉槽车削去掉，然后把新制的拨叉槽用铆或焊接方法装到齿轮的反面。

二、栽齿修复法

对于低速、平稳载荷且要求不高的较大齿轮，单个齿折断后可将断齿根部锉平，根据齿根厚度及齿宽情况，在其上面栽上一排与齿轮材质相似的螺钉，包括钻孔、攻螺纹、拧螺钉，并以堆焊联接各螺钉，然后再按齿形样板加工出齿形。

三、镶齿修复法

对于受载不大，但要求较高的齿轮单个齿折断，可用镶单个齿的方法修复。如果齿轮有几个齿连续损坏，可用镶齿轮块的方法修复。若多联齿轮、塔形齿轮中有个别齿轮损坏，用齿圈替代法修复。重型机械的齿轮通常把齿圈以过盈配合装在轮芯上，成为组合式结构。当这种齿轮的轮齿磨损超限时，可把坏齿圈拆下，而换新的齿圈。

四、堆焊修复法

当齿轮的轮齿崩坏，齿端、齿面磨损超限，或存在严重表层剥落时，都可以使用堆焊法进行修复。齿轮堆焊的一般工艺为：焊前退火；焊前清洗；施焊；焊缝检查；焊后机械加工与热处理；精加工；最终检查及修整。

1. 轮齿局部堆焊

当齿轮的个别齿断齿、崩牙，遭到严重损坏时，可以用电弧堆焊法进行局部堆焊。为防止齿轮过热、避免热影响，可把齿轮浸入水中，只将被焊齿露于水面，在水中进行堆焊，轮齿端面磨损超限，可用熔剂层下粉末焊丝自动堆焊。

2. 齿面多层堆焊

当齿轮少数齿面磨损严重时，可用齿面多层堆焊。施焊时，从齿根逐步焊到齿顶，每层重叠量为 2/5 到 1/2，焊一层经稍冷后再焊下一层。如果有几个齿面需堆焊，应间隔进行。

对于堆焊后的齿轮，要经过加工处理以后才能使用。最常用的加工方法有两种：

（1）磨合法 按应有的齿形进行堆焊，以齿形样板随时检验堆焊层厚度，基本上不堆焊出加工余量、然后通过手工修磨处理，除去大的凸出点，最后在运转中依靠磨合磨出光洁表面。这种方法工艺简单、维修成本低，但配对齿轮磨损较大、精度低。它适用于转速很低的开式齿轮修复。

（2）切削加工法 齿轮在堆焊时留有一定的加工余量，然后在机床上进行切削加工。此种方法能获得较高的精度，生产效率也较高。

五、塑性变形法

它是用一定的模具和装置并以挤压或滚压的方法将齿轮轮缘部分的金属向齿的方向挤压，使磨损的齿加厚，如图 9-3 所示。

将齿轮加热到 800～900℃，放在图示下模 3 中，然后将上模 2 沿导向杆 5 装入，用锤子在上模四周均匀敲打，使上下模具互相靠紧。将销子 1 对准齿轮中心以防止轮缘金属经挤压进入齿轮轴孔的内部。在上模 2 上加压力，齿轮轮缘金属即被挤压流向齿的部分，使齿厚增大。齿轮经过模压后，再通过机械加工铣齿，最后按规定进行热处理。图中 4 为被修复的齿轮，尺寸线以上的数字为修复后的尺寸，尺寸线以下的数字为修复前的尺寸，单位均为 mm。

塑性变形法只适用修复模数较小的齿轮。由于受模具尺寸的限制，齿轮的直径也不宜过大，需修复的齿轮不应有损伤、缺口、剥蚀、裂纹以及用此法修复不了的其它缺陷；材料要

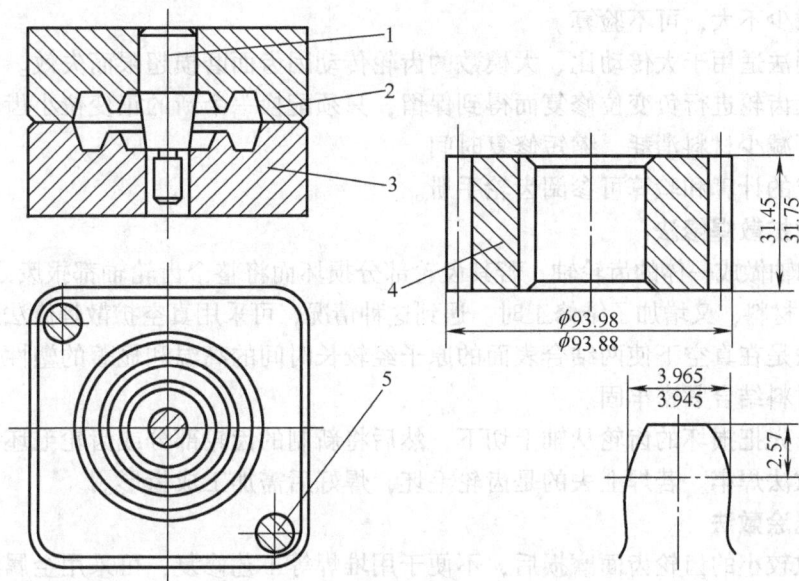

图 9-3　用塑性变形法修复齿轮

1—销子　2—上模　3—下模　4—被修复的齿轮　5—导向杆

有足够的塑性，并能成形；结构要有一定的金属储备量，使磨损区的轮齿得到扩大，且磨损量应在齿轮和结构的允许范围内。

六、热锻堆焊结合修复法

磨损严重的大型钢齿轮，用热锻与堆焊相结合的方法进行修复比较适宜。其工艺过程是：1）将齿轮外圆车掉 1～1.5mm，除去渗碳层；2）将齿轮加热至 800～900℃，置于压模中进行锻压镦粗，用热锻将齿顶非工作部分金属挤压到工作部分，恢复轮齿齿厚；3）在轮齿顶部进行堆焊，满足齿高要求；4）机械加工；5）热处理；6）检验。这种修复工艺较之不经热锻的堆焊修复，金属熔合性好，能保证质量。

七、变位切削法

齿轮磨损后可利用负变位切削，将大齿轮的磨损部分切去，另外配换一个新的小齿轮与大齿轮相配，齿轮传动即能恢复，大齿轮经负变位切削后，它的齿根强度虽降低，但仍比小齿轮高，只要验算轮齿的弯曲强度在允许的范围内便可使用。

若两齿轮的中心距不能改变时，与经过负变位切削后的大齿轮相啮合的新小齿轮必须采用正变位切削。它们的变位系数大小相等，符号相反，形成高度变位，使中心距与变位前的中心距相等。

如果两传动轴的位置可调整，新的小齿轮不用变位，仍采用原来的标准齿轮。若小齿轮装在电动机轴上，可移动电动机来调整中心距。

采用变位切削法修复齿轮，必须进行有关方面的验算，包括：①根据大齿轮的磨损程度，确定变位量，即大齿轮切削最小的径向深度；②当大齿轮齿数小于 40 时，需验算是否会有根切现象，若大于 40，一般不会发生根切，可不验算；③当小齿轮齿数小于 25 时，需验算齿顶是否变尖，若大于 25，一般很少使齿顶变尖，故不需验算；④必须验算齿轮齿形有无干涉现象；⑤对闭式传动的大齿轮经负变位切削后，应验算轮齿表面的接触疲劳强度，而开式传动可不验算；⑥当大齿轮的齿数小于 40 时，还需验算弯曲强度，而大于或等于 40

时，因强度减少不大，可不验算。

变位切削法适用于大传动比、大模数的齿轮传动因齿面磨损超限而失效。成对更换不合算，采取对大齿轮进行负变位修复而得到保留，只须配换一个新的正变位小齿轮，使传动得到恢复。它可减少材料消耗，缩短修复时间。

有关变位的计算和验算可参阅齿轮手册。

八、真空扩散焊修法

对齿轮和轴做成一体的齿轮轴，若其齿轮部分损坏而将整个齿轮轴都报废是比较可惜的，这样既浪费了材料，又增加了维修工时。遇到这种情况，可采用真空扩散焊修法进行修复。

这种方法是在真空下使两结合表面的原子经较长时间的高温和显著的塑性变形作用而相互扩散，使材料结合紧密牢固。

修复时，先把损坏的齿轮从轴上切下，然后将新制的齿轮部分或齿轮毛坯与原来的轴在真空中用扩散法焊牢。若焊上去的是齿轮毛坯，焊好后需加工成齿形。

九、金属涂敷法

对于模数较小的齿轮齿面磨损后，不便于用堆焊等工艺修复，可采用金属涂敷法。

这种方法的实质是在齿面上涂以金属粉或合金粉层，然后进行热处理或者机械加工，从而使零件的原来尺寸得到恢复，并可获得耐磨及其它特性的覆盖层。

涂敷时所用的粉末材料，主要有铁粉、铜粉、钴粉、钼粉、镍粉、堆焊合金粉、镍—硼合金粉等，修复时根据齿轮的工作条件及性能要求选择确定。涂敷的方法主要有热喷涂、压制、沉积和复合等，熔结加热的方法主要有电炉、感应炉、燃料炉、气焊炬、超声波等。

此外，铸铁齿轮的轮缘或轮辐产生裂纹或断裂时，常用气焊、铸铁焊条或焊粉将裂纹处焊好；用补夹板的方法加强轮缘或轮辐；用加热的扣合件在冷却过程中产生冷缩将损坏的轮缘或轮辐锁紧。

齿轮键槽损坏，可用插、刨或钳工把原来的键槽尺寸扩大 10% ~ 15%，同时配制相应尺寸的键进行加大尺寸修复；如果损坏的键槽不能用上述方法修复，可转位在与旧键槽成 90°的表面上重新开一键槽，同时将旧键槽堆焊补平；若待修复齿轮的轮毂较厚，也可将轮毂孔以齿顶圆定心镗大，然后在镗好的孔中镶套，再切制标准键槽；但镗孔后轮毂壁厚小于 5mm 的齿轮不宜用此法修复。

齿轮孔径磨损后，可用镶套、镀铬、镀镍、镀铁、热喷涂、刷镀、堆焊等工艺方法修复。

第三节　轴承的修复

一、滑动轴承

滑动轴承由于具有结构简单、便于制造与维修、外形尺寸小、承受重载和冲击载荷的性能较好等优点，应用相当广泛。滑动轴承在使用过程中，由于设计参数、制造工艺和使用工作条件的千变万化，经常出现各种形式的失效，使滑动轴承过早损坏，需要维修。滑动轴承常见的故障特征、以及产生原因及维修措施见表9-3。

常见的维修方法有以下几种，其主要是。

1. 整体轴承

1）当轴套孔磨损时，一般用调换轴套并通过镗削、铰削或刮削的方法修复。也可用塑性变形法，即以减少轴套长度和缩小内径的方法修复。

表 9-3 滑动轴承常见的故障特征、产生原因及维修措施

故障特征	产生原因	维修措施
磨损及刮伤	润滑油中混有杂质、异物及污垢、检修方法不妥、安装不对中、润滑不良、使用维护不当、质量指标控制不严、轴承和轴变形、轴承和轴颈磨合不良	1. 清洗轴颈、油路、过滤器并换油 2. 修刮轴瓦或新配轴瓦 3. 安装不正应及时找正 4. 注意检修质量
温度过高	轴承冷却不好、润滑不良、超载、超速、装配不良、磨合不够、润滑油杂质过多、密封不好	1. 加强润滑 2. 加强密封 3. 防止过载、过速 4. 提高安装质量 5. 调整间隙并磨合
胶合	轴承过热、载荷过大、操作不当、控制系统失灵、润滑不良、安装不对中	1. 防止过热、加强检查 2. 加强润滑，安装对中 3. 胶合较轻可刮研修复
疲劳破裂	由于不平衡引起的振动、轴的连续超载等造成轴承合金疲劳破裂、轴承检修和安装质量不高、轴承温度过高	1. 提高安装质量，减少振动 2. 防止偏载、过载 3. 采用适宜的轴承合金及结构 4. 严格控制轴承温升
拉毛	大颗粒污垢带入轴承间隙并嵌藏在轴衬上，使轴承与轴颈接触形成硬块、运转时会刮伤轴的表面、拉毛轴承	1. 注意润滑油洁净 2. 检修时注意清洗、防止污物带入
变形	超载、超速、使轴承局部区域应力超过弹性极限、出现塑性变形、轴承装配不好、润滑不良、油膜局部压力过高	1. 防止超载、超速 2. 加强润滑、安装对中 3. 防止发热
穴蚀	轴承结构不合理、轴的振动、油膜中形成紊流、使油膜压力变化、形成蒸汽泡、蒸汽泡破裂、轴瓦局部表面产生真空、引起小块剥落、产生穴蚀破坏	1. 增大供油压力 2. 改进轴承结构 3. 减少轴承间隙 4. 更换适宜的轴承材料
电蚀	由于绝缘不好或接地不良，或产生静电，在轴颈与轴瓦之间形成一定的电压，穿透轴颈与轴瓦之间的油膜而产生电火花，把轴瓦打成麻坑	1. 增大供油压力 2. 检查绝缘情况，特别是接地情况 3. 电蚀损坏不重，可刮研轴瓦 4. 检查轴颈，若电蚀损坏不重可磨削
机械故障	由相关机械零件发生损坏或有质量问题，导致轴承损坏，如轴承座错位、变形、孔歪斜、轴变形等，超载、超速、使用不当	1. 提高相关零件的制造质量 2. 保证装配质量 3. 避免超载、超速 4. 正确使用、加强维护

2）没有轴套的轴承内孔磨损后，可用镶套法修复，即把轴承孔镗大，压入加工好的衬套，然后按轴颈修整，使之达到配合要求。

2. 剖分轴承

（1）换瓦 一般在下述条件下需要更换新瓦：①严重烧损、瓦口烧损面积大、磨损深度大，用刮研与磨合不能挽救；②瓦衬的轴承合金减薄到极限尺寸；③轴瓦发生碎裂或裂纹严重；④磨损严重，径向间隙过大而不能调整。

（2）刮研　轴承在运转中擦伤或严重胶合（烧瓦）的事故是经常见到的。通常的维修方法是清洗后将轴瓦内表面刮研，然后再与轴颈配合刮研，直到重新获得满意的接触精度为止。对于一些较轻的擦伤或某一局部烧伤，可以通过清洗并更换润滑油，然后用在运转中磨合的办法来处理，而不必再拆卸刮研。

（3）调整径向间隙　轴承因磨损而使径向间隙增大，从而出现漏油、振动、磨损加快等现象。在维修时经常用增减轴承瓦口之间的垫片重新调整径向间隙，改善上述缺陷。修复时若撤去轴承瓦口之间的垫片，则应按轴颈尺寸进行刮配。如果轴承瓦口之间无调整垫片时，可在轴衬背面镀铜或垫上薄铜皮，但必须垫牢防止窜动。轴衬上合金层过薄时，可重新浇注抗磨合金或更换新轴衬后刮配。

（4）缩小接触角度、增大油楔尺寸　轴承随着运转时间的增加，磨损逐渐增大，形成轴颈下沉，接触角度增大，使润滑条件恶化，加快磨损。在径向间隙不必调整的情况下，可用刮刀开大瓦口，减小接触角度，缩小接触范围，增大油楔尺寸的办法来修复。有时这种修复与调整径向间隙同时进行，将会得到更好的修复效果。

（5）补焊和堆焊　对磨损、刮伤、断裂或有其它缺陷的轴承，可用补焊或堆焊修复。一般用气焊修复轴瓦。对常用的巴氏合金轴承采用补焊，主要的修复工艺是：①用扁錾、刮刀等工具对需要补焊的部位进行清理，做到表面无油污、残渣、杂质、并露出金属的光泽；②选择与轴承材质相同的材料作为焊条，用气焊对轴承补焊，焊层厚度一般为 2～3mm，较深的缺陷可补焊多层；③补焊面积较大时，可将轴承底部浸入水中冷却，或间歇作业，留有冷却时间；④补焊后要再加工，局部补焊可通过手工整修与刮研完成修复，较大面积的补焊可在机床上进行切削加工。

（6）重新浇注轴承瓦衬　对于磨损严重而失效的滑动轴承，补焊或堆焊已不能满足要求，这时需要重新浇注轴承合金，它是非常普遍的修复方法。其主要工艺过程和注意要点如下：①做好浇注前的准备工作，包括必要的工具、材料与设备，例如固定轴瓦的夹具、平板；按图纸要求牌号的轴承合金、挂锡用的锡粉和锡棒；熔化轴承合金的加热炉以及盛轴承合金的坩埚等。②浇注前应将轴瓦上的旧轴承合金熔掉，可以用喷灯火烤，也可把旧瓦放入熔化合金的坩埚中使合金熔掉。③检查和修正瓦背，使瓦背内表面无氧化物，呈银灰色；使瓦背的几何形状符合技术要求；使瓦背在浇注之前扩张一些，保证浇注后因冷却收缩能和瓦座很好贴合。④清洗、除油、去污、除锈、干燥轴瓦，使它在挂锡前保持清洁。⑤挂锡，包括将锌溶解在盐酸内的氯化锌溶液涂刷在瓦衬表面；将瓦衬预热到 250～270℃；再次均匀地涂上一层氯化锌溶液，撒上一些氯化铵粉末并成薄薄的一层；将锡条或锡棒用锉刀锉成粉末，均匀地撒在处理好的瓦衬表面上，锡受热即熔化在上面，挂上一层薄而均匀且光亮的锡衣；若出现淡黄色或黑色的斑点，说明质量不好，需重新挂。⑥熔化轴承合金，包括对瓦衬预热；选用和准备轴承合金；将轴承合金熔化，并在合金表面上撒一层碎木炭块，厚度在 20mm 左右，减少合金表面氧化，注意控制温度，既不要过高，也不能过低，一般锡基轴承合金的浇注温度为 400～450℃、铅基轴承合金的浇注温度为 460～510℃。⑦浇注轴承合金，浇注前最好将瓦衬预热到 150～200℃；浇注的速度不宜过快，不能间断，要连续、均匀地进行；浇注温度不宜过低，避免砂眼的产生；要注意清渣，将浮在表面的木炭、熔渣除掉。

⑧质量检查，通过断口来分析判断缺陷，若质量不符合技术要求则不能使用。

对于有条件的单位可采用离心浇注轴承合金。其工艺过程与手工浇注基本相同，只是浇注不用人工而在专用的离心浇注机上进行。由于离心浇注是利用离心力的作用，使轴承合金均匀而紧密地粘合在瓦衬上，从而保证了浇注质量。这种方法生产效率高，改善了工人的劳动条件，对成批生产或维修轴瓦来说比较经济。

（7）塑性变形法 对于青铜轴套或轴瓦还可采用塑性变形法进行修复，主要有镦粗，压缩和校正等方法。

1）镦粗法 它是用金属模和芯棒定心，在上模上加压，使轴套内径减小，然后再加工其内径。它适用于轴套的长度与直径之比小于2的情况下。

2）压缩法 将轴套装入模具中，在压力的作用下使轴套通过模具把其内、外径都减小，减小后的外径可用热喷涂法恢复原来的尺寸，然后再加工到需要的尺寸。

3）校正法 将两个半轴瓦合在一起，固定后在压力机上加压成椭圆形，然后将半轴瓦的接合面各切去一定厚度，使轴瓦的内外径均减小，外径可用热喷涂法修复，最后加工到所要求的尺寸。

二、滚动轴承

滚动轴承应用很广，它的使用寿命与选型是否适当、安装是否正确、使用是否合理、保养是否及时等有很大的关系。滚动轴承常见的故障特征，产生的原因及维修措施见表9-4。

表9-4 滚动轴承常见的故障特征、产生的原因及维修措施

故障特征	产生原因	维修措施
轴承温升过高接近100℃	1. 润滑中断 2. 用油不当 3. 密封装置、垫圈、衬套间装配过紧 4. 安装不正确、间隙调整不当 5. 过载、过速	1. 加油或疏通油路 2. 换油 3. 调整并磨合 4. 调整、重新装配 5. 控制过载和过速
轴承声音异常	1. 轴承损坏、如保持架碎裂 2. 轴承因磨损而配合松动 3. 润滑不良 4. 轴向间隙太小	1. 更换轴承 2. 调整、更换、修复 3. 加强润滑 4. 调整轴向间隙
轴承内外圈裂纹	1. 装配过盈量太大、配合不当 2. 冲击载荷 3. 制造质量不良、内部有缺陷	更换轴承、修复轴颈
轴承金属剥落	1. 冲击力和交变载荷使滚道和滚动体产生疲劳剥落 2. 内外圈安装歪斜造成过载 3. 间隙调整过紧 4. 配合面落入铁屑或硬质脏物 5. 选型不当	1. 找出过载原因、予以排除 2. 重新安装 3. 调整间隙 4. 保持干净、加强密封 5. 按规定选型
轴承表面有点蚀麻坑	1. 油液粘度低、抗极压能力低 2. 超载	1. 更换粘度高的油或极压齿轮油 2. 找出超载原因，并排除
轴承咬死、刮伤	严重发热造成局部高温	清洗、整修、找出发热原因并采取相应改善措施
轴承磨损	1. 超载、超速 2. 润滑不良 3. 装配不好、间隙调整过紧 4. 轴承制造质量不好、精度不高	1. 限制速度和载荷 2. 加强润滑 3. 重新装配、调整间隙 4. 更换轴承

1. 滚动轴承的调整和更换

滚动轴承损坏后一般不进行修复，这是由于它的构造比较复杂，精度要求高，修复受到一定条件的限制造成的。通常滚动轴承在工作过程中如发现以下各种缺陷时，应及时调整和更换：

1）滚动轴承的工作表面受到交变载荷的应力作用，金属因疲劳而产生脱皮现象。

2）由于润滑不良、密封不好、灰尘进入，造成工作表面被腐蚀，初期产生具有黑斑点的氧化层，进而发展形成锈层而剥落。

3）滚动体表面产生凹坑，滚道表面磨损或鳞状剥落，使间隙增大，工作时发生噪声且无法调整，如果继续使用，就会出现振动。

4）保持架磨损或碎裂，使滚动体卡住或从保持架上脱落。

5）轴承因装配或维护不当而产生裂纹。

6）轴承因过热而退火。

7）内外圈与轴颈和轴承座孔配合松动，工作时，使它们之间发生相互滑移，加速磨损；或者它们之间配合过紧，拆卸后轴承转动仍过紧。

2. 滚动轴承的修复

在某些情况下，如使用大中型轴承、特殊型号轴承，购置同型号的新轴承比较困难，或轴承个别零件磨损，稍加修复即可使用，并能满足性能要求等，从解决生产急需、从节约的角度出发，修复旧轴承还是非常必要的。这里需根据轴承的大小、类型、缺陷的严重程度、修复的难易、经济效益和本单位的实际条件综合考虑。下面简要介绍一些修复方法。

（1）选配法　它不需要修复轴承中的任何一个零件，只要将同类轴承全部拆卸，并清洗、检验，把符合要求的内外圈和滚动体重新装配成套，恢复其配合间隙和安装精度即可。

（2）电镀法　凡选配法不能修复的轴承，可通过外圈和内圈滚道镀铬，恢复其原来尺寸后再进行装配。镀铬层不宜太厚，否则容易剥落，降低机械性能。也可用镀铜、镀铁。

（3）电焊法　圆锥或圆柱滚子轴承的内圈尺寸若能确定修复，可采用电焊修补。其工艺过程是：检查、电焊、车削整形、抛光、装配。

（4）修整保持架　轴承保持架除变形过大、磨损过度外，一般都能使用专用夹具和工具进行整形。若保持架有裂纹，可用气焊修补。为了防止保持架变形和装配时断裂，应在整形前先进行正火处理，正火后再抛光待用。若保持架有小裂纹，也可通过校正后用胶粘剂修补。

如果在维修过程中需要更换的轴承缺货，且又不便于修复，这时可考虑代用。代用的原则是必须满足同种轴承的技术性能要求，特别是工作寿命、转速、精度等级。代用的方法主要有：直接代用；加垫代用；以宽代窄；内径镶套改制代用；外径镶套改制代用；内外径同时镶套改制代用；用两套轴承代替一套轴承等。

第四节　壳体零件的修复

壳体零件是机械设备的基础件之一。由它将一些轴、套、齿轮等零件组装在一起，使其保持相对的正确相互位置，彼此能按一定的传动关系协调地运动，构成机械设备的一个重要部件。因此壳体零件的修复对机械设备的精度、性能和寿命都有直接的影响。壳体零件的结构形状一般都比较复杂，壁薄且不均匀，内部呈腔形，在壁上既有许多精度较高的孔和平面需要加工，也有许多精度较低的紧固孔需要加工。下面简介几种壳体的修复工艺要点：

一、气缸体

1. 气缸体裂纹的修复

（1）裂纹的部位和原因 气缸体的裂纹一般发生在水套薄壁、进排气门垫座之间、燃烧室与气门座之间、两气缸之间、水道孔及缸盖螺钉固定孔等部位。裂纹的原因主要有：①急剧的冷热变化形成内应力；②冬季忘记放水而冻裂；③气门座附近的局部高温产生热裂纹；④装配时因过盈量过大引起裂纹等。

（2）常用修复方法 主要有焊补、粘接、强密扣合、栽铜螺钉填满裂纹、用螺钉把补板固定在气缸体上等。

2. 气缸体和气缸盖变形的修复

（1）变形的危害和原因 变形不仅破坏了几何形状，而且使配合表面的相对位置偏差增大，例如：破坏了加工基准面的精度，破坏了主轴承座孔的同轴度、主轴承座孔与凸轮轴承孔中心线的平行度、气缸中心线与主轴承孔的垂直度等。另外，引起密封不良、漏水、漏气、甚至冲坏气缸衬垫。变形产生的原因是内部的内应力和负荷外力作用的结果，这是制造过程中产生的；在使用过程中，缸体过热；在拆装过程中未按规定进行等。

（2）变形的修复 如果气缸体和气缸盖的变形超过技术规定范围，则应根据具体情况进行修复，主要方法有：①气缸体平面螺纹孔附近凸起，用油石或细锉修平；②气缸体和气缸盖平面不平，可用铣、刨、磨加工修复，也可刮削、研磨；③气缸盖翘曲，可进行加温，然后在压床上校正或敲击校正，最好不用铣、刨、磨加工修复。

3. 气缸的磨损

（1）磨损的原因和危害 磨损通常是由于腐蚀、高温和活塞环的摩擦造成的。磨损主要在活塞环运动的区域内。磨损后出现压缩不良、起动困难、功率下降和机油消耗量增加等现象，甚至发生缸套与活塞的不正常撞击等。

（2）磨损的修复 气缸磨损后，可采用修理尺寸法，即用镗削和磨削的方法，将缸径扩大到某一尺寸，然后选配与缸径尺寸相符合的活塞和活塞环，恢复正确的几何形状和配合间隙。当缸径超过标准直径直至最大限度尺寸时，可用镶套法修复，也可用镀铬法修复。

4. 其它

主轴承座孔同轴度偏差较大时，需进行镗削修整，其尺寸应根据轴瓦瓦背镀层厚度决定；当同轴度偏差较小时，可用加厚合金的轴瓦进行一次镗削，弥补座孔的偏差；对于单个磨损严重的主轴承座孔，可将座孔镗大，配上钢制半圆环，用埋头螺钉固定，镗削到规定尺寸；座孔轻度磨损时，可使用刷镀方法修复，但要保证镀层与基体的结合强度和镀层厚度均匀一致，并不得超出规定的圆柱度要求。

二、变速箱体

变速箱体的主要缺陷是：箱体变形、裂纹、轴承孔磨损等。造成主要缺陷的原因是：箱体在制造加工中出现的内应力和外载荷、切削热和夹紧力；装配不好，间隙调整没按规定执行；使用过程中的超载、超速；润滑不良等。

当箱体上平面翘曲较小时，可将箱体倒置于研磨平台上进行研磨修平；若翘曲较大，应用磨削或铣削加工修平，此时以孔的轴心线为基准找平，保证加工后的平面与轴心线的平行度。

当孔心距之间的平行度误差超差时，可用镗孔镶套的方法修复，以恢复各轴孔之间的相互位置精度。

若箱体有裂纹时，应进行焊补，但要尽量减少箱体的变形和产生的白口组织。

箱体的轴承孔磨损可用修理尺寸法和镶套法修复。当套筒壁厚为 7～8mm 时，压入镶套后应再次镗孔，直至符合规定的标准和要求。此外，也可采用电镀、热喷涂或刷镀进行修复。

第五节　机体零件的修复

机体零件是机械设备的基础件。有许多零部件都装在机体上，有的部件还在机体的导轨上运动，各部件的相互位置精度以及一些部件的运动精度，都和机体本身的精度有直接的关系。机体类零件很多，如机床的床身、立柱和摇臂；轧钢机的机架；破碎机的机身；汽车和拖拉机的底盘等，各种机体零件由于功用不同，结构形状差别较大，但结构上仍有一些共同的特点，例如轮廓尺寸较大、重量较大；结构形状复杂，刚性较差；主要加工表面为一些固定联接各零部件的平面、精度要求较高的孔和作为有些部件运动基准的导轨面等。

一、普通车床床身

床身是保证机床各部件装配在其所需位置的重要部件。床身的修复主要是导轨面及配合面的修复。床身的导轨面是车床的基准面，它的主要作用是承载和导向，要求它无论在空载或切削时，都应保证溜板运动的直线性；要求它耐磨和具有足够的刚度，保持精度的持久性和稳定性；要求它磨损后容易修复和调整。

由于床身导轨暴露在外面，受到灰尘和氧化磨损、机械摩擦磨损、腐蚀、粘着磨损，极易产生拉伤和撞击损伤等，使导轨工作条件恶劣，精度下降较快。磨损严重时会造成溜板箱运动与主轴、丝杠、光杠等部件的传动精度发生变化，并直接影响工件的尺寸误差、形状误差、相互位置误差和表面粗糙度。对床身导轨如何采取合理先进的修复工艺，延长使用寿命乃是维修人员的重要课题之一。

1. 导轨面局部损伤的修复

导轨面常见的局部损伤是碰伤、擦伤、拉毛、研伤等。导轨出现损伤，一经发现必须及时修理，不使其恶化。常见的修复方法有：

（1）焊接　例如黄铜丝气焊、银锡合金钎焊、锡铋合金钎焊、特制镍铜焊条电弧冷焊、奥氏体铁铜焊条堆焊、锡基轴承合金化学镀铜钎焊等。

（2）粘接　用有机或无机胶粘剂直接粘补，如用 AR-4 耐磨胶、KH-501、合金粉末粘补、HNT 耐磨涂料等。粘接工艺简单、方便，节省能源、成本低廉，应用较多。

（3）刷镀　当机床导轨上出现 1～2 条划伤或局部出现凹坑时用刷镀法修复，不仅工艺简便，而且修复质量好。

2. 导轨的刮研修复

刮研法适合各种导轨，去除余量小，切削力小、产热低，可达到任意精度要求。它不受工件位置、形状和条件限制，方法简便可靠。虽属手工操作，但在维修中仍占有重要地位。

刮研时，首先要选定刮研基准，对选为基准的导轨首先修刮至技术要求，然后以它为基准去检查和修刮其它导轨，达到相互位置要求和各自的平面度、直线度要求。

在修复导轨时，还应注意导轨磨损变形的规律，以减少修刮工作量和避免不必要的返工。

3. 导轨的机械加工修复

导轨磨损与损伤严重时，可采用龙门刨床精刨来代替劳动强度大的刮研，但需谨慎使用，因为刨削去除余量大，不利于导轨的耐磨，所以加工时余量应尽可能小。另外对刨床的精度和刨刀要求较高，工艺较严。此外，还可利用导轨磨床进行磨削加工，以磨代刮。它适用于硬导轨面，去除的余量比刮研稍大、精度高、劳动强度小、效率高，通过一定的工艺措施可以达到导轨的凸、凹形状要求。以磨代刮应注意磨削的进给吃刀量必须适当，不宜过大，否则在磨削中易产生较多的热量，使导轨变形，造成磨削表面精度不稳定。

4. 导轨的软带修复

软带是一种以聚四氟乙烯（PTFE）为基，添加适量青铜粉、二硫化钼、石墨等填充剂构成的高分子复合材料，又称填充聚四氟乙烯导轨软带。它具有特别高的抗磨性能和很低的滑动阻力。将它用特种胶粘剂粘接在导轨面上是当代国内外机床制造和维修中的先进技术。采用软带后不需要铲刮、研磨即能满足导轨的各种精度且耐磨。

用软带粘接的导轨具有静动摩擦因数差值小，使部件运行平稳，无爬行，定位精度高；摩擦因数小；耐磨损；吸振性能好；耐老化；不受其它一切化学物质的腐蚀（除强酸和氧化剂外）；自润滑性好；改善导轨的工作性能；使用寿命长等特点。特别是使用软带后，磨损主要在软带导轨面上，相配导轨面受到软带转移膜的保护而磨损极微。修复时如软带导轨磨损已不能满足工作要求，可将原软带剥去，胶层清除干净，重新粘接新的软带即可，维修非常简便。

目前，软带品种很多，国内生产的主要有广州机床研究所研制的 TSF；晨光化工研究院的填充聚四氟乙烯塑料；洛阳偃师耐磨材料厂的 F_4 和中美合资嘉兴银泰工程有限公司的 YT 型导轨软带等。

有关软带修复的详细内容可参阅有关手册和资料。

二、金属机架

处于动载荷作用的金属机架，如起重机动臂、挖掘机动臂等，极容易发生故障，如铆合处破坏；焊缝断裂；结构变形；紧固件损坏等。这些故障的产生不仅与制造和修复质量有关，而且也与材料性能和使用情况密切相关，特别是在超载使用情况下更容易发生，是造成故障的主要原因。

金属机架的修复方法主要是，所有松动的铆钉均应拆除，调换新铆钉。焊缝开裂，应首先清除原焊缝金属，然后在基体金属上焊补，焊条应根据构件材质和受力情况不同而选择。

机架上的裂纹可用焊补法修复，如裂纹部位受力较大或裂纹数量较多时，可在裂纹的整个面积上焊一块盖板。

损坏的螺栓孔可钻大，然后配上较大直径的螺栓。当扩大螺栓孔后影响结构强度时，可在此对螺栓孔进行焊补，然后再钻孔。

构件变形不大时，可在不拆卸的情况下进行冷态或热态校正。若大的结构件不拆卸校正有困难时，可进行部分结构拆卸，待校正或更换后重新组装。

第六节 其它零部件的修复

一、叶轮

水泵运行中，叶轮受水流的冲蚀、泥砂磨蚀、气蚀剥蚀、（锅炉给水泵叶轮还受高温热应力）、泵的振动、轴的窜动对叶轮的损伤、叶轮拆装时受到不正确的敲打、摔碰等，都会造成产生裂纹、沟槽、条痕、空洞、甚至断裂等情况，需进行更换或修复。

修复的方法主要有焊补、环氧树脂砂浆修补等。焊补时需根据叶轮的材料确定方法，如高压水泵的不锈钢叶轮，采用不锈钢气焊；对中低压铸铁叶轮，则用铜焊或铸铁补焊。在用环氧树脂砂浆修补时，要注意材料的合理配方和遵守修补涂敷工艺规则。

二、丝杠

由于丝杠长期暴露在外，极容易产生磨粒磨损，并在全长上不均匀；由于床身导轨磨损，以及溜板箱连同开合螺母下沉，造成丝杠弯曲，旋转时产生振动，影响车削螺纹质量。因此必须对丝杠进行修复。

丝杠中的螺纹部分和轴颈磨损时，可用：①调头使用；②切除损坏的非螺纹部分，焊接一段新的之后重新车削；③堆焊轴颈等。

丝杠有弯曲变形时，需对它进行校直，一般为压力校直和敲弯校直。校直时要尽量消除内应力，在可能情况下增加低温时效处理工序，可减轻在修车螺纹及使用过程中的再次变形。

三、液压缸

缸体内孔表面局部有很浅的线状摩擦划痕或点状伤痕，若对使用无妨碍，可用很细的砂条或抛光头研磨消除；如果有纵向较深的拉伤或磨伤的深痕，或者缸孔与活塞的磨损间隙增大到 0.20mm 以上时，可将缸体内孔进行珩磨，消除划痕；若纵向有很深的拉痕，且无法修复时，则应更换新缸体，采用拉镗、珩磨的工艺加工，也可用推镗、滚压工艺加工，若受条件限制，还可用镗孔、磨削工艺，然后和活塞配研。此外，液压缸也可用刷镀和粘接技术进行修复。

四、活塞

若活塞与缸孔的磨损间隙过大，且缸孔内表面磨损均匀，活塞环槽磨损时，可移位、车活塞环槽，或重新配置活塞与缸孔配研。也可采用热喷涂金属、在着力部分浇注巴氏合金、按分级修理尺寸，车宽活塞环槽的方法达到修配尺寸。

五、滑阀

阀芯与阀孔磨损后，其磨损间隙比正常配合间隙增大 20% ~ 30% 时，需做新阀芯对孔进行配研修复；或将阀芯进行镀铬、刷镀等，然后与阀孔对研。此时应对阀孔先进行铰削，达到技术要求后再与阀芯对研。

六、阀座

当阀座的接合面磨损时，可用车削及研磨接合面进行修复。

七、杠杆及连杆

杠杆及连杆的孔磨损时，可用镶套、堆焊、焊堵后重新加工孔、扩孔等方法进行修复。

八、楔铁

楔铁的滑动面磨损，可在其上面胶粘一层尼龙板、层压板或玻璃纤维板等，以恢复其厚度；也可将原楔铁在大端方向上用铜焊接长。楔铁配置后应保持大端有 10～15mm 的调整余量；还可用粘接、钎焊巴氏合金、镀铁等工艺修复。

九、齿轮泵

齿轮泵在工作中若发现油压降低或油量减少时，应立即进行检查和修复。造成齿轮泵内泄严重、效率很低的原因，主要是：齿轮端面与轴套端面或泵盖之间的端面轴向磨损；齿轮顶圆与泵体内孔表面的径向磨损；齿轮轴与轴套的径向磨损等。主要修复方法有：

1）检查管路系统中是否有泄漏，过滤器是否有堵塞，如发现应立即排除。

2）检查溢流阀是否严密，若不严密，油便流回到吸入室中，如果是弹簧失效则应予以更换。

3）若泵体内孔表面磨损均匀，可采用热喷涂金属或塑料耐磨涂层予以恢复；泵体内孔表面拉伤或磨损轻微，用砂条研磨或抛光消除；如果泵体内孔表面拉伤或磨伤严重且极不均匀，则应扩孔，然后重配齿轮。

4）泵盖或侧板轻微拉伤或磨伤，可在平板或玻璃板上研磨消除；若拉伤或磨伤严重，要在平面磨床上磨平。

5）主从动齿轮的轴和轴承，一般要求间隙在 0.03mm 以内，若超过此值，滚针轴承通过电镀轴颈恢复配合间隙；如果是轴套应予以更换或在轴套内另镶铜套。

第七节　机床零部件的修复

机床包括各种典型的零件，对它们进行维修具有一定的代表性。现将几种主要零件的常用修复工艺列表如下，见表9-5。

表 9-5　机床几种主要零件的常用修复工艺

零件名称	修复工艺	特　点
磨损量不大的轴颈、主轴套筒、轴承内外圈等	镀铬	用电化学方法在零件表面形成镀层，厚度一般为 0.05～0.3mm
	刷镀	零件表面局部快速电化沉积金属，形成镀层，厚度为 0.2～0.5mm
	热喷涂	用电弧或氧—乙炔焰作热源，将金属丝或粉末熔化，在压缩空气以极大速度喷射到零件表面形成镀层，厚度可达 0.5～10mm
	低温镀铁	与镀铬相似，但结合强度和表面硬度低于镀铬，厚度可达 1～3mm
铸铁床身开裂和导轨严重刻痕	铸铁冷焊	采用低碳钢焊条或有色金属及其合金焊条，改善焊接性能
滑动导轨表面划伤或拉毛	快干涂料	以铸铁粉，固体润滑剂粉和调色剂等组成填料粉，使用时加胶粘剂。粘接效果好、固化快、操作简便、迅速
	铁粉 KH-501	不变形、固化快、工艺简单、成本低、周期短
	尼龙导轨板粘接	用聚氨酯胶粘剂（101 胶）将尼龙板与滑板导轨面粘合在一起，具有粘接强度高，力学性能好，可减少刮研量等优点
	锡铋合金钎焊	焊前床身不预热，也不开坡口，直接焊接损伤部位，焊接牢固，操作简便、修复快，易于手工刮研
	巴氏合金钎焊	在清洗后的导轨划伤部位进行快速化学无槽镀铜，在此基础上用烙铁焊一层巴氏合金。此方法工艺简单，成本低，变形小，不脱落，易刮研
机床溜板导轨，底板等磨损表面	塑料导轨软带粘接	用聚四氟乙烯等塑料导轨软带粘接，摩擦因数小，自润滑性好，低速运动无爬行，能埋入铁屑防止研伤导轨表面
	环氧树脂粘接	力学性能好，粘合力强，可进行机械加工，电绝缘性能好，耐蚀性好，操作简便

第十章　机械设备的装配

机械设备的装配是把已修复的零件以及其它合格的零件，按照装配工艺规程要求进行装配，并达到它所规定的精度和使用性能的整个工艺过程。装配是机械设备维修的重要环节，装配工作的好坏，对机械设备的性能、修理工期和维修成本等起着非常重要的作用。

装配包括组装、部装和总装。装配顺序先是组件、部件装配、最后是总装配。做好充分周密的准备工作，正确选择与遵守装配工艺规程是维修装配的两个基本要求。

第一节　装配精度和装配方法

一、装配精度

保证装配精度是装配工作的根本任务。装配精度是指装配后的质量与技术规格的符合程度，一般包括：零部件间的配合精度、距离精度、位置精度、相对运动精度和接触精度等。上述装配精度的要求都是通过装配工艺保证的。影响装配精度的主要因素是：1）零件本身加工、修理质量的好坏；2）装配过程中的选配和加工质量；3）装配后的调整与质量检验。一般说来，零件的精度高，装配精度也就高；而生产实际表明，即使零件精度较高，若装配工艺不合理，也达不到较高的装配精度。因此，研究零件精度与装配精度的关系，对制定维修中的装配工艺是非常必要的。

二、装配方法

在维修中，获得预定的装配精度的方法主要有 3 种：即互换法、调整法和修配法。由于维修装配，一般批量不大，故多采用调整法和修配法进行定点装配的生产方式。但应看到，随着工业技术的发展，制造高精度的零件已不成为困难，互换法装配已是发展趋势。

常用装配方法的工艺内容、工艺特点和应用范围见表 10-1。

表 10-1　常用装配方法的工艺内容、工艺特点及应用范围

装配方法	工艺内容	工艺特点	应用范围	实　例
互　换	配合零件公差之和小于或等于规定的装配允差，零件完全互换，装配时，对零件不需作任何选择、修配或调整就能达到装配精度	操作简便、易于掌握、质量好、生产效率高，对零件精度要求较高	适用于按标准化制造的零件、环数较少而精度要求不很高的配合件	滚动轴承、变速箱齿轮
调　整	1. 从若干尺寸规格中选用一个合适的定尺寸调整件，如垫片、垫圈、套筒等获得装配精度； 2. 利用斜面、锥面、螺纹等改变零件相对位置的可调整件获得装配精度； 3. 改变零件间的相互位置，抵消其加工误差，获得最小的装配累积误差	1. 零件可按经济精度加工，获得较高的装配精度； 2. 增加调整件，使机械设备的刚度受到一定影响； 3. 装配质量取决于工人的技术水平	可用于各种装配情况	滚动轴承、锥齿轮、同步电动机、压缩机气阀
修　配	在修配件上预留修配量，装配时修去多余部分，保证装配精度	多用于单件组装，装配质量取决于工人的技术水平	装配精度要求高的情况	滑动轴承、导轨、液压阀

第二节　装配工作注意要点

一、零部件的检验要求

要保证机械设备质量良好，必须有严格的零部件检验制度，坚持不合格的零部件不许进行装配。特别要注意零件的材料性能、加工质量、配合质量和高速旋转零件的平衡。

二、清洗和润滑

1）注意零件的彻底清洗，使用清洁的清洁剂和擦布。

2）注意工作环境的清洁。

3）对摩擦表面进行润滑，注意油品与工作性能相适应，注意油品清洁。

三、装配程序和操作要领

装配工作必须按一定程序进行，一般应遵循：先装下部零件，后装上部零件；先装内部零件，后装外部零件；先装笨重零件，后装轻巧零件；先装精度要求高的零件，后装一般零件。正确的装配程序是保证装配质量和提高装配工作效率的必要条件。

装配时还应注意遵守操作要领，既不能强行用力和猛力敲打，又必须在了解结构原理和装配顺序的前提下，按正确的位置和选用适当的工具、设备进行装配。

四、装配工具的选择

为减轻劳动强度、提高劳动生产率和保证装配质量，一定要选用合适的装配工具和设备。对通用工具的选用，一般要求工具的类型和规格要符合被装配机件的要求，不得错用或乱用；要积极采用专用工具和机动工具。

第三节　装配工艺过程

一般机械设备装配工艺过程大致是：装配前的技术和物质准备、装配和调试。详细内容见表10-2。

表10-2　装配工艺过程

工艺过程	工艺内容
装配前的准备	1. 研究装配图及技术要求，了解装配结构、特点和调整方法； 2. 制订装配工艺规程、选择装配方法、确定装配顺序； 3. 准备装配工、量、夹具和材料； 4. 对装配零件进行检验、修毛刺、倒角、清理、清洗、润滑，重要的旋转零件还需做静、动平衡试验
装配	1. 组件装配，将零件组合成装配单元； 2. 部件装配，将零件、组件组合成装配单元； 3. 总装配，将零件、组件、部件组成机械设备
调试	1. 调整　调整零部件的相对位置、配合间隙、使之相互协调； 2. 试验　进行空运转试验、载荷试验等； 3. 精度检验　包括几何精度、运动精度等项检验

第四节　典型零部件的装配要点

一、过盈联接的装配

过盈联接的装配就是将较大尺寸的被包容件（例如轴）装入有较小尺寸的包容件（例如套）中。过盈联接的可靠性取决于过盈量是否符合装配要求。过盈联接结构简单，定心性好，能承受大的轴向力、扭矩及动载荷，也能承受变载荷和冲击载荷，可避免零件由于加工键槽等原因而使其强度削弱。但是，过盈联接配合面的加工精度要求高，尤其是圆锥面加工不容易，装配不方便，拆卸较困难。

过盈联接应用广泛，例如：齿轮、飞轮、带轮、链轮、联轴器等与轴的联接，轴承座与轴承套的联接等。近年来，由于采用液压装拆，使无键过盈联接在齿形联轴器上获得广泛应用。

过盈联接由于配合表面的形式及各种零件结构性能的不同要求，有不同的装配方法。装配应力求省力、省时、保证质量和不损伤零件。主要装配方法有人工装配、常温下压装、热装和冷装等。这些装配方法的工艺特点、使用的工具和设备、以及适用范围见表10-3。

表10-3　过盈联接装配方法

装配方法		工艺特点	主要设备和工具	适用范围
压入法	人工装配	人工施力，简便，不易导向，易损伤机件	锤子或重物冲击	配合面要求较低，长度较短，过渡配合的键、销、短轴，单件生产
	工具机装配	施力均匀，方向易控制，生产效率高	齿条式压力机（<15000N） 螺旋式压力机（<20000N） 杠杆式压力机（<15000N）	较小过盈量的轮圈、齿轮、套筒、滚动轴承，多用于小批生产
	压力机压装	压力范围广，导向性好，生产效率高	螺旋式压力机（<100000N） 液压式压力机（>100000N）	中等过盈量的车轮、飞轮、齿圈、连杆衬套、滚动轴承，成批生产，应用较广
热胀法	介质加热	加热包容件、热胀均匀	沸水槽（80~120℃） 热油槽（90~320℃） 蒸汽加热槽120℃	用于过盈量较小的场合和较小的工件，如滚动轴承、连杆衬套，齿轮等
	电阻加热和辐射加热	加热包容件，热胀均匀、温度易控	电阻炉（400℃） 红外辐射加热箱	小、中型联接件，适合于精密设备或有易爆易燃场合
	感应加热	加热时间短、效率高、温度易控、加热包容件	感应加热器（400℃以上）	中、大型联接件、大过盈配合，适合于精密设备或有易爆易燃场合
	燃气加热	加热包容件、操作简便、易于控制	喷灯、氧—乙炔、丙烷加热器、炭炉温度<350℃	适用于局部受热和热胀尺寸要求严格控制的中、大型联接件，如叶轮、曲轴等

（续）

装配方法		工艺特点	主要设备和工具	适用范围
冷缩法	干冰冷却	冷却被包容件，操作简便	干冰箱可冷至－78℃	过盈量较小的小型联接件和薄型衬套、包容件尺寸很大、形状复杂、不便或不准加热
	低温冷却	冷却被包容件	低温箱可冷却（－40～－140℃）	配合面精度较高的联接件，在热态下工作的薄壁件
	液氮冷却	冷却被包容件，冷却时间短，生产效率高	液氮槽可冷至－195℃	过盈量较大的联接件
液压套合法	液压套合	压力达150～200MPa，操作工艺要求严格、套合后拆卸方便	高压泵、扩压器、高压油枪、高压密封件、接头等	过盈量较大的大、中型联接件，特别适用于套合定位要求严格的部件

二、紧固联接的装配

紧固联接分为可拆和不可拆两类。可拆联接有螺钉、键、销等；不可拆连接有铆接、焊接和粘接等。装配要点如下。

1. 螺钉螺母联接

1）凡与螺钉螺母贴合的表面均应光洁、平整，否则易使联接件松动或使螺杆弯曲。

2）保证被联接件的紧固性和获得正确位置。在工作中不得松动、不毁坏。装配时螺母可用手拧入，如过紧，不许强行拧入，需用板牙、丝锥校正。不要使用不合格的螺钉和螺母。

3）拧紧力矩应适当，通常用指针式扭力扳手拧紧。对在工作中有振动或冲击的联接件，不仅要拧紧，还必须采用合适的防松锁紧装置，例如：双螺母防松、弹簧垫圈防松、带止动垫圈防松、开口销防松等。

4）拧紧多个螺母时，必须按照一定的顺序进行，并分多次逐步拧紧，否则会使零件或螺钉产生松紧不一致甚至变形。在拧紧方形或圆形布置的成组螺母时应对称地进行，如图10-1所示。

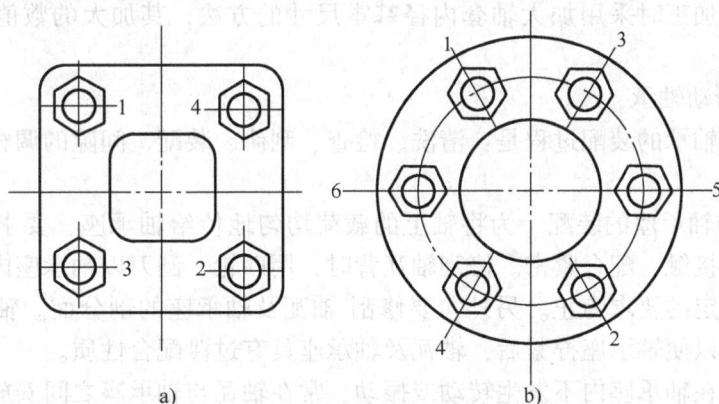

图 10-1　拧紧方形或圆形布置的成组螺母的顺序

拧紧长方形布置的成组螺母时，应从中间开始，逐渐向两边对称地扩展，如图 10-2 所示。

2. 键联接装配

用平键联接时，键与轴上键槽的两侧面应留有一定的过盈。装配前去毛刺、配键、洗净、加油，将键轻轻敲入槽内并与底面接触，然后试装轮子。轮毂上

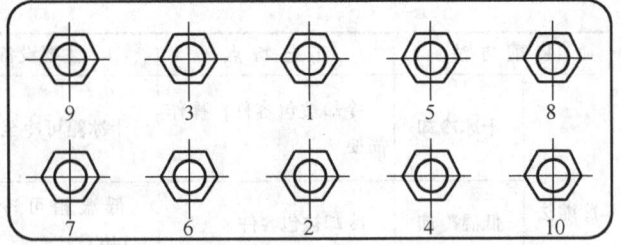

图 10-2　拧紧长方形布置的成组螺母的顺序

的键槽若与键配合过紧时，可修整键槽，但不能松动。键的顶面与槽底应留有间隙。

花键联接应用最多的是外径定心的矩形花键，配合形式多为间隙配合，装配后应滑动自如又不松旷。

3. 销联接装配

装定位销时，不准用铁器强迫打入。应在其完全适当的配合下，用手推入约 75% 的长度后再轻轻打入。装配件要注意倒角和清除毛刺。

4. 铆钉连接

用铆钉连接零件时，在被连接的零件上钻孔，插入铆钉，用顶模支持铆钉头部，另一端用锤敲打。

三、滑动轴承装配

滑动轴承分整体式和剖分式两种。装配前都应修掉毛刺、清洗、加油、并注意轴承加油孔的工作位置。

1. 整体式滑动轴承

整体式滑动轴承的轴套内径与轴颈配合，一般是 H7/g6、H7/e8、H7/d8、H7/c8；轴套外径与轴承座内孔的配合一般是 H7/k6、或 H7/t7。由于轴套和轴承座的配合不同，装配方法也不一样。过盈量较小、孔径与孔长也较小时，可用锤击将轴套装入轴承座内；当过盈量较大、孔径与孔长较大时，用压力机将轴套压入轴承座内，也可用冷却轴套装入。轴套装入后，由于有过盈量，轴套内径要缩小，过盈量愈大，内径缩小愈严重，其缩小量一般约等于配合的最大过盈和最小过盈之和的一半，它给装配带来很大的修配工作量。为减少修配工作量，通常在机械加工时采用加大轴套内径基本尺寸的方法，其加大的数值约等于内径缩小量。

2. 剖分式滑动轴承

剖分式滑动轴承的装配过程是：清洗、检查、刮研、装配、间隙的调整和压紧力的调整等。

（1）轴瓦与轴承座的装配　为将轴上的载荷均匀地传给轴承座，要求轴瓦背与轴承座内孔应有良好的接触、配合紧密。修刮轴瓦背时，用砂轮、刮刀以轴承座内孔为基准进行修配，直至达到规定的要求为止。另外，要修刮 轴瓦及轴承座的剖分面。轴瓦剖分面应高于轴承座剖分面，以便轴承座拧紧后，轴瓦及轴承座具有过渡配合性质。

为保证轴瓦在轴承座内不发生转动或振动，常在轴瓦与轴承座之间安放定位销。为了防止轴瓦在轴承座内产生轴向移动，一般轴瓦都有翻边，没有翻边的则有止口，翻边或止口与轴承座之间不应有轴向间隙。

（2）轴在轴瓦中的装配　除保证轴颈和轴瓦孔的配合间隙外，还要保证两轴孔的同轴度及有关轴线的平行度或垂直度。为此，一般用着色法检查并修刮轴瓦，使之达到规定的尺寸及位置精度。并注意它们之间的接触角和接触点应符合要求。

要开瓦口和油沟。开瓦口是为储存磨粒、存油和散热。瓦口开小时，轴瓦容易抱住轴颈。瓦口也不能开通，否则运转时会漏油。

为使润滑油能分布到轴承的工作面上去，轴瓦的内表面需开油沟。油沟应开在不承受载荷的内表面上，否则会破坏油膜的连续性而影响承载能力。各种油沟的尺寸可查阅有关手册和资料。

（3）轴承间隙的检查与调整　滑动轴承装配后，形成了顶间隙、侧间隙和轴向间隙，它们均应进行检查，并根据需要进行调整。

顶间隙是为保证有良好的润滑条件，其间隙大小主要取决于轴颈直径、转数、载荷和润滑油的粘度等，一般取轴颈尺寸的（1/1000 ~ 2/1000）mm，当加工质量较高时为 0.5/1000mm。侧间隙的作用是积聚和冷却润滑油，形成油膜，改善散热条件，其数值是变化的，愈向轴承底部，间隙愈小，单边侧间隙一般取顶间隙的 1/2。轴向间隙的作用是为了使轴在温度变化时有自由伸缩的余地。

轴承与轴的配合间隙必须合适。顶间隙的检查通常用塞尺和压铅法。对于直径较大的轴承，间隙较大，可用较窄的塞尺直接塞入间隙检查；对于直径较小的轴承，间隙较小，不便用塞尺测量。但轴承的侧间隙，必须用厚度适当的塞尺测量。用压铅法检测轴承间隙比用塞尺检查准确，但较费事。检测所用铅丝直径最好为间隙的 1.5 ~ 2 倍，通常用电工用的熔丝进行检测。

滑动轴承的轴向间隙，对固定端来说，间隙值为 0.1 ~ 0.2mm，自由端的间隙值应大于轴的热膨胀伸长量。对它的检查一般是将轴移至一个极限位置，然后用塞尺或百分表测量轴从一个极限位置到另一个极限位置的窜动量，即轴向间隙。

如果实测的顶间隙小于规定值，则应在上下瓦接合面间加入垫片；反之应减少垫片或刮削接合面。实测的轴向间隙如不符合规定值，应刮研轴瓦端面或调整止推螺钉。

四、滚动轴承装配

滚动轴承装配若不正确，不仅加速轴承的磨损、缩短使用寿命，而且会发生断裂和高温咬住等事故。它的装配工艺包括清洗、检查、装配与间隙的调整。

1. 圆柱孔轴承的装配

圆柱孔轴承是指内孔为圆柱形孔的轴承，如调心球轴承、圆柱滚子轴承和角接触球轴承等。它们在滚动轴承中占绝大多数，具有一般滚动轴承的装配共性。这些轴承的装配方法主要取决于轴承与轴及轴承座孔的配合情况。

轴承内圈与轴为紧配合，外圈与轴承座孔为较松配合时，这种轴承的装配是先将轴承压装在轴上，然后将轴连同轴承一起装入壳体轴承座孔中。在装配时要注意导正，防止轴承歪斜，否则不仅装配困难，且会产生压痕，使轴和轴承早期损坏。压装时不允许通过滚动体传递压力。

轴承外圈与轴承座孔为紧配合，内圈与轴为较松配合时，应将轴承先压入轴承座孔中，再装轴。

轴承内圈与轴、外圈与轴承座孔都是紧配合时，可用专门安装套管将轴承同时压入轴颈和轴承座孔中。

轴承内圈与轴配合过盈较大时，可采用热装。通常用油槽加热，温度一般不超过100℃，加热时间不低于15～20min。

2. 圆锥孔轴承的装配

这种轴承一般要求有比较紧密的配合，松紧程度由轴颈压进锥形配合面的深度而定，靠装配时测量径向游隙而把握。对不可分离的轴承其径向游隙用塞尺测量；对可分离的圆柱滚子轴承，用外径千分尺测量内圈装在轴上后的膨胀量，用其代替径向游隙减小量。

3. 圆锥滚子轴承、推力轴承、滚针轴承的装配

圆锥滚子轴承和角接触球轴承通常是成对安装。装配时要注意调整轴向游隙，用百分表检查。

安装推力轴承时，应注意区分轴圈和座圈，轴圈内孔小而座圈内孔大；应注意检查轴圈与轴中心线的垂直度。安装后应检查轴向游隙，不符合要求应予调整。

滚针轴承装配应注意先在滚针上涂抹稠润滑脂，然后将滚针逐个粘贴，最后一个滚针粘上后应具有一定间隙，其大小取决于结构。

4. 滚动轴承间隙的调整

滚动轴承应具有必要的间隙，弥补制造和装配偏差，保证滚动体正常运转，延长使用寿命。间隙分为径向和轴向两种，有的可调，有的不可调。径向间隙与轴向间隙存在着正比关系，轴向间隙调整好了、径向间隙也就调整好了。

间隙的调整方法有：（1）垫片调整，即利用侧盖处的垫片调整，这是最常用的方法；（2）螺钉调整，即利用侧盖处的螺钉调整，使用较多；（3）内外圈调整，当同一根轴上装有两个圆锥滚子轴承时，其轴向间隙常用内外圈进行调整，它是在轴承尚未装到轴上时进行，内外圈长度根据轴向间隙确定。

五、齿轮的装配

在维修中，齿轮的装配较复杂。为保证维修装配的质量，应注意：①对传递动力的齿轮，尽可能维持原来的啮合关系；②对分度传动的齿轮，为减少噪声和保证分度均匀，安装调整时，应取齿侧间隙的最小值，同时使节圆半径的跳动最小。

（一）圆柱齿轮的装配

1. 齿轮在轴上的装配

对一般齿轮传动，为保证齿轮和轴的同轴度，齿轮与轴的配合应为过盈配合 H7/r6 或过渡配合 H7/m6。过盈量较大的采用热装，而过盈量较小的用冷压装。扭矩的传递则由键联接保证。轴向定位要适当，过盈配合的直齿轮，一般不另加轴向定位；如果是过渡配合或斜齿轮，则必须进行轴向定位。

齿轮装配后要进行检查，主要项目有：齿圈径向跳动、端面圆跳动等。装配后常出现的误差有：①齿轮在轴颈上偏摆，其产生的原因是齿轮内孔与齿轮端面有垂直度误差，或因齿轮内孔与轴颈在装配时压偏了；②齿圈径向跳动误差，一般情况是因滚齿时有加工误差或由于齿轮分度圆轴线与轴颈轴线同轴度误差引起。

2. 齿轮轴组件在机体上的装配

要求保证齿轮的接触精度、工作平稳性及齿侧间隙。影响这些要求的因素有：机体孔的同轴度；机体孔各轴线的平行度；机体孔轴线倾斜及中心距误差，此外还有齿轮在轴上的装

配误差。为保证装配精度，在装配时要进行调整和修配。当齿轮传动使用滑动轴承时，机体等有关加工误差可用刮研及修磨滑动轴承孔进行补偿，使之达到齿轮的接触精度及规定的齿侧间隙。齿轮传动采用滚动轴承时，机体加工误差无法用修配法进行补偿，因此，必须严格控制机体的加工精度。有时为提高齿轮的接触精度，也用偏心套或后配衬板的方法来实现。

3. 要有合适的齿侧间隙

齿侧间隙是指齿轮副啮合轮齿非工作面间法线方向的空隙。齿侧间隙的作用在于补偿齿轮的加工误差和安装误差、补偿热变形，避免运转时发生卡涩现象，保证齿轮自由回转，储存润滑油，有良好的润滑和散热条件，不引起大的冲击。

齿侧间隙的大小与齿轮模数、精度等级和中心距有关。齿侧间隙大小在齿轮圆周上应当均匀，以保证传动平稳，没有冲击和噪声。在齿的长度上应相等，以保证齿轮间接触良好。

齿侧间隙的检查方法有压铅法和千分表法两种：

（1）压铅法　此法简单，测量结果比较准确，应用较多。在两齿轮的齿面间放入一段铅丝，其直径根据间隙大小选定，长度以压上 3 个齿为好，然后均匀转动齿轮，使铅丝通过啮合而被压偏。厚度小的是工作侧隙，最厚的是齿顶间隙，厚度较大的是非工作侧隙。厚度均用千分尺测量。轮齿的工作侧隙和非工作侧隙之和即为齿侧间隙。

（2）千分表法　此法用于较精确的啮合。将其中一个齿轮固定，另一个齿轮相对晃动，用千分表测出此晃动量即为齿侧间隙。

齿侧间隙超出规定，可通过变动齿轮轴位置和刮研齿面调整。

4. 齿轮接触精度的检查及研齿

对于传递动力的齿轮要求齿面的接触状况良好，即接触面积大而均匀，避免发生过大的载荷集中，保证齿轮的承载能力，达到减少磨损和延长使用寿命的目的。齿轮接触精度规定是用啮合接触斑点范围的大小表示，用着色法检查。首先在小齿轮齿面上涂色，然后与大齿轮对滚，大齿轮转 3 ~ 4 圈后，检查齿面接触面积及位置。正常接触痕迹应在齿轮分度圆附近，并有一定面积，其具体数值可查有关手册。

装配后出现的接触误差，可经过研齿、修刮及磨合等工艺措施消除。

（二）锥齿轮的装配

锥齿轮的装配与圆柱齿轮的装配基本相同。所不同的是锥齿轮传动两轴线相交，交角一般为 90°。装配时值得注意的主要问题是轴线夹角的偏差、轴线不相交偏差、分度圆锥顶点偏移、以及啮合齿侧间隙和接触精度应符合规定要求。

装配时以齿轮的背锥为基准，将背锥面装成平齐，保证齿轮的正确装配位置，然后按接触点再作进一步调整。侧隙可通过调整齿轮的轴向位置获得，同时应保持背锥的平齐。

锥齿轮的轴向定位是否正确，将影响齿轮副的侧隙及正确啮合。

锥齿轮装配后要检查齿侧间隙和接触精度。齿侧间隙一般是检查法向侧隙，检查方法与圆柱齿轮相同。若侧隙不符合规定，可通过齿轮的轴向位置进行调整。接触精度也用着色法检查，当载荷很小时，接触斑点的位置应在齿宽的中部稍偏小端，接触长度约为齿长的 2/3 左右。载荷增大，斑点位置向齿轮的大端方向延伸，在齿高的上下两方向也有扩大。如果装配不符合要求时，应进行调整。

六、蜗杆蜗轮的装配

蜗杆蜗轮的装配步骤是：①将蜗轮齿圈压装在轮毂上，并用螺钉固定；②将蜗轮装到蜗轮轴上；③将蜗轮-轴部件安装到箱体上；④安装蜗杆，其轴心线位置由箱体孔确定。

动力蜗杆蜗轮传动装置的装配，一般是先装蜗轮。蜗杆与蜗轮的轴向间隙不能过紧或过松。蜗轮的轴向位置即相对于蜗杆中心应根据接触斑点进行调整，将红丹油涂在蜗杆的螺旋面上，使蜗杆与蜗轮啮合，要求蜗轮齿面上的接触斑点位置在中部稍偏蜗杆的旋出方向。装配时还应检验其转动的灵活性，保证蜗轮在任何位置时，旋转蜗杆的力矩基本一致，没有咬住的现象。通常可用手检验。若运转困难甚至咬住，一般认为间隙过小，啮合不精确，应予以调整。

分度蜗杆蜗轮传动装置的装配，通常用蜗杆径向可调结构。装配时以接触斑点为依据调整蜗杆的位置，并同时作侧隙检验。为保证分度蜗杆的中心线与分度蜗轮的中心平面的平行度，应使分度蜗杆的轴承孔与工作台平面平行，蜗杆与蜗轮的啮合侧隙应保证0.02mm。啮合侧隙在装配后需进行复验。

安装后出现的各种偏差，可通过移动蜗轮中心平面的位置改变啮合接触位置来修正，也可刮削蜗轮轴瓦来找中心线偏差。

七、零部件的平衡

零部件因制造不准确，其内部材料组织不均匀，以及安装误差等原因造成重心偏移，在旋转过程中产生离心力，使零部件不平衡。

离心力作用在轴及轴承上，将破坏轴承的润滑油膜，加剧零件的磨损，甚至把轴承压坏、压弯，还会因离心力的方向随旋转方向的改变而引起机械设备基础的振动。这对高速、精密机械设备是不容忽视的。

如何将离心力的影响限制在一定范围内，已成为提高机械设备工作质量的重要问题之一。通常用离心力平衡的方法来达到这一目的。

对于圆盘类零件，配以平衡重物后，能静止在任何位置上，称静平衡。它是利用地心引力对不平衡量的作用而进行平衡校正的。由于重力加速度是一定的，所以一般说来灵敏度较低。当零件的直径对长度之比 D/L 大于 1 时，静平衡才能获得较好的效果，例如：飞轮、齿轮和圆盘形砂轮等高速旋转零件。

静平衡一般在设有刀形、圆柱形和滚轮平衡架装置的静平衡设备上进行，它的根据是零件偏重部分一定在最低位置的基本原理。平衡时，找出零件偏重部位，然后在该位置上钻孔，去除一部分金属，或在偏重部位相对称的位置上增加一相应重物，即配重，直至零件可在任意位置上都能静止不动时表示零件已经平衡。静平衡的方法简单、适用。

静平衡只能校正力不平衡量，而不能校正力偶不平衡量。对于细长轴类零件在旋转时，不仅产生离心力，还会出现力偶。力偶将会使其扭转、引起振动。因此，在这种情况下，既要作静平衡，还要作动平衡。

动平衡是利用转子不平衡量在旋转时所产生的离心力来进行校正的。由于离心加速度往往大于重力加速度，所以能获得比静平衡较高的灵敏度，不仅能校正力不平衡量，还能校正力偶不平衡量。

动平衡又分为两种：①低速动平衡，它是指平衡转速较低的动平衡过程，一般为转子工作转速的20%左右，转子总是刚性的，又称刚性转子动平衡。②高速动平衡，它是指在工作转速范围内高速转子的动平衡。由于转子转速高，故设计成挠性转子。对于挠性转子进行动平衡校正，主要是校正振型不平衡量，这是高速动平衡中的主要内容。

动平衡是在复杂的动平衡机上进行，评定指标较多，校正方法较难，限于篇幅这里不再介绍，可参阅有关资料和专著。

八、密封件的装配

在机械设备使用中，由于密封失效，常出现三漏，即漏油、漏水、漏气现象。它不仅造成物质浪费、降低工作效能、污染环境，而且还可能促使严重事故的发生。

密封失效的原因，有密封件质量不好，密封件在工作过程中磨损、老化、变形和腐蚀，密封件的装配工艺不符合要求等，而主要原因则往往是装配工艺不好。因此对密封件的装配工艺应引起足够重视。

密封件的种类很多，常用的有衬垫密封、填料密封、油封、O形密封圈、Y形密封圈、机械密封装置、机械防漏密封胶等。它们的装配都有一定的要求。这里仅对其装配的一般要求主要提出以下几点，仅供参考。

1）应根据不同的压力、温度、介质选用合适的密封材料，如纸质、软木、石棉衬垫、橡胶衬垫、金属垫等。

2）装配工艺要合理，要有合适的装配松紧程度，当压紧不足时容易引起泄漏，而压紧过大则引起发热，加速磨损，增大摩擦功率。

3）装配的位置和方向要正确，不得错位或歪斜，除O形圈外，其余各种形式的密封圈一般都是单向作用，使其唇部朝向承受介质压力的一方，由介质压力将唇部压紧，提高密封效果。

4）密封盖的锁紧程度应均匀，拧紧压盖螺钉时应注意按多次对称位置逐个进行。

第五节 总装配要点

机械设备的总装配是维修过程中的最后工序，其实质是将装配好的各个部件固定在基体上，使之成为一个整体。同时，要求各个部件之间、各部件与基体导轨之间的相互位置精度达到规定的各项技术要求。

机械设备大修后的总装配与新产品的总装配有所不同。因为有些零部件是经过使用已经磨损了，它们的相互位置被改变，使维修装配工作更加复杂。对于维修装配在质量上有如下一些主要要求：

1）定位用的定位销在其工作长度上应与两个零件孔的表面达到接触面的要求，保证定位。

2）主要部件在保证位置正确的前提下，应紧固可靠；固定接合面应接触严密，一般情况下0.04mm塞尺不能进去。

3）移动部件不论在有载还是空载情况下，都应当做到运动灵活自如，不得有歪斜和卡涩现象，各部位无过热、异响情况。

4）机械设备工作时，所有手柄不得抖动或自行移动、脱位；手动操纵的行程应平稳，没有阻滞现象。

5）安全防护措施均应齐备，并处于良好的技术状态。

维修总装配的顺序，根据零部件磨损情况和维修方法的不同而按不同的顺序进行。不论采用哪种装配顺序，最终必须保证机械设备规定的性能要求，保证本次装配为下次大修创造良好的条件。

第六节　装配后的磨合与试验调整

机械设备及其主要部件在经过大修之后都应进行磨合与试验调整。

一、磨合

经过修复的零件都存在一定的微观不平度，再加上配合件的装配误差，所以配合表面的接触是极不均匀的，实际上仅是少数几个尖峰相接触，真实接触面积较小。如果直接承受载荷，则单位接触面积承受的实际载荷较大，在局部接触点上会引起超过屈服点的巨大接触应力，或引起不平度凸峰的相互嵌入，接触点会由弹性变形进而发展为塑性变形。接触的尖峰被压溃后，使接触面更加接近，在分子间的引力作用下，将使接触点发生粘着。当两接触表面作相对运动时，由于存在很大的摩擦因数，会引起大量发热，可能产生接近材料熔点的温度，导致严重的粘着磨损或表面直接擦伤，由此造成机械零件的早期损坏。拉缸、抱轴、齿轮或蜗轮的粘着、胶合等就是典型的例子。

磨合是将装配好的机械设备、部件，使用一定的润滑材料，在空载或逐渐加载、加速的条件下进行运转，从而克服了上述的不良后果。同时，合理的磨合工艺，还能形成良好的工作表面、降低磨损速度，提高零部件的使用寿命，弥补因修复受到设备、工艺、技术水平等条件的限制而出现的质量问题。

合理的磨合工艺应该是：磨合后的零件表面具有良好的适应正常工作的能力、良好的摩擦磨损性能、摩擦功和发热量均达到最小值；磨合过程中能使磨损速度逐渐而稳定地降低，能以最小的磨损量实现平衡粗糙度；能提高磨合速度、使磨合时间最短，使用经费最少，最终达到维修目的。

影响磨合的主要因素是润滑剂的性质；零部件的表面质量；初始速度；零件的材质；载荷等。磨合效果的优和劣，包括磨合速度和磨合质量两个方面，磨合速度影响维修工作效率，可用磨合的有效时间评定，磨合质量则影响工作性能、可靠性和使用寿命。

由于各种机械设备的功能、结构特点、设计和制造水平、原始表面状态和维修质量等不同，对磨合的要求也各不一样，磨合工艺相差很大。对于结构复杂、工作条件严酷的发动机来说，进行磨合其要求十分严格，磨合工艺一般也较完善，需要经过三个阶段进行：①冷磨合，发动机由其它动力机械驱动运转；②无载热磨合，发动机空运转；③加载热磨合，发动机加载运转。

二、检查试验

在装配中很难避免有缺陷存在，装配是否符合要求只有通过装配后对部件和整个机械设备进行检查和试验，才能知道装配的质量如何，并及时发现是否有卡涩、异响、过热、渗漏等现象，工作能力和性能指标是否合乎要求。因此，检查试验工序是装配工作的继续，十分重要。

三、调整

在装配中，某些项目要通过运转才能最后进行调整，如机床的传动系统、液压系统、机械运动中的爬行、泄漏等，以保证维修装配质量的主要要求。

参 考 文 献

1　陈学楚主编．现代维修理论．北京：国防工业出版社，2003

2　陈学楚．维修基础理论．北京：科学出版社，1998

3　李国华，张永忠编著．机械故障诊断．北京：化学工业出版社，1999

4　裴俊峰，杨其俊编．机械故障诊断技术．山东东营：石油大学出版社，1997

5　虞和济．诊断原理与方法．北京：冶金工业出版社，1999

6　陈进．机械设备振动监测及故障诊断．上海：上海交通大学出版社，1999

7　张来斌等编著．机械设备故障诊断技术及方法．北京：石油工业出版社，2000

8　温诗铸，黄平著．摩擦学原理．第 2 版．北京：清华大学出版社，2002

9　张嗣伟主编．基础摩擦学．山东东营：石油大学出版社，2001

10　汪德涛编．润滑技术手册．北京：机械工业出版社，1999

11　赵涛等．可靠性工程基础．天津：天津大学出版社，1999

12　吴波，黎明发编著．机械零件与系统可靠性模型．北京：化学工业出版社，2003

13　高社生，张玲霞编著．可靠性理论与工程应用．北京：国防工业出版社，2002

14　徐久军，严志军，朱新河编著．机械可靠性与维修性．大连：大连海事大学出版社，2000

15　石全主编．维修性设计技术案例汇编．北京：国防工业出版社，2002

16　谢小鹏．设备状态识别与维修决策．北京：中国石化出版社，2000

17　周根然编．设备保养维修及计划编制．南京：东南大学出版社，2001

18　刘福顺，汤明编著．无损检测基础．北京：北京航空航天大学出版社，2002

19　徐滨士，刘世参编著．表面工程．北京：机械工业出版社，2000

20　徐滨士，刘世参编著．表面工程新技术．北京：国防工业出版社，2002

21　曾晓雁，吴懿平主编．表面工程学．北京：机械工业出版社，2001

22　徐重，高原主编．现代表面工程技术．太原：山西科学技术出版社，2002

23　李金桂主编．现代表面工程设计手册．北京：国防工业出版社，2000

24　钱苗根主编．材料表面技术及其应用手册．北京：机械工业出版社，1998

25　顾继友编著．胶接理论与胶接基础．北京：科学出版社，2003

26　李健民，许俊，杨冬梅编著．实用工业设备粘接维修．北京：化学工业出版社，2001

27　罗来康．特种粘接技术及应用实例．北京：化学工业出版社，2003

28　张增志．高效快速感应熔涂技术．北京：冶金工业出版社，2001

29　黄迷梅编著．液压气动密封与泄漏防治．北京：机械工业出版社，2003

30　张嗣伟主编．第三届表面工程国际会议论文集．成都：西南交通大学出版社，2002

31　徐灏主编．机械设计手册．第 2 版．北京：机械工业出版社，2000

32　机械工程手册．电机工程手册编委会编．机械工程手册．第 2 版．北京：机械工程出版社，1997

33　徐灏主编．机械设计师手册．第 2 版．北京：机械工业出版社，2000

34　蔡春源主编．机电液设计手册．沈阳：东北大学出版社，1997

35　吴宗泽主编．机械设计师手册．北京：机械工业出版社，2002

36　中国机械工程学会中国机械设计大典编委会编．中国机械设计大典．南昌：江西科学技术出版社，
　　2002

37　刘正林，张和平等编．简明内燃机维修手册．北京：机械工业出版社，2001

38　杨叔子主编．机械加工工艺师手册．北京：机械工业出版社，2002

39　中国机械工程学会设备维修分会会刊．设备管理与维修．1998～2003

（6）络合吸收法　该法主要是利用 NO 与某些物质能生成络合物，这些络合物在加热的情况下又可使 NO 重新游离出来，达到富集回收 NO 的目的，因此主要适用于富含 NO 的氮氧化物尾气。目前研究的络合剂有 $FeSO_4$、Fe（Ⅱ）-EDTA 及 Fe（Ⅱ）-EDTA-Na_2SO_3 等。主要反应式如下：

$$FeSO_4 + NO \longrightarrow Fe(NO)SO_4$$
$$EDTA\text{-}Fe(Ⅱ) + nNO \longrightarrow EDTA\text{-}Fe(Ⅱ) \cdot nNO$$

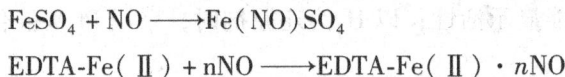

由于许多工业废气中 NO_x 的氧化度较低，使用某种单一的吸收剂净化效果不够理想，一般情况下，常用两种或两种以上的吸收剂对 NO_x 废气进行多级吸收。

2. 吸附法

吸附法脱除氮氧化物的吸附剂主要有活性炭、硅胶、分子筛等。这些吸附剂都是将 NO 氧化为 NO_2 之后，以 NO_2 的形式吸附，由于活性炭对 NO_x 的吸附量低，所以多采用硅胶或分子筛。

（1）分子筛　用作吸附剂的分子筛主要是各种类型的沸石，下面以丝光沸石为例对吸附过程进行介绍。

丝光沸石是一种天然吸附剂，它具有很多的孔隙，具有很高的比表面，其晶穴内有很强的静电场，内晶表面高度极化，微孔分布单一均匀，并具有普通分子般大小，因此具有较高的吸附能力。此外丝光沸石具有很高的硅铝比，热稳定性好，耐酸性强，其化学组成为 $Na_2Al_2Si_{10}O_{24} \cdot 7H_2O$。当 NO_x 尾气通过分子筛床层时，由于水和 NO_2 分子的极性强，被选择性地吸附在分子筛微孔内表面，反应方程式如下：

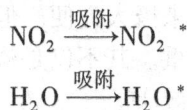

$$NO_2 \xrightarrow{\text{吸附}} NO_2{}^*$$
$$H_2O \xrightarrow{\text{吸附}} H_2O^*$$

吸附态的 NO_2 和 H_2O 在吸附剂表面生成硝酸并放出 NO，反应方程式如下：

$$3NO_2{}^* + H_2O^* \rightarrow 2HNO_3 + NO$$

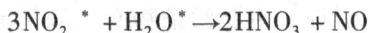

放出的 NO 连同尾气中的 NO，与氧气在沸石表面上被催化氧化为 NO_2 而被吸附，反应方程式如下：

$$2NO + O_2 \rightarrow 2NO_2$$

由于水分子的极性强，比 NO_2 更容易被沸石吸附，因此可以用水蒸气将沸石吸附的氮氧化物脱附，脱附后的丝光沸石经干燥得以再生。分子筛吸附净化 NO_x 是吸附法当中最有前途的一种方法。

（2）硅胶　含 NO_x 的废气经水喷淋冷却后，以硅胶去湿。干燥气体中 NO 在硅胶的催化作用下氧化为 NO_2 并被吸附，吸附到一定程度后，用加热法解吸再生。硅胶的吸附量随 NO_2 分压增大而增大，随温度的升高而降低。

3. 催化法

NO_x 催化净化的处理方法有选择性催化还原（SCR）法和选择性催化氧化（SCO）法。

（1）催化还原法　NO_x 的催化还原技术中，可用的还原剂有 NH_3、炭、低碳烃、CO 和 H_2 等几大类，每一种还原剂可将 NO 还原为 N_2，采用不同的还原剂时，所用的催化材料也各不相同。以 NH_3 为还原剂时，最有成效的催化剂是锰基催化剂，该催化剂具有较好的低温催化活性；以炭为还原剂时，由于 C—NO 反应是气-固异相反应过程，研究人员一般在活性

炭上负载活性组分，催化 NO 的炭还原过程，大多采用 Pt、Pd、Ni、Co、碱金属和稀土元素化合物作为活性组分；以低碳烃（CH_4）为还原剂时，一般采用金属氧化物作为催化剂，如 Al_2O_3 负载 Ag、Co 和 Cu 的复合型催化剂；以 CO 为还原剂时，硫化态固溶体催化剂显示出极高的活性，如 $CoO\text{-}TiO_2$ 和 $SnO_2\text{-}TiO_2$，特别是 $SnO_2\text{-}TiO_2$ 催化剂，不仅使用过程中没有副产物，而且在氧化态下也能显示活性；以 H_2 为还原剂时，采用 Pt 基催化在低温下具有较好的加氢活性。

（2）催化氧化法　气相选择性催化氧化法，是指在催化剂的作用下，先将 NO 部分地氧化为 NO_2（50%~60%），再用湿法脱硫的吸收剂（如石灰、NaOH、Na_2CO_3 和氨水等）吸收。目前在催化氧化法中使用的催化剂有三大类，一是分子筛及其负载催化剂，这类催化剂高温活性较好；二是活性炭吸附剂，在 NO_x 的治理中，它不仅可作吸附剂，还可作催化剂，但由于烟气中水蒸气的存在，使活性炭催化剂催化氧化 NO 的转化率难以提高；三是金属氧化物催化剂，这类催化剂多是将活性组分附载于不同的载体上，Al_2O_3 由于具有较高的热稳定性，且其比表面积较大，因而有利于含氮物种的吸附，是催化氧化催化剂采用较多的载体。催化氧化法中使用的催化剂一般都具有吸附的功能，因此去除 NO_x 的催化剂与吸附法当中使用的吸附剂没有明显的区别。

13.2.3　汽车尾气净化材料

1. 概述

随着世界各国经济的发展和人民生活水平的提高，汽车作为现代社会最简便、最普及的交通工具，给人们的日常生活和工作带来极大方便。但与此同时，汽车尾气排放带来的环境污染也随着汽车拥有量的增加而日趋严重。其不仅是流动污染源，而且数量很大，常易造成局部地区的污染物含量过高，危害人体健康。

汽车的排放源主要来自三个方面：尾气排放、燃油蒸发排放和曲轴箱通风。其中有害物质多在燃烧过程中产生，达 140 多种，主要污染物有一氧化碳（CO）、碳氢化合物（HC）、氮氧化物（NO_x）、硫氧化物（SO_x）、颗粒物（铅化合物、黑炭、油雾等）、臭气（甲醛、丙烯醛）等，其中 CO、HC、NO_x 是汽车尾气污染的主要成分。其相对排放量见表 13-2。

表 13-2　汽油车排放源有害物相对排放量

排　放　源	相对排放量（占该污染物总排量的百分比，%）		
	CO	NO_x	HC
尾气管	98~99	98~99	55~65
曲轴箱	1~2	1~2	25
汽油箱、化油器	0	0	10~20

由表 13-2 可见，相对于尾气管有害物质的排放量，其他排放源要小得多，CO、NO_x 大概为总排放量的 1%~2%，HC 为 35%~45%。因此，汽车污染的排放主要来自发动机燃烧产生的尾气，对污染的治理也主要针对汽车尾气。

目前控制汽车尾气排放的措施主要有机内净化和机外净化。机内净化是指发动机在设计上以改善可燃混合气体的燃料状况、抑制有害气体的生成为根本方法，如空燃比的设定、可燃气体品质的改变等；机外净化主要有二次喷射（二次燃烧）或安装催化转化器等措施。一般情

况下，二次喷射的排放控制能力有限，不能满足低排放要求，尤其是 NO_x 的低排放，因此采用催化转化器成为控制尾气排放的重要措施。催化转化器中用到的催化剂包括用来减少 HC 和 CO 排放的氧化催化剂、减少 NO 排放的还原催化剂以及同时减少 HC、CO、NO_x 排放的三效催化剂。其中三效催化剂闭环控制系统是目前世界上最常用的汽车排气催化净化系统。

2. 三效催化剂

能同时有效地对 CO、HC 和 NO_x 进行催化转化的催化剂，是三效催化剂（TWC）。由于汽车尾气的排放量、排气成分以及排气温度的变化范围都较宽，以及汽车在运行过程中的复杂工况，苛刻的操作条件，严格的催化要求等都对三效催化剂提出了极高的性能要求。具体要求如下：起燃温度低，有利于降低汽车冷起动时的排气污染物排放；有较高的储氧能力，以补偿过量空气系数的波动；耐高温，不易热老化，能适应尾气排放温度变化幅度大的特点，汽车正常的操作温度一般在 $300 \sim 500℃$ 之间，短时间内甚至达到 $1000℃$，能经受这样的环境而保持活性稳定的物质只有部分贵金属和稀土金属；对杂质不敏感，不易中毒；极少产生 H_2S、NH_3 等物质；价格合适。

（1）三效催化剂的催化原理　在三效催化剂上发生的化学反应如下：

氮氧化物（NO_x）的还原，Rh 对 N_2 的生成具有良好的活性和选择性，它是催化剂的主要部分，以 NO 为例

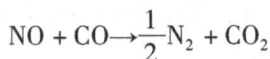

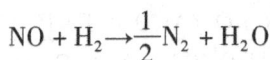

$$NO + CO \rightarrow \frac{1}{2}N_2 + CO_2$$

$$NO + H_2 \rightarrow \frac{1}{2}N_2 + H_2O$$

一氧化碳（CO）和碳氢化合物（HC）的氧化，Pt、Pd 是除去 CO、HC 的有效金属催化剂，具体反应如下：

$$CO + \frac{1}{2}O_2 \rightarrow CO_2$$

$$4HC + 5O_2 \rightarrow 4CO_2 + 2H_2O$$

其他反应为

$$2HC + 4H_2O \rightarrow 2CO_2 + 5H_2$$

$$CO + H_2O \rightarrow CO_2 + H_2$$

汽车尾气净化主要发生了氧化-还原反应，三效催化剂能同时降低 3 种污染物浓度，但只有在空燃比等于 14.6 时才能达到最优化。

（2）三效催化剂的组成　汽车尾气净化的三效催化剂是由载体、活性组分和助催化剂三部分组成的。

1）载体。由于汽车尾气净化用的催化剂价格比较昂贵，故催化剂一般都涂抹在载体上，使催化剂成为催化剂层。目前使用的催化剂载体大部分是陶瓷载体和金属载体。载体上具有气体流动的通孔。陶瓷载体的孔多为格子状的，也有圆形的；金属载体的孔多为波纹状的。具体如图 13-1 所示。

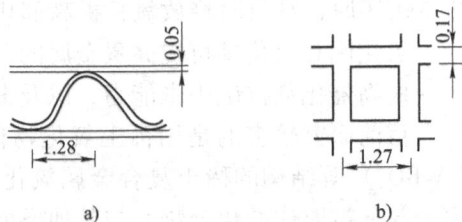

20 世纪 90 年代后期，金属载体汽车催化剂开始

图 13-1　载体的单体形状

a) 金属载体　b) 陶瓷载体

发展起来，其与陶瓷相比，有着更大的表面积，同时更易传热，能够更快达到反应温度。由于金属载体的价格和负载工艺的难度，相比陶瓷载体应用较少，所以目前应用的汽车催化剂载体 95% 为蜂窝堇青石陶瓷载体。堇青石理想组成是 $2MgO \cdot 2Al_2O_3 \cdot 2SiO_2$，其耐热温度较高，但其比表面积仅有 $1m^2/g$。为提高催化剂的比表面积，通常在陶瓷载体上涂覆一层比表面积更大的物质即涂层，一般为活性氧化铝。

2）活性组分。活性组分是催化剂的核心，担负主催化作用，目前汽车尾气净化中活性组分主要有贵金属和非贵金属两大类。

贵金属活性组分——目前三效催化剂的主体是贵金属、主要组分有 Pt-Pd、Pt-Rh、Pd-Rh、Pt-Pd-Rh，具有较低的起燃温度，较长的寿命，对 CO、HC、NO_x 同时具有较高的催化转化效率。贵金属三效催化剂活性组分中的 Pt 和 Pd 主要用来氧化 CO、HC，而 Rh 主要用来还原 NO_x。温度越低则催化活性越高，催化活性与贵金属 Pt、Pd 及 Rh 的粒径呈线性关系，因此使用过程中要防止贵金属微粒的增大。

非贵金属活性组分——由于贵金属价格昂贵，资源稀少，再加上易发生 Pb、S 中毒，因此寻找其他高性能材料已成为必然趋势。早期人们把重点放在铜和含铜-铬体系掺杂微量贵金属上。目前研究的非贵金属催化剂是以 Mn、Co、Fe、Sr、Cu、Ni、Bi 等过渡金属与碱金属氧化物为主要活性组分，以稀土氧化物为助剂的混合氧化物型催化剂。其中 CuO、MnO_2 和 CoO_3 等对 CO 的低温氧化活性较高，NiO 和 Cr_2O_3 对 NO_x 的还原性能较好。它们对 CO、HC、NO_x 的活性顺序如下：

氧化 CO $Co_3O_4 > CuO\text{-}Cr_2O_3/Al_2O_3 > Fe_2P_3 > CuO > Cr_2O_3$

氧化 C_2H_4 $C\text{-}Cr_2O_3\text{-}Al_2O_3 > Fe_2O_3 > Co_3O_4 > Cr_2O_3$

NO_x 还原 CO $Fe_2O_3 > CuCr_2O_4 > CuO > Cr_2O_3 > NiO > Co_3O_4 > MnO_2 > V_2O_5$

然而，非贵金属具有不可克服的缺点，如在低温下对硫很敏感；在富氧环境下更易失活；活性不如贵金属高。特别是用单组分氧化物作为主催化剂时，耐热性太差，氧化—还原活性低，所以一般采用多组分制成特殊结构来提高催化活性。

3）助催化剂。助催化剂虽然本身无催化活性或活性很低，但加入后可大大提高主催化剂的活性、选择性或寿命。汽车尾气净化的反应机理十分复杂，催化剂各组分常常协同作用，催化剂活性组分与助剂常难以明确区分。三效催化剂中一般都使用稀土氧化物为助剂，稀土的加入降低了贵金属的用量，使材料具有以下特性：

提高催化剂的热稳定性——如 La_2O_3 与 Al_2O_3 形成一种在高温下稳定的 La-β-Al_2O_3 层状结构，从而抑制 γ-Al_2O_3 向 α-Al_2O_3 转变。

提高储氧能力——由于氧化铈中 Ce^{3+} 和 Ce^{4+} 的氧化还原转化能力，可在贫氧下储氧促进 NO_x 还原；富氧时释放氧，提高催化剂在贫氧条件下对 CO 和 HC 的氧化活性。

氧化镧和氧化铈可提高贵金属的分散性，抑制高温结晶颗粒的长大。

提高催化剂抗硫中毒能力，以及催化剂载体的机械强度。

目前研究较多的是用稀土氧化物作为活性组分，制成的钙钛矿型（ABO_3）、尖晶石型（A_2BO_4）等结构的稀土复合金属氧化物型催化剂，如 $LaCoO_3$、$LaMnO_3$、$LaNiO_3$ 或其 A、B 离子部分被取代的化合物。与其他类型的催化剂相比，钙钛矿型催化剂用途比较广泛，某些样品的活性、选择性及抗毒性能超过贵金属催化剂，有望在汽车尾气净化方面替代贵金属催化剂。目前研究主要侧重于 ABO_3 中 A 位或 B 位元素的取代，改变其内部的晶格结构，由此

改变材料的性能，起到提高催化作用的效果。

13.2.4　脱臭材料

1. 概述

凡能刺激人的嗅觉器官，普遍引起不愉快或厌恶、损害人体健康的气味统称为恶臭。恶臭不仅污染环境，而且危害人类身心健康，其致臭原因是其含有特征发臭基团。含发臭基团的气体分子与嗅觉细胞作用，经嗅觉神经向脑部神经传递信息，从而完成对气味的鉴别。地球上存在的 200 多万种化合物中，1/5 具有气味，约有 1 万种为严重恶臭的物质。按化学组成可分成以下五类：

1）含硫化合物，硫化氢、二氧化硫、硫醇、硫醚类等。
2）含氮化合物，如胺、氨、酰胺、吲哚类等。
3）卤素及衍生物，如卤代烃等。
4）含氧有机物，如醇、酚、醛、酮、酸、酯等。
5）烃类，如烷、烯、炔烃以及芳香烃等。

由上可知除硫化氢和氨外，这些恶臭物质大都为有机物。这些有机物具有沸点低、挥发性强的特征，能够散发到大气中，因此又称其为挥发性有机化合物，简称 VOCs。

目前，对恶臭的治理方法可归纳于表 13-3。

表 13-3　常见的恶臭的治理方法

脱臭方法	脱臭原理	特　点	适用对象
掩蔽法	采用更强烈的芳香气味或其他令人愉快的气味与臭气掺和，以掩蔽臭气，使之能被人接受	可尽快消除恶臭影响，灵活性大，费用低，但恶臭成分并没有被去除掉	适用于需要立即地、暂时地消除低含量恶臭成分
稀释法	将有臭味的气体通过烟囱排至大气，或用无臭空气稀释、降低恶臭物质含量以减少臭味	费用低，但易受气象条件的影响，恶臭物质仍然存在	适用于处理中、低含量的有组织排放的恶臭成分
燃烧法	在高温下恶臭物质与燃料气充分混合，实现完全燃烧	净化效率高，恶臭物质被彻底氧化分解，但设备易腐蚀，消耗燃料，处理成本高，易形成二次污染	适用于处理高含量、小气量的可燃性恶臭成分
化学氧化法	利用强氧化剂氧化恶臭物质，使之无臭或低臭	净化效率高、但需要氧化剂，处理费用高	适用于处理大气量的、高中含量的恶臭成分
洗涤法	使用溶剂溶解臭气中的恶臭物质	可处理大流量气体，工艺最成熟，但净化效率不高，消耗吸收剂，易形成二次污染	适用于处理大气量的、高中含量的臭气
吸附法	利用吸附剂的吸附功能使恶臭物质由气相转移至固相	净化效率很高，可处理多组分的恶臭气体，但吸附剂费用昂贵，再生比较困难，对待处理的恶臭气体要求高，即较低的湿度和含尘量	碳氢化合物

恶臭污染源分布极广，大体可分为工业污染源（如造纸厂、印刷厂等）、生活污染源

（如厕所、卫生间、垃圾堆放场、下水道等）和体泌污染源（如脚臭、腋臭、口臭等）三类。在各种恶臭污染源中，以垃圾堆放场、垃圾箱、厕所、造纸厂、印刷厂及室内装修场所等最为普遍，在污水处理厂也产生大量难闻的臭气。恶臭物质的主要来源详见表 13-4。

表 13-4　恶臭物质的主要来源

物 质 名 称	主 要 来 源
硫化氢	牛皮纸浆、炼油、炼焦、石化、煤气、粪便处理、二硫化碳的生产或加工
硫醇类	牛皮纸浆、炼油、煤气、制药、农药、合成树脂、合成纤维、橡胶
硫醚类	牛皮纸浆、炼油、农药、垃圾处理、生活污水下水道
氨	氮肥、硝酸、炼焦、粪便处理、肉类加工、家畜饲养
胺类	水产加工、畜产加工、皮革、骨胶
吲哚类	粪便处理、生活污水处理、炼焦、肉类腐烂、屠宰牲畜
硝基化合物	燃料、炸药
烃类	炼油、炼焦、石油化工、电石、化肥、内燃机排气、油漆、溶剂、油墨、印刷
醛类	炼油、石油化工、医药、内燃机排气、垃圾处理、铸造
脂肪酸类	石油化工、油脂加工、皮革制造、肥皂、合成洗涤剂、酿造、制药、香料、食物腐烂、粪便处理
醇类	石油化工、油脂加工、皮革制造、肥皂、合成材料、酿造、林产加工、合成香料
酚类	溶剂、涂料、油脂工业、石油化工、合成材料、照相软片
酯类	合成纤维、合成树脂、涂料、粘合剂
含卤素的有机物	合成树脂、合成橡胶、溶剂、灭火器材、制冷剂

从表 13-4 分析来看，硫系恶臭物质涉及的行业最为广泛，而且硫系恶臭物质具有极大的毒性，在各种恶臭污染中影响也是最大的。GB 14554—1993《恶臭污染物排放标准》中确定了 8 种恶臭物质，其中含硫恶臭气体就有五种，并且出现概率最大的就是 H_2S，因此含硫恶臭的治理的主要针对 H_2S 恶臭物质。

2. 生物脱臭技术

生物法处理废气的概念是 Bach·H 在 1923 年提出的，而工业上的最早应用是美国的 R·D·Pomeoy，他于 1957 年申请了利用土壤处理硫化氢臭气的专利。其原理是利用微生物的代谢活动降解恶臭物质，使之无害化。对于无机硫化物一般氧化为硫酸，而对于有机硫化物的氧化终产物为硫酸和二氧化碳。由于氧化分解，微生物获得了自身细胞增殖所必需的细胞物质和生长所需要的能量。但是待降解的物质必须有一定的水溶性和可生物降解性，恶臭气体的温度不应大于 50℃，并不含有抑制微生物生长的有害物质。生物脱臭技术具有以下几方面优点：

1）生物脱臭一般是将各种恶臭成分或有毒成分氧化分解成 CO_2、H_2O 和 H_2SO_4 等物质，通过人工创造的环境，进行人为的控制与管理，因而可减少或避免二次污染。

2）生物脱臭法是以恶臭物质作为生物体内的能源，只要使微生物与恶臭物质相接触，就可以完成氧化和分解过程。与物化脱臭法相比，微生物生长的温度一般接近常温，脱臭过程无须加热，可节省能源和资源，降低处理成本。

3）只要控制适当的容积负荷与气液接触条件，就能达到极高的脱臭效率，并且生物脱臭装置比较简单。

4）生物脱臭的微生物通常可以在低营养条件下生存，因此产生的剩余污泥少。

生物脱臭技术目前多用于水处理过程中含硫恶臭的去除，而在工业生产中因其脱臭效率较低，还未见有应用的报道。目前在合成氨、石化、煤气等领域应用较多的除臭材料仍为脱硫剂。

3. 脱硫剂

脱硫剂是化学吸附脱臭技术中使用的材料，其中胺类脱硫剂、活性炭、铁基脱硫剂和锌基脱硫剂等均可在室温条件下实现脱硫，并各有其优缺点。铜基脱硫剂和锰基脱硫剂目前多用于中、高温脱硫，但室温脱硫前景看好，下面主要对这几类脱硫剂进行介绍。

（1）胺类脱硫剂 胺类法吸收硫化氢是 20 世纪 30 年代发展起来的，一直是工业气体净化的主要方法之一。一般用链烷醇胺作碱性溶剂，先后开发了单乙醇胺（MEA）、乙二醇胺（DEA）、二异丙醇胺（DIPA）、甲基二乙醇胺（MDEA）和三乙醇胺（TEA）等。其中单乙醇胺溶液（MEA）的碱性最强，是吸收硫化氢较好的溶剂，并可同时去除 CO_2。MEA 的回收可采用简单的水洗法从气流中吸收蒸发的胺即可，但与有机硫化物（COS）反应后吸收液将无法再生。DIPA 对污染物的去除有选择性，能够有选择地从 CO_2 中脱除少量的 H_2S 和 COS。而美国在 20 世纪 60 年代开发的甲基二乙醇胺，其脱硫效果要明显优于前面研究开发的几种吸收液，并且在以后的工业生产中得到了迅速的应用。

（2）活性炭脱硫剂 活性炭脱硫剂是使用较广的一种低温脱硫剂，兼有催化和吸附作用，脱硫过程一般在 5 ~ 60℃ 范围内进行，具有比表面积大、微孔结构发达、热稳定性好等优点。活性炭脱硫主要依靠活性炭表面的活性基团对硫化物和氧反应的催化作用来实现。以 H_2S 为例，认为低温脱硫过程是 H_2S 在活性炭表面吸附的水膜内离解为 HS^- 和 H^+；同时吸附在活性炭表面的 O_2 被活化，O—O 键断裂生成的活性氧原子很快与 HS^- 发生反应，生成单质硫沉积在活性炭的微孔中。

普通活性炭的脱硫精度较差，一般在活性炭中添加多种活性组分如铜、碱金属或碱土金属等氧化物及特种稳性剂使活性炭改性，以增强催化能力、稳定性和再生性能，从而提高脱硫剂的脱硫精度和活性。活性炭的孔结构与脱硫活性密切相关。研究发现孔直径为 3.5 ~ 8nm 的活性炭有非常好的脱硫活性，并且有水蒸气存在时，会加快反应速度。尤其当活性炭中存在大量的直径小于 1nm 的微孔时，活性炭具有很强的吸附 H_2S 和催化氧化的能力。

活性炭脱硫剂适用于处理天然气和其他不含焦油物质的含 H_2S 废气、粪便臭气。其优点是通过简单的操作可以得到很纯的硫，若选择合适的炭，还可以除去有机硫化物。缺点是不宜处理 H_2S 含量高的气体。

（3）铁基脱硫剂 氧化铁也是一种传统的硫容大的低温脱硫剂，主要用于粗脱和半精脱。脱硫的氧化铁主要是 $\alpha\text{-}Fe_2O_3 \cdot H_2O$ 和 $\gamma\text{-}Fe_2O_3 \cdot H_2O$ 两种形式。当 H_2S 气体通过脱硫剂床层时，H_2S 被吸收，反应如下：

$$2Fe(OH)_3 + 3H_2S \rightarrow Fe_2S_3 + 6H_2O$$

脱硫剂吸附 H_2S 饱和后，向催化剂床层通入空气和水蒸气，在一定温度下，Fe_2S_3 重新变为 $Fe(OH)_3$，反应如下：

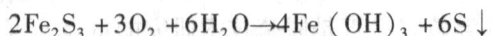

$$2Fe_2S_3 + 3O_2 + 6H_2O \rightarrow 4Fe(OH)_3 + 6S\downarrow$$

此方法适合于处理焦炉煤气和其他含 H_2S 气体，净化硫化氢效果好，效率可达 99%，但该法占地面积大，反应速率慢，设备庞大笨重。

国内已经开发出了一系列铁系脱硫剂，包括 TG 型、T501 型、SW 型、PM 型、NF 型和 EF-2 型等。氧化铁脱硫剂的脱硫精度低，因此对其研究也主要集中在提高脱硫精度上，其中 T703 型氧化铁精脱硫剂，在常压、水饱和的情况下，进口 H_2S 体积质量为 15179mg/m^3，出口硫化氢小于或等于 0.05mg/m^3，脱硫剂的一次性硫容可达 23%。表 13-5 列出了氧化铁低温脱硫剂的几种型号及使用性能。

表 13-5 氧化铁低温脱硫剂

型号	空速/h^{-1}	温度/℃	H_2S 出气体积质量/mg·m^{-3}	硫容（%）
T501	100 ~ 1000	5 ~ 40	1.5	20
TG-3	300 ~ 1000	80 ~ 140	1.5	累计 30
TG-4	300 ~ 1500	5 ~ 50	0.15	累计 60
TG-F	50 ~ 150	10 ~ 40	23	累计 30 ~ 60
SW	200	20 ~ 30	< 20	累计 60
PM	40 ~ 100	20 ~ 30	< 20	25
T703	1000 ~ 2000	20 ~ 30	0.05	23

（4）锌基脱硫剂 目前氧化锌脱硫剂用于中、高温脱硫时，硫容较高，但脱硫精度低；而低温脱硫时硫容较低，但脱硫精度高。因为从热力学角度分析，ZnO 与 H_2S 反应的生成物是十分稳定的 ZnS，反应方程式为

$$ZnO + H_2S \longrightarrow ZnS + H_2O$$

$$\Delta H_{298}^0 = -76.62\text{kJ/mol}$$

$$K_p = p_{H_2O}/p_{H_2S} \tag{13-1}$$

式中，K_p 为气相平衡常数；p_{H_2O} 为 H_2O 的分压（Pa）；p_{H_2S} 为 H_2S 的分压（Pa）。

该反应为放热反应，当温度升高时，不利于反应向产物方向进行，平衡常数减小，脱硫精度下降；反之降低温度可以提高脱硫精度。从动力学角度分析 ZnO 与 H_2S 的反应属于非催化气固反应。因此固体扩散在脱硫反应中占有很重要的位置，只有内层氧化锌晶格上的氧离子不断向外层扩散，与外层的硫离子进行交换，才能使反应不间断的进行。所以当脱硫温度降低时，反应速度减慢，没有足够的能量克服固体扩散的阻力，这样导致硫容降低，因此氧化锌脱硫剂的低温硫容要小于中、高温硫容。

氧化锌的形状、颗粒大小和气体组分均对脱硫活性产生影响，有研究表明在相同的条件下，氧化锌涂层比氧化锌颗粒有更好的脱硫活性，其脱硫精度可达到 0.03mg/m^3。当氧化锌的颗粒从直径 200 ~ 500nm 减小到 24 ~ 71nm 时，其动力学硫容能提高将近 10 倍；当氧化锌的颗粒大小相近，其形状从细长形改为平板状时，其硫容提高了 3 倍多。邵纯红等采用均匀沉淀法制备了粒径为 14nm 左右的纳米氧化锌脱硫剂，并与分析纯氧化锌（粒径为 200nm 左右）脱硫剂相比较。研究发现纳米 ZnO 提高了对 H_2S 的室温去除率，室温脱除 H_2S 的活性时间是分析纯 ZnO 的近 40 倍。

近些年提高氧化锌的低温硫容一直是脱硫技术研究的重点。解决这个问题主要从以下两

方面进行：第一，提高脱硫剂的比表面积和孔隙率，加大其传质面积。研究人员向氧化锌中加入了 Al_2O_3 作为载体，提高了脱硫剂的表面积，进而提高了脱硫性能；第二，向氧化锌中加入一些物质，增加反应的活性中心，以提高其低温硫容。国外对这方面的研究主要是掺杂一些金属氧化物，如掺杂第一周期过渡金属氧化物铜或钴盐后，氧化锌的脱硫能力显著提高了。

（5）铜基脱硫剂　铜基脱硫剂多用于中、高温脱硫。从热力学角度研究认为 CuO 与 H_2S 反应的吉布斯自由能与脱硫效果最具优势，对铜基脱硫剂的研究最早始于在 CuO 中加入第 V 族和第 VI 族金属氧化物进行 200℃ 以上可燃气的脱硫研究。近年来铜基脱硫剂在高温煤气脱硫中的应用越来越引起人们的注意，将 AgO 添加到氧化铜中进行了 450～550℃ 的活性试验，取得了较好的效果。将 Mn、Fe、Cu、Co、Ce 和 Zn 负载到 Al_2O_3 上，在 500～700℃ 时进行 H_2S 的吸附试验，发现负载铜和锰的 Al_2O_3 的脱硫活性要好于负载其他金属元素的 Al_2O_3。与其他脱硫剂相比较，铜基脱硫剂具有高的比表面积、小的扩散阻力及很好的抗高温和抗磨损性能。

（6）锰基脱硫剂　天然锰矿脱硫是一种古老的方法，由于其硫容较低，所以使用量非常大。锰矿中含二氧化锰 90% 左右，用于脱硫时先将四价的锰还原成二价才具有脱硫活性。其脱硫精度虽然不高，却能转化多种有机硫，常用于焦炉气或炼厂气的粗脱硫，国内已经独自研制出一种价格低廉并有一定有机硫转化活性的铁锰精脱硫剂。目前锰基脱硫剂多用于中、高温脱硫中，使用的最低温度是 200℃。

【案例】
燃煤电厂烟气脱硫工程——简易石灰石-石膏法

1. 项目简介

某发电厂 2002 年建成，采用的脱硫剂石灰石的 $CaCO_3$ 含量不小于 93%，粒径不大于 10mm，在厂区制粉，制成 74μm（占 95%）的粉料和浆液供使用。烟气参数详见表 13-6。

表 13-6　烟气参数

项　目	测 定 值	设 计 值
烟气量/万 $m^3 \cdot h^{-1}$	97.5	97
温度/℃	120～150	160
压力/Pa	0～100	100
烟尘体积质量/$mg \cdot m^{-3}$	371	370
SO_2 体积质量/$mg \cdot m^{-3}$	1650（湿）	3430（湿）
水分（体积分数）（%）	2.0（湿）	5.0（湿）
CO_2（体积分数）（%）	10.6（湿）	11.6（湿）
O_2（体积分数）（%）	9.3（干）	8.0（干）
HCl 体积质量/$mg \cdot m^{-3}$	5.74（干）	9.52（干）
HF 体积质量/$mg \cdot m^{-3}$	6.68（干）	9.49（干）

2. 工艺流程

工艺流程如图 13-2 所示。

FGD 装置主要由下列系统组成：浆液制备与供应系统、烟气系统、SO_2 吸收系统、石膏处理系统、废水处理系统。

（1）浆液制备与供应系统 石灰石由水路运输入厂，磨粉厂设在厂区南端，物料流向为：石灰石→制粉→制浆→管道输送至脱硫岛内的浆池→吸收塔。

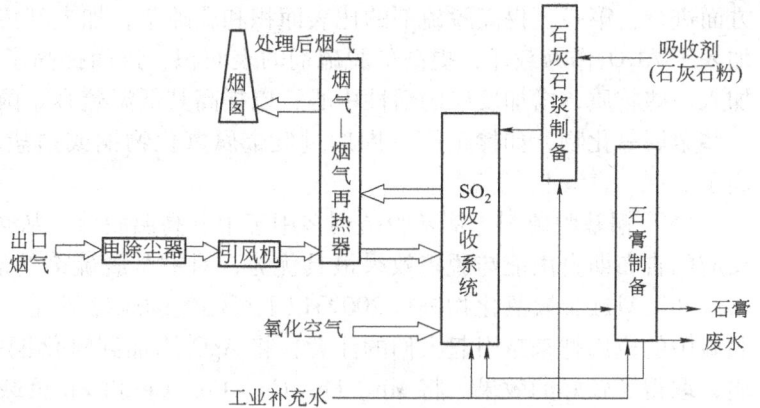

图 13-2 简易石灰石-石膏法工艺流程

在磨粉厂内设石灰石粉贮仓 1 座，为使仓内的粉料通畅，在粉仓底部设有空气流化装置。石灰石粉经仓底卸料阀、输送机均匀地送入配浆池内，按一定比例加水搅拌制成含固量 20%~30% 的浆液。浆液经泵送入浆池。为使浆液混合均匀，防止沉淀，在磨粉厂及浆池内均有搅拌器，石灰石用量为 4.27t/h。

（2）烟气系统 燃煤烟气经电除尘器、引风机、入口挡板门进入脱硫增压风机，然后进入脱硫系统。经脱硫风机升压后的烟气在气—气再热器的吸热侧降温至 109℃ 进入吸收塔。经洗涤脱硫后烟气温度约为 45℃，在气—气再热器的放热侧加热至 90℃ 以上，通过出口挡板门进入烟囱与其他机组的烟气混合，由高 210m 的烟囱排入大气。

（3）SO_2 吸收系统 吸收系统主要包括吸收塔、除雾器、循环浆泵和氧化风机等设备。在吸收塔内，烟气中的 SO_2 被吸收浆液洗涤并与浆液中的 $CaCO_3$ 发生反应，在吸收塔底部的循环浆池内被氧化风机鼓入的空气强制氧化，最终生成石膏晶体，由石膏浆泵排送至石膏处理系统。在吸收塔的出口设有除雾器，以除去烟气带出的细小液滴，保证烟气中液滴体积质量低于 $100mg/m^3$。

脱硫吸收塔采用逆流式喷淋吸收塔，如图 13-3 所示。将除尘（冷却）、脱硫、氧化 3 项功能合为一体。吸收塔为圆柱体，底部为循环浆池，塔体上部分为喷淋洗涤区和回流区两部分，烟气在喷淋洗涤区自下而上流过，经洗涤脱硫后在吸收塔顶部自上而下转入回流区，由吸收塔的中部排至除雾器。吸收塔外布置有 2 级水平式除雾器用以除去烟气中的水雾。经过除雾后的烟气在气—气再热器升温后通过烟囱排放。

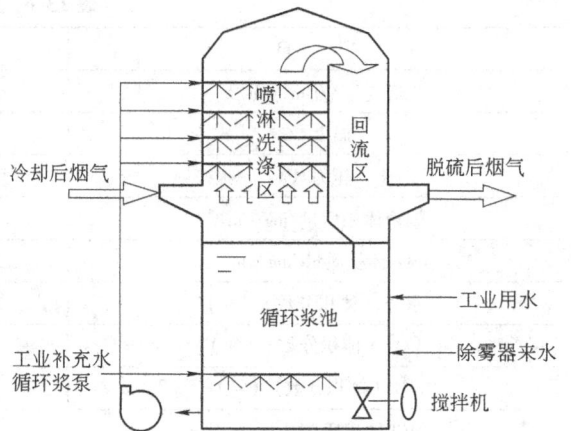

图 13-3 逆流式喷淋吸收塔

（4）石膏处理系统 从脱硫吸收塔底部排出的石膏浆液含固量约为 15%~20%。考虑运输、贮存和综合利用，还需要进行脱水处理。石膏浆经水力旋流器浓缩至含固量 40% 后送入真空皮带脱水机，经脱水处理后的石膏含水率不超过 10%，然后送入石膏储仓。进入脱硫系统的细颗粒粉煤灰对脱水系统有不

利影响，将水力旋流器的溢流液送入浓缩器进一步浓缩，浓缩液作为废水直接排入冲灰系统。

脱硫石膏中 Cl^- 等杂质含量控制在不超过 2mg/kg，确保脱硫石膏质量满足作建筑材料的要求，在石膏脱水过程中设有冲洗装置，用清水对石膏进行冲洗。脱水装置的滤出液和冲洗水汇入接收池，作为吸收塔和制浆系统的补充水循环使用。

（5）废水处理系统　脱硫系统需要排放一定量的废水以满足工艺系统的要求。自吸收塔浆池排出的石膏浆液，经上述的水力旋流器后，溢流液中固体物含量仍较高，采用高效浓缩器进一步浓缩，浓缩液中细小的粉煤灰颗粒占有较大的比重，主要污染物为 SS，pH 值为 5.5～6。为避免对后部石膏脱水系统带来不利影响，将其作为废水排放，排放量约 7.5t/h。将废水送往冲灰水系统，以中和冲灰水的碱性，避免产生新的污染。

本工程具有以下特点：工艺简单，设备运行可靠；运转所需的公辅设施少，运行成本低；采用计算机控制系统，可以灵活地适应机组负荷变化；副产品的品质满足市场要求。

思　考　题

1. 什么是大气污染物？根据污染物的存在状态可分为哪几种类型？
2. 石灰/石灰石-石膏法脱硫工艺由哪几个步骤组成？每一步所发生的主要化学反应有哪些？
3. 简述活性炭脱硫过程的步骤及反应机理。
4. 吸收法脱除 NO_x 常用的方法有哪几种？它们在原理上有何异同？
5. 简述丝光沸石脱除 NO_x 的步骤及涉及的主要化学反应。
6. 三效催化剂由哪几部分构成？催化原理是什么？
7. 恶臭物质分为哪几大类？常见的恶臭治理方法有哪几种？它们在原理上有何异同？
8. 脱硫剂（脱除 H_2S）有哪些类型？简述两种脱硫剂的脱硫原理。

参 考 文 献

[1] 姜安玺，等.空气污染控制［M］.2版.北京：化学工业出版社，2010.
[2] 朱亦仁.环境污染治理技术［M］.3版.北京：中国环境科学出版社，2008.
[3]《空气和废气监测分析方法指南》编委会.空气和废气监测分析方法指南：上册［M］.北京：中国环境科学出版社，2006.
[4] 华坚.环境污染控制工程材料［M］.北京：化学工业出版社，2009.
[5] 李连山.大气污染控制工程［M］.武汉：武汉理工大学出版社，2003.
[6] 王丽萍.大气污染控制工程［M］.北京：煤炭工业出版社，2002.
[7] 蒋文举，宁平.大气污染控制工程［M］.2版.成都：四川大学出版社，2005.
[8] 蒲恩奇.大气污染治理工程［M］.北京：高等教育出版社，2004.
[9] 郭东明.硫氮污染防治工程技术及其应用［M］.北京：化学工业出版社，2001.
[10] 孙永安，王晓晖.催化作用原理与应用［M］.天津：天津科学技术出版社，2008.
[11] 杨飏.二氧化硫减排技术与烟气脱硫工程［M］.北京：冶金工业出版社，2004.
[12] 孙锦宜，林西平.环保催化材料与应用［M］.北京：化学工业出版社，2002.
[13] 姜兆华，孙德智，邵光杰.应用表面化学与技术［M］.哈尔滨：哈尔滨工业大学出版社，2002.
[14] 俞树荣，张婷，冯辉霞，等.吸附材料在脱硫中的应用和研究进展［J］.河南化工，2006，23（8）：8-11.
[15] 张秀云，郑继成.国内外烟气脱硫技术综述［J］.电站系统工程，2010，26（4）：1-2.

[16] 杜琰，谢鲜梅，王志忠．氮氧化物 NO_x 的催化消除 [J]．太原理工大学学报，2003，34（5）：535-539.

[17] 王晓明．催化法去除氮氧化物的研究进展 [J]．工业安全与环保，2009，35（1）：21-23.

[18] 胡晓宏，刘艳华，董淑萍．氮氧化物选择性催化还原催化剂研究综述 [J]．环境科学与技术，2007，30（11）：107-110.

[19] 梁勇，马智，潘志爽．催化还原烟气中 SO_2 到单质硫的研究进展 [J]．工业催化，2007，15（5）：55-59.

[20] 张强，李娜，李国祥．天然气发动机三效催化剂 [J]．山东大学学报：工学版，2010，40（4）：121-124.

[21] 黄盼，刘先树．三效催化剂的研究进展 [J]．资源开发与市场，2009，25（3）：253-254.

[22] 张宏艳，牟元平，常志伟．汽车尾气净化三效催化剂研究进展 [J]．化工科技，2006，14（5）：70-72.

[23] 王绍梅，李惠云，袁小勇．汽车尾气催化净化催化剂的研究进展 [J]．安阳师范学院学报，2004（5）：36-38，47.

[24] 陈建孟，王家德，唐翔宇．生物技术在有机废气处理中的研究进展 [J]．环境污染治理技术与设备，1998，6（3）：30-36.

[25] 吴玉祥，冯孝善．有机废气的生物处理 [J]．环境污染与防治，1992，14（4）：20-22.

[26] 张家忠，宁平．干法脱除硫化氢技术 [J]．云南环境科学，2004，23（2）：41-44.

[27] 谭小耀，吴迪镛．浸渍活性炭脱除 H_2S 的反应动力学 [J]．化学反应工程与工艺，1996，12（2）：129-137.

[28] 胡典明，王国兴，魏华，等．EF-2 型特种氧化铁常温精脱硫剂的研制 [J]．天然气化工，1999，24（2）：31-36.

[29] 樊惠玲，郭汉贤，上官炬，等．氧化锌颗粒脱硫中固体扩散的动力学分析 [J]．燃料化学学报，2000，28（4）：368-371.

[30] K Jothirmurugesan, A A Adayiga, S K Gangwal. Removal of Hydrogen Sulfide from Hot Coal gas Streams [J]. In Proc Annu Int Pittsburgh Coal Conf, 1996（1）：596-601.

[31] 邵纯红，姜安玺，李芬，等．纳米 ZnO 脱硫剂表面结构与室温脱除 H_2S 性能的研究 [J]．无机化学学报，2005，21（8）：1149-1154.

[32] 李芬，张杰，姜安玺，等．低温脱硫剂的研究进展 [J]．化工进展，2007，26（4）：519-525.

[33] 李芬，姜安玺，余敏，等．氧化锌脱硫技术研究进展 [J]．化工环保，2006，26（2）：115-118.

第14章
固体废物污染控制工程材料

本章提要：固体废物作为"放错了地方的资源"，其潜在的利用价值也逐渐为人们所认知。本章围绕着固体废物的性质以及其处理方式展开讨论，对固体废物控制工程材料进行了简单的描述。重点讲述了固体废物的预处理、物化处理、生物处理和危险废物的处理的污染控制工程。

14.1 绪论

14.1.1 固体废物的定义、来源与分类

所谓固体废物（简称固废，solid wastes），在不同的国家有着不同的定义，一般是指人类在生产、生活过程中丢弃的固态和泥状物质，包括从废水、废气中分离出来的固体颗粒物质。在1975年颁布的欧洲共同体理事会《关于废物的指令（75/442/EEC）》对废物（固体废物）的定义为："'废物'是指那些被所有者丢弃或者准备丢弃或者被要求丢弃的材料或者物品。"

固体废物主要来源于人类的生产和消费活动过程。由于人类在一定时期利用自然资源的能力有限，不可能把所用的资源全部转化为产品，产品的使用寿命有限，一旦超出了使用寿命，就成为了废物，其来源如图14-1所示：

在《中华人民共和国固体废物污染环境防治法》中，固体废物分为城市生活垃圾、工业固体废物和危险废物三类。

固体废物的来源
- 城市生活垃圾
  - 居民生活
  - 商业机关
  - 市政维护与管理
- 工业固体垃圾
  - 冶金工业
  - 矿业
  - 石油与化学工业
  - 轻工业
  - 机械电子工业
  - 建筑工业
  - 电力工业
- 工业固体垃圾
  - 核工业
  - 化学工业
  - 科研单位
  - 医疗单位

图 14-1 固体废物来源示意图

（1）城市生活垃圾（Municipal Solid Waste，MSW） 城市是产生生活垃圾最集中的地方。城市生活垃圾是指在城市日常生活中或为城市日常生活服务的活动中产生的固体废物，以及法律、行政法规视作城市生活垃圾的固体废物。城市生活垃圾主要来自于城市居民家

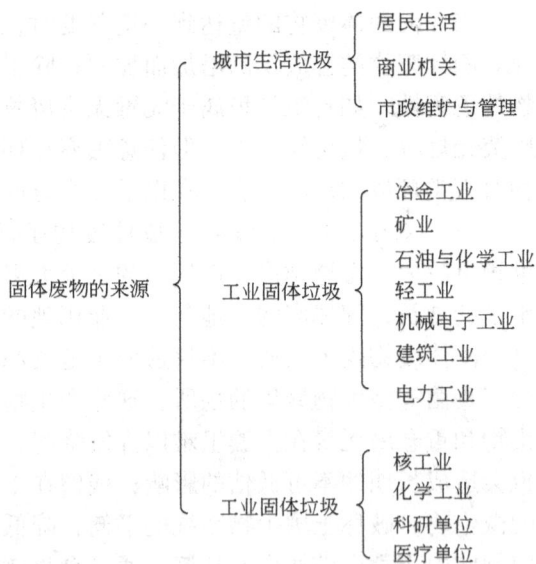

庭、城市商业、餐饮业、旅馆业、旅游业、服务业、市政环卫业、交通运输业、文教卫生业、行政事业单位、工业企业单位、水处理污泥、街道打扫垃圾、建筑遗留垃圾和其他零散垃圾等。由于城市化的发展和人民生活水平的不断提高，其产生量越来越大。

（2）工业固体废物（industrial solid waste or commercial solid waste）　工业固体废物是来自工业生产过程中的固体废物，包括轻、重工业生产和加工、精制等过程中产生的固态和半固态废物，近年来，还有大量使用后报废的工业产品和部件等废物也涉及其中。工业固体废物与生活垃圾、社会源固体废物相比，主要具有以下三个特点：产生源相对集中、种类复杂、产生量、成分与性质与工业结构和生产工艺、原料等因素有关。

（3）危险废物（hazardous waste）　又称有害固体废物（harmful solid waste），主要是指其有害成分能通过环境媒介，引起人严重的、难以治愈的疾病和死亡率增高的固体废物，或者是由于对其管理、储存、运输、处置和处理不善而能导致环境质量恶化，从而对人体健康造成明显的或潜在的危害的固体废物。危险废物主要来源于核处理、核电工业、医疗单位以及化学工业，其同一般的固体废弃物的区别在于其特有的危害性，对人体健康和环境具有极大的直接或潜在危害，因此是固体废物管理、处置体系的工作重点，我国危险废物的相关标准主要包括《国家危险废物名录》和《危险废物鉴别标准》；为了控制危险废物的污染转嫁，联合国环境规划署于1989年3月22日通过了《控制危险废物越境转移及其处置巴塞尔公约》（简称巴塞尔公约）。

14.1.2　固体废物的危害及污染控制

当任何固体废物的量达到一定程度时，都可能产生环境污染，且固体废物对环境的污染随着固体废物的排放量的增加而加剧；除了量的因素以外，固体废物的性质也决定了固体废物的危害性，如建筑垃圾属于无毒无害废物，量再大，也不会造成严重环境污染。废电池、废荧光灯等，量可能不大，但任意丢弃在环境中，就会对环境造成严重污染和危害。固体废物对人类环境的危害，表现在以下几个方面：

（1）对土壤环境的影响　固体废物任意露天存放或置于处置场，必将占用大量的土地，堆积量越大，占地越多，而侵占的土地大多都是良田；随着工农业生产的发展以及人们消费水平的增长，固体废物占地与工农业用地的矛盾日益尖锐。

固体废物露天堆放，不仅造成土地资源的侵占，同时还会造成土壤污染。土壤是许多细菌、真菌等微生物聚集的场所，这些微生物与周围环境组成了一个生物系统。持续性有机污染物和重金属元素在土壤里难以挥发降解，不断积累将毒害土壤中微生物，对土壤生态环境也会造成长期的不可低估的影响；残留在土壤中的有毒有害物质因难以消解，会杀死土壤中的微生物，破坏土壤生物系统的平衡，降低土壤的自净能力，改变土壤的性质和结构，并在植物体内积蓄，破坏生态环境；通过食物链进入到人体并在人体中积存，诱发癌症甚至致使胎儿畸形。

（2）对大气环境的污染　固体废物中的有机物质在适宜的温度和湿度下，经某些有机微生物的分解和降解，释放出有害气体，这些气体会进入大气污染空气，从而危害人体健康。露天堆放的固体废物以及运输和处理固体废物的过程中的细粒、粉末等受到风吹日晒，可以加重大气的粉尘污染；此外采用焚烧法处理固体废物时，如果不采取严格的尾气处理措施，其排放的废气会使空气严重污染。

（3）对水体环境的污染　固体废物随天然降水径流进入河流、湖泊，或因较小颗粒随风飘迁，落入河流、湖泊，污染地面水，使水资源短缺；同时固体废物产生的渗滤液会渗透到土壤中，进入地下水，使地下水污染，影响水资源的充分利用；废渣直接排入河流、湖泊或海洋，造成污染。即使无害的固体废物，排入河流、湖泊，也容易造成河床淤塞，水面减小，水体污染，甚至导致水利工程设施效益的减少，甚至废弃。

值得强调的一点是，以上是固体废物环境影响的几个方面。随着经济和科技的迅速发展，固体废物的组成也就越来越复杂，将给固体废物的管理、处理和处置提出更多的课题。

因此，《中华人民共和国固体废物污染环境防治法》规定，"国家对固体废物污染环境的防治，实行减少固体废物的产生量和危害性、充分合理利用固体废物和无害化处置固体废物的原则"，即通常所说的固体废物管理的"三化"原则——减量化、资源化和无害化。

（1）减量化　减量化是指通过实施适当的技术实现固体废物的综合利用，即单纯通过处理和利用对已经生成的固体废物进行减量，如生活垃圾采用焚烧法处理后，体积可减少80%～90%，便于运输和处置；同时要通过产品设计和销售过程的规范，将"减量化"延伸到固体废物产生源的控制与管理，从而实现固体废物的根本减量化。

（2）无害化　无害化是对已产生又无法利用或目前尚不能综合利用的固体废物，经过物理、化学或生物化学法，进行无害化处理、处置，达到对废物消毒、解毒或稳定化、固化，防止并减少固体废物的污染危害，以达到最终的不损害人体健康、不污染周围自然环境的目的。无害化处理、处置主要包括热处理（焚烧、热解、焙烧、烧结等）、填埋法、稳定化/固化法、生物化学法和弃海法等。值得注意的是它们通常会产生二次污染，如填埋会产生渗滤液，污染地下水，焚烧会产生二恶英（dioxin）等致癌物质。

（3）资源化　固体废物资源化的基本任务是采取工艺措施从固体废物中回收有用的物质和能源。没有绝对的废物，只有尚未被利用的资源，固体废物也是人类拥有的有限资源的一部分，不能随意抛弃，必须确立废弃物资源化的方针，资源化应该贯穿固体废物的产生、收集、运输和处理、处置的每一个环节，使其充分发挥经济效益，达到变废为宝的目的。

我国是一个发展中国家，面对经济建设的巨大能源、资源需求和能源、资源严重不足的严峻冲突。因此推行固体废物资源化，不仅可以为国家节约投资、降低成本，还能治理环境，维持生态系统良性循环，同时具有环境效益高、生产成本低、生产效率高、能耗低等特点。但是垃圾资源化的产品不一定具有经济性，技术可行性并不代表经济上的可行性，还要确实考虑市场因素，盲目建设只会造成投资的浪费。

14.2　固体废物的预处理

固体废物预处理是指采用物理、化学或生物方法，将固体废物转变成便于运输、贮存、回收利用和处置的形态。预处理是以机械处理为主，涉及废物中某些组分的简易分离与浓集的废物处理方法。

14.2.1　固体废物的压实

（1）固体废物压实的原理　压实又称压缩，是利用机械的方法减少固体废物的孔隙率，增大松密度和减小固体废物表现体积，提高运输与管理效率的。当固体废物受到外界压力

时，各颗粒间相互挤压、变形或破碎从而达到重新组合的效果。因此，固体废物压实的实质，可以看做是消耗一定的压力能，提高废物松密度的过程。在垃圾填埋场对垃圾进行压实时，影响垃圾压实效果的主要参数有垃圾的组分、含水率、碾压速度、机械滚压次数、垃圾层厚度等。在填埋垃圾压实过程中，由于垃圾组分之间存在着内聚力和摩擦力，具有抵抗外来载荷的作用，其变形过程大致可分为三个阶段：填埋垃圾组分之间的大孔隙、垃圾体不可逆蠕变以及垃圾体的范性变形过程。

（2）压实设备　固体废物的压实设备称为压实器。根据操作情况，固体废物的压实设备可分为固定式和移动式两大类。固定式和移动式压实器的工作原理大体相同，可看做是施加一定压力，提高废物松密度的过程。当固体废物受到外界压力时，各颗粒间相互挤压，变形或破碎，达到重新组合的效果。固定式是指采用人工或机械方法（液压方式为主）把废物送到压实机械里进行压实的设备，它一般设置在废物收集站或中间转运站。移动式压实设备是指在填埋现场使用的轮胎式或履带压土机、钢轮式布料压实机以及其他专门设计的压实机具，它一般安装在货车上，当接收废物后立即进行压实操作，随后运往处置场地。

1）三向垂直式压实器：该压实器装有 3 个相互垂直的压头，操作时，将废物置于料斗后，依次起动压头 1、2、3 实施压缩，将废物压实成密实的块体，压缩后废物块各向的尺寸一般为 200 ~ 1000 mm。该装置多用于松散的金属类废物的压实，如图 14-2 所示。

2）水平式压实器：先把废物送入料斗，靠做水平往复运动的压头将废物压到矩形或长方形的钢制容器中。当容器完全填满时，压实器的压头完全缩回。此时，装满压实废物的容器可以吊装到重型货车上运走，将可铰接连接的容器更换，再进行下次压实操作，如图 14-3 所示。

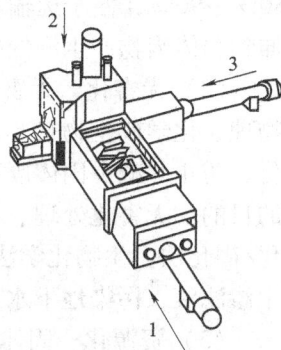

图 14-2　三向垂直压实器
1、2、3—压头

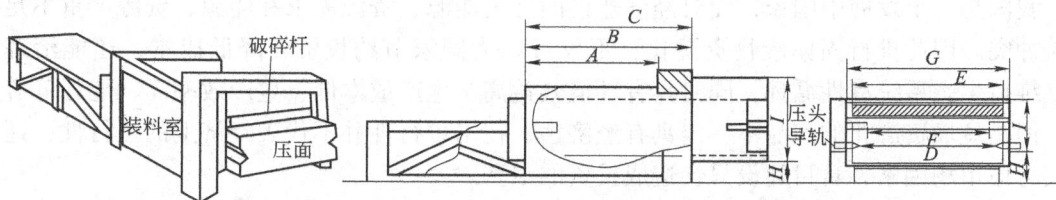

图 14-3　水平压实器
A—有效顶部开口长度　B—装料室长度　C—压头行程　D—压头导轨宽度　E—装料室宽度
F—有效顶部开口宽度　G—出料口宽度　H—压面高度　I—出料口高度

3）回转式压实器：回转式压实器的平板型压头连接于容器的一端，借助液压驱动。这种压实器适用于压实体积较小、重量较轻的固体废物。

（3）压实器的选择　为了最大限度减容，获得较高的压缩比，应尽可能选择适宜的压缩器。在选择压实器时，首先要根据被压缩实物的性质选择压实器的种类；其次，压实器的性能参数要能满足实际压缩的具体要求。压实器的选择主要针对固体废物的压实程度，选择合适的压缩比和使用压力。还要针对不同的废物，采用不同的压实方式，选用不同的压实设

备。此外，注意压实过程中的具体情况，应对不同废物采用不同的压缩设备。最后，压实过程与后续处理过程有关，应综合考虑是否选用压实设备。

压实器的性能参数主要有：装载面的面积、循环时间、压面压力、压面的行程、体积排率，此外，在选择压实器时，还应考虑与预计使用场所相适应，要保证轻型车辆容易进行装料等。

14.2.2　固体废物的破碎

1. 破碎的目的

利用外力克服固体废物质点间的内聚力而使大块固体废物分裂成小块的过程称为破碎。磨碎则是使小块的废物颗粒粉裂成细粉的过程。经破碎后，固体废物变成适合进一步加工或能经济地再处理的形状与大小。有时也将破碎后的废物直接填埋或用做土壤改良剂。固体废物经破碎后，可达到下述目的：

1）可减小容积，降低运输费用，便于贮存和填埋，有利于加速土地还原利用。

2）可将组成复杂的废物混合均匀，提高燃烧、热解等处理过程的效率及稳定性。破碎的物料大大增加了物料的表面积，从而更利于它完全而迅速地燃烧。

3）可防止粗大、锋利的废物损坏分选、焚烧、热解等设备体。

4）经过破碎的废物，由于消除了较大的孔隙，不仅尺寸均匀，而且质地均匀，在填埋过程中更容易压实，其有效松密度（等于废物质量/废物与覆盖土体积）较未破碎废物可增加 25% ~ 60%，这显然可增加填埋场的使用年限。

5）固体废物破碎后，有利于将联生在一起的不同组分的物料进行分离，利于提取有用成分和提高其用做原材料的价值。

2. 破碎设备技术指标

在进行破碎设备的设计时，主要考虑单位动力消耗和破碎比。

单位动力消耗：指单位质量破碎产品的能量消耗，用以判别破碎机消耗的经济性。一般情况下，废物破碎设备的单位动力消耗可根据经验数据来确定，在经验数据不足的情况下，可根据 Kick 定律来计算

$$E = c\ln\frac{D}{d} \tag{14-1}$$

式中，E、c、D、d 分别为单位动力消耗、动力消耗常数、废物原始尺寸、废物最终尺寸。

破碎比：指给料粒度与破碎后产品的粒度之比，用以说明破碎过程的特性及鉴别破碎设备破碎的效率。动力消耗和处理能力都与破碎比有关。破碎比包括极限破碎比和真实破碎比。实际应用过程中，破碎比常采用废物破碎前的最大粒度与破碎后的最大粒度之比来计算，也称极限破碎比。破碎机给料口宽度常根据最大物料直径来选择。科研和理论研究中，破碎比常采用废物破碎前的平均粒度与破碎后的平均粒度之比来计算，这一破碎比称为真实破碎比。

3. 破碎设备

目前为止，对固体废物的破碎多采用机械法。破碎设备通常是由两种或两种以上的破碎方法联合作用对废物进行破碎的。常用的设备有冲击式破碎机、剪切式破碎机、锤式破碎机、粉磨机、颚式破碎机等。

（1）冲击式破碎机　其工作原理是：将物料投入到破碎机中，靠装在中心轴上并绕中心轴高速旋转的旋转刀的猛烈冲击作用而被第一次破碎；然后物料从旋转刀获得能量高速飞向机壁而被第二次破碎；在冲击过程中弹回的物料再次被旋转刀击碎，难于破碎的物料，被旋转刀和固定板挤压而剪断。

（2）剪切式破碎机　剪切式破碎机通过固定刀刃与活动刀刃之间的啮合作用将固体废物剪切成适宜的形状和尺寸。根据刀刃的运动方式，可分为往复式与回转式。广泛应用的主要有 Von Roll 型往复剪切式破碎机（图 14-4）、Lincle-mann 型剪切式破碎机（图 14-5）等。剪切式破碎机适用于处理松散状态的大型废物，剪切后的物料尺寸（即粒度）可达到30mm；也适用于切碎强度较小的可燃性废物。

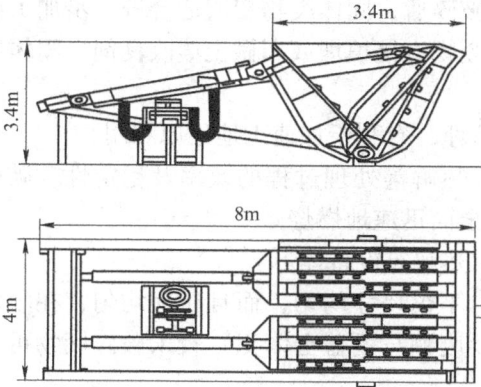

图 14-4　Von Roll 型往复剪切式破碎机示意图

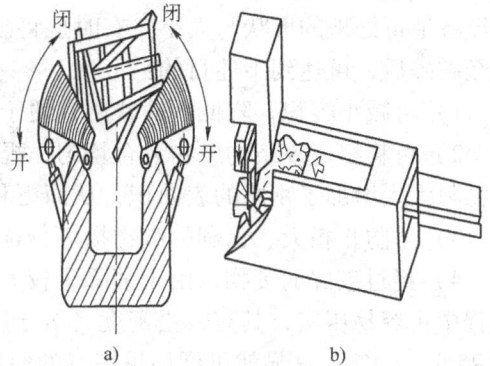

图 14-5　Lincle-mann 型剪切式破碎机
a）预压机　b）剪切机

（3）锤式破碎机　锤式破碎机利用摩擦和剪切作用将固体废物破碎。图 14-6 所示为锤式破碎，其主要部件有电动驱动的大转子，铰接在转子上的重锤（重锤以铰链为轴转动，并随大转子一起转动）及内侧的破碎板。

锤式破碎机适于处理矿业废物、硬质塑料、干燥木质废物以及废弃的金属家用器物。在用于处理木质废物时，要使用像刀子一样的可以摆动的锤头，锤头工作时，对着一块多孔板或由多孔棒组成的箅子，使破碎的木渣通过板孔或箅子。

（4）粉磨机　进行粉磨的目的是对废物进行最后一段粉碎，使其中各种成分单体分离，为了下一步分选创造条件。图 14-7 所示为粉磨机的构造示意图。该粉磨机主要由圆柱筒体、端盖、中空轴颈、轴承和转动大齿圈等部件组成。筒体内装有直径为 25 ~ 150mm 钢球，其装入量是整个筒体有效容积的 25% ~ 50%，筒体内壁设有衬板，除防止筒体磨损外，兼有提升钢球的作用。当筒体转动时，在摩擦力、离心力和衬板共同作用下，钢球和物料被衬板提升，当提升到一定程度后，在钢球和物料本身重力作用下，产生泻落和抛落，从而对筒体内底脚区内的物料产生冲击和研磨作用，使物料粉碎。物料达到磨碎细度要求后，由风机抽出。

（5）颚式破碎机　颚式破碎机是一种间歇工作的破碎机械。物料被夹在固定颚板和可动颚板之间，借助于可动颚板周期性的靠近或离开固定颚板，使物料受到挤压、劈裂和弯曲作用而破碎，破碎后物料靠自身的重力从下部排出，主要用于中等硬度以上废物的粗碎和中碎。

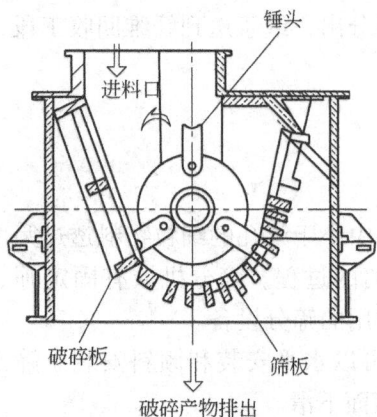

图 14-6　锤式破碎机

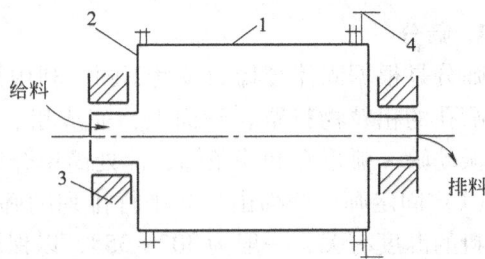

图 14-7　粉磨机的构造示意图
1—简体　2—端盖　3—轴承　4—大齿轮

（6）特殊破碎技术　以下介绍的低温破碎和湿式破碎技术很好地克服了前面所述集中破碎设备在常温和干式状态下工作，具有噪声大、振动强、产生粉尘多、污染环境以及过量消耗动力等缺点，其破碎处理后更有利于提高后续的分选操作效果。

低温破碎是利用物料在低温时变脆的性能对一些在常温下难以破碎的固体废物进行有效破碎的过程，亦可利用不同固体废物脆化温度的差异在低温下进行选择性破碎。该技术是以液氮作为制冷剂，其优点是制冷温度低、无毒、无爆炸危险，但制取成本高，这也是低温破碎能否实施的关键。低温破碎技术适宜于处理汽车轮胎、包覆电线、塑料薄膜、家用电器、废电子产品等。低温破碎分选的工艺流程如图 14-8 所示。将固体废物投入遇冷装置遇冷后在液氮中浸没，这样固体废物因受冷而迅速脆化，然后再送入高速冲击破碎机破碎，使易碎物质脱落粉碎。

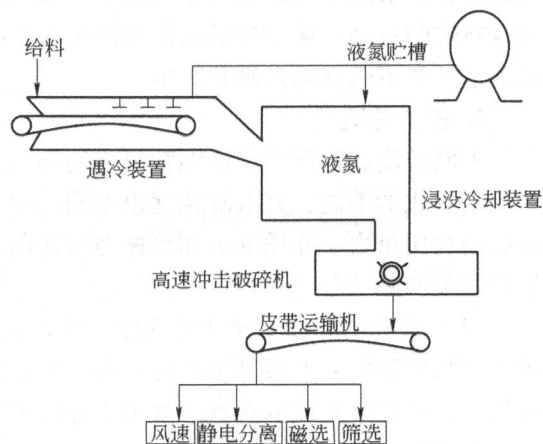

图 14-8　低温破碎分选的工艺流程

湿式破碎技术是利用纸类在水力作用下发生浆化，因而可将废物处理与制浆造纸结合起来的技术。湿式破碎技术适宜于处理含大量纸类的固体废物。图 14-9 是湿式破碎机的示意图。垃圾由传送带给入，湿式破碎机的圆形槽底设有多空筛，筛上装有带 6 个刀片的旋转碎辊，随着辊的旋转，使投入的垃圾随大量水流一同在水槽中急速旋转，废纸则破碎成浆

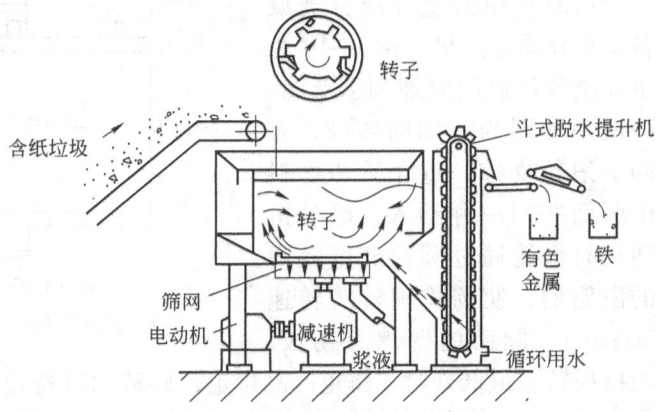

图 14-9　湿式破碎机的示意图

状。浆体由底部筛孔流出，经固液分离器把其中的残渣分出，纸浆送到纤维回收工段，经过洗涤、过筛，分离出纤维素。

14.2.3 固体废物的分选

1. 筛分

筛分是根据固体废物的粒度不同，利用筛子将物料中小于筛孔的细粒物料透过筛面，而大于筛孔的粗粒物料留在筛面上，完成粗、细物料分离的过程。筛分机械有固定筛、滚筒筛、振动筛、弧形筛和棒条筛，此处简单介绍前三种常用的筛分设备。

（1）固定筛 筛面由许多平行排列的筛条组成，可以水平安装和倾斜安装。筛面倾角与物料的温度有关，一般为 30°~35°，以保证废物沿筛面下滑。

（2）滚筒筛 滚筒筛又称转筒筛。圆柱形的筛筒侧面上有许多孔，物料从倾斜滚筒的一端给入，借滚筒的转动作用一边向前运动一边翻腾使小于筛孔尺寸的细粒分级透筛，筛上产品移到筛的另一端排出。

（3）振动筛 振动筛是利用筛网的振动频率对密度不同的颗粒进行分级的设备。振动筛具有长方形的筛面，安装于筛箱上。筛箱及筛面在激振装置作用下，产生圆形、椭圆形或直线轨迹的振动。通过振动的作用使筛面上的物料松散，使物料沿筛面向前运动，细粒级物料透过料层下落并通过筛孔排出。

2. 重力分选

不同粒度和密度的固体颗粒组成的物料在流动介质中运动时，由于它们性质的差异和介质流动方式的不同，其沉降速度也不同。重力分选就是根据固体颗粒间的密度差异，在运动介质中利用重力、介质动力和机械力的作用，使颗粒群产生松散分层和迁移分离，从而得到不同密度产品的分选过程。

（1）重介质分选 通常将密度大于水的介质称为重介质。重介质分选是在重介质中使固体废物中的颗粒群按其密度的大小分开以达到分离的目的的方法。为了能达到良好的分选效果，关键是重介质的选择。要求重介质的密度（ρ_C）应介于固体废物中轻物料密度（ρ_L）和重物料密度（ρ_W）之间，即 $\rho_L < \rho_C < \rho_W$。当固体废物浸入重介质的环境中时，密度大于重介质的重物料下沉，集中于分选设备的底部即终产物。适于重介质分选方法的重介质密度一般为 1.25~3.4g/cm³。

目前常用的重介质分选设备是重介质分选机。图 14-10 为重介质分选机的原理和示意图。该设备外形为一圆筒转鼓，有四个滚轮支撑，重介质和物料由圆筒一端一并给入，电动机转动时齿轮通过圆筒外壁腰间的齿轮槽，使圆筒旋转（转速 2r/min），圆筒内壁焊有扬板，

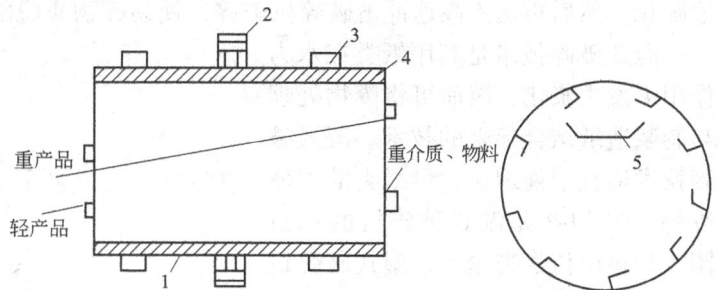

图 14-10 重介质分选机的原理和示意图
1—圆筒形转鼓 2—大齿轮 3—滚轮 4—扬板 5—溜槽

当扬板转到最低处时，将重产品带走，旋转到最高处时，将重产品倒在溜槽内，顺槽排出，轻产品则随重介质沿溢流口排出。重介质分选适于分离密度相差较大的固体颗粒。

（2）风力分选　风力分选是重力分选中最常用的一种方法，又称气流分选，是以空气为分选介质，将轻物料从较重物料中分离出来的一种方法。按气流吹入分选设备的方向不同，风选设备可分为水平气流风选机和上升气流风选机。图 14-11 为立式风选机的工作原理示意图。根据立式风选机与旋流器安装的位置不同，立式风选机可有三种不同的结构形式，分选精度较高。

图 14-12 所示是水平气流风选机的构造和工作原理。水平气流风选机构造简单，维修方便，但分选精度不高，很少单独使用。

（3）摇床分选　摇床分选是在一个倾斜的床面上，借助于床面的不对称往复运动和薄层斜面水流的综合作用，使细粒固体废物按密度差异在床面上呈扇形分布而进行分选的

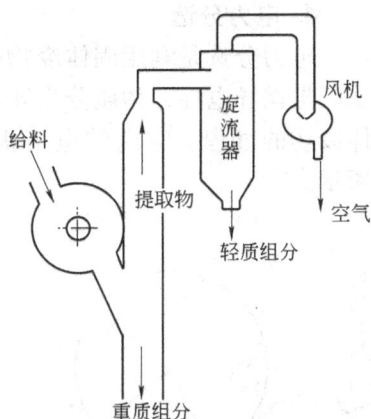

图 14-11　立式风选机的工作原理示意图

方法。在这个过程中，颗粒群在重力、水流冲力、床面摇动产生的惯性力和摩擦力等的综合作用下，按密度差异产生松散分层，并且不同密度与粒度的颗粒以不同的速度沿床面作纵向和横向运动。它们的合速度偏离方向各异，使不同密度颗粒在床面上成扇形分布，达到分离的目的。

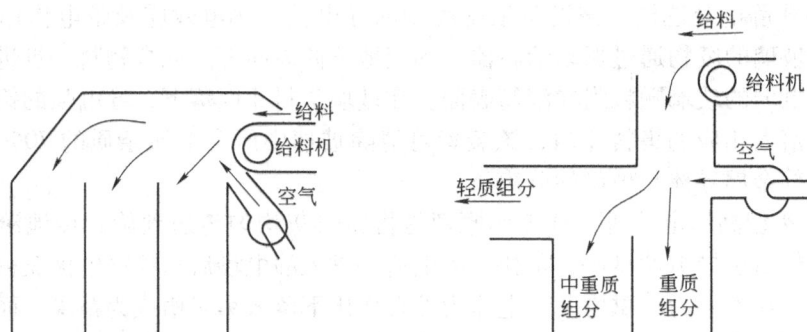

图 14-12　水平气流风选机的构造和工作原理

平面摇床是常用的摇床分选设备，由床面、床头和传动机构组成。梯形床面向轻产物排出端有 1.5°～5°的倾斜；床面上铺有耐磨层，其上方设置有给水槽和给料槽。沿纵向布置有床条，床条高度从传动端向对侧逐渐降低，并逐渐趋向于零；整个床面横向坡度借机架上的调坡装置调节；在传动装置带动下，床面作往复不对称运动。

3. 磁力分选

磁力分选简称磁选。磁选是利用固体废物中各种物质的磁性差异在不均匀磁场中进行分选的方法。磁选是在磁选机中进行的，原理如图 14-13 所示。固体废物中的各组分按磁性可分为强磁性组分、中磁性组分、弱磁性组分和非磁性组分。这些不同磁性的组分通过磁场时，磁性较强的颗粒会被吸在磁选设备上，并随设备运动被带到一个非磁性区而脱落；而磁性弱和非磁性颗粒，由于所受磁场作用大小，在自身重力或离心力的作用下掉落到预定区域，从而完成磁选过程。磁选设备包括磁选机、磁选脱水槽、磁分析器、预磁器及脱磁器等。在固体废物处理上，磁选机是主要的磁选设备。

4. 电力分选

电力分选是利用固体废物中各种组分在高压电场中导电性的差异而实现分选的一种方法。根据导电性，物质分为导体、半导体和非导体三种。电选实际是分离半导体和非导体固体废物的过程。常用的电选机有滚筒式静电分选机和 YD—4 型高压电选机，如图 14-14 所示。

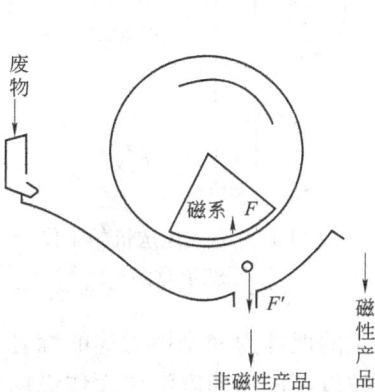

图 14-13　磁选原理示意图

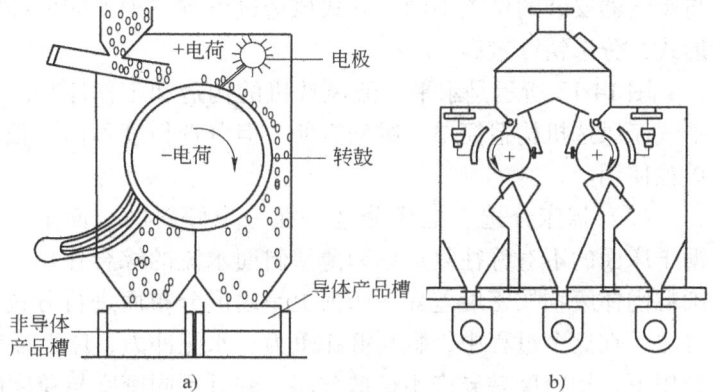

图 14-14　电选机结构与工作原理示意图
a）滚筒式静电分选机　b）YD—4 型高压电选机

（1）滚筒式静电分选机　该设备依据废物的导电性、热电效应及带电作用的不同进行分选。含铝和玻璃的废物通过振动给料器送到接地滚筒表面上。混合物料一旦进入电场即受静电作用，导电弱的玻璃颗粒附在滚筒表面，在玻璃集料斗区落下，导电强的铝颗粒则对接地滚筒放电，落入相应的集料斗内，该装置可清除玻璃中所含金属杂质的 70%。该设备可实现废物中铝等金属导体与玻璃的分离。

（2）YD—4 型高压电选机　其工作原理是将粉煤灰均匀传送到旋转接地滚筒上，带入电晕场后，炭粒由于导电性良好，很快失去电荷，进入静电场后从滚筒电极获得相同符号的电荷而被排斥，在离心力、重力及静电斥力综合作用下落入集炭槽成为精煤。而灰粒由于导电性较差，能保持电荷，与带电符号相反的滚筒相吸，并牢固地吸附在滚筒上，最后被毛刷强制刷下并落入集灰槽中，实现了炭灰分离。因此该设备可作为粉煤灰专用设备。

14.2.4　固体废物的脱水

固体废物的水分按存在形式分为：内部水、表面吸附水、毛细管结合水和间隙水。对固体废物进行脱水的目的是通过去除固体废物颗粒间的自由水分，以此除去固体废物中的间隙水，缩小体积，达到减容的目的，为输送、消化、脱水、利用与处置创造条件，同时方便于包装、运输与资源化利用，固体废物脱水的方法有浓缩脱水和机械脱水两种，浓缩脱水又分为重力浓缩、离心浓缩和气浮浓缩等。

1. 浓缩法

（1）重力浓缩　重力浓缩是借重力作用使固体废物脱水的方法，它是利用废物中的固体颗粒与水之间形成的密度差通过自然的重力沉降作用来实现的，由于该方法不能进行彻底的固液分离，因此常与机械脱水配合使用。

连续式浓缩池多用于大中型污水处理厂，其结构类似于辐射沉淀池。可分为带刮泥机与

搅动栅、不带刮泥机、带刮泥机多层浓缩池三种。图 14-15 为带刮泥机与搅动栅连续式浓缩池结构示意图，该池是一个圆锥形浓缩池，水深约 3m，池底坡度为 1/100～1/12。进泥口进入的污泥在向池的四周缓慢移动过程中，固体颗粒得到了沉降分离，分离液则越过溢流堰流入溢流槽。被浓缩沉降到池底的污泥经过安装在中心旋转轴上的刮泥机缓慢的刮动，用螺旋运输机或者泥浆泵由排泥口排出。

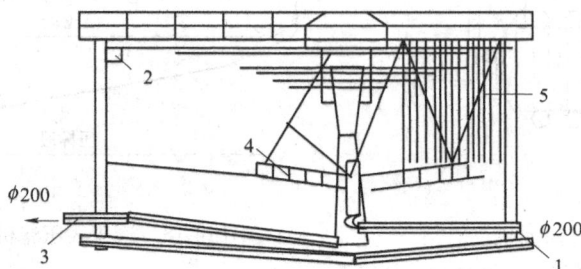

图 14-15 带刮泥机与搅动栅连续式浓缩池结构示意图
1—中心进泥管 2—上清液溢流堰 3—底流排除管 4—刮泥机 5—搅动栅

（2）离心浓缩法 离心浓缩法是利用固体颗粒和水的密度差异，在高速旋转的离心机中，固体颗粒和水分分别受到大小不同的离心力而使其固液分离的过程。离心浓缩机占地面积小、造价低，但运行与机械维修费用较高。目前用于污泥离心分离的设备主要有倒锥分离板型离心机和螺旋卸料离心机两种，如图 14-16 所示。

2. 机械脱水

机械脱水利用具有许多毛细孔的物质作为过滤介质，以某种设备在过滤介质两侧产生的压差作为过滤动力。固体废物中的溶液穿过介质成为滤液，固体颗粒被截流成为滤饼的固液分离操作过程就是机械过滤脱水，它是应用最广泛的固液分离过程。机械脱水的方法及设备有以下三种：

（1）压滤机 压滤机是在外加一定压力的条件下使含水固体废物脱水的设备，可分为间歇式（如板框压滤机，图 14-17）和连续式（如滚压式压滤机，图 14-18）两种。

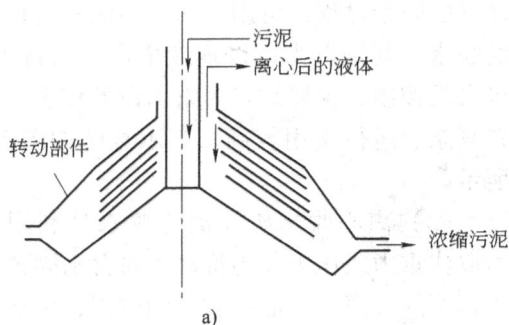

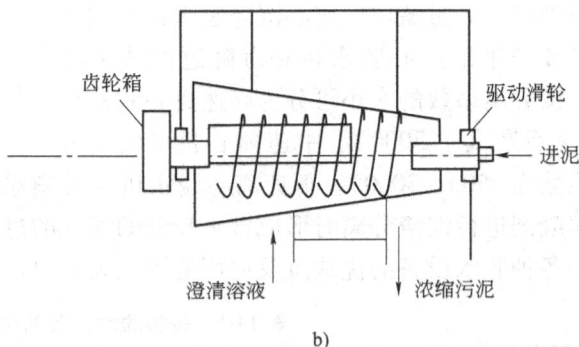

图 14-16 离心浓缩机示意图
a）倒锥分离板型离心机 b）螺旋卸料离心机

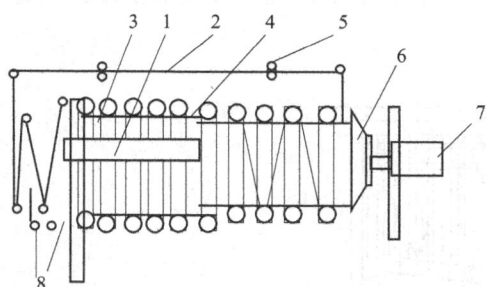

图 14-17　板框压滤机

1—主梁　2—滤布　3—固定压板　4—滤板　5—滤框
6—活动压板　7—压紧机构　8—洗涮槽

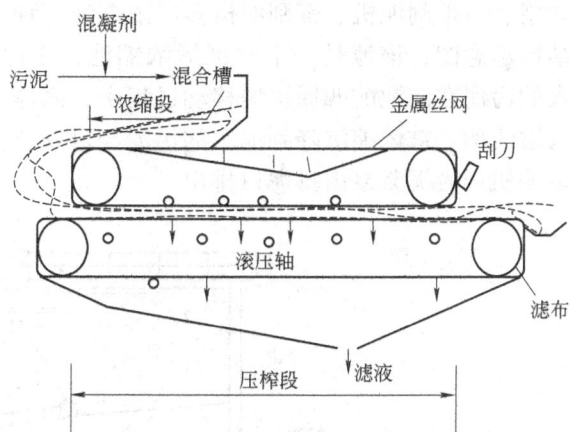

图 14-18　滚压式压滤机结构示意图

（2）真空过滤机　真空过滤是在负压条件下的脱水过程，可用于初沉污泥和消化污泥的脱水。其特点为可以连续生产，运行平稳，可自动控制，主要缺点为附属设备较多、工序较复杂、运行费用较高，其示意图如图 14-19 所示。

（3）离心脱水机　离心脱水是利用离心力取代重力或压力作为推动力对含水固体废物进行沉降分离、过滤机脱水的过程，按离心脱水原理有离心过滤机、离心沉降脱水机，如圆筒形和圆锥形离心脱水机和沉降过滤式离心机，按分离系数的大小可分为高速离心脱水机（分离系数大于 3000）、中速离心脱水机（分

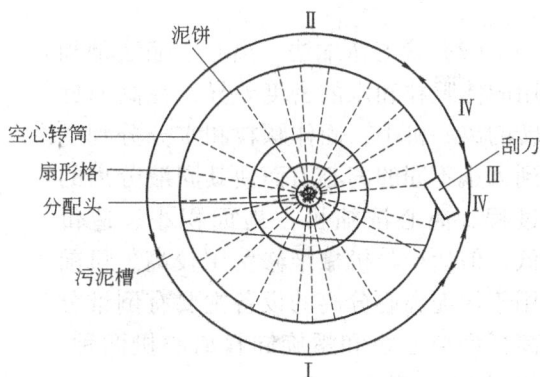

图 14-19　转鼓真空过滤机

Ⅰ—滤饼形成区　Ⅱ—吸干区　Ⅲ—反吹区　Ⅳ—休止区

离系数为 1500 ~ 3000）、低速离心脱水机（分离系数为 1000 ~ 1500）。造粒脱水是使用高分子絮凝剂进行泥渣分离时形成含水较低的泥丸的过程。

各种脱水设备的优缺点及适用范围见表 14-1。

表 14-1　各种脱水设备的优缺点及适用范围

脱水设备类型	优　点	缺　点	适用范围
真空过滤机	能连续操作，运行平稳，处理量较大，滤饼含水率较高，可以自动控制	污泥脱水前需进行预处理，工序复杂，附属设备多，运行费用高	适用于各种污泥的脱水
板框压滤机	制造较方便，自动进料、卸料、滤饼含水率较低，适应性强	间歇操作，处理量较低	适用于各种污泥的脱水

（续）

脱水设备类型	优　　点	缺　　点	适用范围
滚压式压滤机	可连续操作，设备构造简单，自动化程度高，投资低	操作麻烦，处理量较低	不适于粘性较大的污泥脱水
离心脱水机	占地面积小，附属设备少，自动化程度高，投资低	分离液不清，机械部件磨损较大，电耗较大	不适于含沙量高的污泥
造粒脱水机	设备简单，耗电量少，处理量大，管理方便	钢材消耗量大，污泥泥丸紧密型较差，混凝剂消耗量较高	适于含油污泥的脱水

14.3　固体废物的物化处理

14.3.1　浮选

（1）浮选原理　物质的天然可浮性差异均较小，仅利用它们的天然可浮性差异进行分选，效率很低。因此通过在固体废物与水调成的料浆中加入浮选药剂，以此来扩大不同组分可浮性的差异，再通入空气形成无数细小气泡，使目的颗粒粘附在气泡上，并随气泡上浮于料浆表面成为泡沫层后刮出，成为泡沫产品；不上浮的颗粒仍留在料浆内，通过适当处理后废弃。

物质对气泡的粘附作用都具有选择性，其中有些物质表面的疏水性较强，容易粘附在气泡上，而另一些物质表面亲水，则不易粘附在气泡上。物质表面的亲水、疏水性，可以通过浮选药剂的作用而加强，因此，在浮选工艺中正确选择、使用浮选药剂是调整物质可浮性的主要外因条件。

（2）浮选药剂　浮选药剂根据它在浮选过程中的作用不同，可分为捕收剂、起泡剂和调整剂三大类。

1）捕收剂。能够选择性地吸附在欲选的颗粒上，使目的颗粒表面疏水，增加可浮性，使其易于向气泡附着的药剂称为捕收剂。良好的捕收剂应具有以下特点：捕收作用强、具有足够的活性；有较高的选择性；易溶于水、无毒、无臭、成分稳定、不易变质；价廉易得。

非极性油类捕收剂主要包括脂肪烷烃 C_nH_{2n+2}、脂环烃 C_nH_{2n} 和芳香烃三类，难溶于水，不能解离为离子。常用的非极性油类捕收剂有煤油、柴油、燃料油、变压器油、重油等。目前，只有一些可浮性很好的非极性废物颗粒才单独使用非极性油类捕收剂，如粉煤灰中未燃尽炭的回收、废石墨的回收等。

黄药也称黄原酸盐，其学名为烃基二硫代碳酸盐，其通式为 ROCSSAm/ROCSSMe。式中，R 为不同的烷基、烷芳基、环烷基、烷氧基等，Am/Me 为钠、钾等碱金属离子，也有制成铵盐的。常用的黄药烃链中含碳数为 2~5 个。一般烃链越长，捕收作用越强，但烃链过长时，其选择性和溶解性均下降，反而降低其捕收效果。黄药能与许多含重金属和贵金属离子的废物生成表面难溶盐化合物，如含 Hg、Au、Bi、Cu、Pb、Co、Ni 等的废物，它们与黄药生成的表面化合物的溶度积小于 10^{-10}。

2）起泡剂。起泡剂是一种作用在水-气界面上使其界面张力降低的表面活性物质，它能

促使空气在料浆中弥散，形成小气泡，防止气泡兼并，增大分选界面，提高气泡与颗粒的粘附和上浮过程中的稳定性，以保证气泡上浮形成泡沫层，常与捕收剂有联合作用。常用的起泡剂有松醇油、脂肪醇等。

图 14-20 所示为起泡剂在气泡表面的吸附作用。起泡剂分子的极性端朝外，对水偶极有引力作用，使水膜稳定而不易流失。有些离子型表面活性起泡剂，带有电荷，于是各个气泡因同性电荷相互排斥而阻止兼并，增加了气泡的稳定性。

图 14-21 所示为起泡剂与捕收剂的相互作用方式。起泡剂与捕收剂在气泡表面和废物表面都有联合作用，这种联合作用称为"共吸附"现象。由于废物表面和气泡表面都有起泡剂与捕收剂的共吸附，因而产生共吸附的界面"互相穿插"，这是颗粒向气泡附着的作用之一。

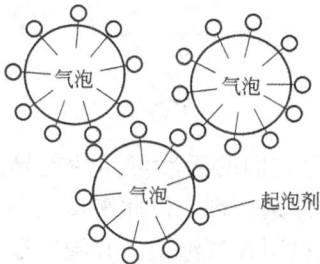

图 14-20 起泡剂在气泡表面的吸附作用

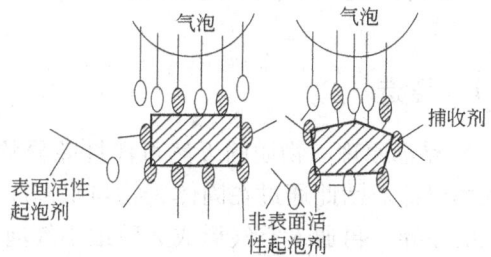

图 14-21 起泡剂与捕收剂的相互作用方式

3）调整剂。用于调整捕收剂的作用及介质条件的药剂就是调整剂。表 14-2 所列为常用的调整剂种类以及其功能。浮选剂的种类和用量因矿石性质和浮选条件及流程特点而各异，可由试验单位提供药方（或称药剂制度），在生产实践过程中也可根据上述各种条件的变化而加以改变。

表 14-2 常用的调整剂种类以及其功能

调整剂系列	pH 调整剂	活 化 剂	抑 制 剂	絮 凝 剂	分 散 剂
典型代表	酸、碱	金属阳离子、阴离子 HS⁻、HSiO₃⁻	O_2、SO_2 和淀粉、单宁等	聚丙烯酰胺	水玻璃、磷酸盐
功能	调整介质的 pH	促进目的颗粒与捕收剂作用	抑制非目的颗粒可浮性	促使料浆中目的细粒联合成较大团粒	促使料浆中非目的细粒成分散状态

14.3.2 溶剂浸出

（1）溶剂浸出概述及其影响因素　所谓溶剂浸出，是用适当的溶剂与废物作用使物料中有关的组分有选择性地溶解的物理化学过程。适宜成分复杂、嵌布粒度微细且有价成分含量低的矿业固体废物、化工和冶金过程的废弃物。其特点在于能够使物料中有用或有害成分能选择性地最大限度地从固相转入液相。同时具有对目的组分选择性好、浸出率高，速率快，成本低，容易制取，便于回收和循环使用以及对设备腐蚀性小等优点。

浸出操作要保证有较高的浸出率。浸出率是目的溶质进入溶液的质量分数。浸出过程的

主要影响因素有：浸出温度、搅拌速度、物料粒度及其特性、浸出压力和溶剂含量等，在渗滤浸出中还有物料层的孔隙率等。

（2）浸出工艺　根据浸出剂与被浸废料的相对运动方式的不同，浸出分为顺流浸出、错流浸出和逆流浸出三种。浸出剂与被浸废料的流动方向相同的浸出为顺流浸出；浸出剂与被浸废料的流动方向相错的浸出为错流浸出；浸出剂与被浸废料运动方向相反的浸出为逆流浸出。

根据浸出过程中废料的运动方式，浸出又分为渗滤浸出和搅拌浸出。前者多用于大规模矿业废物，如尾矿的浸出。后者与渗滤浸出不同，浸出时物料和浸出剂同时流动，在机械、空气或机械与空气联合搅拌下进行。因此，必须先将物料磨细，再配成20%～50%的料浆，它具有浸出速率快，浸出率高、生产能力大、连续方便等优点。用于各种数量较少的工业废物，如各种冶金、化工废渣等的浸出。

（3）浸出设备　常用的浸出设备主要有渗滤浸出槽（池）、机械搅拌浸出槽、空气搅拌浸出槽、流态化逆流浸出塔和高压釜五类。

1）渗滤浸出槽（池）。图14-22为渗滤浸出槽结构示意图。由于处理量的大小不同，所以槽体所采用的材质也不尽相同。处理量小时，采用碳钢槽或木桶；处理量大时，则可用混凝土结构，内衬以一定厚度的防腐层（瓷板、塑料、环氧树脂等）。渗滤浸出槽应能承压、不漏液、耐腐蚀，底部做成多坡倾斜出液口式，略向出液口方向倾斜并装有假底。物料装至规定高度后，表面耙平，加入浸出剂至浸没废料，浸泡数小时或几昼夜后再放液。渗滤浸出槽的主要操作参数为浸出剂含量、放液速度、浸液中剩余浸出剂含量和目的组分含量等，当浸液中剩余浸出剂含量高时，可将其返回进行循环浸出。当浸液中目的组分含量降至某一定值时，可认为浸出已达终点，用清水洗涤后排出浸渣，重新装料进行渗浸。

2）机械搅拌浸出槽。根据物料的搅拌方法可分为机械搅拌浸出和压缩空气搅拌浸出。图14-23为机械搅拌浸出槽结构示意图。机械搅拌浸出槽有单桨和多桨搅拌两种。搅拌器可采用不同的形状，包括桨叶式、旋桨式、锚式和涡轮式等。桨叶式搅拌器利用径向方向的速度差使物料充分混合均匀，在轴向则相对无法产生满意的搅拌作用。旋桨式搅拌器由于是沿全长逐渐倾斜，高速旋转时形成轴向液流，在桨叶外加装循环筒以加强轴向液流而增强搅拌作用。锚式和涡轮式搅拌器常用于固体含量大、相对密度差大、粘度大的料浆的搅拌。

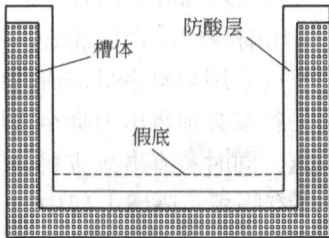

图 14-22　渗滤浸出槽结构示意图

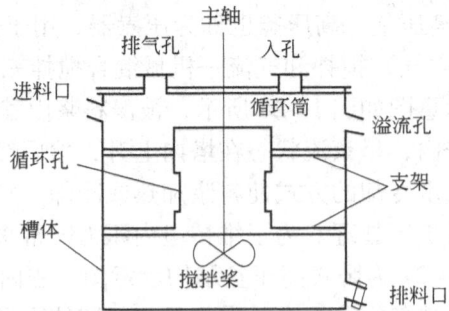

图 14-23　机械搅拌浸出槽结构示意图

3）空气搅拌浸出槽。空气搅拌浸出槽常又称为空气搅拌浸出塔，一般用于处理量较大的废物处理厂，图14-24为其结构示意图。操作时，料浆和浸出试剂由进料口进入浸出塔，

压缩空气由底部小管进入中心循环筒，由于压缩空气的冲力和稀释作用，料浆在循环筒内上升，通过循环孔进入外环室；外环室的料浆下降进入循环筒内，从而使循环筒内外的料浆产生强烈的对流作用，使料浆上下反复循环。通过调节压缩空气的压力和流量控制料浆的搅拌强度。在连续进料的条件下，循环筒内有一部分料浆被空气提升至溢流槽流出。

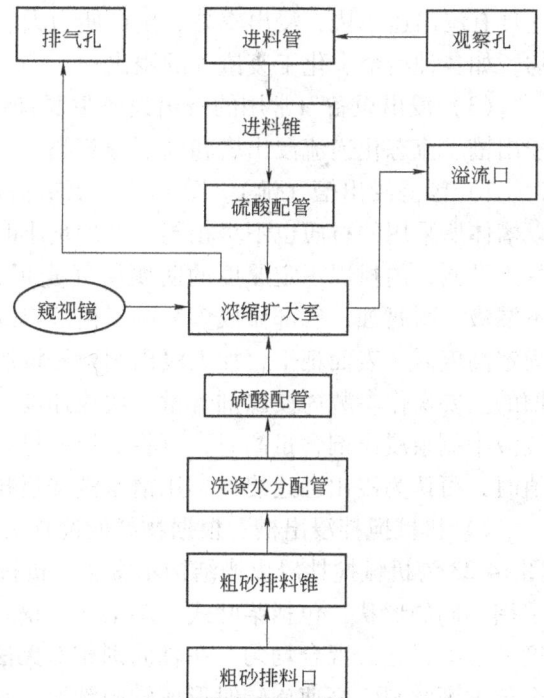

4）流态化逆流浸出塔。图14-25为流态化逆流浸出塔的结构示意图。塔的上部为浓缩扩大室，中部为圆柱体，底部为圆锥体。塔顶有排气孔及观察孔。自下而上流动的浸出剂对悬浮于其中并下沉的废物颗粒进行流态化浸出，被浸料浆由上部经料管进入塔内，浸出剂和洗涤水分别由塔的中下部进入塔内，废物颗粒与浸出剂及洗涤水在塔内呈逆流运动。

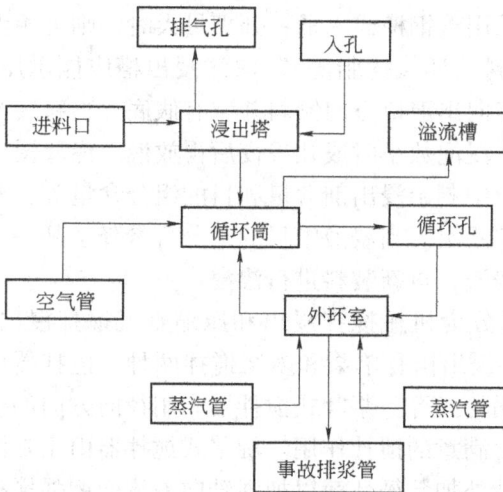

图 14-24　空气搅拌浸出槽结构示意图　　图 14-25　流态化逆流浸出塔的结构示意模型图

5）高压釜。高压釜也称为压煮器，用于热压浸出，其搅拌方法可分为机械搅拌、气流（蒸汽或空气）搅拌和气流—机械混合搅拌三种，依外形可分为立式和卧式两种。立式高压釜结构示意图如图14-26所示，被浸料浆由釜的下端进入，与压缩空气混合后经旋涡哨从喷嘴进入釜内，呈紊流状态在塔内上升，然后经出料管排出。釜内采用与料浆呈逆流的蒸汽夹套加热或水冷却的方式使料浆加热或冷却。经高压釜浸出后的料浆必须将压力降至常压后才能送后续工序处理。为了维持釜内压力，常采用自蒸发器减压，同时装有事故排料管。

图14-27为卧式高压釜结构示意图。釜内分四个室，室间有隔板，隔墙上部中心有溢流板，以保持各室液面有一定位差。料浆依次通过各室，最后通过自动控制气动薄膜调节阀减压后排出釜外，送后续工序处理。各室均有机械搅拌器，空气由位于搅拌器下部的鼓风分配支管送入。

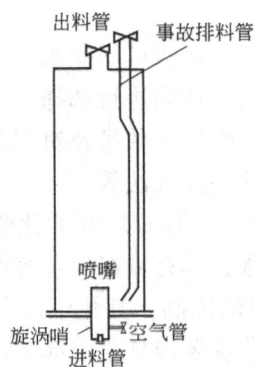

图 14-26　立式高压釜结构示意图

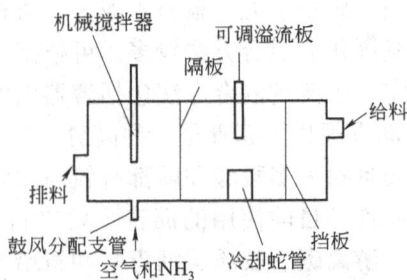

图 14-27　卧式高压釜结构示意图

14.3.3　固体废物的稳定化/固化

1. 概述

固化是在危险废物中添加固化剂（固化所用的惰性材料），使其转变为不可流动的固体或形成紧密固体的过程。经固化处理后的固化产物称为固化体，是结构完整的整块密实固体，这种固体可以以方便的尺寸大小进行运输，而无需任何辅助容器。

稳定化是将有毒有害污染物转变为低溶解度、低迁移性及低毒性物质的过程。稳定化分为化学稳定化和物理稳定化。化学稳定化是通过化学反应使有毒物质变成不溶性化合物，使之在稳定的晶格内固定不动；物理稳定化是将污泥或半固体物质与一种疏松物料（如粉煤灰）混合生成一种粗颗粒、有土壤状坚实度的固体，这种固体可以用运输机械运至处置场。在实际的操作运行中，这两种过程往往同时发生。

2. 包胶固化

包胶固化就是指用某种固化基材对于废物块或废物堆进行包覆处理，下面按照不同的包胶材料来分类阐述。

（1）石灰基固化　石灰基固化是以石灰、垃圾焚烧飞灰、水泥窑灰以及熔矿炉炉渣等具有波索来反应的物质为固化基材而进行的危险废物固化的工艺。但由于波索来反应不似水泥水合作用，石灰体系固化处理所提供的结构强度不如水泥，所以在实际的应用中很少单独使用。另外还需要添加一些其他的添加剂以提高固化产物的强度和抑制污染物浸出。这种方法可以处理的废物包括油类污泥、重金属废物以及废酸和木材防腐剂等。

常用的技术是加入氢氧化钙（熟石灰）的方法使污泥得到稳定。石灰中的钙与废物中的硅铝酸根会产生硅酸钙、铝酸钙的水化物，或者硅铝酸钙。同时向废物中加入少量添加剂，可以获得额外的稳定效果（如存在可溶性钡时加入硫酸根）。

（2）水泥基固化　水泥是最常用的危险废物稳定剂，由于水泥是一种无机胶结材料，经过水化反应后可以生成坚硬的水泥固化体，因此在废物处理时最常用的是水泥固化技术，适用于各种含有重金属的污泥。

在用水泥稳定化时，废物被掺入水泥的基质中，水泥与废物中的水分或另外添加的水分，发生水化反应后生成坚硬的水泥固化体。在此过程中，污泥中的重金属离子会由于水泥的高 pH 作用而生成难溶的氢氧化物或碳酸盐等，有些重金属离子也可以固定在水泥基体的

晶格中，从而可以有效地防止重金属的浸出。

可以用作固化剂的水泥品种很多，包括普通的硅酸盐水泥、矿渣硅酸盐水泥、火山灰质硅酸盐水泥、矾土水泥、氟石水泥等，可根据固体废物的种类、性质进行选择。

水泥基固化的混合方法较多，可根据待处理废物的种类、性质、数量及对固化体的处置方法来确定。主要的混合方法包括容器内混合法、外部混合法和注入法等。

（3）沥青固化　沥青是一种高分子碳氢化合物的混合物，它具有较好的化学稳定性和粘结性，而且对大多数酸和碱都有较高的耐腐蚀性，不溶于水，具有良好的包容性能和一定的塑性及弹性。目前使用的沥青主要来自天然的沥青矿和原油炼制，其化学成分包括沥青质、油分、游离碳、胶质、沥青酸和石蜡等。沥青固化的工艺主要包括三个部分，即固体废物的预处理、废物与沥青的热混合以及二次蒸气的净化处理，其中关键的部分为热混合环节。

高温熔化混合蒸发沥青固化流程（图14-28），将废物加入预先熔化的沥青中，在沥青的熔点和闪点之间，大约$150 \sim 230$℃下搅拌混合蒸发（温度过高容易发生火灾），待水分和其他挥发组分排出后，将混合物排至贮存器或处置容器中。

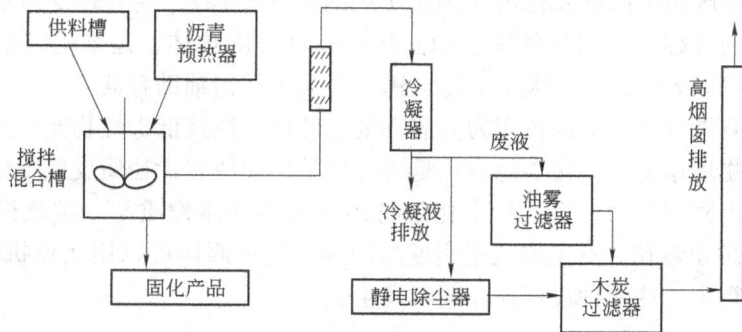

图14-28　高温熔化混合蒸发沥青固化流程

由于沥青不吸水，固化过程中不发生水化过程。因此，对于干燥的废物，可以将加热的沥青与废物直接搅拌混合；而对于水分较多的废物，需要对废物预先进行脱水或浓缩；而当固体废物中含有大量水分时，大多采用带有搅拌装置、立式的薄膜混合蒸发设备。

沥青固化与水泥固化技术相比较，二者所处理的废物对象基本上相同，除可处理低、中放射性废物外，还可以处理浓缩废液或污泥、焚烧炉的残渣、废离子交换树脂等，但是当废物中还有水分时，则有时需要对废物进行预先脱水或浓缩处理。在固化技术方面，沥青固化具有如下特点：

固化体的孔隙率和固化体中污染物的浸出速率均大大降低。由于固化过程中干废物与固化剂之间的质量比通常为（1∶1）～（2∶1），因而固化体的增容率较小。

固化操作需在高温下完成，不宜处理在高温下易分解的废物、有机溶剂以及强氧化性废物。

固化剂具有一定的危险性，固化过程中容易造成二次污染，需采取措施加以避免。沥青固化工艺流程和装置往往较为复杂，一次性投资与运行费用均高于水泥固化法。

（4）自胶结固化　自胶结固化是利用废物自身的胶结特性来达到固化目的的方法。该技术主要用来处理含有大量硫酸钙和亚硫酸钙的废物，如磷石膏、烟道气脱硫废渣等。通常

先将 8% ~10% 的废物进行煅烧，然后加入特殊药剂与未经煅烧的废物混合，最后得到的产物是一种容易处理的稳定固体。

自胶结固化法的主要优点是工艺简单，不需要加入大量的添加剂。该法已经得到大规模应用，美国泥渣固化公司（SFT）利用自胶结固化原理开发了 Terra-Crete 技术，用以处理烟道气脱硫的泥渣，其流程如图 14-29 所示。得到滤饼分成两部分，一部分滤饼直接送入混合器，另一部分滤饼送入煅烧器进行煅烧，干燥脱水而转化为胶结剂，并被送到贮槽。最后把煅烧产品、添加剂、粉煤灰一起送入混合器混合，经凝结硬化形成自胶结固化体。添加剂是经过特殊处理的，煅烧产品所加添加剂的量为混合物总重的 10% 以上，固化体可送往土地填埋场处置。

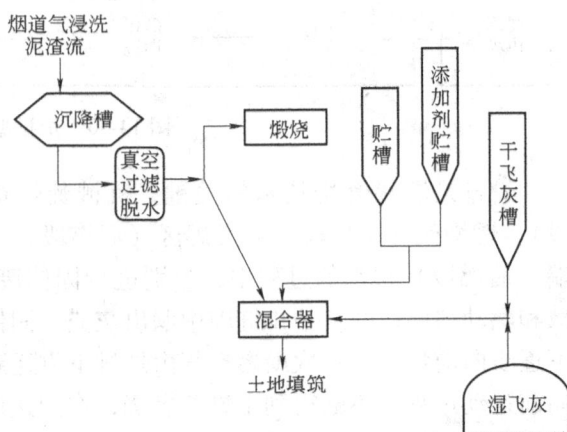

图 14-29　烟道气脱硫泥渣固化流程

14.3.4　焚烧

1. 焚烧技术的概述

固体废物的焚烧（incineration 或 combustion）是一种高温热处理技术，即在 800 ~ 1000℃的焚烧炉膛内，废物中的有机活性成分被充分的氧化，留下的无机组分成为融渣被排出，从而使废物减容并稳定，在燃烧过程中，具有强烈的放热效应，并伴随着光辐射，是一种可同时实现废物无害化、减量化、资源化的处理技术。焚烧与以加热为目的的燃烧不同，焚烧的目的侧重于减容、减量、解毒和残灰的安全稳定化；而燃烧的目的只在于获得热量。

焚烧法处理固体废物的优点在于：大大地减少了需最终处置的废物量，减量化效果显著，无害化程度彻底，处理效率高，不受气候的影响，卫生条件好（生活垃圾中带恶臭的氨气和有机废气被高温分解，有利于环境保护）；然而该方法也存在一些缺点，主要表现在于：费用昂贵，操作复杂、严格，要求工作人员技术水平高，另外，还有些技术风险问题。随着技术的发展和系统设计的优化及运行的正确管理，这些缺点已经大大减少，近年来焚烧处理技术受到了人们的重视。

固体废物的焚烧效果，受许多因素的影响，如固体废物性质、物料停留时间、焚烧温度、空气过剩系数、供氧量、湍流度、焚烧炉类型、物料的混合程度等。

其中停留时间（time）、温度（temperature）、搅拌强度（turbulence）和空气过剩系数（excess air）就是人们常说的"3T + 1E"，它们相互依赖、相互制约，构成一个有机系统，任何一个因素的改变，都要考虑到可能给其他因素带来的影响。这些因素既是影响固体废物焚烧效果的主要因素，也是反映焚烧炉工况的重要技术指标。

2. 固体废物的焚烧设备

（1）炉排型焚烧炉　炉排型焚烧炉形式多样，每年能正常运行 8000h 以上，是适于处理大容量垃圾的成熟的焚烧设备。炉排的作用主要是运送固体废物和炉渣通过炉体，不断搅

动固体废物，并在搅动的同时使从炉排下方吹入的空气穿过固体燃烧层，使燃烧反应进行得更充分，其概念图如图 14-30 所示。

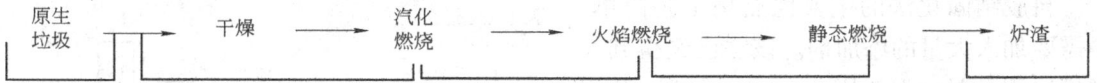

图 14-30　炉排型焚烧炉概念图

炉排是层状燃烧技术的关键，机械焚烧炉炉排通常可分为三段：预热干燥区（干燥段）、燃烧区（主燃段）和燃烬区（后燃段）。在入炉固体废物从进料端（干燥段）向出料端（后燃段）移动的过程中，分别进行固体废物蒸发、干燥、热分解及燃烧反应，同时松散和翻动料层，并从炉排缝隙中漏出灰渣。固体废物由料斗进入焚烧炉，在炉排的往复运动下逐步向前移动，一次助燃空气由炉排下方送到燃烧室，固体废物受炉排的推动及翻滚，在向前运动过程中不断得到干燥并燃烧，在到达该炉排尾端时被完全燃尽成灰渣，进入灰斗。

大型倾斜机械炉排焚烧炉，如马丁炉等，具有工艺先进、技术可靠、焚烧效率和热回收效率高、对垃圾适应性强等优点，在国外应用较为广泛。但这种炉排材质要求高，而且炉排加工、制造复杂，设备造价昂贵，一次性投资大，因而在某种程度上不适合经济不发达地区和中小城镇的垃圾处理。

（2）流化床焚烧炉　当一流体由下往上通过固体颗粒层时，固体颗粒在流体的作用下呈现类似流体行为的现象，称之为"流化体"；以带有一定压强的气流通过粒子床，当气体的上浮力超过粒子本身的重量，将使粒子移动并悬浮于气流中，此设计称为"流化床"。

对于流化床焚烧炉来说，如何从流化床的流动载体中连续分离出不可燃灰渣是一个比较关键的问题，在焚烧炉设计中常采用以下几种方式解决：与热载体一起从底部取出，筛分后再将载体回流到炉内；在底部出渣口处，利用灰渣与载体密度的不同采用气体分离的方式，将载体吹回到炉内，使灰渣排出；采用旋流出渣方式，即将格板做成倾斜状，一次空气分别从几个气室以不同的风速吹入炉内，靠近出料口处风速最大，进口处风速最小。从另一端吹入二次空气以加强回旋气流。载体和废物在气流的作用下，在炉内作回旋运动，密度较大的灰渣在各个过程中被分离出来，其结构示意图如图 14-31 所示。

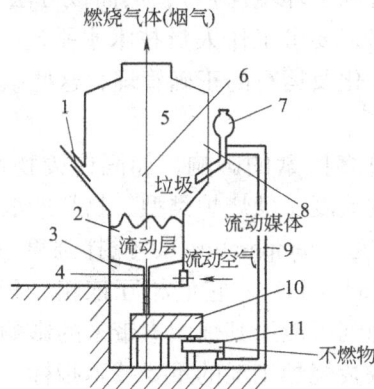

图 14-31　流化床焚烧炉的结构示意图
1—助燃气　2—流动媒体　3—散气板　4—不燃物排出管　5—二次燃烧室　6—流化床炉内　7—供料器
8—二次助燃空气喷射口　9—流动媒体（沙）循环装置　10—不燃物排出装置　11—振动分选

流化床炉体较小，并且由于流化床焚烧炉主要靠空气托住垃圾进行燃烧，因此对进炉的垃圾有粒度要求，通常希望进入炉中垃圾的颗粒的粒径不大于 50mm，粒径较大的垃圾或质量较重的物料会直接落到炉底然后被排出，因此达不到完全燃烧的目的，因此流化床焚烧炉都配备大功率的破碎装置，以此保证垃圾在炉内的完全呈沸腾状态和正常运转。

另外，垃圾在炉内沸腾全部靠大风量、高风压的空气，不仅电耗大，而且将一些细小的灰尘全部吹出炉体，造成锅炉处大量积灰，并给下游烟气净化增加了除尘负荷。流化床焚烧炉的运行和操作技术要求高，若垃圾在炉内的沸腾高度过高，则大量的细小物质会被吹出炉体；相反，鼓风量和压力不够，沸腾不完全，则会降低流化床的处理效率。因此需要非常灵敏的调节手段和相当有经验的技术人员操作。

（3）旋转窑式焚烧炉　旋转窑式焚烧炉是一种成熟的技术，其结构简单，可以达到较高的炉膛温度，适于处理 PCBs 等危险废物和一般工业废物，其通过炉内转速的改变，从而影响垃圾在窑中的停留时间，并且对垃圾在高温空气及过量氧气中施加较强的机械碰撞，能得到可燃物质及腐败物含量很低的炉渣，但是若将旋转窑式焚烧炉用于处理城市生活垃圾时，则会由于动力消耗过大，而增加垃圾的处理成本。

旋转窑式焚烧炉采用二段式燃烧，第一段类似水泥的水平圆筒式燃烧室，以定速转达到垃圾的搅拌，垃圾可以从前端送入窑中，进行焚烧，若采用多用途式设计，废液及废气可以从前段、中段、后段同时配合助燃空气送入，甚至于整桶装的废物（如污泥），也可整桶送入第一燃烧室内燃烧。因此在备料及进料上较复杂，第一燃烧室燃烧完的废气及灰渣进入第二燃烧室，因废气中仍含有若干有机物，故须导入二次燃烧室，辅以助燃油及超量助燃空气达到完全燃烧的效果。经借助高温氧化进行二次燃烧后，再送入尾气污染控制系统，底灰及飞灰分别收集。其工艺流程图如图 14-32 所示。

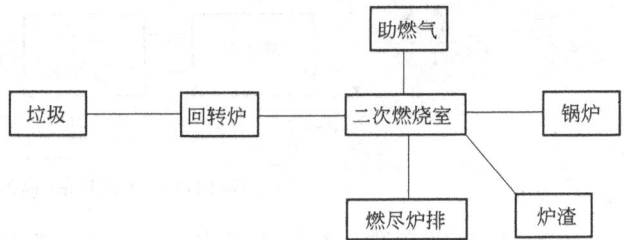

图 14-32　旋转窑式焚烧炉工艺流程图

14.3.5　热解

1. 热解概述及原理

热解（pyrolysis）是一种古老的工业化生产技术，最早应用于人们的生活取暖和工业上冶炼钢铁。随着现代工业的发展，热解技术的应用范围也在逐步扩展，如重油裂解生成轻质燃料油，煤炭汽化生成燃料气等，采用的都是热解工艺。所谓热解严格定义为：将有机物在不同反应器内通入氧、水蒸气或加热的一氧化碳的条件下，通过间接加热使含碳有机物发生热化学分解生成燃料（气体、液体和炭黑）的过程。

热解在工业上也称为干馏，包含了大分子键的断裂、异构化和小分子的聚合等反应，最后生成较小的分子，是利用有机物的热不稳定性，在无氧或缺氧条件下使有机物受热分解成相对分子质量较小的气态、液态和固态物质的过程。固体废物热解后，减容量大，残余碳渣较少，而这些碳渣的化学性质稳定，含碳量高，一般可以作为燃料添加剂或者道路路基材料、混凝土骨料等。

有机物的热解可以用下式简单表示：

$$有机固体废物 + 热量 \xrightarrow{无氧或缺氧加热} 可燃气 + 液态油 + 固体燃料 + 炉渣$$

影响热解的因素主要有废物组成、物料预处理、温度、加热速率、反应时间等。其中，影响较大的是热解温度和物料分子结构特性。在其他条件相同的条件下，只考虑反应时间，则反应时间越长，热解的气态和液态产物越多；时间短，小分子的气态产物占热解气体积的百分比较大。

2. 固体废物热解技术的典型工程应用

（1）Landgard 系统　该系统采用的是回转窑处理方式，图 14-33 为 Monsanto 公司开发的 Landgard 热解系统原理图。系统工作时，从运输车上卸下的废物首先被送入破碎机，破碎后进入储料仓。固体废物经锤式破碎机破碎至 10cm 以下，加工处理后的废料从储料仓被连续送入回转窑进行热解。窑内气体与固体的运动方向刚好相反，废物被燃烧气体加热分解产生可燃气体。固体废物逐渐移向回转窑高温端，燃烧后的渣滓从炉内排出并进入分离室，在那里按黑色金属、玻璃体和炭进行分类。采用 Landgard 工艺流程，每 1kg 垃圾约产生可燃气体 $1.5m^3$，其热值为 $4600 \sim 5000kJ/m^3$。

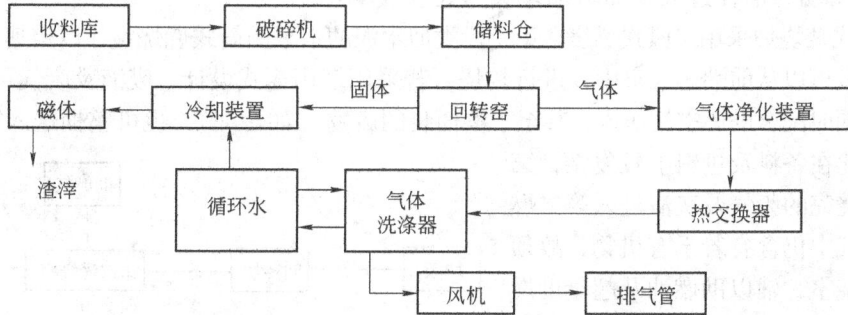

图 14-33　Landgard 热解系统原理图

（2）新日铁系统　新日铁系统是一种热解和熔融为一体的复合处理工艺，通过控制炉温及供氧条件，使垃圾在同一炉内完成干燥、热解、燃烧和熔融。炉内干燥段温度约为 300℃，热解段温度为 $300 \sim 1000$℃，熔融段温度约为 $1700 \sim 1800$℃，其工艺流程如图 14-34 所示。系统工作时，垃圾由炉顶投料口加入炉内，投料口采用双重密封结构，以防止空气和热解气的漏入和逸出。

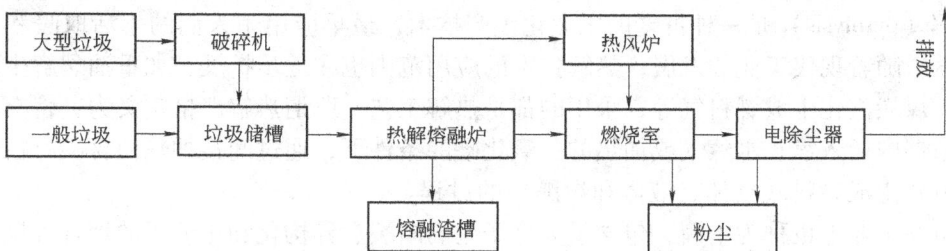

图 14-34　新日铁系统垃圾热解熔融处理工艺流程

炉体采用竖式结构，进入炉内的垃圾依自重在炉内由上而下移动，与上升的高温气体进行换热，在下移的干燥段脱去水分；控制的缺氧状态下有机物在热解段进行热解，生成燃气和灰渣；灰渣中的炭黑在燃烧段与下部通入的空气进行燃烧。

（3）Occidental 系统　此系统的整套工艺分为垃圾预处理和热解系统两大部分，其工艺流程如图 14-35 所示。在该系统中，首先经一次破碎将垃圾破碎至 76mm 以下，通过磁选分离出铁；然后通过风力分选将垃圾分为重组分（无机物）和轻组分（有机物），再通过二次破碎使有机物粒径小于 3mm，再由空气跳汰机分离出其中的玻璃等无机物，作为热解原料。

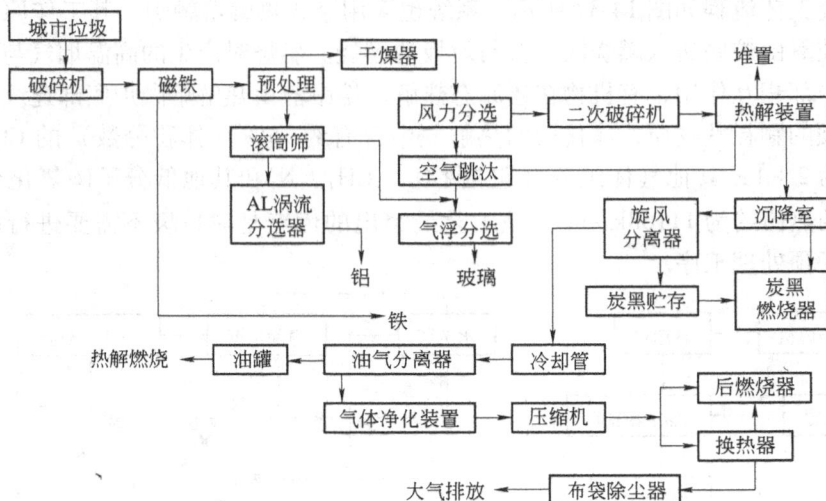

图 14-35　Occidental 系统工艺流程

热解气-固混合体首先经旋风分离器分离出炭黑颗粒，在炭黑燃烧器燃烧加温后送至热解反应器时用作有机物热解的热源。热解气体经 80℃ 急冷分离出的燃料油进入油罐，未液化的残余气体一部分用做垃圾输送载体，其余部分用做加热炭黑和送料载气的热源。产生的热解油中含有较多的固体颗粒，经旋风分离后，储存于油罐中。

（4）Garret 系统　该系统是由美国 Garret 研究和发展公司开发的热分解系统。其工艺流程如图 14-36 所示。垃圾从贮料坑被抓斗吊至皮带运输机，由前破碎机破碎至粒度约 50mm，经风力分选干燥脱水，再经筛分去除不燃组分。不燃组分送到磁选及浮选工段，分选后可得到纯度为 99.7% 的玻璃，可回收 70% 的玻璃和金属。由风力分选获得的轻组分，经二次破碎（细

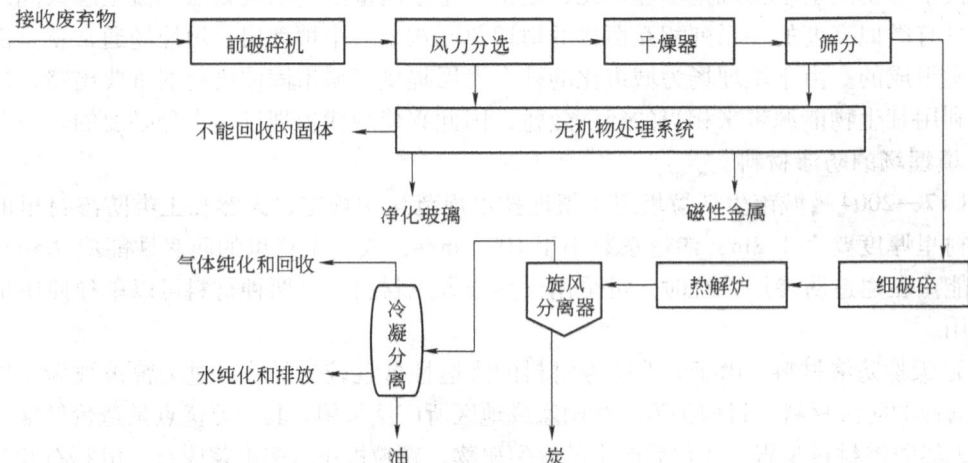

图 14-36　Garret 系统工艺流程

破碎）至粒度约 0.36mm，通过气流送入外加热式的管式热解炉，炉温约 500℃，有机物在送入的瞬时即分解，产品经旋风分离器除去炭粒，最终经冷凝分离后得到油品。

（5）Purox 系统　又称 U. C. C 纯氧高温热分解法，是由美国联合碳化（Union Carbide）公司开发的城市垃圾热解工艺，于 1974 年在西弗吉尼亚州建成了处理能力为 190 t/d 的生产装置，该系统工艺流程如图 14-37 所示。系统也采用竖式热解熔融炉，其工作原理与新日铁方式类似。纯氧由炉底送入燃烧区，参与垃圾的燃烧。燃烧时产生的高温烟气与向下移动的垃圾在炉体中部相互作用，有机物在还原态热解。熔融渣由热解熔融炉底部连续排出，经水冷后形成坚硬的颗粒状物质，净化后的热解气中含有约 75%（体积分数）的 CO 和 H_2，其体积之比约为 2：1，其他气体组分（包括 CO_2、CH_4、N_2 和其他低分子碳氢化合物）约占 25%。气体的热值约为 11168kJ/m^3。该工艺最突出的优点是对垃圾不需要进行破碎和分选加工，简化了预处理工序。

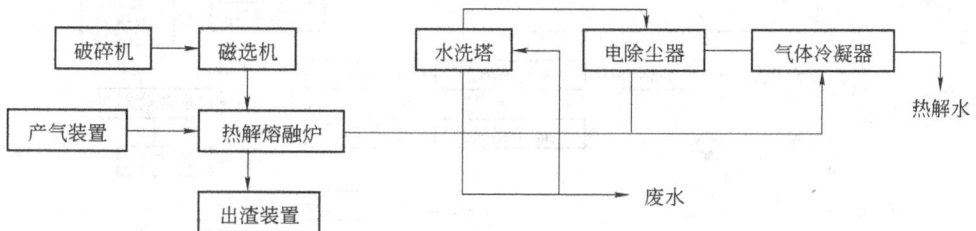

图 14-37　Purox 系统工艺流程

14.3.6　填埋

1. 卫生填埋场概述

废物经适当的填埋处置后，尤其是对于卫生填埋，因废物本身的特性与土壤、微生物的物理及生化反应，形成稳定的固体（类土质、腐殖质等）、液体（有机性废水、无机性废水等）及气体（CH_4、H_2S、CO_2 等）等产物，其体积则逐渐减小而形状趋于稳定。由于土地填埋法的最终目的是将废物妥善储存，并利用自然界的净化能力使废物稳定化、卫生化、减量化和无害化，因此，土地填埋场应该具备储存功能、阻断功能、处理功能和利用功能。

现代填埋场的基本构成是填埋单元，是由一定空间范围内的废物层和覆土层共同组成的单元。具有类似高度的一系列相互衔接的填埋单元构成一个填埋层，填埋场通常就是由若干填埋层所组成的。由于填埋场为城市化的社会发展提供了城市固体废物的重要出路，同时还为开发利用其生物能源带来相当的经济效益，因此兴建现代填埋场是十分必要的。

2. 填埋场的防渗材料

CJJ 17—2004《城市生活垃圾卫生填埋技术规范》中规定，天然黏土类防渗衬里的场底及四壁衬里厚度要大于 2m，渗透系数小于 10^{-7}cm/s；改良土衬里的防渗性能应达到黏土类防渗性能。在建造防渗层系统时，可采用天然或人工材料，这两种材料可以单独使用也可以联合使用。

（1）天然防渗材料　由于天然防渗材料的渗透性低且较为经济，过去曾被视为填埋场唯一可供选择的防渗材料，目前仍为一些国家或地区所广泛采用。其主要优点是造价低廉，施工简单。天然防渗材料是岩石风化后产生的次生矿物，颗粒极小，多由蒙脱石、伊利石和高岭石组成。天然防渗材料主要有黏土、亚黏土、膨润土等。现举例说明一些天然防渗材料。

膨润土：一般能够膨胀的黏土矿物都笼统地称为膨润土，湿润以后其体积膨胀，是它们干重体积的 15～18 倍，膨润土和砂土的混合物可以构成低渗透性防护层。

砾土：砾土是过滤层和排泄层的主要材料，底部砾石层的有效性主要取决于孔隙度、砾石的形状、强度、岩性以及系统的整体工程质量等。

黏土：黏土是最常用的天然防渗材料，影响其性能的主要因素有渗透系数、压实程度、水分含量、场地铺设技术和防渗层的厚度等，对于使用在防渗层的黏土要按一定的设计参数合理建设，以确保防渗层能发挥正常的作用。

部分国家或地区对填埋场黏土衬里的有关规定见表 14-3。从该表中可知，各国家或地区对黏土衬里的渗透率的要求基本相同，但是对厚度要求却不尽一致。由于土地资源的日益紧缺和防渗要求的不断提高，天然衬里的使用受到了很大限制。

表 14-3　部分国家或地区对填埋场黏土衬里的有关规定

国家和地区	渗透系数/cm·s^{-1}	衬里厚度/m
美国	1×10^{-7}	0.6
加拿大不列颠哥伦比亚省	1×10^{-7}	1
澳大利亚	1×10^{-7}	0.9
新西兰	1×10^{-7}	0.6
德国	5×10^{-7}	1.5
法国	1×10^{-7}	5
丹麦	1×10^{-7}	0.5
意大利	1×10^{-7}	2
奥地利	1×10^{-7}	0.5～0.7
克罗地亚	$1 \times 10^{-7} \sim 1 \times 10^{-8}$	1
发展中国家（世界银行建议）或地区	1×10^{-7}	0.6
中国	1×10^{-7}	2
中国香港	1×10^{-7}	—
中国台湾	5×10^{-7}	0.6

（2）改良型衬里　改良型衬里是指将性能不达标的亚黏土、亚砂土等天然地质材料通过人工添加物质改善其性质，以达到防渗要求的衬里。人工改性的添加剂分为有机、无机两种。无机添加剂相对费用较低、效果好，比较适合发展中国家推广应用。常用的两种改良型衬里包括黏土-膨润土改良型衬里和黏土-石灰、水泥改良型衬里。

黏土-膨润土改良型衬里：在天然黏土中添加适量膨润土矿物（如 3%～15%），使改良后的黏土达到防渗材料的要求。已有的实践表明，膨润土因具有吸水膨胀特性和阳离子交换容量，添加在黏土中，可以减少黏土的孔隙、降低其渗透性、增强衬里吸附污染物的能力，同时还可以大幅度提高衬里的力学强度。

黏土-石灰、水泥改良型衬里：在天然黏土中添加适量的石灰、水泥以达到改善黏土性质的目的，从而大大提高黏土的吸附能力和酸碱缓冲能力。掺和添加剂再经压实，黏土的孔隙明显减小，抗渗能力增强。改良后黏土的渗透系数达到 10^{-9} cm/s，符合填埋场衬里对防

渗性能的要求。

（3）人工合成膜防渗 严格地说，除非黏土的渗透性极低且厚度足够大，否则黏土型防渗衬里并不能完全阻止渗滤液向地下渗透，而且优质黏土的形成有一定的地质要求，不是每个场址都具有这种得天独厚的条件。因此，开发出可以替代甚至优于黏土型衬里的人工合成有机材料是十分必要的。人工衬里材料通常要满足以下要求：渗透系数小于 $1 \times 10^{-7} cm/s$；具有足够的抗拉强度，能够经得起填埋体的压力和填埋机械与设备的压力；具有适宜的强度和厚度，可铺设在稳定的基础之上；必须与渗滤液相容，不因与渗滤液的接触而使其结构完整性和渗透性发生变化；厚薄均匀，无薄点、气泡及裂痕；抗臭氧、紫外线、土壤细菌及真菌的侵蚀；具有适当的气候适应能力，能承受急剧的冷热变化；有一定的抗尖锐物质的刺破、刺划和磨损力；便于施工及维护。

常见人工合成防渗膜的性能见表14-4。其中高密度聚乙烯（HDPE）因其耐化学腐蚀能力强，制造工艺成熟，易于现场焊接，工程施工经验比较成熟，而被广泛应用于填埋场的水平防渗中。

表 14-4　常用人工合成防渗膜的性能

材料名称	合成方法及价格	优　点	缺　点
高密度聚乙烯（HDPE）	由聚乙烯树脂聚合而成，价格中等	低温下具有良好的工作特性；良好的防渗性能；对大部分化学物质具有抗腐蚀能力；良好的机械和焊接性能；可制成 0.5～3mm 不等的各种厚度；不易老化	耐不均匀沉降能力较差；耐穿刺能力较差
聚氯乙烯（PVC）	聚乙烯单体聚合物，热塑性塑料，价格低	高强度，尤其抗穿刺能力强；耐无机物腐蚀；良好的可塑性；易焊接	易被许多有机物腐蚀；耐紫外辐射能力差；气候适应性不强；易受微生物侵蚀
氯化聚乙烯（CPE）	由氯气与高密度聚乙烯经化学反应而成，热塑性合成橡胶，价格中等	良好的强度特性；对紫外线和气候因素有较强的适应性；低温下工作性能良好；易焊接；耐渗性能好	耐有机物腐蚀能力差；焊接质量不高；易老化
异丁橡胶	异丁烯与少量的异戊二烯共聚而成，合成橡胶，价格中等	耐高低温；耐紫外线辐射能力强；氧化性溶剂和极性溶剂对其影响不大；胀缩性强	对碳氢化合物抵抗能力差；接缝难；强度不高
氯磺化聚乙烯（CSPE）	由聚乙烯、氯气、二氧化硫反应生成的聚合物，热塑性合成橡胶，价格中等	防渗性能好；耐化学腐蚀能力强；耐紫外辐射及气候适应能力强；耐细菌能力强；易焊接	易受油污染；强度较低
乙丙橡胶（EPDM）	乙烯、丙烯和二烯烃的三元共聚物，合成橡胶，价格中等	防渗性能好；耐紫外辐射；气候适应能力强	强度较低；耐油、耐卤代溶剂腐蚀能力差；焊接质量不高
氯丁橡胶	以氯丁二烯为基础的合成橡胶，价格较高	防渗性能好；耐油、腐蚀、耐老化；耐紫外辐射；耐磨损，不易穿孔	难焊接和修补
热塑性合成橡胶	极性范围从极性到无极性的新型聚合物，价格中等	防渗性能好；耐紫外辐射；耐油、腐蚀，耐老化；拉伸强度高	焊接质量仍需提高
氯醇橡胶	饱和的强极性聚醚型橡胶，价格中等	耐拉伸强度高；热稳定性好；耐老化；不受烃类溶剂、燃料、油类的影响	难于现场焊接和修补

14.4　固体废物的生物处理

14.4.1　固体废物的好氧堆肥处理

1. 堆肥化的基本原理

堆肥化（composting）是指在人工控制下，依靠自然界中广泛存在的细菌、放线菌、真菌、病原微生物等微生物，使来源于生物的有机废物发生生物稳定作用，促进使可生物降解的有机物质转化为稳定的腐殖质的微生物学过程。堆肥化实际上是利用微生物在一定条件下对有机物进行氧化分解的过程，因此根据堆肥化过程中氧气的供给情况所导致微生物生长的环境可以将堆肥分为好氧堆肥和厌氧堆肥两种。但通常所说的堆肥化一般指的都是好氧堆肥，这是因为厌氧微生物对有机物分解速率缓慢，处理效率低，容易产生难闻的恶臭，并且工艺条件也较难控制。

有机废物好氧堆肥化过程实际上就是基质的微生物发酵过程。在有氧存在的条件下，以好氧微生物（主要是好氧细菌）为主，使有机物降解，是一种稳定的无害化处理方法。堆肥中使用的有机物原料、填充剂和调节剂绝大部分来自植物，主要成分是碳水化合物、蛋白质、脂和木质素，其基本原理示意图如图 14-38 所示。

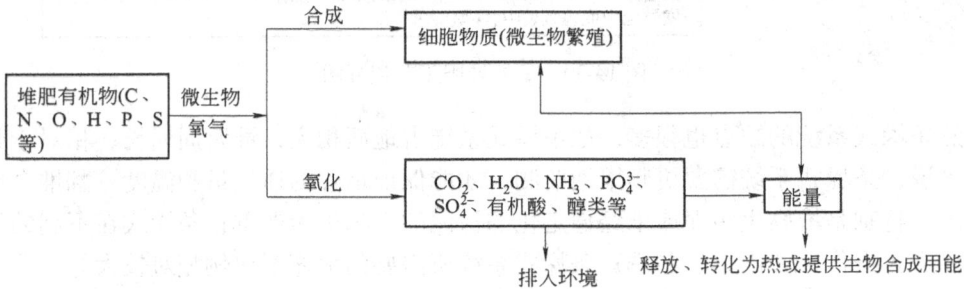

图 14-38　有机物的好氧堆肥基本原理示意图

2. 好氧堆肥工艺

传统的堆肥技术采用厌氧的露天堆积法，这种方法占地大，时间长。现代化的堆肥生产，通常由原料预处理（前处理）、主发酵（初级发酵）（一级发酵）、后发酵（次级发酵）（二级发酵）、后处理、脱臭及贮存六个工序组成，如图 14-39 所示。

根据技术的复杂程度，一般将堆肥系统分为三类：条垛式系统、静态通气垛式系统、发酵仓式系统（或称反应器系统）。下面分别介绍这三种堆肥系统的特点及其技术。

（1）条垛式堆肥系统　条垛式是堆肥系统初期最简单的形式，最古老的堆肥系统，它是在露天或棚架下，将堆肥物料以条垛状或者条垛堆置，通过定期翻堆来保证堆体中的含氧量，从而满足微生物降解有机质对氧气的需求。可以采用人工方式或特有的机械设备进行堆肥物料的翻转和重堆，同时也能使所有的物料在堆肥内部高温区域停留一定时间，以满足物料杀菌和无害化的需要。最普遍的堆形是梯形条垛，也可以是不规则四边形或三角形。条垛式堆肥一次发酵周期为 1~3 个月，主要工序有预处理、建堆、翻堆和贮存四个工序。

尽管条垛式系统技术水平低，但具有以下优点：投资成本低，设备简单；翻堆加快水分散失，使堆肥易于干燥；填充剂易于筛分和回用；堆腐时间长，产品稳定。

原料预处理 ⟹ 主要包括原料的分选、破碎、筛分、含水率和碳氮比的调整,以及添加菌种和酶制剂。通过破碎使堆肥化原料和含水率达到一定程度的均匀化。

主发酵 ⟹ 发酵初期,微生物吸取有机碳、氮等营养成分,分解易分解的有机物,产生 CO_2 和 H_2O,产生热量,使堆温上升。随着温度的逐渐升高,最适宜温度为 45～60℃ 的嗜高温菌逐渐取代了嗜中温菌,使其在 60～70℃ 或更高温度下进行高效率的分解。

后发酵 ⟹ 物料经过主发酵,还有部分易分解和大量难分解的有机物,这些难分解的有机物可能全部分解,变成腐殖酸、氨基酸等比较稳定的有机物,得到完全成熟的堆肥产品。

后处理 ⟹ 净化后的散装堆肥产品,既可以直接销售到用户,施用农田、果园、菜田,或作为土壤改良剂,也可以根据土壤的情况、用户的要求,在散装的堆肥中加入氮、磷、钾添加剂后生产复混肥,做成袋装产品。

脱臭 ⟹ 常用的脱臭方法有化学除臭剂除臭,水、酸、碱溶液等吸收法,臭氧氧化法,活性炭、沸石、熟堆肥等吸附法等,其中经济有效的方法是熟堆肥氧化吸附除臭法。

贮存 ⟹ 堆肥一般在春、秋两季使用,夏、冬两季生产和堆肥只能进行贮存,因此需要建立一个可贮存 6 个月生产量的库房。贮存方式可直接堆存在二次发酵仓中或包装袋中,环境要求干燥、通风。

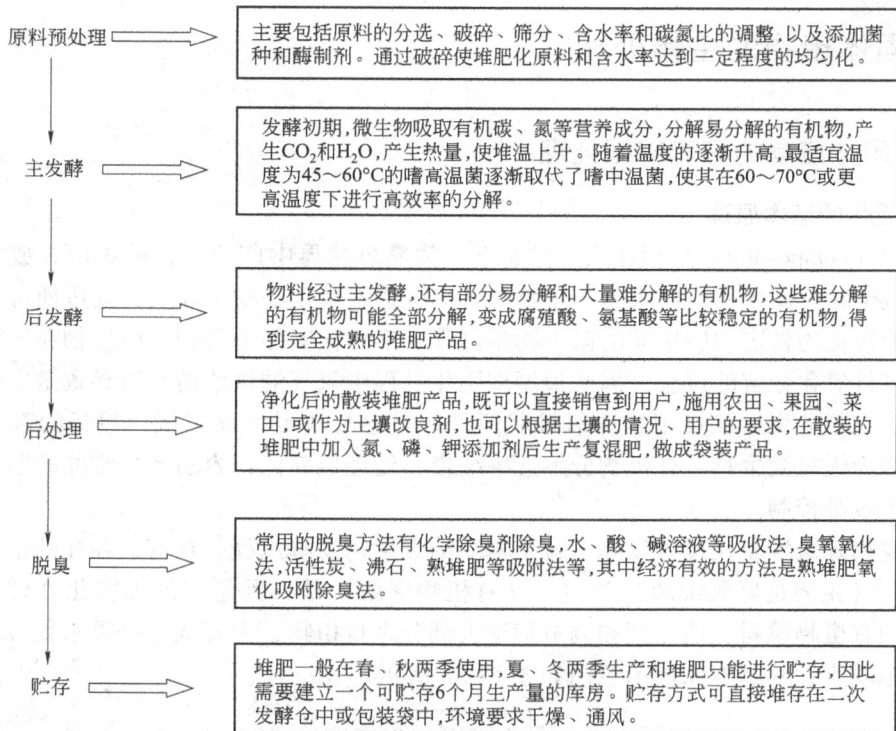

图 14-39　好氧堆肥工艺流程图

当然条垛式系统的缺点也很多,如条垛式系统占地面积大,堆腐周期长;相对于其他堆肥系统来说,条垛式系统需要更频繁地监测,才能保证足够的通气量和温度;翻堆会造成臭味的飘散,特别是堆腐生污泥或未经稳定化的污泥的臭味更为严重;条垛式在不利的气候条件下不能进行操作,如雨季、冬季;条垛式系统所需要的填充剂比例相对较大等。

（2）静态通气垛式系统　通气静态垛与条垛式系统的不同之处在于堆肥过程中不是通过物料的翻堆来保持堆体的好氧状态,而是通过在条垛式系统上增加了通风系统而成为静态通风垛系统。同条垛式堆肥系统一样整个堆体应在沥青或水泥等坚固有坡度的地面上进行,利于迅速排出积水和渗滤液。

通气静态垛堆肥的关键技术是通气系统,在此系统中,在堆体下部设有一套管路,与风机连接。通气管路可以是固定式的,也可以是移动式的。在固定式通气系统中通气管路可放入水泥沟槽中或者直接平铺在水泥地面上,上面可以铺一些木屑、刨花等空隙较大的物质作为填充料,使堆肥能够形成多孔气流通路,达到均匀布氧的效果。移动式通气系统主要的管道直接放在地面上,这种通气系统易于调整,设计灵活,成本也低,故使用更普遍。

通气的控制方式一般用温度或时间。比如堆体内部温度超过 55℃ 时,鼓风机自动开始工作,排出热量和蒸气;或给鼓风机设定时间控制,每间隔 20min 工作 10min 等。

通气静态垛系统设备所用的填充料的用量少,投资比较低;更好控制通气条件及温度;堆腐时间较短,更有效地杀灭病原菌和控制臭味,同时得到稳定产品;占地也相对较小。条状静态堆肥示意图如图 14-40 所示。

（3）发酵仓式系统　发酵仓式系统是使物料在部分或全部封闭的容器（如发酵仓、塔）

内，控制水分和通气条件，物料在发酵仓内进行生物反应、降解和转化，也称装置式堆肥系统。发酵仓系统与其他两类系统的根本区别在于该系统是在一个或几个密闭容器内进行，占地面积小；整个堆肥化过程完全自动化、机械化。堆肥的整个工艺包括水

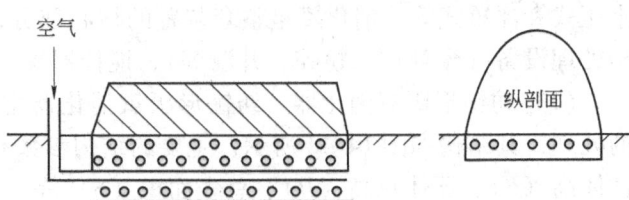

图 14-40　条状静态堆肥示意图

分控制、通风、温度控制、无害化控制及堆肥的腐熟等几个方面。系统按物料的流向可分为水平或倾斜流向反应器、竖直流向反应器以及静止式。按物料的流态分推流式和动态混合式，前者又有圆筒形、长方形、沟槽式反应器，后又有长方形发酵塔和环形发酵塔。

14.4.2　固体废物的厌氧消化处理

1. 固体废物的厌氧消化原理

厌氧消化或称厌氧发酵是一种普通存在于自然界的微生物新陈代谢过程。有机物（包括纤维素、半纤维素、木质素、糖类、淀粉和果胶等）、蛋白质和类脂化合物（脂肪、磷脂、游离脂肪酸、蜡脂和油脂）等经微生物厌氧分解可产生甲烷、二氧化碳、硫化氢和氨等气体，还有水和其他有机酸等还原性终产物。

有关厌氧消化的原理有两段理论、三段理论以及四段理论，其中厌氧发酵的两段理论较为简单、清楚，被人们普遍接受。两段理论将厌氧消化过程分成两个阶段，即酸性发酵阶段和碱性发酵阶段，如图 14-41 所示。在分解初期，产酸菌的活动占主导地位，有机物被分解成有机酸、二氧化碳、醇、硫化氢、氨等，产生的有机酸大量积累，pH 值随之下降，故将这一阶段称作酸性发酵阶段。在分解后期，产甲烷细菌成为优势菌群，进一步分解在上一个阶段产生的有机酸和醇等小分子物质产生甲烷和二氧化碳等。有机酸的分解加上所产生的氨的中和作用，使得 pH 迅速上升，厌氧发酵过程进入第二个阶段——碱性发酵阶段。

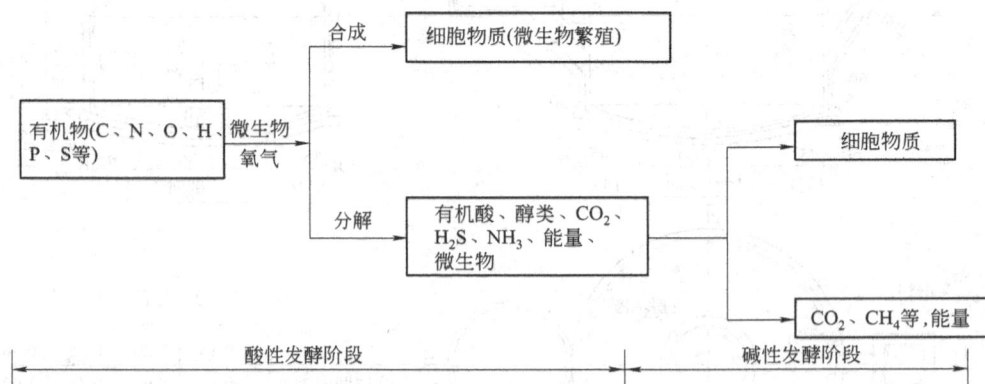

图 14-41　两段有机物厌氧消化过程

2. 厌氧消化工艺与消化装置

厌氧堆肥化装置是微生物进行分解转化有机废物的场所，是厌氧堆肥化工艺的主体装置，厌氧消化池亦称厌氧消化器。常见的厌氧消化器有纺锤形厌氧消化器、塞流式厌氧发酵器和水压式沼气池等，按消化间的结构形式，有圆形池、长方形池；按贮气方式有气袋式、

水压式和浮罩式等。消化罐是整套装置的核心部分，附属设备有气压箱、导气管、出料机、预处理设备（预处理、粉碎、升温等）、搅拌器等。

（1）纺锤形厌氧消化器　纺锤形厌氧消化器主要用于工业废水、城市粪便和下水污泥的处理，其结构如图 14-42 所示，主要的结构参数有消化器容积（V）、器体直径（D）、圆柱体高（h）、器体总高（H）、总表面积（S）等。

（2）塞流式厌氧发酵器　塞流式厌氧发酵器是畜粪发酵的理想装置。图 14-43 为塞流式厌氧发酵器的剖面图。

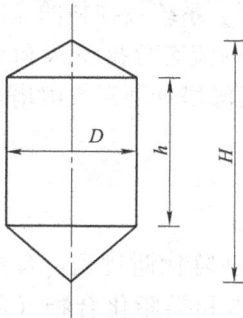

图 14-42　纺锤形厌氧消化器　　　　图 14-43　塞流式厌氧发酵器的剖面图

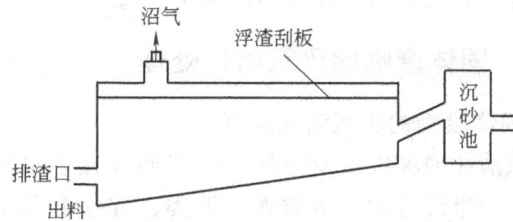

（3）水压式沼气池　水压式沼气池适用于多种发酵原料，通常埋设在地下，基本结构包括进料口、发酵间、出料管、水压间、导气管等几个部分。水压式沼气池是通过进料管和出料管的连接，将发酵间和水压间共同组成一个异形连通管的工作机构，并由排气管将沼气输送给沼气灶进行工作。几种常见的水压式沼气池示意图分别如图 14-44、图 14-45、图 14-46 所示。

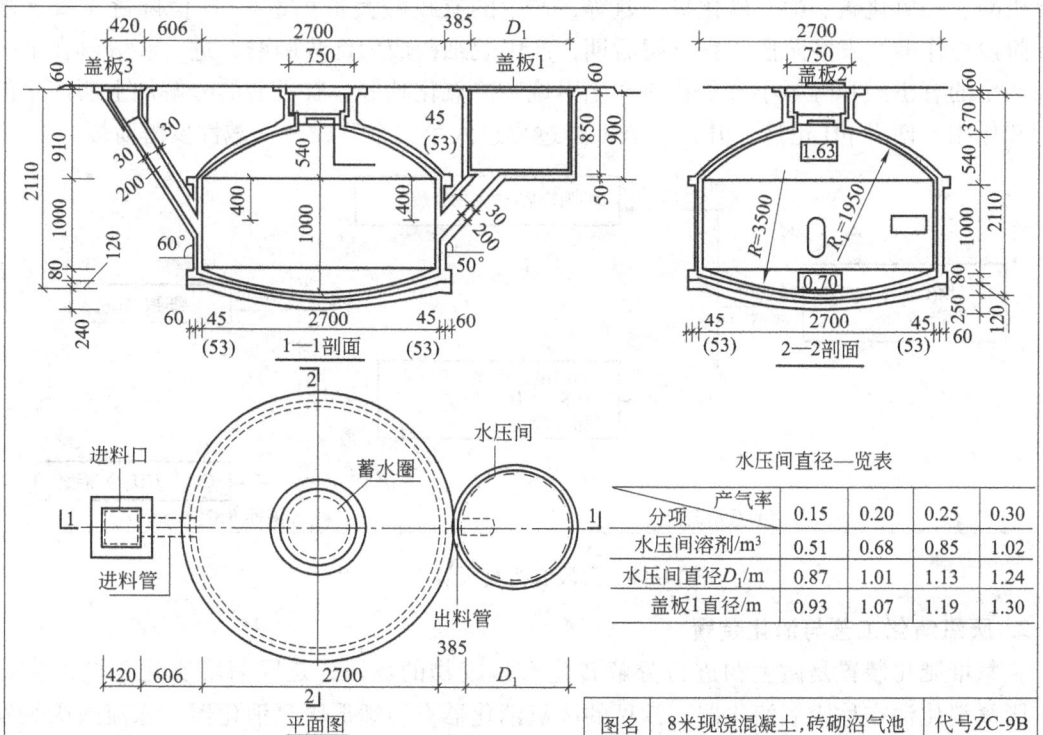

水压间直径一览表				
分项 \ 产气率	0.15	0.20	0.25	0.30
水压间溶剂/m³	0.51	0.68	0.85	1.02
水压间直径D_1/m	0.87	1.01	1.13	1.24
盖板1直径/m	0.93	1.07	1.19	1.30

图名	8米现浇混凝土,砖砌沼气池	代号ZC-9B

图 14-44　8m³ 圆筒形水压式沼气池型

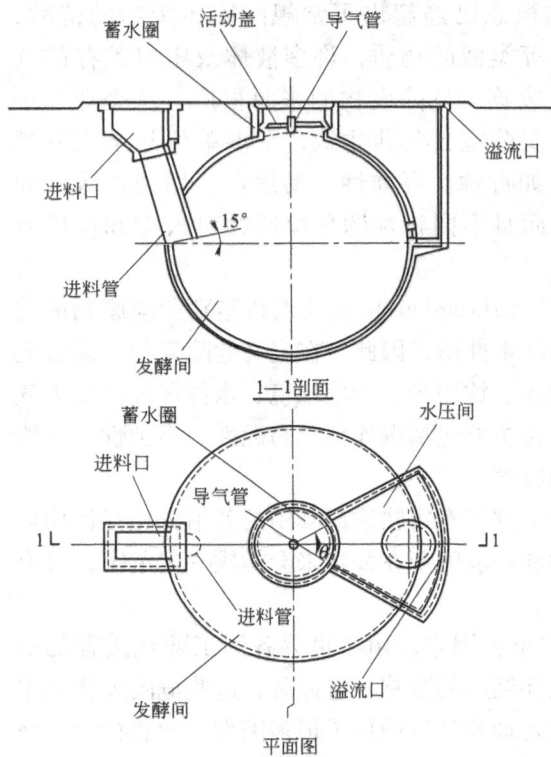

图 14-45 球形水压式沼气池构造简图

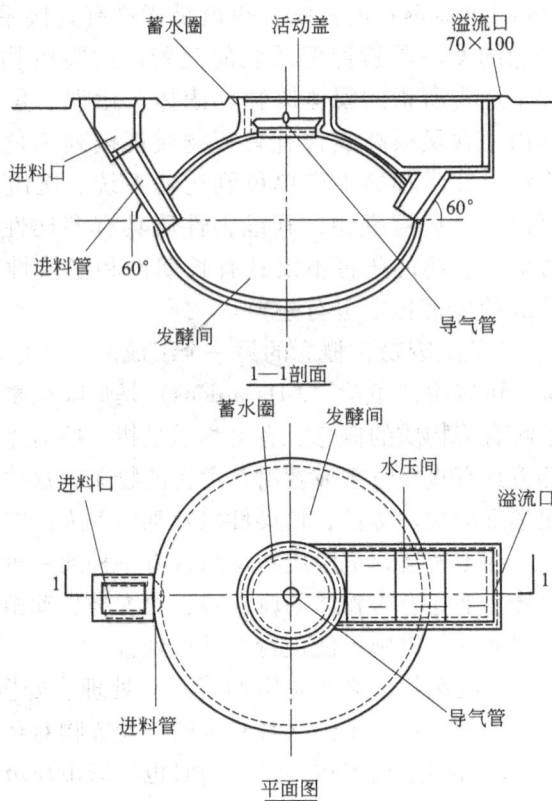

图 14-46 椭球形水压式沼气构造简图

水压式沼气池的工作原理是当水压式沼气池在进料之后，并封闭了发酵间时，留存在发酵间内的气体就处在密闭的气体状态中。这时密闭气体的气压和空气中的气压相等，因而发酵间内的料液面和水压间内的料液面同时受相同大气压的作用，使发酵间的池内外的料液面处在同一个水平面上。当水压式沼气池发酵产气时，发酵间内的料液面下降，沼气将消化料液压向水压间，使水压间内液面高于发酵池内液面，结果出现了液位差；当用沼气的时候，由于消耗沼气引起了料液从水压间内流入发酵间，发酵池内的压力减小，水压箱内的液体被压回发酵间，料液压沼气供气。此时，液位差所产生的水压力和发酵间内的沼气压力又处在另一个动态平衡状态。产气、用气循环，依靠水压间内料液的自动提升使气室内的水压自动调节，使发酵池内的液面和水压箱内的液面总是处于不断的升降变化中，从而实现自动调节。同时，在产气和用气的无限循环过程中，为了维持压力的动态平衡条件，必然要驱使发酵原料液在发酵间和水压间之间进行着往返流动，对发酵原料液进行着缓慢的搅拌。水压式沼气池结构简单、造价低、施工方便；但由于温度不稳定，产气量不稳定，因此原料的利用率低。

14.5 危险废物的处理

14.5.1 危险废物的定义与来源

危险废物英文名称为"Hazardous Wastes"。其概念的一个组成部分为"固体废物"

（Solid Wastes）的范畴，也就是指没有直接用途并且可以丢弃的固体物质。随着危险废物概念的发展及其管理系统的完善，危险废物的概念已经超出了常规的固体废物的范畴，除了通常所指的固体废物如固体、污泥、焦油等类似的物质，许多液体及密封贮存的气体由于含量极高或含有有害物质都被列为危险废物。危险废物的来源很广，从企业、小作坊、非常小的生产单位到运输系统、医院、实验室、公共建筑、军事单位甚至家庭都可以产生危险废物，其危害性质具有多样性，如毒性、爆炸性、易燃性、腐蚀性等；同时危险废物的危害不仅具有长期性和潜伏性，而且不同特性的危险废物对人类和环境所造成的危害程度也有差异。

"危险废物"概念的另一个组成部分"危险"（Hazardous）是认识和鉴别危险废物的关键，可以说"危险"（Hazardous）是危险废物的基本性质，因此，在定义危险废物之前应先了解有害物质的概念。有害物质是指一些对生物体、饮用水、土壤环境、水体环境以及大气环境具有直接危害或者潜在危害的物质，这些危害主要包括爆炸性、易燃性、腐蚀性、活泼化学反应性、毒性、传染性以及某些令人厌恶的特性。

综上所述，危险废物是指含有一种或一种以上这些有害物质或其中的各组分相互作用后会产生上述有害物质的废弃物，对人类、动植物和环境的现在和将来会构成一定危害，没有特殊的预防措施不能进行处理或处置。

危险废物的来源是影响管理和处理、处置的重要因素。由于世界各国工业化进程的加速，各种工业产生的有毒有害的危险废物对环境和健康的影响日益显著，这些危险废物的出现，对环境造成严重污染，同时也给城市垃圾的处理和处置增加了很多困难。随着社会经济的发展，危险废物不再只是工业生产的产物，虽然危险废物的主要来源还是工业，但其来源还包括居民生活、商业机构、农业生产、医疗服务，甚至包括不完善的环保设施等。

1. 居民区垃圾中的典型危险废物

当前，人们的日常生活用品中增加了许多合成物质和电子产品。表 14-5 列出了居民区垃圾中的典型危险废物。此外，其他一些机构，包括儿童福利院、养老院、学校、少教所等单位，由于活动性质和家庭生活类似，也会产生类似家庭生活产生的危险废物。

表 14-5 居民区垃圾中的典型危险废物

家庭生活产生的危险废物	危害特性	合理的处置方法
家庭洗涤用品		
擦洗粉	腐蚀性	危险废物处理厂
喷雾剂	易燃性	危险废物处理厂
漂白粉	腐蚀性	危险废物处理厂
下水道疏通剂	腐蚀性	危险废物处理厂
家具上光剂	易燃性	危险废物处理厂
过期药物	对家庭成员有害	少量可稀释后冲入厕所
鞋油	易燃性	危险废物处理厂
污迹去除剂	易燃性	危险废物处理厂
卫生间清洁剂	易燃性	危险废物处理厂
装潢和地毯清洁剂	易燃和腐蚀性	危险废物处理厂

（续）

家庭生活产生的危险废物	危害特性	合理的处置方法
个人护理用品		
洗发水	毒性	少量可稀释后冲入厕所
护理香波	毒性	少量可稀释后冲入厕所
指甲油去除剂	毒性和易燃性	危险废物处理厂
家用电器		
废旧手机	毒性	危险废物处理厂或回用中心
废旧计算机	毒性	危险废物处理厂或回用中心
废旧电视显示器	毒性	危险废物处理厂或回用中心
电动自行车电池	毒性和腐蚀性	危险废物处理厂或回用中心
涂料		
瓷釉、油基或水基颜料	易燃性	危险废物处理厂
混杂的其他用品	易燃性	危险废物处理厂
电池	毒性、腐蚀性	危险废物处理厂或回用中心
相片冲印化学品	毒性、腐蚀性	危险废物处理厂或照相馆
灭蟑螂药	毒性	危险废物处理厂

2. 商业机构产生的典型危险废物

商业机构产生的危险废物与其提供的服务有关。如打印店的油墨、干洗店的溶剂、冲印店的药剂、汽车修理店的清洁剂及颜料商店的颜料和稀释剂等。

据统计，在居民区及商业机构垃圾中危险废物的比例在0.075%～0.2%之间。虽然这个比例因居民区和商业机构的类型不同其确切值的变化很大，一般认为城市垃圾中85%的危险废物来自于居民区。表14-6列出了居民区及商业机构产生的危险废物的组成。

表14-6　居民区及商业机构产生的危险废物的组成

组　成	百分比（%）	组　成	百分比（%）
家用清洁用品	40	涂料及其相关用品	7.5
个人护理用品	16.4	杀虫剂和除草剂	2.5
汽车用品	30.1	其他	3.5

注：居民区和商业机构产生的危险废物占总废物质量的0.1%。

3. 城市垃圾中的危险废物

1）在垃圾处理设施中出现的危险废物，城市垃圾中出现的少量固体、半固体和液体危险废物及这些废物产生的气态化合物影响有用材料的回收、产物的转化、焚烧的产物以及垃圾填埋。

2）填埋厂中的危险废物，填埋厂附近的空气、散发出的气体和渗滤液均含有痕量危险有机成分。填埋厂中检测出的危险有机物有两个基本来源：一是垃圾中本来就有的危险废物，二是由填埋厂内废物经化学及生物反应产生的危险有机物。

3）产物转化中的危险废物，从混合城市垃圾中分离出的物质中发现了危险有机物成分。在城市垃圾的堆肥过程中发现了痕量的污染物，这些痕量污染物的存在使最终的堆肥产

品不能使用。所以，要解决这个问题必须从垃圾产生的源头着手，在堆肥前将垃圾中的危险废物分拣出。

4）焚烧产物中的危险废物，垃圾焚烧排放的尾气、飞灰和底灰中所含的危险废物，如锌、镉、铬、铅、汞等有毒重金属以及二恶英等。

4. 农业生产过程中产生的典型危险废物

农业生产过程中产生的危险废物主要是杀虫剂、除草剂等农药。有些农药虽然对害虫、杂草有很强的杀灭作用，但在环境中积累后，同时会杀死昆虫、鱼类、鸟类、哺乳动物甚至人类。因此如果对这些农药的贮存方式不妥或使用不当，就会产生危险废物。

5. 工业生产过程中产生的典型危险废物

危险废物主要来源于工业生产，但不同的国家、地区，不同的经济发展程度，不同的工业类型，所产生的危险废物的性质和数量差异都很大。各行业生产过程产生的危险废物的数量主要取决于产品和技术。表 14-7 所列为 1999 年上海市危险废物的行业分布情况。

表 14-7 1999 年上海市危险废物的行业分布情况

行　业	百分比（%）	行　业	百分比（%）
化工	61	石油化工	3.7
冶金	8.4	机械	2.5
医药	8.3	纺织	2.0
—	—	其他	14.1

除此之外，医疗过程和环保设施运行过程中都会产生危险废物。

14.5.2 危险废物的处理

（1）危险废物的焚烧处理　焚烧是通过高温燃烧（850℃以上），使危险废物中的有机物被充分氧化，破坏其原有的结构和组分，或将其转化为其他稳定的物质，从而改变危险废物对人体或环境的毒害性。焚烧早在 20 世纪 30 年代就作为专门用于处理工业生产中不可随意排放的"难处理的废物"的技术，从那时起焚烧逐渐被用于处理工业废物、城市废物、放射性废物、医疗废物和其他带来环境污染的有机废物。

危险废物的焚烧炉可分为炉排式、流化床式和回转窑式三种。危险废物焚烧应用最多的焚烧炉是回转窑式焚烧炉，在美国 75% 的危险废物焚烧是采用回转窑式焚烧炉。

回转窑焚烧炉可处理固体、液体、气体及污泥污水。从全世界来看，与其他焚烧炉相比，回转窑焚烧炉更加适用于危险固体废弃物处理。如图 14-47 所示的回转窑焚烧炉系统，用来处理危险废物。它由垃圾进料斗、

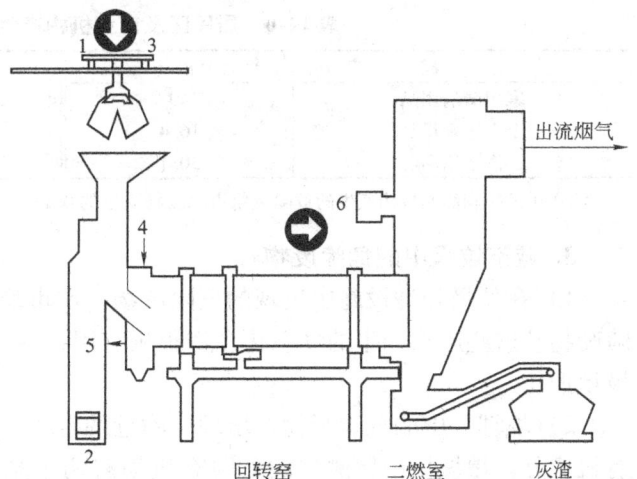

图 14-47　回转窑焚烧炉系统
1—危险废物　2—贮料坑　3—污泥
4—燃烧室产生的过量烟气　5—燃油　6—风机

助燃器、炉体、后燃室以及灰渣收集系统组成。后燃室中产生的废气直接进入废气控制系统。在控制系统中，风机将窑炉中的废气送入工艺流程中经处理后再排入大气中。

不同特性的危险废物在进行焚烧处理时，应该按照其物理化学特性和危害的主要指标选用合适的焚烧方式及其配套设备。对于危险废物焚烧而言，通常注意几点重要的原则：采用二次焚烧室，焚烧温度在 850～1200℃ 之间，焚烧的时间大于 2s，焚烧过程必须处于氧化状态，从而确保彻底氧化分解有毒有害物质。

炉排型焚烧炉是一种将危险废物置于炉排或支架上进行处理的焚烧炉，有时支架也被简称为炉排。焚烧过程的特点是物料在上，空气由下而上，焚烧在物料的上部进行，下部的进风同时可以起到冷却炉排和促进扩散燃烧过程的作用。按照炉排的运动特性可以有固定炉排型、活动炉排型。常见焚烧炉炉排结构如图 14-48 所示。

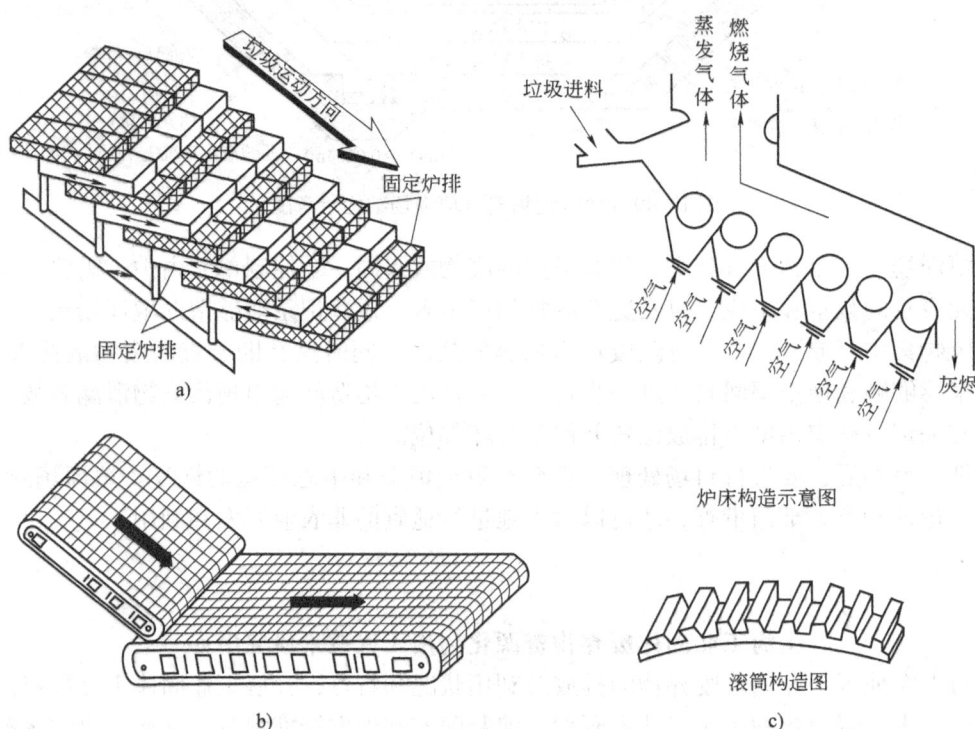

图 14-48　常见焚烧炉炉排结构
a）往复炉排　b）链条炉排　c）德国 DBA 旋转炉排

流化床焚烧炉的原理及示意图分别见本章 14.3.4 及图 14-31。流化床焚烧近期才被用来处理危险废物，这种技术可以处理粒径小于 1.3mm 的污泥废物、气态以及液态废物。

使用流化床焚烧炉处理危险废物时有以下的优点，如可以焚烧多种危险废物；热效率高；湍流程度高，炉温分布均匀；对于进料的变化有很好的适应性；较低的气体温度和过量空气使 NO_x 量减少，废物的表面增大使焚烧效率提高；设计简单，没有活动部件，容易控制等。但其也有不可避免的缺点：炉渣很难去除、炉温控制严格；容易产生灰渣烧结；维修和维护困难；废物需要预处理等。

（2）危险废物的安全填埋处理　危险废物安全填埋处理适用于不能回收利用其组分和

能量的危险废物。危险废物填埋场是构建在地下用来容纳危险废物的构筑物，其目的是最大限度地减少污染物向环境中的释放。危险废物经过焚烧处理和资源化利用产生的废渣以及固化/稳定化处理后的废渣，都要进行安全填埋。同时填埋场还要接纳由某些重点企业等分散处理后不能送往城市垃圾卫生填埋场的废渣，安全填埋是危险废物减量、稳定化后的最终处理方式。

危险废物安全填埋场（其结构示意图如图14-49所示）必须按入场要求和经营许可证规定的范围接收危险废物，达不到入场要求的，须进行预处理。

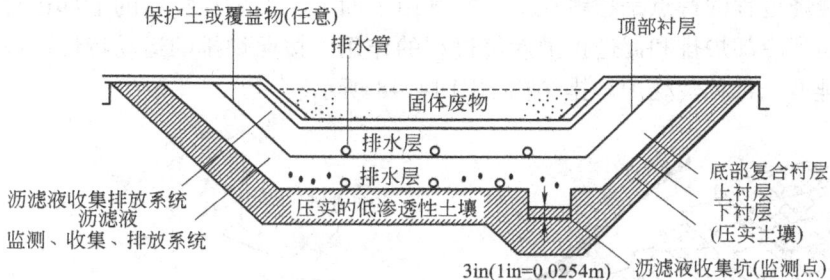

图 14-49 危险废物安全填埋场结构示意图

在填埋场内将废物进行分类，相容类型的废物放入同一个控制单元内中，需要记录进入控制单元废物的数量和组成，以及这些废物的产生者。这些记录能够帮助填埋场操作人员将相容的废物集中存放，以避免危险废物不相容的问题，同时这有助于查明废物的掩埋位置，以便将来能够顺利地挖掘回收或进一步处理，一旦由于构造问题出现污染物泄漏事故，也可以根据有关记录确定污染物排放位置并修复损坏部位。

填埋场终场后，要进行封场处理，进行有效地覆盖和生态环境的恢复。填埋场封场后，经监测、论证和有关部门审查，才可以对土地进行适宜的非农业开发和利用。

【案例】

上海工业固体废弃物资源化利用工程技术研究中心

针对上海地区工业固体废弃物的排放及利用状况和特点，开展工业固体废弃物资源化利用预处理技术、资源化利用成套技术研发，编制国家和地方标准规范，并通过典型示范工程建设和技术咨询服务进行技术推广和技术转移。通过搭建试验研究平台、国内外合作交流平台，进一步提升上海在工业固体废弃物资源化利用领域的研究开发能力和技术水平，推动工业固体废弃物的研发、理念传播和教育培训等工作，引领工业固体废弃物资源化利用这个新兴产业的健康发展，为上海市的城市环境、资源、能源的可持续发展提供坚实的技术支撑。

1. 工业固体废弃物资源化利用策略研究

1）工业固体废弃物的资源收集、排放、物流、处置利用等方面的协调性研究。

2）工业固体废弃物的性能指标与资源化利用技术参数的协调性研究。

3）工业固体废弃物资源化利用的经济价值最优化分析和社会效益最优化分析，进行产业方向的发展规划。

2. 工业固体废弃物预处理技术、资源化利用技术研发

（1）工业固体废弃物预处理研究　通过理论研究与试验分析，开发出适合上海地区工

业固体废弃物的预处理技术，控制工业固体废弃物的安全性、稳定性，消除其对环境的负面影响，为工业固体废弃物进一步资源化利用提供理论依据和技术支撑。

（2）工业固体废弃物资源化成套技术研究 根据上海市工业固体废弃物的性能特征，以市场需求和国家倡导的发展方向为导向，研发出固体废弃物资源化利用的新工艺、新设备、新产品、新技术，形成具有市场价值的重大科技成果集成，持续不断地为应用生产、规模化生产提供成熟的技术、工艺以及技术产品和装备推动行业技术进步，带动相关企业的发展。

（3）制定工业固体废弃物资源化利用技术标准 在研发中积累经验，制定工业固体废弃物资源化利用技术标准，为工业固体废弃物的资源化、资源化利用标准化提供理论依据、科学指导。

3. 工业固体废弃物资源化成套应用技术研究

1）研究各类工业固体废弃物产品在建筑、建材、市政、公路等领域应用的成套技术，指导工程应用。

2）制定各类建材产品的应用技术规程，为设计、施工、检验提供依据。

4. 研究相关配套政策、法律法规

技术建议为政府提供工业固体废弃物资源化利用相关配套管理机制的建议，如资源化利用的责任机制，扶持激励机制，谁排放谁治理的约束机制，产、排、用指标的考核管理机制等，为工业固体废弃物资源化管理提供依据。

5. 部门设置

上海工业固体废弃物资源化利用工程技术研究中心，以下简称"中心"。"中心"下设研究开发部、技术服务部、标准政策与培训部三个部门，每个部门由部门经理带领开展具体的部门工作。

1）研究开发部：主要负责"中心"在固体废弃物综合利用技术领域的科研工作。

2）技术服务部：主要负责对外提供四技服务，推进科研成果的产业化和市场化。

3）标准政策与培训部：主要负责科技人员的培训工作。

6. 管理制度

"中心"将根据上海市科委《上海工程技术研究中心建设与管理办法》的要求，制定《上海市工业固体废弃物资源化利用工程技术研究中心管理办法》以及相应日常管理规章，以规范"中心"的各种运作行为。

7. "中心"组建后的预期社会效益、环境效益

1）社会效益："中心"组建后将为我国工业固体废弃物资源化利用提供科学理论依据，并提供切实可行的技术与产品支撑，使工业固体废弃物资源化利用工作真正落到实处，为上海市低碳、节能减排工作的开展提供必要的技术储备与产品选择，为我国建设节约型社会，实现国民经济的可持续发展提供保障。

2）环境效益：通过工业固体废弃物资源化技术的开发和应用可实现有效的环境效益。若巨量工业固体废弃物得到合理的资源化利用，以往简单堆积存放的局面将会消除，不但能节省大量土地面积，而且也避免了堆存带来的尘土飞扬、下雨天的泥泞，为社会营造一个干净、和谐、可持续的环境奠定基础。

思 考 题

1. 固体废物机械脱水的方法有哪几种？试比较各自优缺点。真空过滤机的工作过程包括哪几个？
2. 根据所学知识，介绍固体废物焚烧时的设备。
3. 简述危险废物的处理、处置方式。

参 考 文 献

[1] William W Nazaroff, Lisa Alvarez Cohen. 环境工程原理 [M]. 漆新华，刘春光，译. 北京：化学工业出版社，2006.
[2] 杨慧芬，张强. 固体废物资源化 [M]. 北京：化学工业出版社，2004.
[3] 崔兆杰，谢锋. 固体废物的循环经济——管理与规划的方法和实践 [M]. 北京：科学出版社，2005.
[4] 蒋展鹏. 环境工程学 [M]. 2 版. 北京：高等教育出版社，2005.
[5] 钱光人. 危险废物管理 [M]. 北京：化学工业出版社，2004.
[6] 蒋建国. 固体废物处理处置工程 [M]. 北京：化学工业出版社，2005.
[7] 华坚. 环境污染控制工程材料 [M]. 北京：化学工业出版社，2009.
[8] 杨利香. 上海工业固体废弃物资源化利用工程技术研究中心 [J]. 粉煤灰，2011 (1)：21-23.